행촌학술문화총서 006

Haengchon Academy Series 006

麗 · 元代의 農政과
農桑輯要

도서출판 동 강

머리말

전근대의 역사에서 농업은 민의 생활과 직결되어 있었기 때문에 그 무엇보다 중요하다. 전근대 국가는 농업을 주요 정책의 중심에 두고, 농정을 전개하였다. 이는 중국과 우리나라도 마찬가지였다. 중국은 당 · 송 · 원대에 여러 농서를 편찬하여 농업생산력의 증대를 도모하였다. 중국에서 편찬된 농서는 우리나라에 도입되었다. 우리나라에 도입된 중국 농서 중에서 우리 농업에 가장 큰 영향을 준 농서 중의 하나가 원의 사농사에서 편찬한『농상집요』였다.

『농상집요』는 다 아는 것처럼 원대의 관찬서로서 행촌 이암이 원에서 가져와서 공민왕 21년(1372) 오늘날의 합천에서 강시가 간행한 농서였다. 이러한 농서를 가져온 행촌 이암은 어떤 인물이고, 이러한 농서가 원의 어떤 상황 속에서 편찬되었고, 나중 우리나라 사회에 어떤 영향을 주었는지를 살펴볼 필요가 있었다. 세 사람의 공동연구자가 각각 분담을 하여 내용을 살펴보았다.

첫째로 최덕경 교수는 〈元代 官人들의 農政인식과 農書편찬〉을 원대 농서편찬을 중심으로 살폈다. 본 연구는 기본적인 의문, 즉 유목민인 몽골족이 대원제국을 건립한 이후 어떤 방식으로 많은 농서를 편찬하고 농업생산에 진력했으며, 국내외의 교역을 활발하게 추진할 수 있었을까를 추적하였다. 이를 해명하기 위해 필자는 3가지 관점에서 주목했다. 첫째 大元의 農政, 특히 大司農司를 건립하여 권농사를 파견하여 촌락의 하부조직인 村社와 촌장을 어떤 방식으로 장악을 했는가? 그리고 정복과정에서 군사거점과 생산의 전진기지로 삼았던 둔전의 운영을 통해 국가가 농민을 어떻게 장악해갔는지를 살펴보고자 했다. 둘째, 원대는 전대와는 다른 농업인식을 지녔을 것이란 가정 하에『농상집요』의 발간배경은 무엇이며, 원대 농업이 지향했던 것은 무엇이었는가를 농서 속에 등장하는 농업내용을 통해 살펴보고자 한다. 특히 기존의 농업정책과는 달리 民富를 위해 다양한 상품생산을 권유하고, 새로운 작물재배에 주목했던 원인을 검토해 볼 것이다. 셋째, 이렇게 생산된 농산물과 방직업이 당시 원대의 국내외의 시장개척과 무역에 적지 않은 영향을 끼쳤으며, 그로 인해 조성된 경제상의 변화는 생활면에서 어떤 작용을 했는가에 주목했다. 이를 위해 당시 食療書인『飮膳正要』를 분석하여, 그것이 원대 사회뿐 아니라 인접국가에는 어떻게 작용했는지를 고려 식생활과 관련해서 살펴보고자 했다.

원대 農政의 근본은 국가의 근본인 민의 衣食 문제를 해결하기 위함이었다. 국가적 사업으로『농상집요』를 편찬하고 다양한 상업작물의 재배를 권유하여 富民의 길을 열어주고 있다.『농상집요』에는 양잠의 내용이 전체의 1/3을 차지했으며, 과채와 과실, 竹木과 약초의 비율이 주곡을 능가하고 있다. 이것은 식량과 납세를 위한 주곡재배 못지않게 기타 부업작물에 주의를 기울이도록 유도한 것이다. 그것은 농민에게 단순한 정보제공의 차원이 아니라 풍토와 농시를 극복해서라도 方外에서 유입된 작물이나 新添으로 소개한 작물의 재배를 유도하고 있다. 그리고 원대에 생산한 물산은 신속하게 전달망을 활용하여 국내외로 유통함으로써 이전의 어떤 시대보다 교역의 규모를 확대할 수 있었다.

본서에서는 원대 농상위주의 농업정책의 결과물인 농작물과 직물의 생산실태를 구체적으로 살펴보았으며, 새로운 작물인 목면은 어떻게 유입되어 정착했고, 산출된 각종 사직품은 국내외의 시장에 유통된 상황을 검토하였다. 이런 국외 교역의 실태는『嶺外代答』,『諸蕃志』와『島夷志略』등에 잘 묘사되어 있다.『도이지략』에는 교역한 국가와 항구가 220여 곳에 달했으며, 대표적인 지역은 필리핀, 인도네시아군도와 인도차이나지역이었다. 당시 교역한 대표적인 물산은 도자기, 비단과 목면이었다. 이 중 목면은 이미 한대에 서아시아로부터 아프리카산 草綿이 유입되고, 그 외에도 남부와 서남지역에서 아시아산 中綿이 도입되었다. 원대에 본격적으로 내지에서 재배되면서 비로소 마견직과는 달리 부드럽고 따뜻한 綿 옷을 인민들에게 공급할 수 있었다.

이렇게 재배된 농작물은 식량공급과 함께 식생활문화를 풍부하게 할 뿐만 아니라 인접국가의 음식문화에도 적지 않은 영향을 끼쳤을 것이다. 고려왕조 역시 예외는 아니었을 것이다. 실제 원대 조리 식료서인 『음선정요』를 보면, 당시 음식조리와 식습관 중에는 오늘날 우리의 식생활과 닮은 점이 적지 않은데, 이는 오늘날까지 우리 의식생활에 많은 영향을 끼쳤음을 말해준다. 당시 고려는 『농상집요』를 통해 원대와 같은 경제를 꿈꾸었다. 하지만 조선 초 『농사직설』의 내용을 보면 여전히 주곡이 중심을 이루며, 다양한 상품경제의 모습과 富民의 정신은 보이지 않는다. 이것은 조선 초에는 아직 수용할 준비가 충분히 갖추어지지 않았음을 말해준다.

둘째로 이종봉 교수는 〈한국 중세의 농정과 이암의 『農桑輯要』 도입〉을 집중적으로 검토하였다. 고려는 건국초기부터 중농이념을 바탕으로 권농정책을 펼쳤다. 따라서 농업과 양잠을 중시하였는데, 농업의 중시는 초기부터 수령의 중요 임무 중의 하나로 '勸課農桑'을 강조하였다. 고려는 농업과 양잠을 국가의 근본이라고 강조하였으며, 그러한 고려의 중농이념은 수령을 통해 추진되었다. 수령이 지역에서 얼마나 권농을 성실히 수행하였는지를 수령 평가의 중요한 기준으로 삼았다. 결국 수령이 지역에 파견되어 가장 중요하게 추진하여야 할 일로 '수령 5사'가 정립되었고, 그 중에서 가장 중요한 것은 '田野闢'이었다.

고려의 농정, 즉 권농정책은 다양하게 전개되었다. 여러 권농책들을 간단히 언급하면 첫째는 농기구의 제작과 하사였다. 고려시기 농민들은 모두 철제농기구를 소유하지 못하였다. 따라서 국가에서 철제농기구를 주조하였고, 이러한 농기구를 농민들에게 하사하여 경작기능을 보완하였다. 둘째는 관우의 대여였다. 농민에게 농기구보다 더 중요한 것은 우경을 할 수 있는 소의 소유여부였다. 고려시기 농민들의 소의 소유현황을 정확하게 알 수 없지만, 조선 세종의 사례를 고려할 때 고려의 농민들도 소를 소유하지 못한 경우가 많았다. 국가는 관에서 보유한 소를 빌려 주어서 농민들이 우경할 수 있게 하였다. 셋째는 수리시설의 확대와 보수였다.

이 글에서 주목하는 마지막 넷째는 농서류의 간행 보급이었다. 하나, 12세기 임경화는 양잠의 발달을 위해『손씨잠경』을 이두로 간행하였다. 양잠은 고려시기에도 국가적으로 중시하였다. 둘, 13세기 초 영주 부석사에서 '길흉축월횡간' 고려목판의 간행이 이루어졌다. 부석사의 고려목판은 農曆으로, 하종과 주요 작물의 파종 吉日을 제시하였다. 이는 중국의 농서류를 참고하였겠지만, 우리나라 농서류에서는 처음으로 편찬되었고, 국가가 아닌 부석사의 승려가 편찬하였다는 점에서 큰 의미가 있다. 셋, 이암은『農桑輯要』을 忠定王 원년(1349)에 가져와서 이를 우확에게 전달하였고, 우확은 이를 姜蓍에게 전하였다. 강시는 洪武 壬子(1372, 恭愍王 21년) 陝川(江陽)에서『農桑輯要』을 간행했다.

고려후기『農桑輯要』의 도입 간행은 여말선초 농서의 간행에 여러 영향을 주었다. 그 중 하나는『농상집요』를 양잠편과 주요 곡물을 분리 간행하게 된 것이다. 양잠편은『양잠경험촬요』란 책명으로 이두로 번역 간행하였는데, 하지만『양잠경험촬요』는『농상집요』를 그대로 번역하지 않고 우리의 양잠기술을 토대로 번역 간행하였다. 이로 인해 양잠기술은 새로운 전환점을 맞이하였을 것이다. 이는 이암에 의해『농상집요』가 도입되었고, 그러한 농학사상을 계승하였기 때문에 가능한 것이 아닌가 한다.

셋째로 홍영의 교수는 〈고려후기 固城 李氏 家系와 婚姻關係를 통한 人的 관계망 – 李嵒 · 李嶠의 가계의 通婚網를 중심으로 –〉를 통해 고성이씨 가문의 가계와 혼인관계를 통해 李尊庇의 先代 家系, 李嵒의 가계와 婚姻관계, 李嶠의 가계와 혼인관계 등 그들의 通婚網을 통해 인적 관계망을 살피고자 한 것이다.

고성 이씨 가문은 조선초 成俔(1439~1504)이 『慵齋叢話』에서 "固城 李氏는 고려의 鉅族"이라고 평가하고 있다. 고려 전기에 고성 지방의 鄕吏로 있다가 무인집권기에 能文能吏의 새로운 관인으로서 上京從仕한 신흥가문이었다. 李尊庇가 柳璥의 문생이 됨으로써 정치적으로 성장하고, 관리들의 인사를 오랫동안 담당하면서 정직하다는 世評을 들음으로써 名門으로 발돋움하였다. 이존비 대까지의 통혼을 맺은 가문은 남포 백씨, 익산 이씨, 문화 유씨, 진주 하씨, 안성 이씨 그리고 함양 박씨와 두 차례 이루어지고 있다. 그것이 李瑀를 거쳐 이암 · 이교에게로 이어졌던 것이니, 이암 때에는 이미 당대의 문벌들과 통혼할 정도로 성장해 있었다.

李嵒 계열의 통혼관계는 남양 홍씨 · 청주 이씨 · 여산 송씨 · 안강 노씨 · 청주 곽씨 · 양천 허씨 · 전주 최씨와 두 차례, 평양 조씨 · 안동 권씨, 여흥 민씨와 혼인관계를 맺고, 女壻의 가문으로는 강릉 김씨 · 풍양 조씨와 확인된다. 이들 가문 중에 남양 홍씨 · 청주 이씨 · 여산 송씨 · 청주 곽씨 · 양천(공암) 허씨 · 전주 최씨 · 평양 조씨 · 안동 권씨 · 여흥 민씨 등의 가문은 고려 후기 최고의 세족 가문들이다. 李嶠 계열의 경우, 성주 이씨 · 청주 이씨 · 상주 박씨 · 무안 박씨 · 기계 유씨 · 서산 정씨 · 남평 문씨 · 충주 최씨 · 동래 정씨 · 청주 경씨 · 진주 유씨와는 두 차례, 남양 홍씨와는 세 차례의 혼인관계를 형성하고 있다. 청주 이씨 · 진주 유씨 · 서산 정씨 · 남평 문씨 · 충주 최씨 · 동래 정씨 · 청주 경씨는 고려 후기에 번성한 세족가문들이다.

따라서 固城 李氏 가문은 고려 후기에 科擧官人으로서의 고위관직을 역임하여 문벌가문의 위치를 확고히 굳혔으며, 또한 당대 최고의 世族가문들과의 혼인관계를 통해 다져진 인적 관계망을 바탕으로 家勢를 지속적으로 유지했던 것으로 보인다.

마지막으로 본 연구가 이루어질 수 있도록 많은 배려를 하여 주신 행촌학술문화진흥원 이익환 이사장님, 이 책의 출판을 허락해 주신 도서출판 동강 이형중 사장님, 심규현 편집장께 깊은 감사를 드립니다.

2016년 12월 9일

저　자 일동

목 차

제2장 한국 중세의 농정과 이암의『農桑輯要』도입

제3장 고려후기 固城 李氏 家系와 婚姻關係를 통한 人的 관계망

제 1 장

元代 官人들의 農政인식과 農書편찬

부산대학교 사학과 교수 崔 德 卿

1. 서 론

1260년 아릭 부케가 카라코룸[和林]에서 쿠릴타이를 개최하여 우익 세력의 지지를 받아 뭉케의 후계자에 선정된 것과 때를 같이 하여, 쿠빌라이가 동북지역의 開平에서 대칸의 자리에 오르면서 몽골의 역사는 새로운 국면을 맞게 된다. 그들 상호간의 가문풍습, 정치 군사기반, 복잡한 혈연적인 기반의 차이로 생긴 반목 때문이었지만 제국의 분할은 불가피했다. 그 결과 1271년 쿠빌라이가 大元을 건국하고,[1] 남송정벌을 통해 중국지역의 통치에 전념하게 되면서 서쪽의 네 개의 칸국과 독립적으로 병립하는 양상을 보이게 된다.[2]

그렇다면 쿠빌라이가 짧은 기간에 대칸의 경쟁에서 승리하고 중국을 통일한 후 세계 각국과 교역할 수 있었던 경제적 동력은 어디에 있었으며, 통일 이후에도 유목지역으로 돌아가지 않고 장기적으로 중국내지에 남아 한족지배가 이루어진 역사적 동기는 어디에 있었을까? 기존의 연구에서는 대개 쿠빌라이의 등장을 기존의 초원 유목세력과 농경세력간의 대립으로 보기도 하고, 또 한족 관료의 도움으로 권농을 통해 물자와 인력을 확보하여 아릭 부케를 격퇴하고 정권을 장악할 수 있었다고 보기도 한다. 사실 몽골군의 주력부대는 기마병이었기 때문에 강인한 기동성을 앞세워 약탈로 물자를 획득하는 단기간의 전투로 상대를

1) 金浩東, 「몽골제국과 대원」 『역사학보』 제192집, 2006; 『아틀라스 중앙유라시아사』, 사계절, 2016, 142~143쪽에서 '大元'은 원조를 지칭하는 것이 아니라 '대몽골 울루스'의 한자식 명칭이라고 하여 원조의 성립은 몽골제국으로부터의 분열된 중국왕조가 아니라 징기스칸 일족인 諸王(國)들과 그들 관할 하에 인민(ulus)을 포함하는 대몽골 울루스의 최고 지배자 카안이라고 보고 있다.

2) 金浩東, 「蒙古帝國의 形成과 展開」 『강좌중국사Ⅲ: 士大夫社會와 蒙古帝國』, 지식산업사, 1989, 279~280쪽. 원조 건국이후 표면적으로 쿠빌라이가 몽골제국 전체의 군주로 간주되었으며, 汗國의 칭호나 汗國의 중국내 封邑을 유지하는 등 외형적인 제국의 연대성을 보존하기 위한 노력도 있었다고 한다.

굴복시킬 수도 있었을 것이다.

하지만 주지하듯 13세기 초 몽골건국 이후에도 화북지방은 금, 서하, 남송 등과 줄곧 전쟁이 끊이지 않았다. 1234년 우구데이가 금을 멸망시키고, 그 아들 구육 칸에 이어 4대 대칸인 뭉케가 등장하면서 본격적으로 남중국의 원정을 도모하였다. 이처럼 오랜 전쟁으로 "中原土曠民貧"[3]하고 내지에는 토지가 황폐화되었으며, 유목문화가 유입되면서 이주자도 속출했다.

원 제국 성립 이후 유목정권이 어떻게 이런 황폐된 토지, 곤궁한 인민의 기반위에 안정된 통일국가를 수립할 수 있었으며, 또 어떠한 농정을 실시하여 인민을 안정시키고 이를 기반으로 대외 교역이 가능했을까. 당시 원은 비록 남송을 정복했을지라도 적대국인 송의 관료나 농정을 크게 신뢰하지도 않았을 것이다. 오히려 농업을 회복하고 권장하는 것 못지않게 한족의 부활을 감시하고, 전국에 통일적 체제기반을 확립하는 것이 우선적이었을 것이다. 그런가 하면 통일 전부터 側臣의 도움으로 勸農司나 司農司를 설립하고, 大元을 건립하기 직전에는 大司農司으로 개칭하여 국가적 사업으로『農桑輯要』를 편찬하게 된다. 이를 토대로 농촌에 권농관을 파견하여 농업기술을 교육하고, 나아가 풍속을 교육하여 체제를 안정시켜 農桑의 생산력을 제고하는 농정을 본격적으로 실시하게 되었다.

물론 늑대와 같이 강인한 유목정권이 기동성을 앞세워 교묘하게 수탈하거나 아니면 또 다른 방식으로 농촌사회로 침투하여 농민을 장악할 수도 있었을 것이다. 그런데 원조는 이런 방식을 선택하지 않았으며, 또한 송대 관료주의에 입각한 권농책을 실시하지도 않았다. 오히려 중앙 및 지방조직에 권농기구를 설치하고 촌락조직까지 개편하여 농촌

3)『元史』권153,「劉敏傳」.

을 다시 편제하고 농민을 교육했으며, 둔전과 개간을 장려하여 군대를 안정시켰고, 그 농업생산의 결과에 따라 관리를 고과하는 확인행정을 실시하였다. 본고가 일차적으로 주목하고자 하는 것은 한족 정권과 달리 몽골족이 농상의 생산력을 제고하고 상품경제를 활성화시킬 수 있었던 배경은 무엇이며, 그들의 농정은 어떤 특징을 지녔던가를 살펴보고자 하는 것이다.

게다가 元朝는 시대에 적합한 농업기술을 전파하기 위해 지속적으로 농서를 발간했던 점도 주목된다. 쿠빌라이가 大元제국을 건립한 후 곧 국가의 주도아래 『농상집요』를 편찬했으며, 14세기 초에는 『왕정농서』와 『농상의식촬요』가 연이어 편찬되어 농상을 기본으로 하는 농업국가 체제로 탈바꿈을 시도했다는 점은 매우 흥미롭다. 이것은 전쟁으로 오랫동안 황폐화된 농지를 회복하기 위해 단순히 민간에 개간을 장려하거나 농업기술을 보급하는 수준은 아니었다. 농촌에 村社를 조직하여 권농관을 파견하고, 농서의 보급과 함께 농업기술을 보급, 지도하고 농민의 풍속을 교화하면서 농업과 양잠을 중심으로 상품작물의 재배를 유도하여 富民으로의 길을 제시하였다는 점에서 주목된다.

물론 원대에는 이전부터 전해져 온 『범승지서』, 『제민요술』, 『사시찬요』나 『진부농서』같은 농서가 있었을 것이고, 특히 남송대에는 사대부 관료들에 의한 권농책이 실시되어 농업기술을 보급했을 것이다. 그런데 또다시 농서를 편찬하여 그 기술을 통해 천하의 농민과 접촉을 시도한 의도는 무엇이었을까? 『진부농서』의 「陳旉自序」에서 당시 농사꾼인 진부가 "전대의 『齊民要術』, 『四時纂要』는 관료의 권농서로서 엉성하고 소농가의 衣食을 충족시켜야 하는 현실에는 부합하지 않았다."라고 하였다. 이것은 송대 이후 이주민이 남으로 유입되면서 송대의 농업구조가 이전과는 달라졌음을 의미할 수 있다. 또 다른 인식은 『진부농서』의 「陳旉跋」에서도 볼 수 있는데, 당시 송대 사대부들이 농업의 본질을 깨우치지 못하고 명분만을 좇아 농업을 오히려 그르치고 있다는 지적이다.

大元 초기에 농정으로 정책 기조를 바꾼 후에 그 출발점은 바로 송대 농정이 지닌 문제점에서 비롯되었을 것이다. 더구나 정복자 몽골인의 자존심에 피정복자의 농서를 바로 그들의 농업 지침서로 삼기에는 어색한 점도 있었을 것이다. 실제 농촌에 파견된 권농관과 전국적으로 실시된 둔전에 군사와 감찰기능이 가미되고, 이를 통해 생산활동과 인민에 대한 감시와 견제를 동시에 시행했던 것도 이런 이유 때문일 것이다. 大司農司를 건립하고『농상집요』를 편찬하여 오직 백성에게 농상을 권면한 이유는 이전 왕조와는 다른 의도와 목적이 있었기 때문이다. 무엇보다『농상집요』의 내용이 기존의 농서와는 달리 생산자인 소농민의 입장에서 편찬되었다는 점은 주목된다.

이런 현상은 私撰인『왕정농서』를 보아도 알 수 있다. 그 중「農器圖譜」는 다양한 농기구에 대해 사용방법과 유래를 다양한 삽도와 함께 상세하게 기술되어 있다. 특히 수 · 한전에 필요한 각종 농구와 농업기술의 전파를 현실화 시킨 것을 보면 旱田과 강남 수전농법의 전파는 물론이고, 생산농민들의 입장에서 농구와 농업기술의 이용을 고민했다는 것을 알 수 있다. 게다가 위구르족인 魯明善이『농상의식촬요』를 찬술하여 서방의 瓜菜작물의 번식과 재배를 내지에 특별히 소개한 것은 元 왕조가 기존의 농업방식에 머물지 않고 인구나 민족의 이동에 따른 지역 간의 농업기술의 융합을 시도했다고 볼 수 있다. 이러한 농업기술의 융합은 전대에 볼 수 없었던 독특한 방식이며, 이후 중국의 대외교역과 물자유통에 결정적인 역할을 하게 된다. 이 같은 원의 교역의 결과는 1330년 忽思慧가 찬술한『飮膳正要』라는 食療書에서도 잘 표현되고 있다.

따라서 본고에서는 몽원제국이 기초를 확립해가는 과정에서 농업을 어떻게 활용했으며, 특히 世祖 쿠빌라이시대의 몽골족이 농업정책을 통해 어떻게 농민을 조직하고 교육하여, 재정적 기반과 통치권을 확립해 농경사회에 안착했는가를 살필 것이다. 나아가 산출된 각종 사직품이 국내외 시장에 유통된 상황과 재배된 농작물이 식량공급과 함께 식생활문화를 얼마나 풍부하게 만들었으며, 이러한 변화가 인접국가의 음식문화에 어떤 영향을 끼쳤는지를 살펴볼 것이다. 원과의 교류가 활발했던 고려왕조는 이런 점에서 좋은 연구대상이다. 실제 원대 조리 식료서인 『음선정요』를 보면, 당시 음식조리와 식습관 중에는 오늘날 우리의 식생활과 닮은 점이 적지 않다. 오늘날까지 우리 의식생활의 주된 부분을 점하고 있는 문화가 원대의 農桑문화의 발달과는 어떤 관련이 있는지를 검토해보고자 한다.

2. 쿠빌라이 초기의 安民策과 중국지배

몽골 초기 징기스칸의 상비군이었던 怯薛軍의 숫자는 단지 1만 명에 불과했다. 그러나 전쟁이 계속되고 강역도 동, 서, 북쪽으로 크게 확장되면서 군대의 숫자는 급속히 팽창했으며, 전쟁은 잔혹해졌다. 그 결과 인적 동원과 함께 군수품과 양식의 징발이 늘어났을 것이고, 수탈한 만큼 몽골족에 대한 저항도 거셌을 것으로 짐작된다. 특히 쿠빌라이 이전의 몽골시기에는 농경지대를 직접 복속시키고자하는 적극적인 시도가 없었다. 그로 인해 농경지로부터의 수탈도 자의적인 성격이 강했다.[4) 그래서 몽골군대의 戍兵이나 世家들이 남하하면서 전지를 밟아 목지로 만들거나 마음대로 가축을 농경지나 桑棗園에 풀어놓았으며,[5) 그 결과

4) 金浩東, 앞의 논문, 「蒙古帝國의 形成과 展開」, 270쪽에는 약탈전쟁이 정복전쟁으로 전환되는 2대 우구데이 치세부터 이런 양상을 보이면서 4대 뭉케시대에는 수탈체제의 완성을 보게 된다고 한다.

5) 『元史』 권5, 「世祖二」.

전쟁이 장기화될수록 화북지역은 크게 황폐화되었다. 이것은 몽골인들이 정주사회에 대한 관심이 크지 않았음을 말해준다.

물론 정주민을 어떻게 처리하느냐에 대해서는 몽골지배집단내부에 갈등이 존재한 듯하다. 太祖 근신이었던 芻別迭은 "漢人은 나라에 보탬이 되지 않으니 그 사람들을 모두 토지에서 내쫓고 목초지로 삼아야 한다."라고[6] 하자 耶律楚材가 반박하여 "폐하께서 남정을 하려면 많은 軍資가 필요한데, 중원에 대해 각종 세금을 거두고 야철과 산택지리를 얻게 되면 한 해에 銀 50만냥, 帛 8만필, 粟 40여만 석을 거둘 수 있을 것이니, 이 어찌 보탬이 되지 않는다고 할 수 있겠습니까?"라고 하였고, 태조는 楚材의 말을 따라 관리를 뽑아 10路에 과세를 하도록 하였다. 국용이 충족되면서 야율초재를 中書令으로 삼아 이후 크고 작은 일을 먼저 그와 상의했다고[7] 한다. 이렇듯 이 무렵 몽골지배집단은 농업생산이 목축보다 보다 많은 양식을 생산할 수 있다는 장점을 알게 되었고,[8] 때문에 초기의 칸들은 권농에 힘을 기울였던 것이다.

우구데이와 뭉케시대는 진일보하여 성을 쌓거나 북중국의 경우 호구조사와 세제를 정비하였다. 다만 당시 이 같은 정책은 피지배자들의 안녕이나 번영을 위해서라기보다 분봉과 수탈물을 신속하고 체계적으로 중앙으로 운송하기 위한 시스템구축을 위해서였다.[9] 하지만 쿠빌라이가 정권을 잡은 이후 몽골제국은 분할되고, 이전과 같은 세제의 통일성

---

6)『元史』권146,「耶律楚材子鑄附列傳」.

7)『元史』권146,「耶律楚材子鑄附列傳」"太祖之世 … 近臣別迭等言, 漢人無補於國, 可悉空其人以爲牧地. 楚材曰, 陛下將南伐, 軍需宜有所資, 誠均定中原地稅商稅塩酒鐵冶山澤之利, 歲可得銀五十萬兩、帛八萬匹粟四十餘萬石, 足以供給, 何謂無補哉. 帝曰, 卿試爲朕行之. 乃奏立燕京等十路徵收課稅使 … 帝笑謂楚材曰, 汝不去朕左右, 而能使國用充足, 南國之臣, 復有如卿者乎. 對曰, 在彼者皆賢於臣, 臣不才, 故留燕, 爲陛下用. 帝嘉其謙, 賜之酒. 即日拜中書令, 事無钜細, 皆先白之."

8) 王利華,『中古華北飲食文化的變遷』, 中國社會科學出版社, 2000, 121쪽에 의하면 동일한 면적에서 농업을 통해 부양할 수 있는 인구가 목축보다 10배 이상 많다고 한다. 몽골이 장기적으로 중국을 지배하기 위해서는 농업의 선택이 불가피한 조치였을 것이다.

은 사라졌다. 쿠빌라이는 몽골초원, 티베트 및 북중국을 장악하고, 이후 남송을 정복하게 되면서 그 지역적 특성에 적합한 체제로 적응하게 되었다. 여기에는 金人이나 한인관료의 협조와 함께 만주라는 쿠빌라이의 정치군사적 기반도 영향을 끼쳤다. 특히 남정과정 중에 복속한 농민의 저항이나 도호로 인해 몽골귀족이 타격을 입었으며, 그로 인해 쿠빌라이는 농업을 파괴하고 그 땅에 유목정권을 세우기보다 농업을 본으로 한 정책으로 개변하는 데에 주목하게 된 것이다.[10] 만약 그렇지 않았다면 중원지역에 대한 농정이 그다지 철저하지 않았을 것이다.[11]

대원을 건국한 쿠빌라이가 정권초기에 실시했던 농업정책을 보면 지배지역에 대한 관심을 충분히 살필 수 있다. 그의 첫 관심은 무엇보다 파괴된 농지를 회복하고 황폐해진 토지를 복구하여 백성을 안심시키는 것이 급선무였다. 화북지역의 경우 당대 안사의 난을 전후하여 오랫동안의 전쟁과 거란과 여진족의 침입으로 민심이 유리되면서 토지는 황폐해지고 20~25%정도의 주민이 남쪽으로 이주하는 현상이 발생하였다.[12] 실제 邢州의 쿠빌라이의 봉지에도 授封 초에는 일 만여호의 민이 있었는데, 날마다 줄어들어 겨우 몇 백호가 남았으며,[13] 이와 같은 상황이 다른 지역에도 적지 않았다. 예컨대 쿠빌라이 즉위 2년인 1261년에 천하의 戶가 1,488,490였는데,[14] 金朝 최성기 때의 호구와 비교

---

9) 金浩東, 위의 논문, 「蒙古帝國의 形成과 展開」, 275쪽에는 이를 위해 역참의 건설도 이루어졌으며, 283쪽에서는 '分土分民'을 위해 인구조사를 실시했으며, 대외정복전은 자신들의 재산증식을 위한 공동사업이었다고 보고 있다.

10) 『元史』 권100, 「兵志三 · 屯田」 "首詔天下, 國以民爲本, 民以衣食爲本, 衣食以農桑爲本."

11) 趙華富, 「忽必烈以農爲本的經濟方針」 『中國蒙古史學會論文集』, 1983, 31쪽.

12) Valerie Hansen(신성곤역), 『열린제국: 중국고대 1600』, 까치, 2006에는 중국의 인구가 안사의 난 이전에는 황하유역에 60%가 거주했던 것이 宋初인 980년 무렵에 이미 인구의 62%가 장강유역에 거주했다고 한다.

13) 『元史』 권4, 「世祖一」 "邢州有兩答剌罕言於帝曰, 邢吾分地也, 受封之初, 民萬餘戶, 今日減月削, 纔五七百戶耳, 宜選良吏撫循之. 帝從其言."

14) 『元史』 권4, 「世祖一」.

해보면, 우구타이 때에는 이보다 681만여호가 적고, 뭉케 때에는 660여 만호가 적으며, 중통2년(1261)에는 620만호 정도가 줄어든 수치였다.[15] 이러한 현상은 전쟁으로 인해 사망자가 늘어난 것도 요인이겠지만 대부분 逃戶로 인해 나타난 현상이었다. 그 해결을 위해 군관과 兵伍가 민전을 강점하거나 민을 괴롭히는 것을 엄격하게 금지해야 한다는 건의를 받아들이기도 했다.[16] 이는 쿠빌라이가 이미 뭉케 때 鄂州를 진공하면서 "軍士가 민가에 함부로 들어가면 군법으로 다스려라."고[17] 했으며 中統연간에는 수차례 이러한 금령을 내려 민간생활을 보호하였다는 것으로도 알 수 있다. 예컨대 中統4년(1263) 정월에는 聖旨를 내려 군마를 위해 백성의 처소에서 재물을 갈취하고 가축을 마음대로 풀어 麥苗를 밟게 하거나 뽕나무나 과일나무 잎을 뜯어먹어 인민을 괴롭히는 행위를 금지하였다. 또 주둔한 몽골의 군마가 자신의 양식은 내다 팔면서 도리어 백성의 양식과 인부를 강탈하고 있는 사실을 알고, 이 같은 일이 또다시 발생하면 배상과 함께 軍官과 宣慰司를 모두 문책한다고[18] 밝히고 있다.

이와 더불어 中統3년(1262)에 실시한 安集정책은 묵은 토지나 황지를 개간하고 農桑을 종식하여 농업을 보호하였다.[19] 이와 동시에 농민들의 농업을 지원하기 위해 보상 없이 농구와 종자 등을 조달했으며, 같은 해 11월에는 자담할 수 없는 陝西民의 경우 牛具와 粟麥種을 지급하고 사람마다 布 2필을 하사하기도 하였다. 그런가 하면 至元원년에는 일부

---

15) 趙華富, 위의 논문,「忽必烈以農爲本的經濟方針」, 31쪽.

16)『通制條格』권16,「田令」.『統制條格』의 '田令'은 方齡貴,『統制條格校注』, 中華書局, 2001; 岡本敬二編,『統制條格の研究譯註(第二册)』, 國書刊行會刊, 1975 중 후자를 주로 참고했다.

17)『元史』권4,「世祖一」.

18)『通制條格』卷16,「田令 · 軍民擾民」.

19)『元史』권5,「世祖二」.

황실소유의 목지를 토지가 없는 농민에 나누어주고,[20] 지원4년(1267)에는 조칙을 내려 부채를 상환할 수 없는 사람들은 官에서 배상하고 이내 牛具, 종자 및 양식을 지급하기도 하였다.[21] 이런 정책은 이후에도 지속되어, 지원7년에는 말이 부족한 西夏 中興에 5백 필을 제공했다.[22] 게다가 지원10년에는 산동 臨邑 牧地 20만 무를 민에게 돌려주었으며,[23] 11년에는 원 귀족이 河南 민에게서 강제로 빼앗아 목지로 만든 것을 해당 민에게 돌려줄 것을 명했다.[24] 지원12년(1275) 9월에는 襄陽의 官牛 5,800두를 보상없이 빈민에게 조달하여 그들의 농업생산을 돕기도 했다.[25] 그리고 이듬해 12월에는 浙東西 · 江東西 · 淮東西 · 湖南北 府州軍縣의 官吏軍民에게 조칙을 내려 "옛날에는 千戶, 萬戶가 백성을 약탈하여 그들이 다른 곳으로 도망쳐 흩어졌는데, 지금은 원래의 州縣으로 되돌아오고 있다. 그동안 將校와 宋관리가 힘으로 백성의 田廬와 토지를 빼앗은 것은 모두 주인에게 돌려주되, 주인이 나타나지 않으면 인근 인민 중 토지가 없는 자에게 지급하라."라고[26] 명하여 元 통일 전 몽골시대와는 다른 정책으로 백성을 보호하고 있는 모습을 볼 수 있다.

아울러 인민의 생활을 보호하기 위해 여러 관료들은 쿠빌라이에게 良吏를 뽑아 백성을 위무할 것을 건의하였고, 황제도 이에 따랐다는 것도 주목된다. 실제 쿠빌라이의 측근 관료였던 劉秉忠은 쿠빌라이에게 "지금 토지는 넓고 사람은 적은데, 賦稅는 가중하여 백성들이 편안하지

20) 『元史』 권5, 「世祖二」.

21) 『元史』 권6, 「世祖三」.

22) 『元史』 권7, 「世祖四」.

23) 道光, 『濟南府志』 권34, 「田壽傳」.

24) 『元史』 권8, 「世祖五」.

25) 『元史』 권8, 「世祖五」.

26) 『元史』 권9, 「世祖六」 "庚寅, 詔諭浙東西江東西淮東西湖南北府州軍縣官吏軍民. 昔以萬戶千戶漁奪其民, 致令逃散, 今悉以人民帰之元籍州縣. 凡管軍將校及宋官吏, 有以勢力奪民田廬産業者, 俾各歸其主, 無主則以給附近人民之無生産者."

못합니다. 이런 상황에서 무슨 힘으로 농사를 지어 경제를 일으키겠습니까? 마땅히 권농관을 파견하여 백성들의 농상을 독려하고 산업을 일으켜야 나라에 큰 보탬이 될 것입니다."라고[27] 건의하였고, 姚樞도 쿠빌라이에게 글을 올려 농상을 중히 여기고 부세를 가벼이 하며, 요역을 줄이면서 게으른 자를 물리치면 부지런한 경직자는 기한을 극복할 수 있을 것이라고[28] 건의하였다. 儒臣인 許衡도 오늘날과 같은 상황을 극복하기 위해서는 놀기 좋아하고 게으른 농민을 토지에 되돌아가도록 깨우치고 감독하면 10년 이내에 창고가 가득할 것이라고 주문하기도 하였다.[29] 그런가 하면 高天錫은 중통4년(1263)에 丞相 孛羅, 左丞 張文謙에게 "農桑은 의식의 근본이다. 근본을 힘쓰지 않으면 의식이 부족하고 교화가 일어나지 않는다. 옛 王政에서는 이보다 우선하는 것이 없었다."라고 말하자 승상 孛羅는 이 견해를 쿠빌라이에게 전했는데, "쿠빌라이가 크게 기뻐하여 司農司를 세우게 하고, 天錫을 권농사 겸 司農丞으로 삼았다."라고[30] 한다. 이처럼 쿠빌라이 측근 유교관료들의 건의 역시 쿠빌라이가 농본경제를 확립하는데 영향을 주었을 것으로 판단된다. 실제『經世大典序錄』에서 쿠빌라이가 "入司農官, 頒農政, 化天下以敦本就實之道"라고 한 것은 모두 左丞 張文謙의 도움 때문이라 하였다.

쿠빌라이의 초기 정책 중에서 주목한 것이 바로 몽골족에 대한 한족의 적개심을 완화하고, 민심을 회복하면서 세수기반을 확보하는 것이

27)『元史』권157,「劉秉忠傳」"今地廣民微, 賦斂繁重, 民不聊生, 何力耕耨以厚産業. 宜差勸農官一員, 率天下百姓務農桑, 營産業, 實國之大益."

28)『元文類』권13, "重農桑, 寬賦稅, 省搖役, 禁遊惰, 則民力紓, 不趨於浮僞, 且免習工撥者歲加富溢, 勤耕織者日就饑寒."

29)『元史』권158,「許衡傳」"誠能優重農民, 勿擾勿害, 毆遊惰之人而帰之南畝, 課之種芸, 懇喻而督行之, 十年之後, 倉府之積, 當非今日之比矣."

30)『元史』권153,「高宣傳」"中統二年, 授以其父官, 爲鷹坊都總管. 四年, 改燕京諸路奧魯總管, 遷按察副使, 仍兼鷹坊都總管. 天錫語丞相孛羅左丞張文謙曰, 農桑者, 衣食之本, 不務本, 則民衣食不足, 教化不可興, 古之王政, 莫先於此, 願留意焉. 丞相以聞, 帝悅, 命立司農司, 以天錫爲中都山北道巡行勸農使, 兼司農丞."

었다. 그것은 바로 농민의 안정된 생업을 보장해주는 것이었다. 게다가 군대가 밟고 지나간 西凉에서 백성들의 생업이 곤란해지자 3년간 세금을 면제하여 진휼했으며, 이후 생업에 복귀한 西凉의 농민에 대해서도 마찬가지로 세금을 면제해주었다.[31] 이 같은 정책을 세조 초기에 재차 발하여 "申嚴畜牧損壞禾稼桑果之禁"[32]한 것은 이러한 그의 의도를 잘 보여주고 있다. 그런가하면 백성이 생업에 안심하고 종사할 수 있도록 군대와 行省 이하의 관리가 백성이 농업에 힘쓰도록 위무하고, 군민간이 民産을 가로채거나 양민을 노비로 삼지 못하도록 하였으며,[33] 이런 정책은 그의 만년까지 더욱 엄격하게 지속되었다.

원대의 세제는 우구데이 칸 8년(1236)에 제정된 법을 근간으로 변경한 것인데, 강북의 稅量이란 곡물세는 호등제를 근거로 할당하고, 1등호의 경우 地稅(1畝당 陸田 3升, 水田 5승)와 丁稅(1丁 2石)로 구분하여 납입하고, 전토를 소유하지 않은 호에도 곡물세가 정세 형태로 부과되었다. 科差 역시 호등제를 근거로 上下等戶를 평균하여 1호당 생사 등의 物納稅(生絲 8兩, 交鈔 3貫文 전후)를 부과했다. 강남의 경우 기본적으로 전토의 크기에 기초하여 곡물(秋稅 米 1石)과 布帛토산품[夏稅]을 징수한 양세법을 실시했다.[34] 문제는 원초부터 兵士의 식량이 부족해지면서 과징한 것인데, 1296년에 과징법이 정해지면서 丁數에 따라 丁당 粟 1石을 과세하고, 경작자와 牛具 및 토지 등급에 따라 丁稅와

31) 『元史』 권5, 「世祖二」 "甲子, 以西凉經兵, 居民困弊, 給鈔賑之, 仍免租賦三年, … 壬申 … 詔西凉流民復業者, 復其家三年."

32) 『元史』 권7, 「世祖四」.

33) 『元史』 권10, 「世祖七」 "詔諭軍前及行省以下官吏, 撫治百姓, 務農樂業, 軍民官毋得占據民産, 抑良爲奴."

34) 愛宕松南(윤은숙 공역), 『대원제국』, 혜안, 2013, 173~176쪽에서 원대 강남 강북의 세법은 원칙적으로 별개의 세법이지만 결과적으로 쌍방 모두 곡물과 지폐납(강북의 물납세와 강남의 兩稅)을 징수했다는 점에서 주목된다고 한다. 또 『至順鎭江府』 권6, 「賦稅」에 의하면 당시 夏稅는 綿, 鈔 이외 大小麥과 豆를 납입했는데, 대소맥의 양은 세량의 10%정도를 점했다고 한다.

地稅 중 많은 것을 하나를 택하여 납부하도록 했다.[35] 그런데 남송을 정벌한 후, 그 부렴이 "如虎狼浩劫"했다고 한다.

당시 남송의 경우 명의상의 正稅 이외의 것을 징수할 때 손실을 보충하기 위해 추가로 '耗米'를 내게 하여 부담이 가중되었는가 하면, 標準斗 보다 2~3할, 간혹 5~6할이나 큰 大斗를 통해 징수함으로서 실제 정세보다 2배 이상을 납입했다. 그 외에도 하세를 징수할 때 이른바 "折帛錢", 즉 실물대신 화폐로 납부하게 하여 민간에서는 시가의 2~3배의 가격에 따라 납입해야만 했다. 이처럼 강남의 양세법이 문란해져 정세와 각종 잡세를 납입하기 위해서는 미리 수년간의 고리대['豫借']를 빌릴 수밖에 없는 실정이었다.[36] 쿠빌라이는 이 같은 남송의 가렴주구로 도탄에 빠진 백성들에게 면세정책을 통해 休養生息하게 하였다.

쿠빌라이는 재임 중에 여러 차례 조세 감면정책을 실시하여 기존의 적폐를 해소하고자 노력했다. 특히 경신년(1260)에는 지방세 중 일부를 중앙으로 상공하는 '包銀之法'의 폐단이 적지 않은 것을 보고, 조칙을 내려 농민의 생활을 불안하게 한 이 법을 폐지하고 민력을 감안하여 科差하여 공평하게 과세할 것을 명하였으며, 이후에도 여러 차례 이 정책을 폈다.[37] 그런가 하면 남송을 정벌한 후 그곳에 농민이 수탈이 심하여 여력이 없는 것을 보고 쿠빌라이는 부세를 가벼이 하는 정책을 통해 농민들에게 안정된 삶을 영위하게 했다.

그리고 私租에 대해서도 쿠빌라이는 지원20년(1283) 조세의 2/10를 감면하도록 규정하였다. 그 후 강남의 지조 역시 공세보다 수배에 달한다는 사실을 알고, 지원22년에 조칙을 내려, 강남의 지주가 거두

35)『元史新編』권87,「食貨上 · 稅糧」.

36) 李迪. 陸思賢,『忽必烈的農業政策與元代農業技術』, 內蒙古文物工作隊, 팜프렛본, 5쪽.

37)『元典章』「聖政二 · 均賦役」.

는 조가 公稅의 수 배가 되어 빈민걸식자가 매우 많다고 하여 전주가 전객을 통해 거두는 조세 2할을 감면하여 부과하도록 조치하였다.[38] 이처럼 쿠빌라이는 농업생산의 회복과 발전에 부담을 주는 과중한 부역을 고쳐, 지속적으로 각 지역의 부세를 조사하여 인민의 부담능력을 초과하지 않는 범위 내에서 공평하게 거두도록 조치했다.[39] 그 외 쿠빌라이는 遼東 · 東昌路 · 濟南 및 眞定 등에 기근이 들자 빈곤농민이나 재해를 입은 농민에 대해 조세감면과 구제조치를 행하여 농민을 안정시킴으로서 농업생산의 발전에 적극적인 작용을 했다.[40]

쿠빌라이가 정권을 장악한 이후, 이런 정책을 효과적으로 유지하기 위해 官吏와 농민의 상벌을 엄격하게 적용하는 정책을 실시하여 규율을 회복하고 풍속을 교정하기도 했다. 때문에 관리의 고과에도 호구나 토지면적이 증가하였으며, 세가 공평하고, 도적의 발호가 적어 백성이 安集하였다.[41] 그리고 지방관과 중앙관의 농상 · 권농의 성패가 提刑按察司의 가장 중요한 규찰의 임무 중 하나였다. 이렇게 위로는 안찰사, 권농관에서 하급관료에 이르기까지 권농에 주목한 것을 보면 쿠빌라이의 농정의 일면을 볼 수 있다. 농민 역시 본업에 힘쓰지 않고 게으르고 놀기만 좋아한다면 교육을 받거나 노역에 처해지기도 했다.[42]

물론 이상과 같은 경제정책은 굳이 원의 통치가 아닐지라도 왕조나 정권이 바뀔 때면 농민을 보호하고 육성한다는 차원에서 역사상 흔히 있었던 현상이다. 하지만 원대 농정의 기초가 된 쿠빌라이의 농정은 기존의 왕조에서 볼 수 없는 특징을 지녔다. 그것은 중국내지에 장기간

---

38) 『元典章』「聖政二 · 均賦役」; 大德8년(1304)의 조서에도 비슷한 내용이 있다. 『通制條格』 卷16, 「田令 · 江南私租」 참조.

39) 海日, 「論元世祖忽必烈的經濟政策」『前沿』 2009年 5期, 76쪽.

40) 李迪. 陸思賢, 위의 책 『忽必烈的農業政策與元代農業技術』, 5~6쪽.

41) 『元典章』「聖政一 · 均賦役」.

42) 『通制條格』 권16.

뿌리내린다고 하는 결심과 함께 기존의 송대 농정에 대한 쇄신과 새로운 농정의 틀을 세우고자하는 의지가 결합되어 나타난 현상이라고 생각된다. 이처럼 원대는 유목민족이 지닌 도전성과 기동성을 송대 농업의 터전에 과감하게 도입하고 주변의 도움으로 빠른 시간 내에 변화를 추구하였다. 이를 토대로 농업기술이나 생산력을 증가시킴은 물론이고, 내치의 안정을 도모하고 나아가 해외무역과 정복활동의 기틀로 삼았다. 이 점은 장을 바꾸어 살펴보기로 한다.

3. 원대 農政의 조직과 屯田

앞에서 원대 농정의 기초가 되었던 쿠빌라이 정권초기의 농업 안정책을 통해「식화」의 기록에서와 같이 나라의 근본은 民이고, 민은 의식을 근본으로 삼으며, 그 의식을 위해서는 농상을 근본으로 삼아야 한다는 사실에 인식하여 살펴보았다. 이런 인식의 토대 위에 쿠빌라이는 인민의 안전과 생업을 안정시키기 위해 본격적으로 조직을 개편하여 중농정책을 실시하게 되었다. 이를 위해 중앙 및 지방에 농업관련 조직을 개편하고, 나아가 안정적인 군량확보를 위해 둔전지역을 전국적으로 확대 실시하였다. 그리고 농민의 실정에 맞는 농서를 편찬하여 농업기술의 보급에 앞장서는 등 농정을 통해 통치의 안정성을 확보해 갔던 것이다.

1) 勸農조직과 村社

(1) 勸農조직과 大司農司

쿠빌라이가 1260년 정권을 잡으면서 기존의 정책노선을 개변할 수밖에 없었다. 전술했듯이 처음 북방을 통일하는 과정에서 河朔일대의 경우, "수천의 인민을 다 살육하여 생존 호구 수는 천백에 하나도 남지 않았다."라고[43] 할 정도로 몽골족은 약탈자였다. 하지만 쿠빌라이는 이런 통치정책을 수정하여 중국 고래의 중농의 경제사상을 수용하고, 우선 그것을 담당할 기구부터 조율하였다.

『元史』「劉秉忠傳」에 의하면 원대 권농관을 설치하게 된 배경은 인구는 적은데 부렴이 가중하여 산업을 일으키지 못하자 권농관을 파견하여 농상에 힘쓰게 하여 국익에 보탬을 주기 위해서였다.[44] 이미 甲寅年(1254) 6월 廉希憲은 關西道의 선무사로, 姚樞는 권농사로 임명된 기록이 보인다.[45] 쿠빌라이가 정권을 장악한 中統원년(1260)에 各路의 선무사에게 명하여 농사일에 밝은 자를 선임하여 권농관을 배치하도록 하였다. 다음 해에는 勸農司를 설립하고, 陳邃, 崔斌 등 8인을 권농사에 임명하였다.[46] 또 중통2년에 쿠빌라이는 '初立勸農司'하여 姚樞를 大司農으로 삼아 각 지역에 권농사를 파견하기에 이르렀다.[47] 그리고 중통4년(1263)에 高天錫은 農桑이 의식의 근본이며, 이전부터 시행되었던 방법이었다는 사실을 승상 孛羅와 左丞 張文謙에게 말하자 그것을 황제에게 보고하였고, 황제는 중앙에 사농사의 건립을 명하였다. 이때 고천석을 中都山北道巡行勸農使로 삼고 司農丞을 겸하게 했으며, 얼마 후 수행권농사로 임명하게 한 것을 보면 농정에 주목했음을 알 수 있다.[48] 그리고 至元원년(1264)에는 廉訪司가 군현의 권농관의 근무태

43) 劉因, 『靜修文集』 권4, 「武強尉孫君墓志銘」.

44) 『元史』 권157, 「劉秉忠傳」 "今地廣民微, 賦斂繁重, 民不聊生, 何力耕耨以厚産業. 宜差勸農官一員, 率天下百姓務農桑, 營産業, 實國之大益."

45) 『元史』 권4, 「世祖一」 "(歲甲寅)六月, 以廉希憲爲関西道宣撫使, 姚樞爲勸農使."

46) 『元史』 권93, 「食貨一 · 農桑」 "中統元年, 命各路宣撫司択通暁農事者, 充随處勸農官. 二年, 立勸農司, 以陳邃崔斌等八人爲使."

47) 『元史』 권4, 「世祖一」 "(二年 八月)丁未, 以姚樞爲大司農 … 初立勸農司, 以陳邃、崔斌、成仲寛粘合從中爲浜棣平陽済南河間勸農使, 李士勉陳天錫陳膺武忙古帯爲邢洺河南東平涿州勸農使."

도를 살펴 대사농사에 상달하여 출척의 근거로 삼기도 했다.[49] 이것은 쿠빌라이가 정권을 잡으면서부터 권농기구를 설치하여 중앙과 지방의 농정을 확인 점검하였음을 알 수 있다. 지원2년에는 다시 宣撫使官에게 農桑을 독려하며 민간의 풍속을 살피고 농민의 고통을 상의하여 생산력을 높일 수 있는 학식 있고 정치력이 있는 사람을 추천하여 뽑도록 하였다.[50] 이처럼 쿠빌라이 정권초기에는 권농관에 대한 지휘계통이 다소 혼선을 빚는 양상을 보이기도 했다.

지원7년(1270)에는 左丞 張文謙을 司農司의 (司農)卿으로 삼아 오직 農桑水利를 전담하게 했으며, 군읍에 권농관과 함께 수리에 밝은 자를 배치하여 농사의 실태를 살피게 했다는[51] 사실에서 쿠빌라이가 정권을 장악하면서 권농에 관심을 가졌다는 것을 알 수 있다. 이처럼 초기의 선무사에서 사농사로 변경된 명칭만 보아도 위무중심에서 중앙과 지방을 연결하는 농업전담기구로 변화되었음을 알 수 있다.

흥미로운 것은 지원6년(1269)의 8월 쿠빌라이의 조칙을 보면 중서성은 농상의 정책을 수립하고, 諸路는 주로 농상을 독려 · 독책하였다. 그리고 현장을 지도하는 제형안찰사와 주현의 관리는 지역의 풍토에 적합하게 농사의 가능여부를 판단하도록 하여 지역의 특수성에 맞게 행

---

48)『元史』 권153, 「高宣傳」“(中統四年)天錫語丞相孛羅左丞張文謙曰, 農桑者, 衣食之本, 不務本, 則民衣食不足, 教化不可興, 古之王政, 莫先於此, 願留意焉. 丞相以聞, 帝悅, 命立司農司, 以天錫爲中都山北道巡行勸農使, 兼司農丞.”

49)『元史』 권38, 「順帝一」“至元元年春正月癸巳, 申命廉訪司察郡県勧農官勤惰, 達大司農司以憑黜陟.”

50)『元史』 권4, 「世祖一」“(至元二年)命宣撫司官勸農桑, 抑遊惰, 禮高年, 問民疾苦, 擧文學才識可以從政及茂才異等, 列名上聞, 以聽擢用.”

51)『元史』 권93, 「食貨一 · 農桑」“(中統)二年, 立勧農司, 以陳邃崔斌等八人爲使. 至元七年, 立司農司, 以左丞張文謙爲卿. 司農司之設, 專掌農桑水利. 仍分布勧農官及知水利者, 巡行郡邑, 察擧勤惰.” 지원7년에 사농사를 설립한다고 하지만 앞에서 보듯 이미 중통4년에 고천석의 건의에 의해 사농사가 건립되어 존속했던 것이 아닌가 한다.

정을 펴도록 지시함으로써[52] 중앙과 지방관아 간의 업무분담과 역할을 분명히 제시하고 있다.

그런데 중통4년에 農桑이 국가의 근본이라는 高天錫의 말을 듣고서 농업에 孛羅가 깊은 관심을 갖게 되었으며, 지원7년(1270) 12월에 司農司를 대사농사로 개칭하면서[53] 어사중승인 孛羅가 大司農卿을 겸직하게 되었다.[54] 이러한 인사를 의아하게 생각했는지[55] 쿠빌라이는 "司農은 결코 가벼운 임무가 아님을 짐이 깊이 깨달았다."라는 유지를 보이면서 孛羅로 하여금 그 임무를 총괄하게 했다. 이때 쿠빌라이가 농정이 元 경제의 요체로서 반드시 확실하게 관리하고 장악해야 한다고 인식했던 것이 아닌가 한다. 때문에 직제 개편과 함께 이미 司農卿에 임용된 장문겸을 비중 있는 다른 인물로 교체했던 것 같다. 그러나 어떻게 장문겸이 바로 대사농경에서 교체되었는지는 알 수 없다. 다만「張文謙傳」에는 장문겸이 지원7년에 諸道에 권농사를 설립하여 농상의 책임을 맡아 宋代와 마찬가지로 藉田을 열어 先農先蠶에 제사지낼 것을 건의할 정도로[56] 전통적인 농업장려책을 원대에도 권유하였다. 하지만 지원12년(1275) 4월에 孛羅가 대사농과 어사대부를 겸직하면서 諸路

52)『元史』권6,「世祖三」"詔諸路勧課農桑. 命中書省采農桑事, 列爲條目, 仍令提刑按察司與州県官相風土之所宜, 講究可否, 別頒行之."

53)『元史』권148,「文用傳」"(至元)八年, 立司農司, 授山東東西道巡行勧農使."에서 비록 지원7년 12월에 사농사가 대사농사로 개칭되었지만, 산동에는 지원8년에도 여전히 사농사가 존재하였으며, 그곳에서 순행권농사를 제수하기도 하였다. 이는 통치역이 광대하여 중앙의 명령이 아직 전달되지 않았기 때문일 것이다.

54)『元史』권7,「世祖四」"十二月丙申朔, 改司農司爲大司農司, 添設巡行勧農使副各四員, 以御史中丞孛羅兼大司農卿. 安童言孛羅以台臣兼領, 前無此例. 有旨, 司農非細事, 朕深諭此, 其令孛羅總之."

55) 至元7년에 승상 孛羅가 御史中丞으로 등장하고, 또 직위에 걸맞지 않게 大司農卿을 맡은 것은 다소 이상하다.『원사』에서 孛羅는 이미 중통4년에 승상의 지위에 있었다. 흥미로운 것은 지원3년(1266)에 左丞이었던 張文謙 역시 다시 '爲中書左丞'에 임명된 것을 보면, 그 사이에 어떤 사건으로 둘 다 좌천되었다가 복귀된 것인지, 아니면 大元건국과 관계있는지 아니면 기록자가 관찰자를 바라보는 시점의 문제인지가 분명하지 않다.

의 순행권농관을 없애고, 그 역할을 提刑按察司에게 위임하였다.[57] 제형안찰사에서 파견된 관리는 관할지역의 농업을 권장하고 풍속교화와 질병을 살피고 학교를 격려하는 역할을 했다.[58] 이것은 당송 이전에는 볼 수 없었던 것으로 권농사의 기능이 안찰사에게 넘어가고 대사농사의 농상에 대한 기능이 감찰과 확인행정 중심으로 바뀌었음을 의미한다. 세조가 大元 건국의 직전에 司農司를 대사농사로 개칭한 것은 본격적으로 농민에 대해 農桑정책과 社制를 시행하기 위한 일환이었다고도 볼 수 있다.[59]

여기서 흥미로운 것은 지원12년부터 제형안찰사가 권농사를 대신하였다는 점이다. 『원사』「백관」에 의하면 국초에 이미 제형안찰사를 4道에 설치했는데, 지원6년에 처음으로 "以提刑按察司兼勸農事"했다는[60] 기록이 보이며, 지원7년에는 西夏에서도 이런 상황을 볼 수 있다.[61] 이는 大元 건국을 전후하여 화북지역은 여전히 반항과 이주가 심하여 권농관이 농상을 권유하기에 문제가 많았던 것 같다. 특히 농업에 익숙하지 못한 몽골족이 농민을 감찰했던 것도 부적합했던 것 같다. 지원12년 이후에는 권농관을 없애고, 燕南 河北道에서 보듯 기존의 제형안찰사를 증설했으며,[62] 지원14년에는 諸道에 제형안찰사를 다시 설립

56)『元史』 권157, 「張文謙傳」"七年, 拜大司農卿, 奏立諸道勧農司, 巡行勧課, 請開籍田, 行祭先農先蠶等礼." 包偉民 外1, 「形式的背後: 兩宋勸農制度的歷史分析」『浙江大學學報(人文社會科學版)』 제34권 제1기, 2004.1, 38~41쪽.

57)『元史』 권8, 「世祖五」"(至元十二年, 夏四月), 丁卯, 以大司農御史中丞孛羅爲御史大夫. 罷隨路巡行勸農官, 以其事入提刑按察司."

58)『南臺備要』「立江南提刑按察司條畫」.

59) 岡本敬二編, 『通制條格の研究譯註(第二册)』, 國書刊行會, 1975, 141쪽의 「田令·立社巷長」의 각주 참조.

60)『元史』 권86, 「百官二」"肅政廉訪司. 國初, 立提刑按察司四道, 曰山東東西道, 曰河東陝西道, 曰山北東西道, 曰河北河南道. 至元六年, 以提刑按察司兼勧農事. 八年, 置河東山西道陝西四川道."

61)『元史』 권7, 「世祖四」"癸未, 詔諭西夏提刑按察司管民官, 禁僧徒冒據民田."

62)『元史』 권8, 「世祖五」"己卯, 增置燕南河北道提刑按察司."

하는 등 各道에서 제형안찰사가 권농의 일을 겸하는 강화된 모습을[63] 볼 수 있다.[64] 그러다가 지원14년(1277) 2월 孛羅는 대사농, 어사대부와 함께 宣徽使, 樞密副使 등을 겸직했으며, 至元15년과 지원17년 중서성 승상을 역임하고, 지원19년(1282)에도 그 직책을 맡고 있었던 것을 보면,[65] 10여 년 동안 대사농사가 중서성의 주된 업무 중의 하나였음을 확인할 수 있다.

사실 앞서 언급한 張文謙은 1259년 9월에 남정과정에 다루가치와 함께 장강중류의 전쟁에 참가했던 인물이다.[66] 이듬해 중통원년(1260) 4월에 中書省이 처음 설립되면서 左丞에 임명된 후에도 여전히 정치 군사적 업무를 담당했다.[67] 다만 앞에서 승상은 高天錫과 함께 국가 농업정책을 논의하면서 농정에도 관심을 가진 듯하다. 장문겸은 쿠빌라이에게 권농관의 설치를 건의한 유병충과 동학이며,[68] 유병충이 장문겸을 세조에게 추천한 것을 보면 장문겸이 사농사를 맡은 것은 유병충의 역할이 큰 듯하다. 7년 후에는 장문겸이 농업을 전담하는 사농사를 맡

63) 『元史』 권9, 「世祖六」 "復立諸道提刑按察司."; 『元史』 권9, 「世祖六」 "各道提刑按察司兼勸農事."; 『元史』 권9, 「世祖六」 "置八道提刑按察司."

64) 그 외에도 『元史』 권86, 「百官二」 에는 지속적으로 提刑按察司를 설치했는데, 즉 지원 19년에는 西蜀四川道에, 二十年에는 海北廣東道에 증설했으며, 雲南道와 여진 땅인 海西遼東道에도 설치했다. 23년에는 淮東 · 淮西 · 山南三道에, 二十四年에는 河西隴右道에 증설하고, 28년에는 按察司를 肅政廉訪司로 개칭하였으며, 30년에는 海北海南道에 설치하는 등 지속적으로 외연으로 확대하고 있음을 볼 수 있다.

65) 『元史』 권8, 「世祖五」 "(十二年 四月)丁卯, 以大司農御史中丞孛羅爲御史大夫."; 『元史』 권9, 「世祖六」 "(十四年 二月)以大司農御史大夫宣徽使兼領侍儀司事孛羅爲樞密副使, 兼宣徽使, 領侍儀司事."; 『元史』 권12, 「世祖九」 "丁巳, 安州張拗驢以詐敕及僞爲丞相孛羅署印, 伏誅."; 『元史』 권133, 「脫歡列傳」 "(至元)十五年春, 從親王斡魯忽台丞相孛羅西征有功, 加定遠大將軍福州路總管府達魯花赤."

66) 『元史』 권4, 「世祖一」 "(己未)宋以大舟扼江渡, 帝遣兵奪二大舟. 是夜, 遣木魯花赤張文謙等具舟楫. 乙巳遲明, 至江岸, 風雨晦冥, 諸將皆以爲未可渡, 帝不從."

67) 『元史』 권4, 「世祖一」 "(中統元年)夏四月戊戌朔, 立中書省, 以王文統爲平章政事, 張文謙爲左丞."

68) 『元史』 권157, 「張文謙傳」.

게 되었지만, 얼마 지나지 않아 직제 개편과 함께 대사농사의 장이 孛羅로 교체된다. 孛羅는 원래 北山 遼陽 等路의 몽골군의 萬戶출신이었다.[69] 일찍부터 쿠빌라이는 한인 유생 張德輝 등과 교류하고, 독서를 통해 한인의 문화를 익혔다. 쿠빌라이가 정권을 잡은 후에는 孛羅가 요직에 임명되어 지원7년에는 대농사를 맡게 된 것이다.

문제는 어떻게 쿠빌라이의 막부 중신이자 한족[邢州 沙河人] 사대부로서 천문, 역법에 뛰어난 張文謙을 대신해 몽골인에게 大元의 농업을 총괄하게 했는가라는 점이다. 이는 쿠빌라이가 지원2년(1265) 2월 甲子일에 "각 路의 다루가치는 몽골인으로 충당하고, 總管은 한인, 同知는 회회인으로 충당하는 것을 법으로 영원히 규정한다."라는[70] 원칙에는 위배되지 않지만, 국가의 민생과 교화를 담당하는 대사농사의 총관을 몽골인에게 맡기는 것은 다소 의외였다. 여기에는 두 가지를 상정해 볼 수 있다. 하나는 대사농사가 어사대부와 같은 감찰기구와 결합되면서 감찰의 조직을 농정에 연결한 元代 특유의 농정방식이었다고 볼 수 있고, 다른 하나는 송대 사대부에 의한 농정을 믿지 못하겠다는 인식이 깔려 있다고 볼 수 있다.[71]

大司農司는 지원7년 이후에도 여러 차례 변화가 있었다. 『원사』「百官」에 의하면 "지원7년에 (다시 개편한) 대사농사에 관리 5명을 두었으나,[72] 14년에 폐지되고 按察司로서 勸農事를 겸하게 했다. 지원18년

---

69) 『元史』 권12, 「世祖九」 "以蒙古人孛羅領湖北辰､沅等州淘金事."; 『元史』 권31, 「明宗」 "山北遼陽等路蒙古軍万戸孛羅."

70) 『元史』 권6, 「世祖三」 "甲子, 以蒙古人充各路達魯花赤, 漢人充總管, 回回人充同知, 永爲定制."

71) 曾雄生, 『中國農業通史(宋遼夏金元卷)』, 農業出版社, 2014, 155쪽에서 원대 생산력이 쇠퇴한 요인을 1. 인력이 부족함에도 토지만 탐하여 盡地力과 天時를 따르지 못하고, 2. 牛力의 결핍, 3. 심각한 관료주의 풍토와 지방관리들이 고의적인 방해[冤假錯案]로 인해 제때에 농사를 짓지 못했었고, 4. 농사에 정성을 다하지 않고, 게을러 整地, 播種, 中耕을 순서대로 진행하지 않았으며, 5. 농가의 사치와 낭비 등과 같이 원대 한족 관료(권농관)들의 작폐를 중점적으로 지적하고 있다.

(1281)에는 農政院으로 개칭하여 6명의 관원을 두었다. 지원20년에는 다시 務農司로 개칭하였으며, 정3품에서 종3품으로 낮추고 다루가치 1명, 務農使 1명, 同知 2명을 두었다. 이 해에 다시 司農寺로 개칭하고 다루가치 1명, 司農卿 1명, 司丞 1명을 두었다. 그리고 23년(1286)에는 다시 원래의 대사농사로 개편하고 장관을 正 2品으로 하였다. 元 世祖가 죽은 이후 大德원년(1297)이 되면 大司農事 1명을 더 증원시켰다.

이 같은 조직정비는 世祖 사후에도 계속되어 成宗 元貞 원년(1295)에도 中外에 조칙을 내려 농정수리의 중요성을 깨우치기도 했다.[73] 성종은 백성이 파종을 게을리 한다거나 관리가 권농을 행하지 못하면 각道의 廉訪司로 하여금 처벌하도록 명하였다.[74] 仁宗 皇慶2년(1313)에는 대사농사를 "종1품으로 승격시키고 大司農 1명을 증원하여 대사농 4명을 두고 종1품으로 했으며, 大司農卿 2명은 정2품, 小卿 두 명은 종2품, 大司農丞 2명은 종3품으로 하고 經歷 1명은 종 5품으로, 都事 2명은 종7품, 架閣庫管勾 및 照磨 각1명은 정8품으로, 掾史12명을 두었으며, 몽골족 必闍赤 2명, 회회족 掾史 1명, 知印 2명, 通事 1명, 宣使 8명, 典吏 5명을 두었다."라고[75] 한다. 이처럼 成宗, 武宗, 仁宗

---

72) 『元史』 권7, 「世祖四」 "(至元七年) 十二月丙申朔, 改司農司爲大司農司, 添設巡行勸農使副各四員"와 차이를 보이는데, 巡行勸農使 1명에 副使 4명인지 아니면 권농사와 부사가 각 4명인지 분명하지 않지만 이후의 인원수로 보아 전자가 합당한 듯하다.

73) 『元史』 권18, 「成宗一」 "(元貞元年 五月)是月詔諭廉訪司巡行勸課農桑."

74) 『元史』 권19, 「成宗二」 "(大德二年 二月)詔諸郡凡民播種怠惰及有司勸課不至者, 命各道廉訪司治之."

75) 『元史』 권87, 「百官三」 "大司農司, 秩正二品. 凡農桑水利学校饑荒之事, 悉掌之. 至元七年始立, 置官五員. 十四年罷, 以按察司兼領勸農事. 十八年, 改立農政院, 置官六員. 二十年, 又改立務農司, 秩從三品, 置達魯花赤一員務農使一員同知二員. 是年, 又改司農寺, 達魯花赤一員, 司農卿二員, 司丞一員. 二十三年, 仍爲大司農司, 秩仍正二品. 大德元年, 增領大司農事一員. 皇慶二年, 陞從一品, 增大司農一員. 定置大司農四員, 從一品. 大司農卿二員, 正二品. 少卿二員, 從二品. 大司農丞二員, 從三品. 経歷一員, 從五品. 都事二員, 從七品. 架閣庫管勾一員, 照磨一員, 並正八品. 掾史十二人, 蒙古必闍赤二人, 回回掾史一人, 知印二人, 通事一人, 宣使八人, 典吏五人."

(1213~1320) 때에도 세조의 권농책을 기본적으로 계승하여 농상의 독려와 독책을 편 것은 변하지 않았으며, 泰定帝 致和원년(1328)에는 천하에 "農桑舊制十四條"를 발표하여 유사에게 확인 감독하게 하였다.76)

이처럼 43년간 7회, 즉 거의 6년에 1회 꼴로 관청의 명칭이 바뀌거나 인원조정이 있었다. 하지만 이런 변화에도 불구하고, 권농관의 역할은 처음과 마찬가지로 크게 변하지 않고 여전히 농상 · 수리를 담당했으며,77) 『秋澗集』에 따르면 권농관은 현장에서 토지를 넓히고, 농상을 增收하며, 놀고 게으름 피우는 것을 막고, 근면과 상벌을 분명히 했으며, 또 饑荒의 문제에 관심을 갖고 농민을 위무하며 교육하는 역할까지 담당했다고 한다. 소재의 목민장관은 농사를 점검하여 연말에 그 근무실태를 사농사나 호부에 상신하여 고과를 매기게 했다.78) 중간에 약간의 부침이 존재하고 여러 차례 명칭이나 조직구조가 변경된 것은 역할을 조정하거나 조율되는 과정에서 생긴 현상이다. 이는 그만큼 농업에 대한 관심이 지대했음을 반영한다. 결국 世祖는 대사농사 최고책임자의 秩을 높이고, 그 인원수도 크게 보강했다. 세조의 사후에도 대사농사와 권농사의 조직이 계속된 것은 물론 皇慶2년에는 장관의 官秩이 정2품에서 종1품으로 높아지고 인원도 대폭 확대되며 업무도 분담되었고, 몽골족과 회회족까지 참가하였다. 이는 농업기술에 대한 보급과 관심이 확대되면서 조직의 중요성이 나날이 높아졌음을 보여준다. 원대의 이 같은 농정에서 볼 때 최종 목적은 농업생산력의 제고와 인민을 효과적

76) 『元史』 권30, 「泰定帝二」 "丁醜, 頒農桑舊制十四條於天下, 仍詔勵有司以察勤惰."

77) 『秋澗集』 권80, 「中堂記事上」 "中書省榜示: 欽奉詔書, 農桑衣食之本, 勤謹則可致有餘, 慵惰則必至不足, 正賴有司歲時勸課. 省府照得即目春首, 農作時分, 仰宣撫司令已委勸農官員, 欽依所奉詔書, 於所管地面內, 依上勸課勾當. 務要田疇開辟, 桑麻增盛, 毋得慢易, 仍於歲終, 考校勤懶, 明行賞罰, 以勸將來."

78) 『元史』 권93, 「食貨志一 · 農桑」 "專掌農桑水利, 仍分布勸農官及知水利者, 巡行郡邑, 舉勤惰. 所在牧民長官提點農事, 歲終第其成否, 轉申司農司及戶部, 任滿之日, 注於解由, 戶部照之, 以爲殿最. 又命提刑按察司加體察焉."

으로 관리하고 통제하는 것이었음을 알 수 있다.[79)]

문제는 실제 농상을 감독하고 독려하는 권농관의 기능이다. 지원12년(1275) 지방의 권농사의 기능이 지방을 규찰하는 提刑按察司에게 위임되고 권농관이 없어졌다고 되어 있지만, 실제로는 앞에서 살핀 바와 같이 지원6년(1269)부터 제형안찰사가 권농사를 겸했음을 알 수 있다. 이러한 상황은 지원17년(1280)에도 발생하여 사농사와 각도의 勸農營田司가 폐지되고 농사는 제형안찰사가 총괄했다는 기록이 남아 있다.[80)] 지원23년(1286)에 다시 諸路에 권농사를 재차 설치하고,[81)] 江淮지역에도 대사농사의 관질을 2품으로 올리고 권농영전사를 설립하여 대사농사에 소속하였다.[82)] 그리고 원 세조는 지원25년 정월 조칙을 내려 대사농사와 各道의 勸農營田司가 해마다 府州縣의 권농관의 순행을 통한 생산독려와 현장 농민의 점검 실적을 살펴 고과할 것을 지시하고 있다.[83)] 그리고 강남지역의 경우 지원25년에 대사농사와 영전사를 세우기도 했다.[84)]

한편 甘肅과 寧夏 등지의 변경 遠地에는 남방지역과는 달리 지원25년에 이미 巡行勸農司와 더불어 제형안찰사가 고과를 담당하고 있으며,[85)] 지원28년의 "中書省奏"에 의하면, 각지에 세워진 권농사가 또다시 제형안찰사에 흡수되었다. 후에 제형안찰사는 肅政廉訪司로 개칭되

79) 蘇力, 「元代勸農文對農民的勸化」『農業考古』 2006年 4期, 2006, 131쪽.

80) 『元史』 권16, 「世祖十三」 "(十七年 三月)罷行司農司及各道勧農營田司. 增提刑按察司僉事二員, 總勧農事."

81) 『元史』 권14, 「世祖十一」 "(十二月) 諸路分置六道勧農司."

82) 『元史』 권14, 「世祖十一」 "(至元二十三年 二月)辛丑, 太陰犯東井. 甲辰, 陞江淮行大司農司事秩二品, 設勧農營田司六, 秩四品, 使副各二員, 隷行大司農司."

83) 『元史』 권15, 「世祖十二」 "(二十五年 正月) 癸醜, 詔行大司農司各道勧農營田司, 巡行勧課, 擧察勤惰, 歲具府州県勧農官實跡, 以爲殿最."

84) 『元史』 권93, 「食貨一 · 農桑」 "二十五年, 立行大司農司及營田司於江南."

85) 『元史』 권84, 「選擧四 · 考課」 "(二十五年)甘肅寧夏等處巡行勧農司係邊陲遠地, 人吏依甘肅行省并河西隴北道提刑按察司, 以二十二月准一考, 六十五月爲滿."

면서 僉事 2명을 증원하여 농사의 확인과 감찰기능을 강화하고,[86] 이듬해에는 염방사에게 전국을 순행하며 농상을 독려하고 독찰하도록 조칙을 내리고 있는 것이 특징이다.[87] 이것은 원대 신속하고 강력한 기동성을 지닌 조직의 특성이 농상조직에도 잘 표현한 것이라고 볼 수 있다. 전술했듯이 한인 관료들은 송대와 같이 황제가 직접 藉田하고 神農에 제사하여 농업을 신의 뜻에 의지하여 권농하려 했다. 송대의 권농은 실제 諸路의 권농사와 권농관이 민본사상에 기초하여 愛民 · 與民 · 富民, 信民함으로써 권농책을 행하였다.[88] 원대에도 일시 도입하기도 했지만 송대와 같은 농정을 지속적으로 시행하지 못하였다. 대사농사의 명칭조차 자주 변경했던 것을 보면 아무래도 그 존재의 부적합성을 느낀 듯하다. 결국 農桑을 권유 감독하는 기관에서 감찰계통의 안찰사로 환원한 것은 원대가 지닌 특수성 때문이라고 생각된다. 실제『通制條格』의「田令」을 보면, 각종 田令을 중서성에서 관장하며, 그 아래 농상의 실제적인 농업기술을 전달, 교육하는 것은 대사농사에서 주관하지만, 감찰과 군정을 담당하는 어사대나 추밀원과도 밀접하게 연관되어 있다. 이것은 정복자로서 노골적인 지배가 깔려있다고 볼 수 있다.

『원사』의 내용 중에는 유독 '舊制'라는 단어가 155회 등장하여 古制 16회, 宋制 36회 보다 무척 많이 보이는데, 이것은 원대가 이전의 漢族 정권과는 구별된 정책을 폈음을 의미한다. 그리고 이 같은 권농사의 역할을 대신한 감찰기구의 출현은 원대의 내지에만 국한되지 않았다. 몽

---

86)『元史』권86,「百官二」에는 "二十八年, 改按察司日肅政廉訪司."라고 하여 28년에 안찰사가 숙정염방사로 개칭되었다고 한다.

87)『元史』권17,「世祖十四」"(至元二十九 閏六月)是月詔諭廉訪司巡行勸課農桑." 肅政廉訪司는 百官을 감찰하는 기구로 지방을 순찰하며 吏治나 정치득실을 규찰했다. 초기에는 산동, 하동섬서, 山北京西와 河北河南 4道에 설치되었으나 大德 9(1297~1307)초에는 전국 28道로 확대되었다.

88) 陳增輝,「論南宋時期的民本思想」『中國文化研究』第6期, 1994.4; 張品端,「朱熹的民本思想」『寧波大學學報(人文學學報)』第17卷 5期, 2004.9.

골의 서북쪽 額濟納에 위치한 黑水城에서 출토된 문건 속에서도 숙정염방사가 여전히 농상의 권농을 주관했다는 사실을 보면, 이런 특성이 원대 황제권이 미치는 지역 도처에서 시행되었음을 알 수 있다.[89] 그렇다고 원대의 농정이 전술한 바와 같이 전달과 책임만을 묻는 정책을 편 것은 아니었다.

그러면 이러한 대사농사의 권농관과 제형안찰사(이후의 廉訪司)가 어떤 방식으로 촌락민을 교육하고 감찰했을까? 이에 대해서는 원대의 관료와 농가의 농민을 연결하는 촌락조직을 통해 살펴보자.

(2) 村社와 村長

원대 최고의 농업기구인 大司農司가 지방정부의 권농관이나 제형안찰사를 통해 농민에게 전달한 내용은 관방문건으로 예컨대 英宗 至治 3년(1323)에 반포된 『通制條格』의 「田令 · 農桑」 속에는 권농활동에 대해 구체적인 지도내용이 보인다.[90] 그리고 원대 권농을 담당한 지방관리인 王惲은 임기 중 권농문을 발표하여 농상을 독려했는데, 지금도 몇 건의 권농문이 남아있다.[91] 秋澗의 예에서 보듯 권농문은 대부분 한인 儒士에 의해 쓰였으며, 이 중 『秋澗集』에 게재된 권농문 첫머리가 흥미

89) 吳超, 「元代勸農機構初探 : 以黑水城出土文書爲中心」『西夏研究』, 2011.03, 59~63쪽.

90) 『通制條格』(1285~1323) 권16, 「田令 · 農桑」(岡本敬二編, 『通制條格の研究譯註(第二册)』, 國書刊行會, 1975 참조)은 원대 社의 조직과 역할 및 통치자의 농업발전과 농사조치 등에 대해 잘 기술하고 있다. 이것은 世祖에서 武宗때까지 반포된 것을 집성한 것으로 권16의 田令은 至元23년(1286)에 반포된 것이라고 한다. 그런데 方齡貴는 『通制條格』은 『大元通制』의 條格부분으로서 英宗 至治3년(1323)에 정식으로 반포되었다고 한다. 石華 · 張法瑞, 「元代農業管理的綱領性文件: 統制條格勸農立社事理條劃相關問題研究」『古今農業』 2006年 1期; 方齡貴, 「統制條格新探」『歷史研究』 1993年 3期.

91) 秋澗은 王惲(1227~1304)의 호이다. 추간은 하남성 衛州 汲縣사람으로 北方의 儒士이며, 주로 세조, 成宗 때 활동하였다. 蘇力, 앞의 논문, 「元代勸農文對農民的勸化」, 131쪽에서 원대의 권농문은 『秋澗先生大全文集』 제62권에 1篇, 『墻東類稿』 제10권에 3편, 『金華黃先生文集』 제20권에 1편, 『筠軒集』 제13권에 1편이 있다고 한다.

롭다. 즉 "오직 민생의 근본은 농업에 있고, 농업의 근본은 토지에 있다. 의식의 근본은 잠업에 있고 잠업의 근본은 桑(田)에 있다. 기경과 써레질과 파종의 근본은 소[牛]에 있고, 김매고 수확하는 근본은 사람에게 있다. 사람의 근본은 근면함에 있고, 근면의 근본은 지력을 다하는 데 있다. 사람이 근면하고 지력에 힘쓰는 것은 모두 관리의 독려와 독책에 달려있다."라고[92] 한다. 이 권농문에 나타난 내용을 보면 권농관이나 제형안찰사가 무엇을 어떻게 그 역할을 수행했는지를 구체적으로 알 수 있다. 여기서 주목하고 있는 부분은 바로 생산수단인 토지·桑·소와 경작자에 있다. 가장 중요한 문제는 사람이며, 농민이 지력을 다할 정도로 농업에 힘쓸 때 생산력이 창출된다는 것이다. 농민의 농업활동을 독력하고 독책하는 것이 바로 제형안찰사나 권농관의 역할이었다. 권농문을 쓴 목적은 농민이 農桑麻의 생산활동에 적극 참여해 생산력을 높여 소농가족의 안정된 민생 근본을 회복하는 데 있다. 다만 원대에는 국가가 농민의 실태파악을 위해 감찰권을 동원한 것이 특징이다. 그것은 농민들이 납입한 부세가 국가의 경제기반이 되고, 인민을 효과적으로 파악하여 본업이탈 혹은 유민을 막아 확실하게 장악할 때 원 제국은 장기적인 통치기반을 확립하고, 나아가 대외정복의 토대를 이룰 수 있었기 때문이다.

大德11년(1307)의 황제의 조서 속에서도 "민은 국가의 근본이며 군국의 용도이다. 모든 재부는 모두 그곳에서 나오니 항상 위무하며, 지나가는 軍馬, 牧養馬와 馳人 등이 백성에게서 음식과 錢物을 취득하거나 소란을 피워서도 안 되며, 가축을 풀어 田禾를 밟아서도 안 된다. 위반자는 죄를 물어 배상하게 한다."라고[93] 하여 民과 국가와의 관계를 명

---

92)『秋澗先生大全文集』"切惟民生之本在農, 農之本在田, 衣之本在蠶, 蠶之本在桑, 耕犁耙種之本在牛, 耘鋤收獲之本在人, 人之本在勤, 勤之本在於盡地利, 人事之勤,地利之盡, 一本於官吏之勸課."

확하게 제시하고 있다. 그래서인지 전술한 사농사나 권농사가 지방을 "巡行勸課"하면서 가장 주의해서 살폈던 것이 바로 "擧察勤惰", "考校勤懶", "抑遊惰", "禁遊惰" 한 것이었다. 이것은 즉 농업에 힘쓰지 않고 나태하게 게으름을 피우면서 풍속을 어지럽혀 다른 사람들에게 피해를 주거나 저항의식을 부추기는 분자들을 살펴 단속한다는 것이다. 이는 몽골족의 한족 인민통치에 대한 불안감을 잘 느낄 수 있는 대목으로, 이런 것을 보면 漢地를 점령한 몽골족의 권농방식이 한인들과는 차이가 날 수 밖에 없었던 것은 당연했을 것이다.

원대 권농문 속에는 그 외에도 糞肥의 사용과 농전의 수리문제가 담겨있으며, 田間의 관리, 桑麻재배, 耕牛의 사육보호, 가금의 양식과 蔬菜瓜果의 재배 및 농작물의 수확과 저장에도 주목한 것을 볼 수 있다.[94] 이 중 糞肥문제는 송대 사대부들의 권농문에서도 가장 중시한 내용으로써, 지력을 높여 생산력을 제고 하는 가장 확실한 방법이었다. 남송 知州 宋莘「勸農文碑」나 朱熹의「권농문」을 보면, 송대 이후 분뇨저장을 위해 민가에 측간을 배치할 것을 권유한 것이라든지, 분뇨시비를 통해 畝당 2~3석을 증산할 수 있다는 내용이 그것이다. 주희 역시 大糞을 기비하여 파종할 것을 주장했으며, 그 결과『진부농서』에서는 그 이전의 농서에서는 볼 수 없었던「糞田之宜篇」이란 별도의 항목이

93)『通制條格』권16,「田令」"大德十一年五月二十二日, 欽奉詔書內一款. 民者, 國之根本, 軍國用度, 一切財賦, 皆所自出, 理宜常加存撫. 其經過軍馬牧養馬駝人等, 毋得取要飲食錢物, 非理搔擾, 縱放頭疋, 踏踐田禾, 嚙咬桑棗. 所在官司嚴加禁約, 違者斷罪陪償."

94) 蘇力, 앞의 논문,「元代勸農文對農民的勸化」, 133~134쪽. 이런 권농문의 내용은 1286년 2차로 반포된『通制條格』卷16,「田令 · 農桑」의「勸農立社事理條劃」의 내용과 유사하다. 石華 · 張法瑞, 앞의 논문,「元代農業管理的綱領性文件: 統制條格勸農立社事理條劃相關問題研究」, 20~21쪽에서 이들은 1)농업생산방면: 樹藝, 農桑의 종식, 수리관개, 臨水농가의 魚鴨蓮藕 등 부업장려. 2)관리감독방면: 社長조직과 관리, 연말 考核제도, 나태한 자 처벌, 社學개설. 3)救荒방면: 황무지개간, 상호부조정책, 治蝗조치, 義倉설치 등으로 구분하고 있다. 여기에는 원대 통치자의 농업생산발전에 관한 14개조의 구체적 조치가 소개되어 있다.

등장하는데,[95] 糞이야말로 토양을 치료하는 糞藥이며, 이 치료약을 통해 휴한을 극복하고, 지속적으로 지력을 보강할 수 있다고 하였다.[96]

원대『왕정농서』에서도「糞壤篇」이 별도로 존재하여 糞壤이야 말로 薄田을 良田으로 만드는 것이라고 하여 송대의 입장을 계승하고 있다. 다만 秋澗(1227~1304)의 권농문에서 田間의 관리, 桑麻재배 및 농작물의 수확과 저장에 주목한 것을 보면, 그가『농상집요』(1273년) 찬술 이후에 이 권농문을 작성한 것이 아닌가 한다. 왜냐하면 이전의『제민요술』,『사시찬요』,『진부농서』에는 麻에 대한 기록, 田間관리에 대한 구체적인 기록과 방식의 내용 등이 결여되어 있고, 특히 糞壤法과 耕牛사육보호는 남송 이후에 구체화되며, 이들을 모두 포함하고 있는 것은『농상집요』이기 때문이다. 그 외 권농문, 즉 陸文圭(1252~1336)의 墓誌銘『墻東類稿』와 黃溍(1277~1357)의『金華黃先生文集』역시 주된 활동시기로 미루어 적어도『농상집요』이후에 쓰였을 것으로 판단된다.

물론 권농문을 쓴 儒士는 송대 주희 등과 마찬가지로 직접 권농관으로서 농촌을 순행하면서 농업기술을 지도, 감찰하지는 않았을 것이며, 이들은 농업에 대한 관심과는 달리 어쩌면 현실 농업에 그다지 정통하지 않은 관료였을 수도 있다. 만약 그렇지 않다고 해도 권농관이 수많은 개별 농가를 직접 찾아다니며 직접 지도, 관찰하는 것 역시 현실적으로 불가능하다. 때문에 남송 때에는 권농관의 문제가 적지 않게 노출되었다. 심지어 일 년에 한 번 권농관이 도착하는 날은 행사를 위해 바쁜 농민을 동원하여, 술을 마시는 봄나들이처럼 변모되어 오히려 농사일을 방해하기도 했다. 때문에 紹興26년(1156)에는 高宗이 권농행사에 연회를 베풀지 말라는 下令을 내렸으며, 2년 후에는 殿中侍御史 葉義

95) 崔德卿,「齊民要術과 陳旉農書에 나타난 糞과 糞田의 성격」『중국사연구』제81집, 2012, 97쪽.

96) 崔德卿,「東아시아 廁間구조의 변화와 廁神」『比較民俗學』제57집, 2015, 145~146쪽.

問이 권농 때 酒宴이 백성을 힘들게 한다는 건의를 재차 받아들어 행사 때에 음주가 금지되었다.[97] 그 외 권농의 내용을 지방에서 왜곡 또는 허위보고하기도 하고, 촌사의 社長이 도리어 농민의 이익을 침탈하는 일도 발생하는 등 문제점이 적지 않았다.[98] 이런 宋朝 권농관의 문제점을 원 세조는 직시한 듯하다.

권농관이 농촌현장과 접할 수 있는 가장 효과적인 방식은 바로 촌락의 조직을 이용하는 것이다. 그러면 권농문이나 대사농사의 농정책을 매개로 촌락과 권농관(혹은 제형안찰사)이 접촉한 인물은 누구였을까? 이를 구명하기 위해 촌락조직으로 들어가 보자.

촌락조직은 고래로 혈연성이 강하여 진한시대 편호제민 한 이후에도 일정한 독립성을 지녔다. 전국말 雲夢縣『睡虎地秦墓竹簡』「封診式」의 經死條나 穴盜條에 등장하는 자살이나 절도사건을 수사할 때도 里의 실태 파악을 위해 반드시 말단 촌락의 長인 里正을 대동하고 있다. 金代와 元에도 里正이 존재했으며, 진한시대와 마찬가지로 향촌의 직역 담당자로서 세량의 징수를 담당하였다.[99] 쿠빌라이가 세조로 즉위한 中統원년에 가뭄이 들자 백성들을 동원하여 渠를 개착하고 관개했으며, 한편으로는 種植을 교육하기도 했지만,[100] 구체적인 教育의 주체가 보이지 않는다.

그런데『通制條格』「田令 · 農桑」에는 원대의 또 다른 촌락조직인 社와 勸農에 대한 부분을 상세하게 안내하고 있다. 社는 원래 한대 이전

---

97)『建炎以來系年要錄』 권161, 紹興22年 6月 己巳條; 同書, 권179, 紹興 28年 正月 戊子條.

98) 曾雄生,『中國農業通史(宋遼夏金元卷)』, 農業出版社, 2014, 156~158쪽.

99) 梅原郁,「元代差役法小論」『東洋史研究』 23卷 4期에는 金代에는 上等戶에게서 고용되어 主首와 함께 호구조사와 稅糧의 징수 및 수납을 담당했으며, 원대의 里正은 윤번으로 고용되어 주수와 함께 관할 농민에 대해 세역을 독촉하는 역할을 했다고 한다.

100)『元史』 권191,「良吏一」"中統元年, 世祖即位 … 令民鑿唐溫渠, 引沁水以溉田, 民用不饑. 教之種植,地無遺利."

의 경우 土神에 제사하는 지역(后土)이나 日時(春秋社) 및 神(土神)을 지칭하는 의미로 사용되어 왔다. 당대에는 社가 불교활동이나 사원과 승려와 밀접한 관계를 지녔다가 당 후기에는 직업별 소수인원이 성명, 직업 및 계급별 結社를 맺고 그 장을 社長이라 칭했다.[101] 송대에는 이런 조직이 보편화되고 社가 무장조직의 기능을 갖춘 村名으로 되었다가 원대가 되면 社가 사회의 기층조직으로 변모하게 된다.

『원사』「食貨」에 의하면 지원7년(1270)에 "縣邑에 소속된 村疃에 무릇 50家에 1社를 세우고, 연장자로서 농사에 밝은 한 명을 長으로 삼는다. 100가가 넘으면 별도로 한 명을 더 세운다. 50가가 되지 못하면 이웃 촌락과 합하여 1社로 삼는다. 땅이 넓고 사람이 적어 서로 합할 수 없다면 각자 社가 되고, 여러 村 중에 社長을 세워 농민을 교육하고 독려하도록 했다.[102] 무릇 파종할 경우, 밭가에 팻말을 세워 그 위에 어떤 社의 누구라고 적어두고, 사장이 수시로 점검한다. 만약 교육을 해도 따르지 않으면 그 이름을 적어 (후에) 提點官[103]에게 주어 문책하도록 했다."라고[104] 하여 촌사조직과 사장 및 그 역할을 잘 명시하고 있다. 그런데 이 내용은『通制條格』「田令」과는 다소 차이가 있다. 이후 추가된 내용인 듯하다.「田令」에 의하면, 사장은 '兼丁者'여야 하며, 어떤 諸色人도 모두 社에 포함되며, 간혹 3~5곳의 촌을 합해 1社로 삼고 촌내 사정을 감안하여 사장을 선임한다. 官司에서는 사장에게 별도의 일을 맡겨서는 안 된다. 오직 해당 社만 관리하고, 그 社人만 열

---

101) Valerie Hansen(신성곤역), 앞의 책,『열린제국: 중국고대 1600』, 301~302쪽.

102)『通制條格』권16,「田令·立社巷長」에서 社巷長은 都市에 설치된 社長을 가리킨다.

103) 岡本敬二編, 앞의 책,『通制條格の研究譯註(第二册)』, 160쪽에서 "提点官"은 소재의 府州司縣의 장관을 지칭하나, 農業사항에 관해서는 때로는 次官, 농상수리 관원이나 임시로 기용한 官을 지칭하며, 巡行勸農司에 소속한다. 그 직책은 社長의 권한 外의 社內의 문제처리, 社長의 농사의 성공여부 및 등급의 신청과 당해 司吏의 태만에 관해서 廉訪司官이 부를 때 입회했다고 한다.

104)『元史』권93,「食貨一·農桑」

심히 교육하여 농업에 힘쓰게 하고 게으름에 빠지지 않게 해야 한다는[105] 내용 보충과 함께 「食貨」에서 밝힌 農桑 14條가 「田令」에 제시되어 있다.

여기서 주목되는 것은 村社의 社長이다. 『통제조격』 「田令」의 첫머리에 사장은 본디 권농을 위해 설치한 것이라고 명시하고 있다. 살핀 바와 같이 사장의 자질조건 중 가장 중요한 것은 연장자로서 丁을 겸한 농사에 밝은 사람이다. 이것을 보면 사장은 가까이서 50家의 농사일을 독려하고 감독하여 생산에 힘쓰게 하는 것이 주된 임무였다. 처음에는 里正과 보갑제와의 충돌과 함께[106] 사장의 역할이 점차 효력을 상실하게 되면서 국가가 그들을 후원한 듯하다. 『통제조격』 「田令 · 農桑」에 나타난 사장의 권농과 교육의 실태를 보면, 風土와 農時에 맞추어 농작할 수 있도록 유도하고, 先種해야 할 경우 먼저 최선을 다해 파종한 후 모두 따라오게 유도했으며, 불가피할 경우에는 晩田에 瓜菜를 보충하여 파종하도록 교육하였다.[107] 그렇다고 단순히 老農만이 社長의 적임자

---

105) 『通制條格』 권16, 「田令 · 農桑」 "諸縣所屬村曈, 凡伍拾家立爲壹社, 不以是何諸色人等, 並行入社. 令社衆推擧年高通曉農事, 有兼丁者, 立爲社長. 如壹村伍拾家以上, 只爲壹社. 增至百家者, 另設社長壹員. 如不及伍拾家者, 與附近村分, 相並爲壹社. 若地遠人稀, 不能相並者, 斟酌各處地面, 各村自爲壹社者聽. 或三村或伍村並爲壹社, 仍於酌中村內選立社長. 官司並不得將社長差占別管餘事, 專一照管, 教勸本社之人, 務勤農業, 不致隋廢. 如有不肯聽從教勸之人, 籍記性名, 候提點官到彼, 對社衆責罰."

106) 다만 원대에 前시대의 유제인 保甲制와 중첩되는 부분도 존재한 듯하다. 송대의 보갑제는 1保(10戶)이고, 1大保(50호)로서 保丁은 무기를 자담하면서 촌락의 치안 군사를 맡았지만, 원대에는 50호의 長인 社長은 이와는 달리 농상의 권농과 교육을 담당하고, 그 위에 감찰과 宮兵을 거느린 廉訪司가 존재했다. 『通制條格』 권16, 「田令 · 立社巷長」에 의하면 山東道의 경우, 먼 지역을 순찰할 때 弓兵이 부족하여 두루 순찰할 수 없었는데, 棄本逐末하는 게으른 무리가 있어, 饑年을 틈타 규합하여 도적이 되기도 했다. 이 경우 간혹 소재 官司에서 村社조직을 보갑으로 활용하기도 한 듯하다. 하지만 이 경우에도 社長은 오직 農桑을 독려 독책하는 이외의 일은 하지 못하게 하고 있다.

107) 『通制條格』 권16, 「田令 · 農桑」 "今後, 仰社長教諭, 各隨風土所宜, 須管趁時農作. 若宜先種者, 盡力先行布種植田, 以次各各隨宜布種, 必不得已, 然後補種晩田瓜菜. 仍於地頭道邊各立牌橛, 書寫某社某人地段, 仰社長時時往來點覻, 獎勸誡諭, 不致荒蕪."

는 아니었던 것 같다. 지도와 교육과정에서 덕이 부족하여 촌민들의 신뢰를 받지 못하고 갈등을 야기하면 즉시 성실하고 정직하면서 농사에 밝은 사람으로 바꾼 것으로 보면 개인적인 성격이나 촌락의 지지도 중요했던 것 같다.[108] 그리고『통제조격』「田令」에서 볼 수 있는 바와 같이 社長이 임무 수행 중에 해서는 안 되는 것은 우선 본업에 힘쓰지 않고, 出入에 때가 없으며 복무가 일상적이지 않고, 음식이 과분하며 비용의 절제가 없고, 혹은 원래 가난했는데 많은 부를 축적했거나 낯선 사람을 숙박시키고 게으른 자와 교제하는 행위 등이다.『왕정농서』「農桑通訣集之四 · 勸助篇」에서 권농관의 社鄕에서의 작폐와 농민에 대한 해악을 지적하여 名義만 권농이었다고 비판한 것을 보면[109] 사장과 권농관과의 유착관계나 사장의 촌민에 대한 횡포가 존재했음을 알 수 있다. 이런 행위는 도적을 발생케 하는 요인이 되었기 때문에 관사에서 사장을 선별할 때 항상 주의하였다.[110] 그리고 사장에 대해서는 문서로 고과하여 책임을 지움으로써 사장들의 적극성을 부추겼다.[111]

이처럼 관부에서 정보를 제공하며, 농업을 독려하는 것은 전통적인 권농책의 한 방식이다. 다만「食貨」의 지적과 같이 파종하는 자나 지시에 따르지 않는 농민의 이름을 적어 감찰기구나 상부에 보고하여 문책하는 것이 마치 양 몰이 하듯 강압적인 모습이 농촌사회와 어울리지는 않는다.

---

108)『通制條格』권16,「田令 · 理民」"社長若年小德薄, 不爲衆人信服, 即聽詢擧深知農事年高純謹之人易換."

109)『王禎農書』「農桑通訣集之四 · 勸助篇」.

110)『通制條格』권16,「田令 · 立社巷長」"至大元年七月, 中書省刑部呈, 議得, 爲盜之人, 須有居處. 若在編立社內, 社長力能覺察. 或不務本業, 或出入不時, 或服用非常, 或飮食過分, 或費用無節, 或元貧暴富, 或安下生人, 或交結遊惰, 此皆生盜之由. 合令親民官司照依累降聖旨條畫, 宣明敎導, 選擧社長, 常令訓導各安本業, 覺察凶惡遊惰. 廉訪司常加糾治, 庶幾盜息民安. 都省准呈."

111) 王風雷,「元代的農業技術敎育」『內蒙古社會科學』1998年 6期, 32쪽.

그리고 당시 사장이 팻말에 기입한 내용도 단순히 농사의 시령에 관한 것만은 아닌 듯하다. 『大元聖政國朝典章』에 의하면 “농사에 힘쓰지 않고 빈둥거리며 부모말씀도 듣지 않는 흉악한 사람에게는 먼저 社長이 교육을 하고, 그래도 이를 고치지 않으면 이름을 적어 提點官이 올 때 社人들 앞에서 사실인지를 심문하여, 문 앞에 농업에 힘쓰지 않고 악행을 일삼았다는 내용을 대자보에 써 공개하였다. 만약 본인이 부끄러워하며 잘못을 고치면 社長이 관에 알리는 것을 유보하고 벽에 쓴 것을 없애주고, 잘못을 고치지는 않았지만 촌사의 민과 부합하면 그 명단에서 이름을 삭제하였다.”라는[112] 사실을 볼 때 온화한 권고가 아니라 촌사의 배후에 강력한 국가의 지지가 있어 풍속을 어지럽히고 농사에 게으른 행위를 마치 범죄자처럼 취급하였다는 것을 알 수 있다.[113] 실제 『통제조격』 「田令 · 理民」에 근거하면, 농민의 ‘勸課’를 책임지고 있는 社長은 농사기술을 깨우치지 못한 자는 교육하고 근면하지 못한 자는 독려하여 힘써 地利를 다할 수 있게 권농해야 했으며, 권농을 잘 준수하지 못하면 官司에서 肅政廉訪司에게 처리를 요청하였다.[114] 때문에 풍속에 순응하는 사람으로 교육하기 위해 社마다 학교 한 곳을 건립하여 경서에 밝은 자를 學師로 삼아 농한기를 이용하여 자제를 입학하게 하였는데, 효경과 소학이 끝나면 단계를 높여 사서를 배우게 하여 ‘孝弟忠信’을 알게 함으로써 ‘敦本抑末’하여 향촌의 풍속에 따르도록 유도하고 있다.[115]

112) 『大元聖政國朝典章』 권23, 「戸部九 · 農桑 · 立社 · 勸農立社事理」 “若有不務本業遊手好閑遵父母兄長教令凶徒惡黨之人, 先從社長丁寧教訓, 如是不改, 籍記姓名, 候提點官到日, 對社衆審問是實, 於門首大字粉壁書寫不務本業遊惰凶惡等名稱. 如本人知恥改過, 從社長保明申官, 毀去粉壁, 如是不改, 但遇本社合著夫役, 替民應當, 候能自新, 方許除籍.”

113) 蘇力, 앞의 논문, 「元代勸農文對農民的勸化」, 135쪽.

114) 『通制條格』 권16, 「田令 · 理民」 “其社長使專勸課, 凡農事未喻者, 教之, 人力不勤者, 督之, 必使農盡其功, 地盡其利. 官司有不遵守妨廢勸農者, 從肅政廉訪司究治.”

세조 지원28년(1291) 12월에 제시한 통계에 의하면, 司農司가 諸路에 설립한 학교가 21,300개가 되었다고 한다.[116] 세조는 가장 기초행정조직인 농촌에 村社와 학교를 건립하여, 한편에서는 농업기술교육을 통해 力田을 유도하고, 다른 한편에서는 유교사상의 교화를 통해 원 봉건통치의 영속화를 도모했던 것이다.[117] 흥미로운 것은 至元11년(1274) 3월에는 조칙을 내려 농상의 勸課를 고려국왕에게도 깨우치게 하고, 이내 고려 軍民總管에게 명하여 농사를 관장하게 하였다.[118] 그 후 지원20년 5월에는 고려에 권농관 4명을 설치하고 있다.[119] 이처럼 원대의 농업기술교육은 '복속'된 고려에까지 확산되었음을 확인할 수 있다.

이상에서 볼 때 촌사의 사장은 촌락의 노농이지만 뒤에 관부가 버티고 있었으며, 특히 사장의 역할을 효과적으로 할 수 있도록 官司가 社長에게는 여타한 직역을 부과하지 않았으며 번거로운 잡세도 면제해주고 있다. 게다가 里正과 縣의 압력으로부터 사장을 보호해주는 제형안찰사나 廉訪司가 정기적으로 순행했다는[120] 것은 원대만이 지닌 특징이라 볼 수 있다. 그 결과 농민은 생산 활동에 순응할 수밖에 없었을 것이며, 이 같은 촌사의 설립과 감시는 군사적 지배를 통해 영토 확대를 도모했던 몽골통치 방식으로, 이는 원대 초 화북지역의 농업생산의 빠른 회복과 국가적 목적에 농업이 조응하는데 매우 중요한 작용을 했던 것이다.

---

115)『通制條格』 권16, 「田令 · 農桑」 "今後每社設立學校壹所, 擇通曉經書者爲學師, 於農隙時月, 各令子弟入學. 先讀孝經小學, 次及大學論孟經史, 務要各知孝悌忠信, 敦本抑末. 依鄕原例出辦束修."

116)『元史』 권16, 「世祖十三」 "司農司上諸路所設学校二万一千三百余."

117) 蘇力, 앞의 논문, 「元代勸農文對農民的勸化」, 136쪽; 王風雷, 앞의 논문, 「元代的農業技術教育」, 31쪽.

118)『元史』 권8, 「世祖五」 "(至元十一年)三月己卯, 詔以勸課農桑諭高麗國王王禃, 仍命安撫高麗軍民總管洪茶丘提點農事."

119)『元史』 권12, 「世祖九」 "設高麗國勸農官四員." 같은 해 일본 죄수를 징발해서 占城國과 緬國을 정벌하면서, 고려에는 勸農官을 설치하고 있다.

120) 吳超, 앞의 논문, 「元代勸農機構初探: 以黑水城出土文書爲中心」, 64쪽.

2) 世祖의 屯田장려책

(1) 蒙元시기 屯田의 배경과 보급

원대 농업에서 이전과 다른 또 하나의 특징은 屯田이다. 둔전은 漢代 이후 변방의 흉노를 막기 위해 국유지에 설치하기 시작한 것으로, 교통이 발달하지 못하여 운수가 곤란한 지역에 설치해 戍軍의 군량조달은 물론이고 국가재정적인 측면에서도 매우 효과적인 제도였다. 둔전은 대개 수졸이나 농민을 이용하느냐에 따라 대개 民屯과 軍屯으로 구분된다. 이때 군둔은 군인의 양식과 稅糧을 생산하기 위해 설치한 토지이다. 원대에는 남송과의 전쟁이 장기화되면서 군주둔지에 군량을 보급한 송대와는 달리 둔전을 통해 자체 조달하였는데, 이전에 볼 수 없었을 정도로 크게 발전했던 것이 특징이다.

징기스칸 이후 남정을 행하면서 군사적 요충지를 확보하여 후방을 공고하게 하고, 당지의 농업생산을 통해 군량을 원활하게 공급하기 위해 군둔지역에 둔전을 개발하였는데,[121] 쿠빌라이가 정권을 잡고, 곧이어 원이 건국되면서 둔전지역은 크게 확대되었다. 둔전지역은 원의 점령지 방어를 위한 鎭戍지역이며, 곧 농업생산 지역이었다. 이때의 둔전은 초기와는 달리 단순한 군량을 확보하기 위한 시설이 아닌, 전술한 村社조직과 마찬가지로 중앙과 지방의 조직체계를 갖춘 통치체계로 발전한다. 본장에서는 지속적인 전쟁 속에서 방대한 農牧의 둔전은 어떻게 운영되었으며, 어떤 특징을 지녔는지를 살펴보고자 한다.

쿠빌라이가 中統원년(1260) 嶺北행성에 군둔을 배치하고, 중통3년(1262)에 燕京 주둔군의 식량해결을 위해 腹裏지역에 둔전을 설치한 후, 세조 至元연간까지 하남 · 감숙 · 섬서 · 사천 · 운남 · 遼陽 · 胡廣행

121) 王宗磊, 「元代在西域屯田之原因及條件探析」『石河子大學學報(哲學社會科學版)』 第29卷 第4期, 2015, 117쪽.

성 관할구역 등에 둔전을 지속적으로 확대하였다.[122] 地大원년(1308)에는 강남과 漠北지역에까지 설치되어 천하 둔전이 120여 곳에 달하였다. 둔전 설치 지역은 嶺北(和林) · 遼陽等 · 河南(江北) · 陝西等 · 甘肅等 · 江西等 · 江浙等 · 四川 · 雲南 · 湖南等의 行省으로 전 영역에 걸쳐있다. 이것은 이전시대와는 달리 둔전이 남하하는 정치세력의 추이에 따라 전국적으로 배치되었음을 알 수 있다.[123] 그 중에서도 사천행성은 29곳, 운남은 12곳, 湖南等에는 3곳이 설치되었다.[124] 주목되는 것은 행성과 더불어 고려국에도 '入屯'했다는 것으로 이는 내지의 行省과 동일한 통치대상으로 인식했음을 말해준다. 이 중 上都, 大都 등 수도지역은 중서성직할지었고, 서장지역은 중앙의 宣政院에서 직할하는 행정구역이었다는 점에서 볼 때,[125] 최소한 원대 중기에는 전국의 모든 행중서성에 둔전이 실시되었음을 알 수 있다.[126] 그 이유는『원사』「兵志 · 屯田」에 의하면, 원초에는 전쟁이 빈번하여 '堅城大敵'을 만나면 군사들에게 식량을 공급하고 장기전 대비를 위해 둔전을 설치하여 대치할 수밖에 없었기 때문이다. 특히 몽골족은 무력으로 송을 정복하였기

---

122) 周繼中, 「元代北方地區的屯田」『北方文物』 1988. 9, 72~77쪽; 李幹, 「元代屯田的發展和演變」『中南民族學院學報』 1984年 第1期에는 둔전 설치시기와 지역, 屯軍民의 수와 면적을 잘 정리하고 있다.

123) 曾雄生, 『中國農業通史(宋遼夏金元卷)』, 農業出版社, 2014, 189쪽에는 둔전의 토지공급원을 대개 4가지로 들고 있다. 1. 황무지를 개간하고, 2. 전시대의 둔전을 이용하거나 3. 일반 官田을 둔전으로 활용하거나 4. 屯戶가 직접 둔전을 마련하는 것이라고 한다.

124) 각 지역 둔전은 주로 지역의 地宜, 地形조건 및 정치세력에 따라 실시되었는데, 이에 대한 연구는 적지 않다. 馬建春, 「元代東遷西域人屯田述論」『西域研究』 2001年 第4期; 陳廣恩, 「略論元代新疆屯田」『喀什師範學院學報(社會科學版)』 第22卷 第4期, 2001; 周艷, 「淺論元代四川地區的屯田及其意義」『宋代文化研究』 第7輯, 1998; 周繼中, 「元代河南江北行省的屯田」『安徽史学』 1984年 5期; 申友良, 「元代粤西地區屯田研究」『社科縱橫』 第23卷 第2期, 2008; 藍武, 「試探元代在廣西民族地區的屯田」『內蒙古社會科學(漢文版)』 第26卷 第1期, 2005; 張金銑, 「元代兩淮地區的屯田」『淮河文化研討會論文集』; 徐悅, 「元代亦集乃路的屯田開發」『寧夏社會科學』 2008年 第3期.

때문에 이를 방어하기 위해서는 사방에 진수병의 설치가 무엇보다 중요하였다. 이에 대해 원 정치가 王惲은 일찍이 세조에게 둔전이야말로 군량문제를 해결하는 고금의 상책이라고 건의하였다. 쿠빌라이는 지원 12년 5월에 참지정사 高達에게 내린 조서에서 "이전엔 국가가 출정하여 성읍을 획득하면 바로 포기하고 떠나버려 鎭戍軍을 두지 못했기 때문에 해마다 정벌이 끊이지 않았다. 무릇 국가를 쟁탈한다는 것은 바로 그 토지와 인민을 탈취하기 위함이다. 비록 그 땅만 취하고 인민이 없다면 누가 와서 거주하려 하겠는가? 새로 귀부한 성벽을 지켜 백성들로 하여금 樂業安居하고 농업에 힘쓰게 하는 것을 몽골인들은 알지 못한다."라고[127] 하였다. 이는 기존과는 달리 정복지에 진수군을 두고 경계와 농경을 통해 식량생산과 병사의 힘을 비축함으로써 내지를 적극 통치 하겠다는 의도가 엿보이는데, 이것이 바로 둔전설치를 확대하게

---

125) 김호동, 앞의 책, 『아틀라스 중앙유라시아사』, 145쪽의 '카안 울루스의 행정구역(1310년경)'에 의거할 때 둔전의 설치지역은 직할지를 제외한(고려까지 포함) 전 영역이 해당된다. 행성의 존폐는 복잡한데, 몇 가지 사례를 들어보면 西夏행성이나 益都행성 등은 世祖 지원3년에 폐지했다. 陝蜀行中書省은 지원7년 3월에서 8년 9월 사이에 陝西五路, 西蜀, 四川地方에 설치되었으나 지원23년(1286)에 四川에 행성을 설치하면서 陝西等處行中書省으로 이름을 변경했다. 그리고 지원28년에는 江淮行省을 江浙等處行中書省으로 고쳤으며, 같은 해에 河南江北행성이 지원28년에 설치되고, 河西행성은 성종9년(1309)에는 존재하지 않았다는 점으로 미루어 볼 때, 14세기 초에는 行省制가 정착된 듯하다.

126) 당시 軍民屯의 면적과 인구에 대해 蔡志純은 전국 120여 곳의 둔전면적은 18만7천여頃, 人戶는 20여萬戶라 했으며, 李莎는 『원사』「지리지」에 의거 戶당 평균이 4.47명으로 보고, 둔전인구는 총 681,228명(軍屯이 214,555명으로 31.5%, 민둔은 466,673명 68.5%)이라고 한다. 李幹은 『원사』「兵志」에 근거하여 군민둔의 총수는 약 17만5천여頃(그외 14만여頃이 누락되었다 함)이라고 하여 차이를 보이고 있다. 蔡志純, 「略論元代屯田與民族遷徙」『民族硏究』 2002年 第4期, 82쪽; 李莎, 「元代屯田中的人口遷移」『鄭州航空工業管理學院學報(社會科學版)』 第26卷 第6期, 2007, 47쪽; 李幹, 「元代屯田的發展和演變」『中南民族學院學報』 1984年 第1期, 67쪽.

127) 『元史』 권8, 「世祖五」 "庚辰, 詔諭參知政事高達日, 昔我國家出征, 所獲城邑, 即委而去之, 未嘗置兵戍守, 以此連年征伐不息. 夫爭國家者, 取其土地人民而已, 雖得其地而無民, 其誰與居. 今欲保守新附城壁, 使百姓安業力農, 蒙古人未之知也."

된 계기가 아닌가 한다. 그래서 수도부근의 各衛나 외각의 行省을 불문하고 海內에 하나같이 둔전을 설치한 듯하다.[128)]

전술했듯이 몽골족의 둔전은 원이 건국되기 이전시대부터 등장한다. 태조7년(壬申年; 1212) 때에 거란, 여진 및 河西諸國의 포로를 잡아 둔전을 실시했는가 하면,[129)] 태조16년에는 兵士를 이용하여 "且耕且戰"하였다.[130)]『원사』에 등장하는 최초의 둔전 기록은 무리와 함께 원군에 항복한 金朝의 장수 張柔가 太祖의 배려로 남송을 정벌하는 元의 장수가 되어 太宗(우구데이) 癸卯年(1243) 2월에 襄城(현 하남성 許昌市)에서 둔전 했다는 것이다.[131)] 그는 4대 뭉케 때에도 右翼軍을 이끌고 남송을 친정(1253년)하기 이전부터 寶鷄의 동북쪽과 利州(蜀지역)에 둔전을 설치한 것을 확인할 수 있다.[132)] 이 때 쿠빌라이가 뭉케에게 건의하여 汴(開封)에 經略司를 설치하고, 그 아래에 經略使와 參議를 두어 그들에게 (하남성) 唐州와 鄧州에 둔전을 설치하도록 명하였고, 그들에게 병기와 소를 지급해서 "敵至則禦, 敵去則耕"하도록 하였다. 또한 鄧州에는 둔전 萬戶를 두어 城을 수리하여 적에 대비토록 하였다.[133)] 하지

---

128)『元史』권100,「兵三 · 屯田」, "國初, 用兵征討, 遇堅城大敵, 則必屯田以守之. 海內既一, 於是內而各衛, 外而行省, 皆立屯田, 以資軍餉."

129)『元史』권120,「鎭海列傳」"從攻塔塔兒欽察唐兀只溫契丹女直河西諸國, 所俘生口萬計, 悉以上獻, 賜禦用服器白金等物. 命屯田於阿魯歡, 立鎮海城戍守之."

130)『元史』권151,「石抹孛迭兒列傳」, "既至, 令兵士屯田, 且耕且戰, 披荊棘, 立廬舍, 數年之間, 城市悉完, 爲燕京外蔽."

131)『元史』권1,「太祖」"十三年戊寅秋八月, 兵出紫荊口, 獲金行元帥事張柔, 命還其舊職.";『元史』권2,「太宗」, "十二年庚子春正月, … 命張柔等八万戶伐宋. … 癸卯年春正月, 張柔分兵屯田于襄城."

132)『元史』권3,「憲宗」"三年癸醜春正月, 汪田哥修治利州, 且屯田, 蜀人莫敢侵軼.";『元史』권4,「世祖一」"(歲癸醜)又奏割河東解州塩池以供軍食, 立從宜府於京兆, 屯田鳳翔."

133)『元史』권4,「世祖一」"帝言之憲宗, 立経略司於汴, 以忙哥史天沢楊惟中趙璧爲使, 陳紀楊果爲參議, 俾屯田唐鄧等州, 授之兵牛, 敵至則禦, 敵去則耕, 仍置屯田萬戶於鄧, 完城以備之."

만 본격적으로 둔전의 제도를 갖추기 시작한 것은 남송전을 대비하기 위한 쿠빌라이의 건의에서 비롯되었다. 그 때문에 원대 대부분의 屯田은 세조 때에 설치된다.[134] 세조 이전의 몽골군은 대개 이동성이 강한 騎兵이나 근위군[怯薛] 중심이었고, 진수군은 많지 않았다. 그 때문에 둔전의 규모나 횟수도 적을 수밖에 없었다. 반면 세조 때에 비로소 진수군이 출현하고, 전쟁이 장기화되어 숙위군이 늘어나게 되면서 장거리 운수나 초원으로부터 군수품의 조달에 한계를 느끼며, 과거와 같은 약탈방식으로도 식량을 조달할 수 없음을 느끼게 된다. 그리하여 牛羊의 육식에서 점차 농작물 양식으로의 전환이 불가피하게 되어 둔전의 필요성이 증대되었던 것이다. 그 결과 중통2년 12월에는 陝蜀行中書省에 명하여 섬서성 북부의 綏德州의 둔전에 필요한 소와 종자 및 농구를 지급하라고 지시하고 있다.[135]

『원사』 권100 「兵三」의 둔전편을 보면, 둔전의 관할이 樞密院 · 대사농사 · 宣徽院 · 腹裏 및 각 지역의 행성으로 되어 있고, 추밀원의 경우 군둔을 관장하며 그 아래 各衛와 萬戶府에서 둔전을 분장한다. 대사농사의 경우 주로 민둔을 관장하며, 그 아래 總管府 · 營田提擧司 · 廣濟署가 분담한다. 宣徽院 역시 민둔을 관장하며 아래에는 총관부 · 署 · 屯이 설치되어 屬縣邑民을 편호하여 둔전하고 있다. 腹裏 아래에도 屯儲總管과 虎賁親軍都指揮司가 있어 軍民을 發軍하여 둔전하였다. 또 각 행중서성에는 屯田所나 屯田萬戶府, 屯田總管府에서 둔전을 관장했다. 다만 운남과 湖廣행성 아래에는 宣慰司라는 관청이 군둔과 민둔을 두었고, 寧夏행성의 경우에는 營田司나 放良官屯田이 별도로 등장하

---

134) 張勇, 앞의 논문, 「忽必烈時期的屯田分布特點及影響」, 16쪽에서 원초의 둔전실시 회수를 보면 太祖 2회, 太宗 1회, 定宗 0회, 憲宗 1회인데 반해, 쿠빌라이 世祖 때는 104회로 크게 증가하고 있는 모습을 볼 수 있다고 한다.

135) 『元史』 권4, 「世祖一」 "命陝蜀行中書省給綏德州等處屯田牛種農具."

며, 하남과 사천행성의 경우 민둔이 별도로 등장한다. 이것을 보면 둔전은 군둔과 민둔으로 구분되나 大司農司나 宣徽院이 민둔을 관할했으며, 각 행성은 조직적으로 민둔과 군둔을 관리했음을 알 수 있다.[136]

그리고 둔전은 그 참가한 군대에 따라 몽골군둔전, 한군둔전, 남군둔전이라 하며, 경작자에 따라 軍士둔전, 농민, 降卒 및 犯罪 둔전 등으로 구분한다.[137] 둔전의 관할권을 보면 민둔의 경우도 정부가 모집, 遷移하여 대사농사가 관장하고 있지만 촌락민의 권농조직과는 다소 차이가 있다. 하지만 둔전의 목적이 군대운영과 관련되어 있기 때문에 농업의 교육과 감독이 느슨했다고는 볼 수 없을 것이다. 실제 정부는 여러 차례 하명하여 1년에 한 차례 屯官의 둔전관리의 근면도나 작물의 풍흉을 보고 연말에 상벌을 시행하거나 승진시켰다는 점이나,[138] 심지어 농업환경이 열악한 漠北의 和林(카라코룸: 몽골 대칸의 龍興之地) 둔전의 경우도 수확의 결과를 보고 宣徽使관리나 部校, 軍士에게 상을 내렸다는 점은[139] 전술한 村社정책과 같이 군 · 민둔도 地利를 최대한 끌어내려했다는 점에서 큰 차이가 없다.

(2) 屯田의 확대와 그 성격변화

1260년 정권을 잡은 후 元건국 직전까지의 둔전은 뭉케 때 이주를 제외하더라도 주로 綏德 · 燕京 · 商州(漢中평원) · 하남 · 陳亳潁蔡(하

136) 이에 반해 張勇은 軍屯의 경우 樞密院이 총괄하며, 各衛, 萬戸府 및 宣慰司가 분장하며, 그 아래 전문적인 둔전 萬戸所와 百戸所가 屯田을 관리한다고 한다. 민둔의 경우 중서성이 총괄하며, 그 아래 (大)司農司, 宣徽院 및 각 行省이 분장하며, 구체적인 관리는 소재의 路州縣의 지방관청이나 전문적으로 설치한 屯田총관부가 맡고 있다고 한다. 張勇, 앞의 논문, 「忽必烈時期的屯田分布特點及影響」, 16쪽.

137) 李幹, 앞의 논문, 「元代屯田的發展和演變」, 66~67쪽.

138) 『元史』 권17, 「世祖十四」 "(至元二十九年)辛醜, 寧夏府屯田成功, 升其官脫兒赤."; 『元史』 권21, 「成宗四」 "(大德八年)仍諭各衛屯官及屯田者, 視其勤惰, 以爲賞罰."

139) 『元史』 권23, 「武宗二」 "(至大二年)乙丑, 以和林屯田去秋收九万余石, 其宣慰司官吏部校軍士, 給賞有差."

남동부와 안휘서북 경계지) 등 宋軍과 대치 장소를 중심으로 실시되었다. 이처럼 둔전이 군사적 목적으로 설치된 것이라면, 어떤 이들이 주로 경작에 참여했을까? 주지하듯 몽골군은 복합민족으로 구성된 군대로서 그 중에는 주력군인 몽골군과 같이 농사를 모르거나 익숙하지 않은 자도 적지 않았을 것이다. 원대의 정규군의 軍士는 몽골군 · 探馬赤軍 · 漢軍 및 新附軍 4종이 있는데, 이 중 남송군대였던 신부군과 한군은 농업생산의 경험이 많았지만, 몽골군과 그들에게 항복한 서역 제부족으로 구성된 탐마적군은 농업생산과 경작기술을 이해하지 못한 채 천이된 자가 대부분이었다.[140] 이 중 흥미로운 것은 漢軍은 지원17년에 沙(沙州; 敦煌근처), 甘지역에서 둔전을 했고,[141] 지원30년에는 和林 지역에서, 仁宗 延祐3년(1316)에는 운남 귀주의 烏蒙 등지에서 둔전한 바가 있으며,[142] 신부군 역시 지원20년에 敕大名, 眞定, 北京 등지에서, 지원21년에는 甘州(현 甘肃省 张掖市)와 合思罕지역에서 둔전한 적이 있었다.[143] 그런가 하면 방목과 수렵을 행하던 몽골군 역시 지원22년에는 淸, 滄, 靖海 등지로 보내 둔전에 관여했으며, 서역에서 징발된 탐마적군도 필요한 생산수단을 제공받아 襄陽에서 둔전에 관여하였다.[144] 당시 몽골군과 탐마적군이 직접 경종에 참가했는지는 알

140) 李莎, 앞의 논문, 「元代屯田中的人口遷移」, 47~48쪽; 蔡志純, 앞의 논문, 「略論元代屯田與民族遷徙」.

141) 『元史』 권11, 「世祖八」 "(至元十七年)辛卯, 以漢軍屯田沙甘. 壬辰, 亦奚不薛病, 遣其從子入覲."

142) 『元史』 권100, 「兵三 · 屯田 · 雲南行省所轄軍民屯田一十二處」

143) 『元史』 권12, 「世祖九」 "(至元二十年)甲午, 敕大名真定北京衛輝四路屯駐新附軍, 於東京屯田."; 『元史』 권14, 「世祖十一」 "丙申, 以新附軍千人屯田合思罕関東曠地, 官給農具牛種."; 『元史』 권14, 「世祖十一」 "徙戍甘州新附軍千人屯田中興, 千人屯田亦里黑."

144) 『元史』 권13, 「世祖十」 "(二十二年)丙寅, 遣蒙古軍三千人屯田清滄靖海."; 『元史』 권39, 「順帝二」 "丙戌, 命阿速衛探馬赤軍屯田. 是月, 以馬札兒台爲太保, 分樞密院鎮北邊."; 『元史』 권19, 「成宗二」 "(大德元年)十二月癸巳, 令也速帯而薬樂罕将兵出征. 丙申, 徙襄陽屯田合剌魯軍于南陽, 戶受田百五十畝, 給種牛田具."

수 없지만 鎭戍軍으로 둔전을 위한 각종 활동에 참여한 것은 사실인 듯하다.[145] 둔전 경작에 참가한 대부분의 군사는 진수군이며, 일부 숙위군도 있었다고 한다.[146] 이처럼 천사를 통해 실시된 둔전은 다양한 자연조건에 직면하여 곤란한 점이 한두 가지가 아니었을 것이다. 열악한 사막지역으로 천사된 내지인의 고통도 있었겠지만, 운남 · 湖廣 등의 둔전에는 수토에 적응하지 못해 풍토병으로 죽는 북쪽 병사도 적지 않았다.

한편 민둔의 경우 대개 중원을 중심으로 실시되었으며 이들을 통해 각 민족은 이동과 천사되었다. 민둔은 대개 정부가 모집하거나 대상자를 검토 선발하여 천이하는 경우가 대부분이었다. 때문에 신분이 다양하여 둔전민호에는 漏籍戶 · 盜民 · 降民 · 빈민 · 富民 · 放良人戶가 포함되어 있으며, 범죄자나 匠戶 등이 천이되기도 했다. 세조 지원16년의 기록에 의하면, 백성을 모집하여 漣과 海州의 황무지를 개간하고 경작하기도 했는데, 이때 "官에서 禾種을 지급하고 스스로 耕牛와 농구를 준비했으며, 수확물의 40%는 官에 납입하고 60%는 민이 소유했으며, 屯戶 요역은 면제되었다. 다만 여러 차례 요역폐지를 건의했지만 받아들여지지 않았다."라고[147] 한다. 이곳은 淮東, 淮西의 둔전이기 때문에 대부분 농업에 익숙한 인접 民戶가 지원했을 것이지만, 이런 경우만 있는 것은 아니다. 상당수 내지에서 변강으로, 변강에서 내지로 천이되었다.[148] 이런 측면에서 보면 민둔은 인구분산과 사회질서의 정화차원의 기능도 한 것이 아닌가 한다.

---

145) 馬建春,「元代東遷西域人屯田述論」『西域研究』2001年 第4期, 21쪽.

146) 李莎, 위의 논문,「元代屯田中的人口遷移」, 47쪽.

147)『元史』권100,「兵三 · 屯田 · 宣徽院所轄」"淮東淮西屯田打捕總管府, 世祖至元十六年, 募民開耕漣海州荒地, 官給禾種, 自備牛具, 所得子粒官得十之四, 民得十之六, 仍免屯戶徭役, 屢欲中廢不果."

148) 李莎, 앞의 논문,「元代屯田中的人口遷移」, 48쪽.

원대의 둔전에서 주목해봐야 할 점은 몽골군과 探馬赤軍 등의 유목민의 둔전활동과 북부 유목지역의 둔전개척이다. 몽골군과 탐마적군은 기본적으로 농업생산과 경작기술을 이해하지 못하여 둔전에 천이된 자는 적었을 것이다. 때문에 그들이 둔전에 투입될 경우, 『원사』의 곳곳에서 볼 수 있듯이 경전은 물론 소, 종자 및 농구와 농경 가능한 한인이나 경작기술을 지원해주었다.

몽골 서부지역의 농업 또한 일찍부터 행하였다. 『鎭海城』의 기록에는 1만 명 정도가 경작에 참여할 정도로 鎭海는 서부농업의 중심지였다고 한다.[149] 징기스칸은 진해에 포로 1만 명과 漢人 工匠들을 통해 막북의 진해 阿魯歡에서 屯種했다고 하며,[150] 중통원년 이후에도 줄곧 謙州· 益蘭州·和林·稱海·五條河·金山과 杭海지역에 둔전 하였다. 이들은 둔전을 위해 대량의 한인을 천사하여 직조와 농경을 행했으며, 익주의 경우 지원7년에 治陶, 농구주조 및 屯種을 교육하기도 했다. 和林의 경우, 세조 지원11년에는 둔전을 위해 衛親軍을 파견했는데, 지원13년과 15년에 두 차례 諸王의 반란이 일어나자 이듬해 세조가 친정하여 화림을 수복하고 주둔병사에게 둔전하게 하였다. 이처럼 열악한 환경 속에서도 국가의 둔전 지원이 끊임없었던 것은 제왕의 반란을 막고 嶺北을 통치하기 위한 정치적 목적이 컸었다. 이런 현상은 유독 영북지역 뿐 아니라 서역둔전이나 내지의 둔전에서도 흔히 볼 수 있는 현상으로, 초기의 군량확보라는 목적과는 달리 통일 이후에는 둔전을 방어와 체제유지의 거점으로 교묘하게 활용했음을 알 수 있다.

---

149) 초기 몽골의 막북, 막남지역의 농업에 대해서는 烏雲, 『蒙元時期蒙古地區農業發展研究: 以哈剌和林和上都爲例』, 內蒙古大學碩士學位論文, 2013.5를 참고바람. 본고 16쪽에는 몽골지역의 농업은 주로 遷徙된 한인이나 포로가 주를 이루었으며, 그 중에는 정주한 몽골인이 黍米를 재배했다고 밝히고 있다.

150) 許有壬, 『圭塘小稿』 권2, 「拱海神道碑」.

그 때문에 각 요충지에는 국가지원이 계속되었으며, 화림의 경우를 보면 至元20년에는 宣徽使에게 소 1,000마리를 보냈으며, 成宗 즉위 때에는 농구를 지급하여 둔전을 도왔다. 무종 때에는 화림에 漢軍 萬人을 보내 둔전하여 黍麥을 생산할 정도로 주목한 지역이다. 稱海 역시 성종시기에 둔전의 한인 군대가 1만 명에 달했다고 한다.[151] 이 지역의 『원사』「兵志」에 의하면 和林 등 嶺北둔전의 1인당 경지면적은 50畝였으며, 무당 생산량은 1石이었다고 한다.[152] 만약 생산량의 60%인 30석(송대의 42.8석[153])을 둔전민이 보유하게 된다면 5인 가족의 식량으로도 부족하지 않을 정도의 높은 생산량이다.[154]

---

151) 周繼中, 「元代北方地區的屯田」『北方文物』 1988. 9, 75~76쪽; 若羅姆扎布, 「蒙古的傳統農業」『蒙古學信息』 1993年 第2期, 12~13쪽에 의하면 쿠빌라이가 哈剌和林에 灌漑水渠를 회복하면서 화림지역이 몽골 농업의 중심이 되었다고 한다. 당시 和林지역의 農戶는 4,648家였고, 경작면적은 6,400頃이었다. 물론 당시 봉건귀족은 농업을 희망하지 않았고 목축을 행했으며, 중등 이하의 牧民은 농업을 포기하지 않았다고 한다.

152) 王培華, 「土地利用與社會持續發展: 元代農業與農學的啓示」『北京師範大學學報(社會科學版)』 1997年 3期(總第 141期), 59쪽의 각주1) 참조. 여기에서 원대 지역별 畝産量은 차이가 커 1石에서 6석정도이다. 대개 汾水上田과 섬서 興元路 둔전: 6석, 浙西官田: 3석, 강남관전: 2석, 절강 龍泉義田, 운남: 稻2석, 大同總管府 太和嶺 둔전: 1.5석, 하남 鄧州둔전: 1석이다. 이런 원대의 단위당 생산량은 송대보다 앞섰다고 한다. 비록 토지의 위치와 조건에 따라 생산량에 차이가 있을지라도 강남의 관전보다 화북지역의 토지생산량이 높은 것은 쉽게 이해되지 않는다.

이와는 달리 曾雄生, 『中國農業通史(宋遼夏金元卷)』, 農業出版社, 2014, 155쪽에서 원대의 생산력은 '地人時事'에 따라 차이가 있으나 『紫山大全集』 권23 「匹夫歲費」에 의하면 100무 당 "好收則七八十石, 薄收則不及其半."이었다고 한다. 그 원인을 1. 인력이 부족함에도 토지만 탐하여 盡地力과 天時를 따르지 못하고, 2. 牛力의 결핍, 3. 심각한 관료주의 풍토와 지방 관리들이 고의적인 방해[冤假錯案]로 인해 제때에 농사를 짓지 못했으며, 4. 농사에 정성을 다하지 않고, 게을러 整地, 播種, 中耕을 순서대로 진행하지 않았고, 5. 농가의 사치와 낭비 등으로 들고 있다.

153) 『元史』 권93, 「食貨一·稅糧」 "蓋以宋一石当今七斗故也." 즉 宋 1石은 원대에는 70%인 7斗에 해당된다.

154) 『漢書』 권24, 「食貨志上」에는 100무에 연 150石 생산하여 5인가족의 식량으로 90석을 소비했다고 한다. 丘光明, 『中國歷代度量衡考』, 科學出版社, 1992, 520쪽에 의하면, 한대 1升은 200ml이며, 원대 1升의 양은 836ml로서 한대의 약 4.18배이고, 원대 30석은 한대의 125.4석에 해당한다.

이 같은 영북지역 뿐 아니라 농경에 익숙하지 못한 지역이나 그런 민족이 배속된 군대에서 둔전을 설치할 때는 비슷한 상황이 연출되었을 것이다. 물론 둔전은 주로 군사주둔지라는 특수성 때문에 촌사조직과 같은 조직은 없었을 것이나 둔전관은 농사를 잘 아는 자가 임용된 듯하다. 이미 세조 때 둔관에 "選知農者"를 충임했으며, 武宗 至大2년에는 재차 瓜州(현 甘肅省 酒泉市), 沙州 등지에 이들을 보냈으며, 둔전의 위치를 선정할 때는 地利를 아는 색목인과 한인 각 1명을 책임자로 선임하기도 했다.[155] 둔관의 주된 임무는 농업기술과 경작방식의 교육을 통해 수확량을 제고하는 것이며, 수확 후에는 그것을 잘 지키는 것이었다.[156] 군관은 당연히 군둔의 농업유경험자의 도움과 牛나 농구 등과 같은 생산수단을 지원받아 경작했을 것으로 보인다. 그 결과 和林 등 嶺北둔전의 경우에도 『원사』「병지」에 의하면 1인당 경지면적은 50畝였으며, 畝당 생산량은 1석이었다고 한다.[157]

다만 1279년 元이 전국을 통일하면서 둔전은 식량보충의 주요수단으로 발전하여 전국적으로 확대되었고, 西北, 京畿 및 四川지역이 둔전의 중심지역으로 발전하였다.[158] 그리하여 武宗 地大원년(1308)에 이르면 중서성 신하의 말처럼 천하의 둔전은 120여 곳이 설치된다. 이처럼 통일 후 원대의 둔전은 규모나 조직이 방대해지고 전국적으로 확대되면서 이전의 단순한 군량확보 차원이 아닌 일종의 농업과 군사력이 결합되어 효과적으로 체제를 유지하려는 방향으로 변모하였던 것이다. 둔전이라는 경제정책 뒤에 무력과 권력이 은폐되어 있는 꼴이었다.

---

155) 『元史』 권23, 「武宗二」 "今乞仍舊遣軍屯種, 選知屯田地利色目漢人各一員領之."

156) 『通制條格』 권7, 「軍防 · 看守倉庫」에는 군관이 주야로 순찰을 돌며 國用의 창고를 지키는 상황이 잘 묘사되어 있다.

157) 참고로 宋 1石은 단지 원대의 70%에 해당되며, 그리고 元代에는 2斛이 1석이었다.

158) 張勇, 앞의 논문, 「忽必烈時期的屯田分布特點及影響」, 15~16쪽. 大都지역의 둔전은 안정된 식량공급과 首都의 안전성에 주목하였다.

하지만 둔전은 점차 시간의 흐름에 따라 내면이 변화되기 시작했다. 중통3년에 이미 鳳翔府 둔전 군인을 平陽군대에 보충하고, (남아있는) 鳳翔둔전병은 출병하지 않았다.[159] 이것은 이미 둔전병이 출정보다 양식생산에만 동원되었음을 보여준다. 이런 사례는 둔전역사상 볼 수 없는 경우로서[160] 둔전을 통해 농업회복과 경제발전을 도모했던 것이다.

지원29년 11월에 추밀원이 상주한 내용을 보면 "1衛의 萬人은 2천인의 둔전을 통해 조달한다. 그리고 초원과 중원에 연접하고 있는 上都에서 木八剌沙가 둔전을 경작한지 2년 만에 1천명의 군인을 더 늘릴 수 있었다."라는[161] 지적에서 당시 둔전민의 생산성을 다소나마 엿볼 수 있다. 芍陂, 洪澤, 甘, 肅, 瓜, 沙 등의 지역은 地利가 이전과 대차 없었으나 和林, 섬서, 사천과 같이 새로 둔전을 설치한 지역은 이익이 거의 남지 않았다. 그런가 하면 雲南八番, 海南, 海北지역은 만이의 중심 지역이었기 때문에 둔전병을 주둔시켜 그들을 통제할 필요가 있었으므로 둔병과 둔전을 설치하지 않을 수 없었다고[162] 한다. 이처럼 둔전은 收益에 따라 위치나 조건이 변경되기도 하였다. 예컨대 세조 지원23년에 설치된 洪澤(현 江蘇省 淮安市)둔전에 대해 江淮行省에서 수익이 兩淮지역을 초과하지 않으니 만약 강회지역의 (농경경험이 있는) 新附軍과 한군에게 둔전을 맡긴다면, 매년 양식 150여만 석을 거둘 수 있을 것이라고 하자 세조가 이에 동의하여 지원31년에 기존의 둔전을 재조직하여 萬戶府에게 관리하게 하고 있다.[163] 이처럼 둔전은 전국에 걸쳐 실시되었지만 그 효과와 작용은 차이가 있었음을 알 수

159)『元史』권98,「兵一·兵制」"以鳳翔府屯田軍人準充平陽軍數, 仍於鳳翔屯田, 勿遣從軍."

160) 蔡志純,「略論元代屯田與民族遷徙」『民族研究』2002년 제4기, 83쪽.

161)『元史』권17,「世祖十四」"戊寅, 樞密院奏, 一衛萬人, 嘗調二千屯田, 木八剌沙上都屯田二年有成, 擬增軍千人. 從之."

162)『元史』권100,「兵三·屯田」.

있다.

둔전 설치지역은 14세기 초 武宗 때를 정점으로 점차 폐지되거나 운영이 느슨해지게 된다.[164] 둔전이 쇠퇴한 이유에는 분명 부적합한 기후조건이나 토양 및 교통문제 등이 있었을 것이다. 둔전이 쇠퇴하게 된 보다 중요한 요인은 둔전 수익에 대한 둔관의 욕심에 있었다.[165] 예컨대 당시 馬祖常(1279~1338)이 이르기를, "世襲軍官이 부하 行伍의 이익을 잠식한 것은 심히 통탄할 만하다. 그 결과 중원의 군호는 날로 빈곤해지고 군관은 부유하게 되었다."라고[166] 했으며, 王惲(1227~1304)은 "軍站戶 중 부유한 자는 토지가 連阡陌하고, 자산이 累巨萬이었는데 반해, 빈자는 하루 생활도 어려워 저장할 작은 항아리조차 없었다."라고[167] 한 지적을 보면, 공전이었던 둔전이 군관의 소유로 전락하여 둔전군민이 빈곤한 생활에 처했음을 알 수 있다.

원대 둔전제가 변하게 된 요인은 다양한데, 이미 지원16년에 "復立屯田",[168] 成宗 대덕원년에는 "復立芍陂洪澤屯田",[169] 대덕9년에는 "復立雲南屯田"[170]이라는 둔전 회복운동이 전개되었다. 특히 지원31년에 재

---

163) 『元史』 권100, 「兵三 · 屯田 · 河南行省所轄軍民屯田」 "世祖至元二十三年, 立洪沢南北三屯, 設萬戶府以統之. 先是江淮行省言, 國家経費, 糧儲爲急, 今屯田之利, 無過兩淮芍陂洪沢皆漢唐舊嘗立屯之地, 若令江淮新附漢軍屯田, 可歲得糧百五十餘萬石. 至是從之. 三十一年, 罷三屯萬戶, 止立洪沢屯田萬戶府以統之."

164) 『元史』 권22, 「武宗一」 "(地大元年)中書省臣言, 又, 天下屯田百二十餘所, 由所用者多非其人, 以致廢弛, 除四川甘州應昌府雲南爲地絕遠, 餘當選習農務者往, 與行省宣慰司親履其地, 可興者興, 可廢者廢, 各具籍以聞. 並從之."

165) 李莎, 앞의 논문, 「元代屯田中的人口遷移」, 47쪽.

166) 『元文類』 권15, 「建白一十五事」 "夫以世襲軍官蠶食部下行伍, 深爲可痛 … 中原軍戶日貧, 軍官日富."

167) 『秋澗文集』 권35, 「上世祖皇帝論政事書」 "軍站戶富者至有田畝連籲陌, 家貨累巨萬, 丁隊列什伍, 貧者日求生活, 有儲無甔石."

168) 『元史』 권10, 「世祖七」.

169) 『元史』 권19, 「成宗二」.

170) 『元史』 권21, 「成宗四」.

정비한 洪澤둔전을 다시 복구한 것을 보면 세조, 성종을 거치면서 점차 둔전 안팎에 변화가 있었음을 알 수 있다. 이런 변화는 둔전이 정착되면서 屯戶와 토지소유자인 국가와의 관계가 모호해졌으며, 둔전내부의 수탈관계 즉 생산자에 대한 지나친 속박과 수탈문제가 발생한 것이다. 그리고 중통원년의 科差法에는 군호는 地租만[171] 납부하였기 때문에 둔전군인은 雜泛差役을 부담하지 않게 되어 있지만, 실제로는 출정 때에만 잡범차역이 면제되고, 평시에는 각종 잡역과 군관의 착취로 인해 屯戶는 파산자가 속출하고 처자를 팔기도 했을 정도였다고[172] 한다. 아울러 둔전 군관들의 屯戶에 대한 수탈과 둔전 군인과 牛車에 대한 사용화도 둔전 쇠퇴에 큰 몫을 차지했다.『通制條格』권7「禁治擾害」에 의하면, 지원29년(1292)에 둔전의 군관이 둔전군인의 인력을 사적으로 이용하는 것, 소·차량 등을 빌려 자기의 논밭을 경작하는 데 이용하는 것, 배에 자신을 물건을 실어 운반하는 것을 금한다는 군령이 이를 말해준다.[173] 뿐만 아니라 공전인 둔전을 豪强者가 강제 겸병하게 되면서 국가도 결국 이들 무단 점유자에 대해 과세를 시작하였다. 이미 지원23년(1286)부터 강남의 官田이 호강자에 의해 점거되는 양상이 중서성에 보고되고 있는데,[174] 당시 대사농사에서 "송 멸망 이후 관의 전토는 대부분 권호세력에 의해 장악되어 타인에게 매매되기도 했다."라고 하자, 원 정부는 부득불 대덕9년(1305)에 芍陂, 洪澤 등 둔전을 점거한 자에게 모두 조세를 징수하도록 조칙을 내렸다.[175] 같은 해 豪民이 점

---

171)『元史』권21,「成宗四」에 의하면 大同總管府 太和嶺 屯田의 경우 "太和嶺屯田, 舊置屯儲總管府, 專督其程. 人給地五十畝, 歲輸糧三十石, 或佗役不及耕作者, 悉如數徵之, 人致重困."이라고 하여 50畝에서 무당 1.5石을 생산하여 30석의 지조를 납입하였다고 한다.

172) 李幹,『元代民族經濟史』(上), 民族出版社, 2010, 491~493쪽.

173) 岡本敬二編, 앞의 책.『通制條格の研究譯註(第二册)』권7,「禁治擾害」, 339~340쪽, "不得差倩屯田軍人, 并牛隻車輛, 耕種私己田禾. 般載己物."

174)『元史』권14,「世祖十一」"己巳, 用中書省臣言, 以江南隸官之田多爲強豪所據."

거한 兩淮地 역시 租賦를 징수하게 했다. 이런 정책은 至正8년(1348)에도 계속되어 둔전을 뺏은 호강자에게 원래 국유지로 반환하도록 하였다.[176] 이와 같이 둔전의 원형이 변하고 호강세력이 장악하게 되면서 원대의 둔전제는 점차 이완과 붕괴의 길을 걸었던 것이다.

비록 원대의 둔전은 14세기 초 武宗 이후 쇠퇴의 길을 걸었지만, 그 작용은 적지 않았다. 우선 전쟁과 둔전을 통해 다양한 민족이 다양한 지역으로 천이되었다는 점이다. 한족은 변강민족으로 천사되고 소수민족은 한족지역으로 소수민족 간에도 천사가 이루어져 둔전을 통해 황무지개간 뿐 아니라 농업생산기술이 향상되어 해당지역의 군량 해결은 물론 변강지역의 안정도 도모할 수 있었다. 게다가 인구이동을 통해 각 민족이 자연스럽게 융합되어 사회풍습의 변천을 유도했으며, 서역이나 막북지역처럼 유목민족에서의 농업발전에도 크게 기여했다.[177] 이처럼 쿠빌라이는 둔전제를 확대 실시하여 황무지를 개간함으로써 유민의 안정과 농업생산의 발전을 유도했으며, "移民實邊"을 통해 군사거점을 확보하고 변경지역을 사수하게 되면서 제국의 치안과 안정을 가져와 장기적인 지배가 가능했던 것이다. 하지만 14세기 이후 둔전이 쇠퇴하면서 원의 군대기강과 군사기반의 약화를 가져왔으며, 그런 풍조는 일반 농정에도 영향을 미쳐 생산자와의 갈등이 노골화되었으며, 특히 오랜 정착생활로 인하여 강인한 유목기질은 점차 쇠약의 길을 걷게 된 것이다.

몽골 농정의 또다른 특징은 둔전과는 별개로 한족 왕조보다 더 많은 농서를 출판했다는 데 있다. 상품작물의 재배를 끊임없이 권유하고 국

---

175) 『元史』 권21, 「成宗四」 "詔芍陂洪沢等屯田爲豪右占據者, 悉令輸租."

176) 李幹, 앞의 책, 『元代民族經濟史』(上), 494~495쪽.

177) 蔡志純, 「略論元代屯田與民族遷徙」 『民族研究』 2002年 第4期; 藍武, 「試探元代在廣西民族地區的屯田」 『內蒙古社會科學(漢文版)』 第26卷 第1期, 2005.

내외 교역에 적극 참여했다. 이에 대한 답은 원대 출판된 삼대 농서와 그곳에 소개된 각종 작물과 농업기술을 구체적으로 접근할 때 비로소 가능할 것이다.

4. 원대 三大農書 편찬의 경위

1) 원대의 시각으로 본 『제민요술』과 당송시대의 농서

원대 이전까지 가장 많은 영향을 준 농서는 분명 남송 초에 편찬된 『진부농서』와 오랜 시간 많은 영향력을 끼쳤던 농업전서인 『제민요술』과 당말의 『四時纂要』[178]였을 것이다. 이들은 대부분 대민통치자인 관리들이 편찬했다. 하지만 당시 방대한 『제민요술』이 있음에도 『사시찬요』를 편찬한 것은 나름의 이유가 있었을 것이다.

우선 체제나 분량으로만 보아도 양자는 차이가 크다. 『사시찬요』는 月令형식으로 편찬된 농서이지만, 월별로 주술적인 금기사항, 氣候占과 길흉택일 및 질병치료에 대한 묘사는 물론 파종에서 수확까지 각종 농작물과 瓜菜의 재배과정, 잠상 · 방직 · 염색 및 가축사육방법의 실태와 구체적인 시기에 대해 간략하게 잘 묘사하고 있다. 그 외에도 각종 농촌의 雜事까지 구체적으로 기록하고 있다. 이들 내용 중 농경과 생활부분의 내용을 상당부분 『제민요술』을 인용하고 있다는 점에서 당말까지 경작방식과 일상생활에서 『제민요술』의 영향을 받았음을 말해준다. 다만 이전의 『사민월령』이나 『제민요술』에서는 주로 봉건 지주나 사대

---

178) 『사시찬요』의 찬술자인 韓鄂에 대한 기록이 『구당서』, 『신당서』에 남아 있지 않아 정확하지 않으므로 그 신분을 구체적으로 알 수는 없지만 『신당서』 권73, 「宰相世系表」에는 韓鄂과 韓諤의 두 이름이 등장한다. 전자는 당 현종 때 재상 韓休의 형이며, 韓偲의 玄孫이다. 후자는 韓休의 동생이며, 韓倩의 현손이라고 한다. 農史연구자들은 대부분 양자를 동일인으로 보고 있다.

부 가정의 의례활동과 그들과 관련된 음식과 술에 관련 내용이 적지 않았다. 특히 『제민요술』 권3의 「雜說」의 내용을 보면 사대부의 일상을 잘 볼 수 있다. 『사시찬요』에도 노동력을 고용[放人工][179]하여 가정생활을 유지했던 사대부의 모습도 볼 수 있지만,[180] 대개 민간생활에서 필요한 내용을 월령에 따라 미리 대비할 수 있도록 배치한 것이 특징이다. 특히 매월의 첫머리에 「占候禳鎭」편이 1/3정도를 차지할 정도로 당말의 민간생활에 주술이 점하는 비중과 함께 농업이 주술 및 금기와 밀접하게 관련되어 있음을 잘 보여준다. 이것은 당말의 정치사회적인 변혁과 함께 농서 상에서도 기존의 색채가 극복되어갔던 것이 아닌가 한다. 만일 그렇지 않았다면 『제민요술』을 그대로 이용하거나 그 중에서 필요한 부분을 抄하여 사용할 수도 있었을 것이다. 韓鄂의 『사시찬요』 '序'를 보면 『제민요술』이 있음에도 다시 새로운 농서를 편찬한 이유를 알 수 있다.

나는 두루 농서를 읽고 빠짐없이 다양한 占筮를 살폈으며, 『廣雅』와 『爾雅』에 의거해서 풍토와 물산을 정했으며, 월령과 가령에 의거하여 적합한 때를 서술하였다. … 韋行規가 찬한 『保生月錄』[181]의 결점은 지나치게 간결하고, 『제민요술』은 지나치게 상세한 것이 폐단인데, 지금 이 두 사람의 책이 갖는 아주 번잡하고 거친 부분을 빼고 여러 학파의 술수를 취하였다. … 게다가 계절마다 바람과 구름을 점치고 오곡의 값이 오르고 내리는 것에 대해서 점을 치고 손수 젓갈을 담가서 집안 대대로 전하는 그 효험에

179) 『四時纂要』 「正月 · 雜事」.

180) 石聲漢, 앞의 책, 『中國古代農書評價』, 39쪽에는 『사시찬요』에는 崔寔의 『四民月令』을 계승한 것으로 책속에 士大夫의 연 경영계획이나 祭祀나 食忌 등을 살필 수 있다고 한다.

181) 『韋氏月錄』은 唐의 韋行規가 찬한 『保生月錄』 1권을 말한다. 현재 이 책은 유실되어 전해지지 않으며 重較, 『說郛』 糾 제75와 內閣文庫所藏의 江戶寫本 『養生書五種』에 일부가 수록되어 있다.

대한 방안을 세웠다. 말의 관상법[相馬], 소의 치료[醫牛], 닭과 돼지를 먹이는데 이르기까지 두루 지식에 보탬이 되니 어찌 버릴 수 있겠는가.[182]

여기서 주목되는 점은『제민요술』이 상세하기는 하지만 너무 번잡하다는 지적과 함께 농민생활과 직접 관련된 내용이 부족하고, 게다가 기후와 곡물가의 예측이 곤란하여 농업이 곤란하다는 점을 들고 있다는 것이다. 특히 월별로 설명했기 때문에 비록 농작물의 파종에서 수확까지의 전 과정을 확인할 수는 없지만, 해당시기에 무엇을 준비하고 해야 하는지를 명백히 제시함으로써 내용이 번잡하지 않고 쉽게 기억할 수 있도록 하여 농시를 놓치지 않고자 했다. 무엇보다 농촌과 개별 농가의 각종 잡사까지 세심하게 언급할 정도로 농민과 농촌의 입장에서 농업을 제시하였다.

이와 비슷한 질문은『진부농서』의 편찬에서도 그대로 적용할 수 있다.『진부농서』가 편찬된 것이 1149년이었으니 북송이 남쪽으로 천도(1127년)한 후 20여년이 지난 시점에 陳旉가 개인자격으로 편찬하였다. 그는 비록 독서인 출신으로 상당한 지식을 지녔지만「陳旉自序」에서 스스로를 "西山 隱居 全真子"라고 칭한 것처럼 관직에 나아가지 않고 은거하며 "서산의 땅을 경작하고, 마음으로부터 농상의 중요성을 알았던" 농민이었다고 볼 수 있다. 실제 자신이 "구차하게 농상의 일을 조금 안다고 해서 쓴 것이 아니라, 일찍이 내가 실제 경험하였고, 그 일에 아주 능하기 때문에 감히 책을 저술했다."란 말에서도 잘 표현되고 있다. 그런 점에서『진부농서』는 이전의 농서와는 달리 농업활동에 직접 참가한 농민이 후세에 도움이 되기를 바라면서 쓴 농민의 농서라고 볼 수 있다.[183]

182)『四時纂要』「四時纂要序」.

『진부농서』가 『제민요술』이나 『사시찬요』와 다른 것은 단순히 찬술자의 신분만이 아니다. 1차적으로 생각해볼 수 있는 것은 바로 농업의 관찰지점이 달랐다는 점이다. 『제민요술』과 『사시찬요』는 대개 화북지역의 한전농업을 중심으로 설명하고 있다. 물론 『제민요술』에도 '水稻'조가 있고 『사시찬요』에도 稻나 水稻라는 단어가 등장하지만, 작물의 배열순서나 제작된 생활상의 食物을 보면 대부분 화북을 대상으로 했음을 알 수 있다. 이에 반해 남송의 정치 중심은 강남지역이고, 진부가 살았던 西山[184] 역시 강남지역이었기 때문에 화북의 농업과 강남지역이 자연환경과 풍토가 달라 『제민요술』만으로 권농이 불가능하여 『진부농서』를 편찬했다고 볼 수 있다.

그런데 진부가 自序에서 직접 『제민요술』과 『사시찬요』을 언급하면서 밝힌 『진부농서』의 편찬 배경은 이런 것과는 다른 모습임을 알 수 있다. 이유는 대체적으로 두 가지로 요약된다. 첫째는 당시 士大夫들의 농업에 대한 이해부족이며, 둘째는 노골적으로 『제민요술』과 『사시찬요』는 헛된 말을 제시하거나 명성이 과장된 것으로서 내용이 엉성하고 실용에 적합하지 않다고 지적한 것이다. 전자의 경우, 自序에서 당시 사대부들의 농업에 대한 인식을 "사대부들은 매번 農桑의 일은 일반 백성들의 업이라고 여기고, 유가에서는 배우지 않기 때문에 대부분 소홀히 취급하여 더 이상 알려고 하지 않았다. 혹자는 농업에

183) 古島敏雄은 그의 책[『古島敏雄著作集』 第9卷 『近代農學史研究』, 東大出版會, 1983]에서 지적한 바와 같이 농서는 '學者의 農書'와 '農民의 農書'로 대별된다고 한다. 전자의 경우는 유학자의 학풍을 받은 지식인에 의해 편찬되어 다소 권위주의적인 傳承의 태도를 지녔는데 반해, 후자의 경우는 농업활동을 하고 있는 농민이 豊産을 염원하며, 비록 비체계적이고 부분적이지만 사적인 경험이나 실험을 통해 實事求是와 무사봉공의 태도로 집필되었다고 한다. 德永光俊, 「近世農書における學藝: 農の仕組みを解く」 『日本農書全集』 第69卷, 農山漁村文化協會, 1996(1刷), 5~11쪽.

184) 西山은 陳旉의 거주지로 학자에 따라서 揚州 西山說, 義徵縣 서산설, 太湖 서산설, 杭州 서산설이 있지만, 이에 대해 大澤正昭, 『陳旉農書の研究』, 農文協, 1993, 42~44쪽에서는 湖州 서산설을 따르고 있다.

대해 알더라도 더 이상 논의하지 않았으며, 혹자는 이에 대해 논의를 하더라도 더 이상 실천하지 않았다."라고 하여 송대 사대부들의 농업에 대한 인식이 현실과 괴리되어 있음을 노골적으로 표현하고 있다. 뿐만 아니라 사대부들은 "공로를 가로채어 능력을 뽐내고, 명예를 훔쳐서 글을 짓는다."라고 하여 존경이 아닌 비난의 대상임을 제시하고 있다.

특히 남송 紹興19년(1149)에 『진부농서』가 처음 편찬될 때 지방장관 洪興祖에게 출판을 부탁하였는데, 출판된 책을 보고 재판을 결심하고, 다시 「진부발문[陳旉跋]」을 썼다. 그 속에는 초판의 판각과정에 "본질이 왜곡되고 앞뒤가 전도되어 뜻이 통하지 않는 부분이 매우 많았다. 또 어떤 사람[洪興祖]은 본질을 깨우치지 못하고 자신의 뜻에 따라 망령되게 삭제하고 개작하며 쓸데없이 미사여구를 덧붙여 이치에 괴리가 생겼다."[185] 그 결과 "농업에 익숙하여 이 책을 본받으려고 하는 사람마저 바야흐로 비웃고 업신여기는데 여념이 없다. (이런 상황에서) 그들이 (이 책을) 서로서로 돌려가면서 읽고 이야기하며 부지런히 농사일에 힘쓰고 그것을 모방하고 배우려 하겠는가?"라며 농업과 농촌의 현실인식이 부족한 관료들에게 크게 실망하는 모습을 볼 수 있다. 그 때문에 진부는 집에 소장하고 있던 부본(副本)을 근거로 재차 수정하여 책을 출판했던 것이라고 하여 實事求是하지 못한 사대부에 대한 강한 불만을 표시하였다.

또 다른 측면은 기존 농서에 대한 한계와 불신이다. 「진부자서」에서 『진부농서』를 집필한 것은 "선대 성군의 겸손하고 만물을 사랑하는 유지를 받들어 쓴 것으로 헛된 말을 입에 올리거나 과장되게 명성을 훔친

185) 『陳旉農書』「洪興祖後序」에서는 洪興祖는 자신을 찾아온 陳旉가 능력과 학식을 갖춘 隱人임을 알고, 그의 책을 받아 세 번이나 읽었다는 것으로 보아 내용은 충분히 숙지했을 것이지만, 농업의 현실을 몰랐기 때문에 자의적으로 수정하면서 본질이 왜곡된 듯하다.

『제민요술』, 『사시찬요』처럼 엉성하고 실용에 적합하지 않은 부류의 책은 아니다. (『진부농서』는 이들과 달리) 후세에 큰 보탬이 될 것이다." 라고[186] 하였다. 이 내용을 보면 송대까지 많은 영향을 끼쳤던 『제민요술』과 『사시찬요』가 명성만큼이나 농민들에게 실용적이지 않았음을 말해준다. 이것은 농민이었던 陳旉의 송대 농업에 대한 인식과 신뢰를 엿볼 수 있다는 점에서 주목된다. 실제 『진부농서』의 내용을 『제민요술』, 『사시찬요』와 관련하여 비교해보면, 『제민요술』의 경우 대부분 작물의 재배와 가축의 사육법 및 발효식품의 제조 등이 주를 이루고 있으며, 『사시찬요』는 月別로 농민의 농업 생산 활동과 雜事에 주목하여 기술하였다. 이에 『진부농서』에서는 단순 재배법이 아니라 농업경영방법을 12가지로 구분하여 기존의 문제점과 폐습을 발전적으로 극복하고 잠상의 방법과 소와 우경의 중요성을 제시하고 있다. 특히 남송의 경우 정치중심이 강남으로 이동하면서 강남지역과 새로운 환경에 조응하는 농업기술과 그 보급이 농서의 간행을 재촉했을 것이다. 진부가 당시 관리들의 농업 현실인식을 비난했던 것이나 농민에게 『진부농서』를 돌려가며 읽고 이야기 하며 그 장점을 살피게 한 것도 환경의 변화로 인해 발생한 것이 아니었던가 생각된다. 『진부농서』의 이러한 인식과 농업문화의 유산이 『농상집요』의 편찬으로 자연 이어졌을 것이다.

2) 원대 농서의 발간 배경

1271년 대원제국이 건립되고 2년 후인 1273년 남송과 적극 대치하고 있는 상황에서 『농상집요』가 편찬되고, 통일 후 44년이 지난 1313년에는 『왕정농서』가 완성되었으며, 그리고 이듬해 回鶻인 농학자 魯明善의

---

186) 『陳旉農書』「陳旉自序」"此蓋敍述先聖王撙節愛物之志. 固非騰口空言, 誇張盜名, 如齊民要術四時纂要, 迂疎不適用之比也. 實有補於來世雲爾."

『농상의식촬요』가 편찬되었다. 이들을 흔히 원대 3대 농서라고 하는데, 이는 원대 農政에 있어 또 다른 특징이라고 볼 수 있다. 이 중 국가기관인 大司農司에서 직접 편찬한 농서는『농상집요』였으며, 나머지 두 권은 사찬서이다.

우선『농상집요』의 내용을『제민요술』,『사시찬요』와 비교해보면 첫머리부터「農功起本」,「牛耕起本」과 「蠶事起本」을 설정하여『진부농서』에서와 같이 農桑을 중심에 두고 있다는 점을 강조하고 있다.[187] 그 외 기본 전개과정은『제민요술』을 닮아있지만 중심작물 이외의 각종 생활에 필요한 작물을 다양하게 제시하고, 농상의 방법을 별도의 목차로 구분한다거나 그 외 "쇠똥 모으기", "개미누에 깨기", "누에채반에 깔 풀 준비하기", "누에고치 찌는 법" 및 '잡사' 등과 같은 기술은『사시찬요』의 방식을 따르고 있다. 특히 후자와 같은 방식은 당말 이전의 농서에서는 볼 수 없었던 것으로 개별 농민들이 농가 부업으로 반드시 알아야 할 사항을 기억하기 쉽게 서술하고 있다는 점이 특징이다. 사실『농상집요』는 국가가 찬술한 농업기술교과서였기 때문에 그곳에 소개된 내용은 주로 생산경험과 생산기술지식이며, 그 복무와 지도의 대상은 국가의 편호제민으로, 바로 광대한 농업노동자였다. 그런 점에서『농상집요』의 편찬은 농민의 생산력을 견인하는 중농의 일환이었음을 알 수 있다.

다만『농상집요』가 金과의 전쟁을 끝내고 남송과 대치하고 있던 시점에서 국가적 사업으로 간행된 이유는 무엇이며, 대원제국이 당시 농업을 통해 무엇을 원했던 것인가? 무엇보다 대원제국이 건국한 후 97년

---

187) 農桑業이 중요한 이유에 대해『진부농서』「汪綱跋」에서는 "밭을 갈고 수확하기가 편리하며, 경지에는 남겨진 지력이 없을 정도로 작물을 재배하고, 또 양잠까지 행하였다면, 의식(衣食)이 충족되어 공사(公私)가 모두 여유로울 것이니, 어찌 창고가 바닥을 드러낸다는 말인가."에서 국가나 개인에게 있어 衣食의 충족은 경제와 통치의 근본임을 강조하고 있다.

의 짧은 기간 동안 이전의 다른 한족 왕조보다 연달아 많은 농서를 편찬했을까? 앞에서도 살핀 바와 같이 원 세조 때의 농정은 강력한 군사력과 감찰능력을 통해 감시와 통제 방식으로 권농책을 시행했으며, 정복전쟁과 정복지의 통치를 위해 칸 울루스 전 지역에 둔전을 설치하였다. 원제국이 정복지에서 장기적인 통치를 수행하면서 군대를 양성하고, 그들이 필요한 물자를 생산하기 위해서는 생산력의 증대와 함께 확실한 農桑체제로의 전환이 필요했을 것이다. 이를 위해 참고가 되었던 것이 기존에 출판된『제민요술』,『사시찬요』나『진부농서』같은 농서였을 것이다.

다만 기존 농정의 문제점과 농서의 한계성은 陳旉도 지적했듯이 사대부들이 농업에 대한 현실인식이 부족하였고, 농서가 변하는 농업구조와 농민의 현실에 조응하지 못했다는 점이다.『진부농서』「稽功之宜篇」과 진부의 서문 및 발문에 보이는 것과 같이 송대 지식인들에 대한 불만은 정복자인 원제국의 시각에서는 더욱 크게 조명되었을 것이다. 원은 정복과정에서 피정복자의 생산방식의 실질을 분명 이해했을 것이지만, 그렇다고 송대의 농업정책을 그대로 수용할 수도 없었고, 수용하지도 않았을 것이다. 때문에 전술한 바와 같이 농경지를 목축지로 전환하거나 약탈을 자행하였던 것이다. 그러나 오랜 기간 華北에 정주하면서 장기적 지배와 통치를 위해서는 그 풍토에 적합한 경제체제의 구축이 필요했을 것이고, 부국강병을 위해 농업생산력의 향상과 인민의 장악을 도모했을 것이다. 大司農司와 村社조직이란 농정을 통해 농민을 조직화하여 농업을 장악하는 것으로, 이런 방식을 통해 바로 지역과 인민을 지배하는 방식으로 전환한 것이다.[188] 다만 촌락조직에까지 체계적인 권농과 농업기술을 전파하기 위해서 그 수단인 농서가 필요했을

188) 崔德卿,「元代의 農政과 屯田策: 쿠빌라이期를 중심으로」『中國史硏究』제103집, 2016.8.

것이다. 이때 문제가 되는 것은 바로 구체적인 농업기술 못지않게 권농관리들의 농업과 농민에 대한 인식이었을 것으로 생각된다. 당시 사대부관리는 성리학적 이념을 바탕으로 권농을 통해 농민을 육성 보호하여 그를 통해 건강한 국가를 유지하려했지만, 문제는 현장 농민들의 필요와 고통을 절감했느냐는 점이다. 따라서 원제국은 분명 전시대 농업과 농업기술의 문제점과 함께 실제 농업 정책가들의 문제점도 주의 깊게 파악했을 것으로 보인다. 이러한 현상은 앞서 제시한 기존의 농업조직 속에서 원의 독자적인 감찰력과 통제력을 발휘하여 촌락을 장악하는 농정을 운영하고, 각지에 둔전을 설치하여 정치군사적 목적을 달성한 것에서도 볼 수 있다. 이런 양상은 농서 속에서도 발견된다.

사실『농상집요』와『왕정농서』가 종합적인 성격의 농서라는 점에서는 기존의『제민요술』과『진부농서』와 큰 차이가 없지만, 이전의 농서들은 화북지역이나 강남지역 등 한 지역에 국한된 농서였다면 원대의 농서는 남북을 아우르고 있다는 점에서 차이가 있다. 특히『농상집요』가 출판된 시기는 아직 남송을 통일하기 전인데도 남북의 농업을 포괄하고 있으며, 農桑의 문제, 특히 상품성, 경제성작물의 생산을 중시하고 있다.『왕정농서』는「農器圖譜」편에서 보듯 기존의 농서에서 부족했던 생산수단에 대해 삽도와 함께 다양한 농구소개와 사용방식을 전문적으로 안내를 해줌으로써 앞서 편찬된『농상집요』의 부족부분을 잘 보완해주고 있다. 그런가 하면『농상의식촬요』는 월령의 방식을 통해 미시적 관점에서 개별 농가의 생산에 주목함으로써 다소 거시적인 앞의 두 농서의 부족부분을 보충함으로써[189] 중농책을 실시했던 것이다.

이처럼 특색 있는 농서편찬에 전력했던 것은 다양한 관점에서 생각해볼 수 있다. 우선 몽골이 정주하면서 농작물과 가축 등의 食物생산과

189) 石聲漢,『中國古代農書評價』, 農業出版社, 1980, 61쪽에서『농상의식촬요』는 가장 좋은 농가월령서의 하나라고 평가하고 있다.

직물에 대한 관심이 확대되면서 보다 체계적인 農·桑業이 요구되었다거나 아니면 기존 방식과는 다른 농업구조로 인해 새로운 농업기술이 요구되었을 가능성이다. 만약 이 같은 산업구조의 변화가 아니었다면, 기존의 농정과 농업방식을 신뢰하지 못했기 때문이었을 수도 있다. 이것은 원 제국이 기존 농서와 농업정책 및 농경방식을 신뢰하지 못했음을 의미한다.

그 대표적인 것 중 하나가 風土論에 대한 부정이었다. 중국은 일찍부터 자연환경 즉, 풍토에 따른 농작물의 재배를 중시하여 농시, 토양 및 작물관계에 속박되어 왔다. 하지만 『농상집요』「播種·九穀風土及種蒔時月」에서는 "각 지역에서 모두 똑같은 농시를 채용하고 있는 것은, 실로 비파의 기러기발을 아교로 붙여서[190] 곡조를 내지 못하는 것과 같다."라고[191] 평하여 각지의 정황에 따라 농사시기를 결정해야 함을 강조하고 있다. 예컨대 "모시[苧麻]는 원래 남방의 물산이고, 목화는 서역에서 나는 것이다. 하지만 근래 모시는 河南에서 재배하고, 목화는 섬서의 동쪽 지역에서도 재배하고 있다. 매우 무성하게 자라서 원래의 산지에서 재배하는 것과 다를 바가 없다."라는[192] 것은 시험적으로 심어보고 그 효과를 보고 나서야 마침내 각 지역의 토양 여건에 따라서 파종했기 때문이라고 하였다. 세간에 풍토가 맞지 않는다고 핑계를 대고 있는 것은 오늘날 중국의 모든 물산이 다른 지역에서 들어왔다는 사실을 잘 모르기 때문이라고 한다. 또 『농상집요』「播種 · 苧麻木綿」에서는 항상 "풍토가 맞지 않다는 핑계를 대거나 이것을 심어 기르는 데 세심한 주의를 기울이지 않는 자가 있다. 혹은 심어 기르는 일에 비록

190) "膠柱而鼓瑟"은 『史記』 권81, 「趙奢傳」의 고사로서 마치 비파의 기러기발을 아교로 붙여 놓으면 소리를 낼 수는 있으나 곡조를 만들지 못하는 것과 같다는 것이다.

191) 『農桑輯要』 권2, 「播種·九穀風土及種蒔時月」 "苟比而同之, 殆類夫膠柱而鼓瑟矣."

192) 『農桑輯要』 권2, 「播種·苧麻木綿」 "苧麻, 本南方之物, 木綿亦西域所産. 近歲以來, 苧麻藝於河南, 木綿種於陝右, 滋茂繁盛, 與本土無異."

세심한 주의를 기울이더라도 그 기르는 방법을 알지 못한다."라고[193] 한다. 그 때문에 『농상십요』에서는 재배방법을 열거하여 농업 생산 기술을 필요로 하는 농민이 사용할 수 있도록 한 것이다. 실제 『농상집요』 속에는 20개의 기존의 농서 상에는 발견되지 않는 작물재배법을 소개하고 있다. 예컨대 면화, 시금치, 사탕수수, 수박 등은 당송 이후에 변경지경이나 국외에서 유입된 신품종이다.[194] 이러한 방식은 이전의 농서에서 볼 수 없었던 자연에 대한 끈질긴 인내와 강한 도전을 시사한 것이며, 자연에 대한 강한 도전정신으로 살아왔던 유목민들의 기질이 『농상집요』라는 원대 농서 속에 잘 반영되어 있다고 볼 수 있다.[195] 이것은 기존의 한족식 농경방식에 대한 거부라고도 볼 수 있다. 이 같은 풍토론에 대한 인식은 1313년에 편찬된 『왕정농서』에도 계승되었을 것이며, 이듬해의 『농상의식촬요』가 간행된 배경에도 『농상집요』와 큰 차가 없었을 것이다.

원대 『왕정농서』는 모두 3부분으로 구성되어 있는데, 대개 22권본과 37권본이 있다. 37권본의 경우 1권에서 권6은 「農桑通訣」이며, 「百穀譜」는 총 11권, 「農器圖譜」는 총20권으로 구성되어 있다. 책 전체는 모두 13만6천여 자이며, 삽도만 281장이나 된다.[196] 이 농서의 내용을 보면 원대에 왜 다시 농서를 편찬하게 되었는지를 알 수 있다. 우선 송대

193) 『農桑輯要』 권2, 「播種 · 苧麻木綿」 "雖然託之風土, 種藝之不謹者, 有之. 抑種藝雖謹, 不得其法者, 亦有之."

194) 程美明, 「農桑輯要與元代經濟」 『中南民族大學學報(人文社會科學報)』 제23권, 2003, 125쪽.

195) 姜戎, 『狼圖騰』, 長江文藝出版社, 2014에서는 이 같은 강인하고 끈기와 지혜를 동시에 가진 유목민들의 기질을 늑대정신 또는 늑대토템정신이라고 한다.

196) 萬國鼎, 『王禎和農書』, 中華書局, 1962, 8쪽; 石聲漢, 앞의 책, 『中國古代農書評價』, 農業出版社, 56~57쪽에서는 全書는 약 11만 자이며, 「농상통결」은 6권, 「백곡보」는 4권이며, 「농기도보」는 12권으로 구성되어 있으며, 「농기도보」의 삽도가 306개라고 소개한 것은 22권본을 의미하는 것 같다. 그리고 明本 「백곡보」가 10권인 36권본으로 되어 있다.

이전의 농서들은 지역성이 강하고, 봉건사대부중심의 농업행사와 기술이 많으며, 특히 농업도 일반적인 원칙이 대부분이다.

「농상통결」에서 볼 수 있는『왕정농서』의 특징은『제민요술』과는 달리 황하중하류지역에서 벗어났을 뿐 아니라 남북방의 농업 문제와 원리를 동시에 지적하고 있다는 점이다. 이런 점은 남송의『진부농서』도 마찬가지이다. 비록『진부농서』에는 농업경영과 재배총론을 농업경영자의 입장에서 체계적으로 지적하고 있지만, 토론 범위가 좁고 지역도 江浙지역으로 한정되어 있다. 이에 반해『왕정농서』는 전국을 범위로 남북의 농업기술과 농구의 차이와 기능을 비교분석했다는 점에서 차이가 있다. 「농상통결」의 '授時篇'에서는 역법과 농시문제를 제기하고, '地利篇'에서는 전국의 풍토와 농업생산에 대해 검토했으며, '灌漑篇'에서는 농전수리 조건은 수한재해를 막아 "國有餘糧, 民有餘利"가 형성됨을 통하여 天時, 地利, 力田의 중요성을 제시하고 있다. 또「百穀譜」역시『제민요술』에 비해 남방특산을 많이 제시하면서 농작물의 재배에서 수확, 저장 및 이용에 이르는 기술과 방법을 체계적으로 서술하고 있다. 특히「백곡보」에서 음식부분을 대거 축소하고 양조부분을 아예 포함시키지 않은 것은『제민요술』과의 차이점이며,『왕정농서』의 지향점이기도 했다.

무엇보다 특징적인 것은『왕정농서』분량의 80%를 점하는「농기도보」이다. 삽도와 함께 남북 농구의 종류와 유래, 구조 및 사용법을 구체적으로 묘사하고 있다.[197] 이런 방식은 이전의 어떤 농서에서도 볼 수 없는 방식으로 농민을 가까이서 관찰했거나 농업을 경험한 자가 아니면 기술이 곤란할 정도로 자세하며, 이후 농구 안내의 전범을 제시하였

197) 石聲漢, 앞의 책,『中國古代農書評價』, 57~60쪽에서「農器圖譜」에 묘사된 그림과 詩歌는 대부분이 왕정의 新作으로써 단순히 農器의 범위에 끝나지 않고, 그의 詩學은 농학보다 더 우수하다고 평하고 있다.

다. 한 마디로 농민의 입장에서 농서가 기술되었던 것이다. 이것이 바로 원대 농서를 편찬하게 된 동력이었으며, 원대 이전의 농서가 부족한 부분이었을 것이다. 이처럼 자세한 설명은 사대부 중심의 농서에 익숙하지 못한 농민이나 중국문화에 동화되거나 익숙하지 못했던 몽골족들에게 모두 필요했던 것이 아니었을까 생각된다.

그리고 이듬해 간행된『농상의식촬요』에는 울루스 체제하에서 생산된 농산물을 중국내지로 유입, 보급하면서 농산물의 종류가 풍부해져 이전의 농서보다 50종이나 증가되었다. 이것은 식물재배 상의 진보를 뜻하며, 특히 상추, 시금치와 茴香 등의 유입으로 중국인의 영양을 풍부하게 해주었다.[198]『농상의식촬요』는 비록『사시찬요』와 마찬가지로 월령형식으로 구성되어 있을지라도 포도와 목면 등과 같이 외부에서 유입된 瓜菜類에 대한 재배기술을 구체적으로 소개하고 있다는 점은 풍토론에 속박된 기존의 인식을 탈피했다는 점에서 주목할 만하다. 특히 포도의 재배기술은 원래 한대에 서역을 통해 전래되었지만 원대에 비로소 대규모 재배가 이루어졌는데,『왕정농서』에는 소개되어 있지 않다.『농상의식촬요』의 저자 魯明善의 출생지가 토로번 고창으로, 그곳에는 포도, 석류, 복숭아 등이 풍부했다. 때문에 그는 이미 이들의 재배기술에 익숙하였다. 특히 포도의 꺾꽂이[扦插] 기술은『농상의식촬요』에 처음 등장한다. 노명선이 壽春郡[안휘성]의 감찰관으로 근무하면서 이 책을 편찬하였기 때문에 江淮지역에 자연스럽게 외지의 채소, 약재 및 임목 기술을 보급할 수 있었을 것이다.[199]

『농상의식촬요』의 또 다른 모습은 이전의『제민요술』이나『사시찬요』의 내용과 비교할 때,『왕정농서』와 마찬가지로 음식관련 내용이 아주 적으며, 양조부분은 포함되어 있지 않다는 점이다. 이런 사실은『농상

198) 湯慧玲,「農桑衣食撮要對元代農業經濟的影響」『農業考古』2015年 第3期, 293쪽.

199) 石聲漢, 위의 책,『中國古代農書評價』, 61쪽.

집요』도 마찬가지이다. 물론 전대의 농서 속에 음식이나 양조제조법이 잘 묘사되었기 때문에 포함시키지 않았을 수도 있지만, 관련 농작물과 과채류의 사례는 전대의 농서를 인용하거나 보충하여 설명하고 있다. 이러한 원대 농서의 부족함을 보충하기 위함인지 그 후 天曆3년(1330)에는『飮膳正要』가 별도로 출판되었다.[200] 그 속에는 다양한 음식소재와 그 조리법 및 술과 관련된 내용이 다수 등장한다. 하지만 이 책은 황제(또는 귀족)의 양생을 위해 飮膳太醫가 진헌한 음식과 약을 결합한 食療法에 관한 저술로서 엄격한 의미에서 대중의 요리서도 농서도 아니었다는 점에서 3대 농서와는 편찬목적이 달랐다.

이처럼 원대의 세 농서를 볼 때, 체제나 내용에서 생산자와 농민을 위한 배려가 이전보다 잘 반영되었다고 볼 수 있다. 그렇다고 순수하게 농민의, 농민을 위한 농서는 아니었다. 원대의 村社 정책에서 보듯 농민을 직접 권농하여 풍속을 교정하여 생산력을 제고하기 위한 통치책의 일환이었던 것이다. 이러한 권농정책의 결과 단시간에 원제국은 전쟁으로 파괴된 농업생산력이 회복되어 당송시대를 능가했으며,[201] 원대 농서가 구현한 농업생산의 발전을 토대로 한 한족지배와 세수의 증가에도 큰 작용을 하였던 것이다.

5.『농상집요』의 편찬과 보급

원대에는 특히 다른 시대에 비해 농서가 유달리 많이 출판되었으며,

---

200) 忽思慧(張秉倫 等 譯注),『飮膳正要 譯注』, 上海古籍出版社, 2014 참조.

201) 吳慧,『中國歷代糧食畝産研究』, 農業出版社, 1985, 194쪽에 의하면, 漢小畝/小石으로 계산하여 畝産量이 唐代에는 3.57石, 宋代에는 3.3石(북방; 4.03석, 남방; 2.01석)인데 반해 元代에는 3.61석(남방; 4.03석, 북방2.85석)이었다고 한다. 이를 市畝로 환산하면 원대의 평균 畝産量은 338斤인데 반해 송대의 무산량은 309근, 당대에는 334근으로, 원대가 당송시대보다 높고, 남방이 북방보다 높았음을 알 수 있다.

그 대표적인 농서로 『농상집요』, 『왕정농서』 및 『농상의식촬요』를 들 수 있다. 이 중 『농상집요』는 1273년에 편찬되었으며, 관찬서였다는 점에서 원대 국가의 농정에 대한 의지가 가장 많이 반영된 것으로 볼 수 있다. 특히 『농상집요』는 1260년 쿠빌라이가 정권을 잡고, 1271년 대원제국을 건립한지 2년 후에 편찬된 농서로서 남송과의 전쟁과정에서 출판되었다. 그런데 이미 전대의 많은 농서가 있었음에도 불구하고 몽골정권인 元은 왜 새로운 농서가 필요했을까?

『왕정농서』와 『농상의식촬요』는 1279년 원이 송을 병합한 후 모두 지방관리에 의해 찬술된 사찬이다. 이것은 『농상집요』가 편찬된 후 40년, 통일된 지 34년 만에 다시 연이어 두 권의 농서가 편찬된 셈이다. 이들 농서들이 모두 나름의 특징을 지니고 있는 것을 보면 앞선 농서들의 부족분을 보충하기 위해 찬술되었을 것임을 짐작할 수 있다. 본장에서는 바로 이 같은 원대 농서에 반영된 시대적 요구와 그 특징을 통해 몽골족이 정착하면서 당시 농업에 대한 인식이 어떠했는가를 살펴보고자 한다.

1) 宋代 이전 農桑체계의 확립과정과 『농상집요』

원대 『농상집요』가 지닌 가장 큰 특징은 바로 이 농서의 제목일 것이다. 어쩌면 대원제국이 갓 건립되어 정치, 군사적으로 혼란한 시점에서 국가적 사업으로 본 농서를 편찬한 주요 이유가 제목 때문이 아니었을까 생각된다. 이전의 농서는 주로 편찬자의 이름을 붙여 『여씨춘추』, 『범승지서』나 『진부농서』라고 표현하거나, 계절별로 농시나 농사준비를 기억할 수 있도록 『사민월령』이나 『사시찬요』와 같은 명칭을 붙였다. 그런가 하면 농민을 비롯하여 모든 人民이 생활함에 있어 반드시 알아야 하는 내용을 묶어 『제민요술』이란 명칭을 붙이고, 그 속에 각종 농업기술도 포함시키고 있다. 그러나 『농상집요』는 이런 부류와는 달리 농상에 집중하여 농서를 편찬하고 있으며, 그 중에서도 이전과는 달리 栽桑의 재배기술과 양잠 및 누에치기의 주의사항과 簇蠶繰絲 등의 방법에 대해 상세하게 기록하고 있는 것이 특징이다. 이런 내용을 국가가 주도하여 편찬했다는 것은 시대의 요구에 국가가 잘 부응했음을 반영한다.

農桑은 가장 기본적인 衣食과 관련되었기 때문에 갑골문에도 桑, 絲, 帛 등의 글자가 등장하고,[202] 『상서』「禹貢」에는 "桑土旣蠶"이란 구절이 있으며, 『시경』「豳風」·「鄭風」·「魏風」·「秦風」 등에 樹桑에 관한 기록이 등장한다. 이로 미루어 볼 때 은주시대 이래 섬서, 하북, 하남 등지에는 잠상과 견직이 적지 않게 행해졌음을 알 수 있다.

실제 『맹자』「梁惠王章句上」에서 "5무의 집 주변에 뽕나무를 심으면, 50세 된 자가 비단옷을 입을 수 있다."라고[203] 했으며, 『한서』「식화지상」에는 비슷한 내용을 "廬舍 주위에 뽕나무를 심어 … 여자가 양잠과 방직을 하게 된다면 50세 된 노인이 帛衣를 입을 수 있다."라고[204] 하였다. 이것은 개별농가에도 양잠을 했음을 말해준다. 여기서 주목되는 것이 려사이다. 여사는 밭 가운데 지은 임시가옥으로 농번기에 장거리 이동의 불편과 무거운 농기구를 보관한 장소였다. 그 규모를 「식화지」에서 살펴보면, 정전제에서는 8家의 廬舍 면적이 20무라고 했으니[205] 한 가구당 2.5무에 해당된 셈이다. 이 여사에서 가축과 채소를 재배했으며, 그리고 집둘레에는 뽕나무를 심었다는 것이다. 만약 개별농가에

202) 呂振羽, 『殷周時代的中國社會』, 三聯書店, 1979, 77쪽.

203) 『孟子』「梁惠王章句上」, "五畝之宅, 樹之以桑, 五十者可以衣帛矣."

204) 『漢書』 卷24, 「食貨志上」 "還廬樹桑, 菜茹有畦, 瓜瓠果蓏殖於疆易. 雞豚狗彘毋失其時, 女修蠶織, 則五十可以衣帛, 七十可以食肉."

205) 『漢書』 卷24, 「食貨志上」 "六尺爲步, 步百爲畝, 畝百爲夫, 夫三爲屋, 屋三爲井, 井方一里, 是爲九夫. 八家共之, 各受私田百畝, 公田十畝, 是爲八百八十畝, 餘二十畝以爲廬舍."

서 양잠과 방직을 했다면 여기서 했을 가능성이 크다.

그런데「식화지」의 또다른 곳에는 려사에서 농번기를 보낸 후, 겨울철에는 邑으로 들어와 생활했는데, 이때 同巷의 부녀들이 함께 밤늦게까지 화톳불을 밝히고 夜績을 하는 모습을 묘사하고 있다.[206] 이를 사료 상으로만 보면 부녀자들이 농번기에는 여사에서 견직을 하고, 농한기에는 성읍에서 협업하여 야적을 했다는 것이 된다. 특히 농번기에 부녀자가 여사에서 농경과 더불어 방직했다는 말이 되는데, 이것은 결코 용이하지가 않다. 우선 누에는 습도와 온도에 매우 민감하여 임시가옥인 여사에서 양잠한다는 것이 부적합하며, 게다가 집 주위에 심은 뽕나무만으로 필요한 용도를 맞추기도 쉽지 않았을 것이다. 그리고 방직의 특성상 부조노동이 불가피한데, 농번기에 농상을 겸한다는 것도 소농민에게는 곤란했을 것이다. 물론 사료가 제시하는 바와 같이 이런 모든 조건을 극복하여 양잠을 했다면 집안의 노인에게 비단옷을 제공할 수도 있었다고 한 것에서 강제성이 없었던 것으로 보이나 여사에서의 방직은 현실과는 거리감이 느껴진다. 때문에 여사 주변에 뽕나무를 심은 가장 확실한 이유는 뽕잎 생산에 있었을 것이다.

그렇다면 결국 소농민의 경우, 농한기에 성읍에서 방직을 한 셈이 된다. 문제는 이 방직이 어떤 성격인가 하는 것이다. 견직인지 마직인지가 분명하지 않다. 소농민의 방직에 대해『周禮』「載師」편에 의하면, "무릇 집에 뽕나무나 삼을 심지 않으면 里布를 내게 하고, 밭을 경작하지 않으면 屋粟을 내게 했으며, 무릇 백성이 일을 하지 않고 놀게 되면 夫家의 稅役을 납입하게 했다."라고 한다. 정현은 이에 대해 "집에 뽕이나 삼을 심지 않는 자는 1里에 25가(家)분의 비단을 내는 벌금에 처했으며, 授田한 전지를 비워 둔 자는 세 가구분의 粟을 稅로 내게 하여

206)『漢書』卷24,「食貨志上」"冬, 民旣入, 婦人同巷, 相從夜績, 女工一月得四十五日. 必相從者, 所以省費燎火, 同巧拙而合習俗也."

길흉의 비용과 상사의 제기를 구입하는 데 사용했다."라고[207] 하였다. 이것은 마상의 재배가 단순히 직포나 견직의 원료를 공급하는 선에서 끝난 것 같지 않다. 麻桑을 재배하지 않은 농가에 대해 里布 즉 25가분의 麻布를 납입하게 했던 것을 보면, 당시 방직은 里 또는 巷 단위의 공동협업이 불가피했던 것 같다. 이것은 또한 100의 수전을 받은 소농가에서 경작과 양잠을 동시에 수행하기는 현실적으로 불가능했음을 말해주기도 한다. 위의 「식화지」에서 협업이 겨울에 행해지고, 공동작업이었던 것을 보면 그때의 작업은 단순히 뽕잎을 따서 누에를 키우는 노동은 아니었던 것 같다.[208] 특히 숙련공과 그렇지 못한 자가 함께 노동하면서 경험과 기술을 공유했던 사실로 미루어 볼 때 일단은 布帛을 위해 방직하든지[209] 방직하는 작업이었을 가능성이 없지 않다.[210]

방직시기에 대해 『제민요술』「種麻」편의 麻漚法에서 "(麻는) 얼지 않은 샘물에 담그는 것이 좋으며, 겨울에 담가 꺼낸 삼이 가장 부드럽고 질기다."라고[211] 하였으며, 『사시찬요』에서는 2월 한식 전후에 "베를

---

207) 『周禮』「載師」"凡宅不毛者有里布, 凡田不耕者出屋粟, 凡民無職事者出夫家之征." 에 대해 정현은 "謂宅不毛者, 罰以一里二十五家之帛. 空田者, 罰以三家之稅粟, 以供吉凶二服及喪器也. 民雖有閒無職事者, 猶出夫稅家稅也. 夫稅者, 百畝之稅. 家稅者, 出士徒車輦, 給徭役."라고 하였다.

208) 『四時纂要』「十月」에는 10월에 땅을 갈아 하순에 삼[麻]을 파종했다고 한다. 이처럼 겨울에 삼을 파종한 것은 『농상의식촬요』「正月」과 「十二月」의 '종마(種麻)'와 '종마경(種麻縈)'조에서도 음력 12월 1~2월에 파종했음을 알 수 있다. 오늘날에도 안휘성, 사천성 및 대만 등지에서 이 같은 현상을 볼 수 있다고 한다. 韓鄂(繆啓愉 校釋), 『四時纂要校釋』, 農業出版社, 1981, 226~227쪽.

209) 『四時纂要』「十一月」에는 "折麻放麻"라고 하여 11월에 삼 껍질을 째고 방적했다고 한다.

210) 布帛의 紡績노동은 대개 공동작업을 요하지만, 방직은 베틀위에서 개별작업을 행하는 것이 보통이다. 특히 紡織은 화톳불 아래에서 하는 것은 부적합하다. 이런 점에서 볼 때, 동항의 부녀자들이 팀을 이루어 밤에는 방적했거나 방직을 위한 준비작업을 했을 가능성이 크다.

211) 『齊民要術』 권2, 「種麻」"漚欲清水, 生熟合宜.(濁水則麻黑, 水少則麻脆. 生則難剝, 大爛則不任. 暖泉不冰凍, 冬日漚者, 最爲柔肕也.)"

짠다[造布]"라고[212] 하고,『농상집요』「雜用雜事」에서도 2월에 '造布'하며, 6월에는 女工에게 비단을 짜게 했다는 사실에서 위의 겨울에 한 夜績이 삼을 방적하거나 織布를 위한 작업이었지[213] 견직생산으로는 계절적으로 적합하지 않았음을 알 수 있다.[214]

실제 한대『사기』와『한서』및『후한서』에는 "務耕織", "使萬民耕織" 및 "以耕織爲業"이란 말이 등장한다는[215] 것을 보면 직포가 일정지역에서는 일반화되었음을 알 수 있다. 그런데 漢 景帝 때에는 郡國에 "務勸農桑"을 명하고,[216] 昭帝 때에는 천하에 조칙을 내려 "以農桑爲本"하도록 하고 있다. 그 외에도 사천, 하남, 산동 및 蘇北지역의 화상석에 桑樹와 함께 직기가 집중적으로 등장하고 있으며, [217]교주에는 "以男女耕織"이란 말도 등장한다.[218] 그리고 전한 말『氾勝之書』단계에 이르면, 10畝에 種桑하는 방법이 구체적으로 제시되어 있다. 이것을 보면 국가가 점차 소농가에 布는 물론 견직생산도 강제하였음을 알 수 있다. 다만 전 지역의 소농가가 이를 감당할 수 있었는지 아니면, 뽕잎 수확과 누에고치 생산에 머문 것인지 알 수가 없다.

아무튼 선진시대부터 촌락의 부녀가 공동으로 방직한 유제가 한대까

---

212)『四時纂要』「二月」"寒食前後收柴炭. 造漆器. 造弓矢. 造布."

213) 夜績할 때 화톳불을 房안에 설치했다면 대규모 방에서 공동 방직했을 가능성이 크지만, 불을 야외에 설치했다면 紡績작업이었을 가능성이 크다. 당시 여건상 대규모 紡織室이 同巷단위로 설치되었을 가능성이 희박하며, 야간작업을 위해 화톳불을 經絲 가까이에 가져가는 것도 매우 곤란하다.

214)『農桑輯要』권7,「歲用雜事」"二月 … 寒食前後收柴炭. 造布.", "六月: 命女工織紬絹."

215)『史記』권6,「秦始皇本紀」;『漢書』권94,「匈奴傳上」;『後漢書』권83,「逸民列傳」.

216)『漢書』권5,「景帝紀」"其令郡國務勸農桑, 益種樹, 可得衣食物."

217) 漢代 畫像石에 등장하는 織機의 출토지역은 산동이 10점, 강소북부가 6점, 안휘 1점, 사천 2점 등 모두 19점이 출토되고 있으며, 주로 齊魯지역과 蘇北에 집중하고 있는 것이 특징이다. 崔德卿,「중국고대 織機의 類型과 발달과정」『慶北史學』제21집, 1998, 25~27쪽.

218)『後漢書』권30,「郡國志一」.

지도 지속되었던 것으로 보인다.[219] 다만 이때 "同巷의 여성들이 화톳불을 밝혀 夜績하며 한 달에 45일간 노동했다."라는[220] 사실은 방직이 소농가정의 여성들의 전업노동이 아니었으며, 농한기에 의복생산과정에 참여했던 것을 보면, "男耕女耕織"했음을 알 수 있다. 즉 여성은 "生五穀以食之, 桑麻以衣之"했던 것이다.[221] 이것은 당시 개별 소농가에서 단독으로 남경여직할 수 없었음을 말해준다. 게다가 비록 남녀가 공히 耕織을 했을지라도 지역과 경제적 조건이 갖추어지지 않았을 경우 『후한서』「皇后紀」에서와 같이 "男女不得耕織"하였다.[222]

6세기 이전의 경직상황에 대해서는 賈思勰의 『제민요술』의 「序」에서도 확인할 수 있다. 즉 黃霸는 전한 宣帝 때 潁川(현 하남성)태수가 되어서야 "務耕桑"했으며, 같은 시기 발해(현 하북성)태수 龔遂도 농상에 힘썼다. 후한의 桂陽(현 호남성)의 경우 茨充이 현령에 부임하기 전에는 뽕나무를 심지 않고 비단이나 삼베를 짜지 않아 삼실 솜을 옷 속에 끼워 넣어 입었으며, 崔寔 역시 五原태수로 부임하여 내몽골 오르도스 지역에 삼실을 꼬고 베를 짜는 공구를 만들어 백성들이 추위에서 벗어나게 하였다. 게다가 후한의 顔斐는 京兆尹(낙양 부근)이 되었을 때 '桑果'를 심도록 권장하고,[223] 삼국의 魏 杜畿는 河東태수가 되어 잠상에 힘쓰도록 했을 정도로[224] 지역 간 양잠의 격차가 심했음을 알 수 있다.

---

219) 紡織(績)을 協業했던 주된 원인은 씨족공동체의 해체 후 里나 巷(街)단위의 노동력 확보를 통해 공동체의 기능을 강화하고, 각종 잡역으로부터 紡織의 독립성을 확보하기 위함은 물론이고, 숙련공의 기술전수를 원활하게 하고, 권태감을 달래어 布帛 요구에 부응하는 불가피한 선택이었을 것이다.

220) 『漢書』 권24, 「食貨志上」 "婦人同巷, 相從夜績, 女工一月得四十五日. 必相從者, 所以省費燎火, 同巧拙而合習俗也."

221) 『漢書』 권56, 「董仲舒傳」. 『周禮』 「載師」의 里布의 사료에 대해 鄭玄은 벌금으로 25家分의 비단[帛]을 내게 했다고 하는데, 이것은 麻桑을 재배하지 않은 농가의 경우와 논리적으로 부합되지 않는다.

222) 『後漢書』 권10, 「皇后紀上」.

223) 繆啓愉 校釋, 『齊民要術校釋』, 中國農業出版社, 1998, 8~9쪽.

이런 환경 때문에 전한 말 산동인 貢禹는 동전대신 포백과 곡식으로 조세를 징수하고 農桑에 전념하게 하자는 주장을 제기하였고,[225] 王莽의 난 이후 布帛이 화폐와 함께 사용되기 시작했으며,[226] 후한 章帝 建初3년에는 포백을 조세 대용으로도 사용하고,[227] 포백의 조세징수를 허락하면서[228] 포백 생산의 중요성이 더욱 커져갔다. 실제 후한 河內郡(현 하남성)의 경우 縑 · 素 · 綺 · 縠 등 다양한 비단이 이전에는 겨우 8만 匹 생산되었는데, 지금은 두 배로 늘어나 15만 필이 되었다고 한다.[229] 하지만 이 역시 하내군 전 농가에서 포백을 생산하여 납입했다고 보기는 곤란하다.[230] 당대 李襲譽는 河內에 1천 그루의 뽕나무를 심어 항상 자손들에게 양잠을 게을리 하지 않는다면 남의 도움을 받을 필요가 없을 것이라고 권유하는 것을 봐도[231] 양잠과 방직을 소농민이 專業으로 하기에는 쉽지 아니했던 것 같다.

---

224)『농상집요』 권1,「典訓 · 先賢務農」.

225)『漢書』 권24,「食貨志下」"貢禹言, 鑄錢采銅, 一歲十萬人不耕, 民坐盜鑄陷刑者多. … 民心動搖, 棄本逐末 … 宜罷采珠玉金銀鑄錢之官, 毋復以爲幣, 除其販賣租銖之律, 租稅祿賜皆以布帛及穀, 使百姓壹意農桑. 議者以爲交易待錢, 布帛不可尺寸分裂. 禹議亦寢."

226)『後漢書』 권1,「光武帝紀下」.

227)『文獻通考』 권2,「田賦考二」"章帝建初三年, 詔度田爲三品. 詔以布帛爲租."

228)『後漢書』 권43,「朱暉傳」"一取布帛爲租, 以通天下之用. … 帝然之, 有詔施行."

229)『後漢紀』 권20,「孝質帝紀」"河內一郡, 嘗調縑素綺縠纔八萬餘匹, 今乃十五萬匹. 官無見錢, 皆出於民."

230) 후한 대에도 일정정도 납세하고 家用의 용도를 충당하기 위해서는 5인가구로 환산하여 15필(布가 12.6필)정도의 布帛이 필요하다. 崔德卿, 앞의 논문,「中國古代 織機의 類型과 발달과정」, 31쪽 참조. 梁方仲의 연구(『中國歷代戶口田地田賦通計』, 上海人民出版社, 1980, 22쪽)에 의하면 140년 무렵 河內郡의 인구는 801,558명이며, 戶數는 159,770(약16만호)가구에 해당한다. 河內郡에서 생산한 15만 필의 비단은 대략 1만 가구에서 생산한 양이 된다. 그렇다면 河內 가구 중 1/16만 생산했다는 말이 되어 하내군의 많은 농민들이 적어도 帛을 생산하지 않았다는 말이 된다. 다만 비단의 경우,『三國志』 권1,「魏書 · 武帝紀第一」의 "河北罹袁氏之難, 其令無出今年租賦."에 대한 注에서 "魏書載公令曰 … 其收田租畝四升, 戶出絹二匹綿二斤而已." 처럼 하북의 冀州, 兗州에 가구당 絹 2필을 납세했다는 사료에 의거한다면, 河內郡은 최소한 8만호가 생산에 참가한 것이 되어 전체 戶수의 1/2이 되는 셈이다.

그런데 송대『진부농서』에 의하면 강남 湖州에서 10명의 식구가 10채반의 누에를 길러 한 채반 당 고치 12斤을 생산하는데, 한 근마다 생사 1兩3分을 얻었으며, 5兩의 생사로 小絹 1匹을 짤 수 있었고, 그리고 당시 1필의 絹으로 쌀 1.4石을 구할 수 있었다고[232] 한다. 이것은 곧, 한 채반 당 생사 15.6량을 얻어 비단 3.12필(이는 米4.368석에 해당)을 생산한 셈이며, 10채반을 기른 가족은 비단 31.2匹[米 43.68석에 상당]을 생산하게 된다. 당시 강남지역의 畝당 쌀의 생산량이 평균 2石이라고 하면,[233] 약 22畝의 수전을 경작하는 것과 동일한 경제효과를 거둔 셈이다. 명말청초 소농민의 평균 토지보유면적이 10무였다는 점에서 보면,[234] 당시 식구 5명이 다섯 채반의 누에를 기른다면 연간 10畝 이상의 농업소득을 거둘 수 있었다는 것이 된다. 이것은 1개월 정도의 양잠과 견직생산이 1년간의 힘든 농경의 수입과 버금갔다는 것이다. 이는 송대에 양잠의 전업만으로도 소농민이 가정경제를 운영할 수 있는 조건이 갖추어졌음을 의미한다.

아울러 원대『왕정농서』「織機」조에는 후한말 馬鈞이 잉아 50개에 발판[躡: 베틀신끈과 같은 작용] 50개[五十綜者五十躡] 또는 잉아 60개의 발판[六十綜者六十躡]을 가진 비단 紋직기를 漢末三國魏 馬生[馬鈞]이 12躡으로 개진하였다가, 비로소 원대에 빠르고 간편한 二躡의 직기를 만들어 방직의 시간과 노동력이 크게 줄여[235] 소농가에서도 絹織을 專業하도록 가능성을 크게 열어 주었다.

---

231)『농상집요』권1,「典訓 · 先賢務農」.

232)『陳旉農書』「種桑之法篇」"十口之家, 養蠶十箔. 每箔得繭一十二斤. 每一斤取絲一兩三分. 每五兩絲織小絹一匹. 每一匹絹易米一碩四豆斗, 絹與米價常相侔也."

233) 최덕경,『진부농서 역주』, 세창출판사, 2016. 위의 사료에 대한 각주 참조.

234)『補農書』상권,「運田地法」;『보농서』하권,「補農書後」.

235)『王禎農書』「農器圖譜 · 織機」"舊機, 五十綜者五十躡, 六十綜者六十躡. 馬生者 天子之名巧也. 患其遺日喪功, 乃易以十二躡. 今紅女織繒, 惟用二躡, 又爲簡要."

이상에서 볼 때 송원시대 이전에는 소농가에서 단독으로 비단, 특히 紋織을 하는 것이 용이하지 않았음을 말해준다. 비록 전한 말 이후 지방관들의 경직권장으로 양잠생산지역이 확대되었지만, 소농가에서 단독으로 견직하는 것이 쉽지 않아 한대 이전에는 帛을 전 지역의 과세 대상으로 삼기는 곤란했을 것이다. 그러나 桑麻의 보급과 농민의 耕織 현상은 그 후 점차 구체화되어 西晉의 戶調制에서 戶調로서 전납대신 견백을 징수했으며, 錢이 귀하여 穀帛으로 매매하기도 하였다. 또 北魏와 北齊의 授田규정을 보면 麻田과 桑田이 대략 戶당 20畝정도 지급되었으며, 북위에서 당대까지 부부와 單丁에게 일정량의 帛과 綿이 부과될 정도로[236] 포백의 경작이 강제되었음을 알 수 있다.

그러나 실제『제민요술』의 내용을 보면, 양잠에 의한 방직이 일반화되었다고 보기에는 곤란한 점이 있다.『제민요술』속에는 다양한 곡물과 果菜, 竹木같은 농업기술과 가축사육과 이들의 재료로 다양한 발효가공식품과 음식물의 조리법이 등장한다. 섬유작물과 방직과 관련 내용도「種麻」,「種麻子」및「種桑」절에서 일부 볼 수 있다. 하지만「종마」와「종마자」는 곡물편에 편입되어 있고,「종상」은 독립의 장을 갖지 못하고 竹木을 모은 篇에 편입되어 있다. 그것도 독립된 절이 아니라「種柘」와 함께 절을 이루고 있으며, 그 부제로 양잠을 덧붙여 소개하였다.「종마」의 내용을 보면, 주로 麻의 파종에 집중되어 있고, 끝부분에 수확 후 삼을 물에 담그고 삶는다는 내용이 한 두 마디로 소개하였다. 그리

236) 金裕哲,「均田制와 均田體制」『강좌 중국사Ⅱ』, 지식산업사, 1990, 159~160쪽; 196쪽에서는 부부의 경우 북위는 帛 1필(포1필), 면 8량이며, 單丁은 부부의 1/4이며, 노비와 경우에게도 부과하고 있다. 북제, 북주 및 수의 경우도 유사하나 單丁의 경우는 반으로 줄어들며, 北周에는 노비와 耕牛에게는 면제되었다. 하지만 竺沙雅章(김선민 역),『아시아역사와 문화2』, 신서원, 1999, 101쪽에는 北魏의 경우 빈부에 관계없이 戶당 중앙경비로 帛 2匹, 絮 2斤, 絲 1근을 수취하고, 지방경비로 帛 1匹 2丈을 수취하였다고 한다. 당대의 경우 布目潮渢 外 2인(임대희 역),『중국의 역사: 수당오대』, 혜안, 2002, 158쪽에서는 調로서 絹 2丈과 綿 3냥[絹綿 대신 麻布로 낼 경우 2丈 5尺과 麻絲 3丈]의 布帛을 수취하고 있다.

고 암삼[麻子]은 곡식으로 취급하고 섬유작물이었다는 말은 한 마디도 없다. 그런가 하면 「종상」 절은 뽕나무 종류와 오디파종, 間作, 가지치기가 중심을 이루고 끝부분에 뽕잎 따기가 간단하게 언급되어 있는 등 뽕나무재배에 관련된 것이 주를 이루고 있다. 그리고 함께 절을 이루는 「種柘」 속에는 주로 목재 이용가치와 파종방법을 언급한 후 뒷부분에서야 전국시대 이후 제자서에 등장하는 누에종류, 변태 과정 및 양잠법의 일부가 소개되어 있다. 이처럼 어디에도 원대 『농상집요』와 같이 양잠기술에 대한 종합적인 내용이 언급되어 있지 않다. 만약 일부에서 지적하는 바와 같이 『제민요술』의 내용이 주로 지주계급의 삶을 제시한 것이라고 한다면, 『제민요술』의 시대는 물론이고, 당대 이전까지도 일부 지역을 제외하고는 양잠이 적극적으로 이루어졌다고 보기는 곤란하다. 특히 양잠은 마직과는 달리 복잡한 공정과 기술 및 장비가 적지 않게 필요했기 때문에 소농민이 직접 견직을 하기 쉽지 않았으며,그 때문에 마포로 대신했을 가능성이 크다.

실제 『신당서』, 『구당서』의 도처에 기록된 "耕織之力有限",[237] "獲其土不可以耕織",[238] "教民耕織",[239] "使習耕織",[240] "民無耕織",[241] 및 "耕織都廢"[242]와 같은 사료를 보면 경직의 강요와 함께 생산의 어려움이 적지 않았음을 알 수 있다. 이것은 지역적, 개별적으로 양잠의 여건이 성숙되지 못했음을 의미한다. 당대의 대표적인 농서인 『사시찬요』에는 월별로 생활과 농경의 준비에 필요한 상황을 간단하게 정리하고 있는데, 이 속에서는 농작물과 果菜재배, 가축사육이 대부분을 점하고 있

237) 『新唐書』 권52, 「食貨志二」.
238) 『新唐書』 권115, 「狄仁傑 · 光嗣 · 兼謨列傳」.
239) 『新唐書』 권197, 「循吏列傳」.
240) 『新唐書』 권215, 「突厥上」.
241) 『舊唐書』 권20, 「昭宗 · 李曄」.
242) 『舊唐書』 권111, 「高適列傳」.

다. 그리고 도처에 種麻의 중요성을 살필 수 있다. 즉 종마법에 대한 소개는 물론이고 물가에 따른 삼씨 가격변동, "種麻良日"이나 삼 종자 浸種이나 변별법을 안내하고, 특히 漚麻의 기술에 따라 섬유의 질이 결정된다는 등으로 미루어 마직물은 상당한 수준에 도달했음을 알 수 있다. 그러나 양잠기술은 단지 5월편의「種桑椹」이 유일하다.[243] 5월편에는『범승지서』의 파종방식에 따라 기장[黍]과 함께 오디씨를 파종한 후 싹이 나면 호미질 하여 간격을 유지해주고, 일정정도 자라 기장과 높이가 같아지면 함께 베어내 불에 태우고, 이듬해 다시 뽕나무가 자라 뽕잎이 달리면 이것으로 누에를 키웠다고[244] 하며,『농상집요』에도 이 방식을 그대로 따르고 있다. 이때 지역에 따라 기장 대신 미리 어저귀를 파종하여 햇볕을 차단하거나 葫蘆를 이용하여 점파 또는 발이 하나 달린 누리[單耩]를 이용하여 파종하는 등 다양한 모습이 보인다.[245] 이처럼 뽕나무 모종을 배양하는 방식에 큰 변화가 보인다는 것은 보급이 확대되면서 지역의 실정에 맞게 파종기술이 적용되었음을 말해준다.

2)『농상집요』의 편찬자와 이념

농서 상에 양잠이 구체적으로 묘사되기 시작한 것은 1149년에 편찬된『진부농서』이다.『진부농서』가 이전의 농서와 다른 점은 무엇보다 농서가 농경과 잠상이 중심을 이루고 있다는 점이다. 잠상은 種桑과 養蠶으로 구분하여, 종상에는 뽕나무의 종류, 파종, 재배방법, 시비법과 생산량과 간작 등을 구체적으로 묘사하고 있다. 특히 양잠법에는 누에나방으로부터 알을 받아 개미누에에게 뽕잎먹이는 법에서부터 뽕잎을 저

243)『齊民要術』「種桑柘」.

244)『四時纂要』「五月 · 種桑椹」.

245)『農桑輯要』권3,「種椹」.

장하고, 섶과 채반을 만들어 잠실의 온도와 습도를 유지하며, 채반을 교체하고 질병을 방지하고, 섶, 채반을 만들고 고치를 저장하는 법을 소개하고 있다. 단순히 기술만 제시한 것이 아니라 이것을 통해 직접 農桑을 경영할 수 있도록 안내하고 있다. 한마디로 뽕나무 재배방법과 누에나방에서부터 누에를 길러 고치를 수확과 저장하는 방법에 이르기까지 사실적으로 묘사하고 있다. 양잠농가는 이 『진부농서』만으로도 충분히 양잠을 경영할 수 있을 정도로 종합적이고 구체적이라는 것이 가장 큰 특징이다. 이것은 송대에 양잠에 대한 수요증가와 같은 시대적 요구가 컸음을 말해준다. "民富蠶桑"[246]이나 "桑麻萬戶"[247]와 같은 기록이 등장하는 것은 이런 사실을 잘 보여준다.

송대 이후 잠상의 변화와 비중은 전술한 농서 속에 등장하는 양잠과 상호 대조해보면 잘 알 수 있다. 魯奇의 연구에 의하면 농서 상에 표현된 양잠업의 字數를 통해 그 비중을 살피고 그 기술내용을 소개하고 있는데, 전한의 『범승지서』에서 양잠의 비중은 3.1%, 後魏의 『제민요술』에는 3%인데 반해 남송의 『진부농서』단계에 이르면 25%로 급증한다. 원대 『농상집요』에 이르면 더욱 증가되어 30%로 증가했을 정도로 양잠의 비중이 급증하고 있다.[248] 실제 한대 이전에는 桑樹의 재배에 주목했으며, 남송 이전의 농서에는 뽕나무의 移植, 蠶種 및 收椹이 중심을 이루고 있다. 그런데 『농상집요』에 이르면 이전과는 달리 양잠에 대한 총체적인 기술이 구체적으로 소개되어 누구나 쉽게 양잠에 접근할 수 있도록 안내하고 있다는 점이 특징이다. 이는 단일작물로서는 매우 큰 비중으로, 당시 양잠의 수요와 그에 따른 재배의 중요성을 잘 반영하고

246) 『宋史』 권299, 「張洞傳」.

247) 『金文最』 권67, 「威縣建廟學碑」.

248) 魯奇, 『中國古代農業經濟思想: 元代農書硏究』, 中國科學技術出版社, 1992, 77~79쪽.

있다. 특히『농상집요』가 국가적 사업이었다는 점에서 보면 잠상의 비중을 높였다는 것은 元정부의 농정이 섬유작물의 장려에 초점을 맞추었음을 말해준다. 때문에『농상집요』에는 양잠과 함께 전통적인 麻, 苧麻의 재배법과 별도로 목면의 항목을 삽입하여 소개하고 있다.

그런데 이처럼 農桑을 구체적으로 안내한『진부농서』가 있었음에도 쿠빌라이정권이 들어서면서 국가적 사업으로 다시『농상집요』를 편찬하고, 더구나 농상에 실제적인 초점을 맞추게 된 원인은 어디에 있었을까? 이를 구명하기 위해 우선『농상집요』의 서문을 통해 이 책의 집필동기를 살펴보고, 쿠빌라이 정권은 왜 이런 농서가 필요했으며, 그를 도왔던 한인관료들은 농서 편찬을 건의하게 된 것인지를 알아보자.『농상집요』의 내용을 보면 그 이전의 농서와의 차이점을 볼 수 있고, 그런 차이가 대원제국으로 하여금 새로운 농서를 만들게 하였을 것이다.

한림학사 王磐이 쓴『농상집요』의 서문을 보면, 쿠빌라이의 명을 받들어 대사농사가 農桑의 일을 담당했으며, 5~6년 후에는 개간과 경작기술이 이전보다 몇 배로 늘어났다고 한다. 그래서 농사와 양잠의 효율을 높이고 체계적으로 익히기 위해 고금의 서적 중 중요한 부분만 뽑아『농상집요』라고 이름 붙였으며, 이를 천하에 전파하고자 하였다. 농사와 양잠은 바로 백성을 굶주림과 추위에서 벗어나게 하는 원천이며, 나라 부강의 기초이기 때문에 이 책의 발행을 통해 천하 백성을 의식에서 안정시키고자 하였다.[249] 원래 농업이 국가의 대본이라는 측면은 이전부터 존재했는데, 상잠을 국가의 대강으로 보고자 한 것은 분명 시대적 요구가 있었을 것이다. 그 요구에 부응하는 것은 다름 아닌 농상의 노동에 종사할 수 있는 편호제민의 확보였다.

『원사』의 기록에 의하면, 유목민족은 본래 朔方에서 일어나 농경민족

249) 石聲漢 校注,『農桑輯要校注』, 農業出版社, 1982, 1쪽.

과는 달리 양잠이나 농경에 종사하지 않고 의식을 해결했다. 그래서 남하 초기에는 무엇을 할지를 몰랐다고 한다. 쿠빌라이가 정권을 잡으면서 "農桑은 왕정의 근본이다. … 世祖 즉위 초에 제일 먼저 천하에 조칙을 내려 국가의 근본은 民이고, 민은 의식을 근본으로 하며, 의식은 農桑을 근본으로 한다. 이에 『농상집요』를 민에 반포하여 백성들로 하여금 崇本抑末하게 하라."라고[250] 하였다. 국가건립초기의 흔한 일설이라고 볼 수도 있지만, 기존과 다른 것은 바로 『농상집요』를 편찬을 통해 정복과정에서 점령지역의 民心을 수습하고, 부세를 징수할 목적으로 권농과 농민의 교육이 필요했을 것이라는 점이다. 대사농사의 설립은 이런 농정을 조정하는 역할을 했던 것이다. 여기에 쿠빌라이정권 초기의 고민이 무엇이었는지를 바로 알 수 있다. 물론 이러한 결정은 몽골족이 약탈한 한족의 농경지역에 대한 장기간 통치를 의도한 포석이며, 그것을 위해서 농업에 익숙했던 한인관료가 그를 근접하여 도왔다는 사실을 쉽게 짐작할 수 있다. 실제 『농상집요』의 王磐의 서문에서 보는 바와 같이 대사농사는 "다른 일은 하지 말고 오직 농상을 권면하는 일만 하라."라고[251] 한 것에서도 국정의 중추기관인 中書省에 속한 대사농사의 긴급하고 중요했던 상황을 읽을 수 있다.

당시 農桑을 전담했던 大司農司의 변천사를 보면, 쿠빌라이가 정권을 잡은 다음 해인 中統2년(1261)에 "勸農司"를 설립하고, 姚樞를 大司農으로 삼았고 陳邃, 崔斌 등 8인을 권농사로 임명하여 각 지역에 파견하였으며, 지원7년(1270)에는 司農司를 설립하고, 그해 12월에 司農司를 대사농사로 개칭하였다. 결국 정권을 잡은 후 첫 사업이 農桑을 장려, 보급하는 일이었으며, 그 결과물이 『농상집요』였던 셈이다. 『농상집

250) 『元史』 권93, 「食貨一 · 農桑」 "農桑, 王政之本也 … 世祖即位之初, 首詔天下, 國以民爲本, 民以衣食爲本, 衣食以農桑爲本. 於是頒農桑輯要之書於民, 俾民崇本抑末."

251) 『農桑輯要校注』 「農桑輯要原序」 "詔立, 大司農司, 不治他事, 而專以勸課農桑爲務."

요』의 편집은 "농상, 水利, 학교와 饑荒의 일을"[252] 관장한 대사농사가 명을 받아 행하였다는 점에서 결국 司農 기관의 관원이[253] 편찬했다고 볼 수 있다. 『농상집요』의 주요 편집인으로 알려지고 있는 자는 孟祺, 暢師文과 苗好謙이다. 이들이 어떤 역할을 했는지는 의견이 분분한데, 元刻大字本 『농상집요』에서는 武英殿聚珍本[殿本] 『농상집요』에서는 없는 「論九穀風土時月及苧麻木綿」이란 항목이 있고, 그 아래에 「九穀風土及種蒔時月」과 「苧麻木綿」이란 두 편의 글이 있는데, 그 저자가 孟祺라고 명시되어 있다. 이 사실로 미루어 맹기는 『농상집요』 초기 집필자의 한 사람이었다는 것이 분명해진다. 흥미로운 것은 元 英宗 至治2년의 판본을 중각한 고려각본 『元朝正本農桑輯要』(恭愍王21; 1372)에는 大司農卿이 아닌 맹기의 後序가 실려 있다는 것에 근거하여 그를 실제적인 撰者라고 보기도 한다는 점이다.[254] 맹기가 지원7년에 山東東西道勸農副使가 된 것은[255] 쿠빌라이가 各路의 선무사에게 "通曉農事者"를 권농관으로 임명하게 했던 것과 관련할 때,[256] 그 역시 농업실무에 밝았음을 말해준다. 이에 반해 暢師文[257]과 苗好謙[258]는 재판 때 수정과

---

252) 『元史』 권87, 「百官三」 "大司農司, 秩正二品. 凡農桑水利学校饑荒之事, 悉掌之. 至元七年始立, 置官五員."

253) 魯奇, 앞의 책, 『中國古代農業經濟思想: 元代農書研究』, 53쪽에서 大司農司 이외 中書省의 관원이 주관했을 가능성도 제시하고 있다. 예컨대 劉毓瑔은 孟祺, 暢師文과 苗好謙이 모두 편집과 수정작업에 참여했다고 했으며, 萬國鼎은 맹기가 주요 집필자이고, 두 사람은 후에 재판의 수정 보완에 참여했다고 한다. 그런가 하면 繆啓愉 校釋, 『元刻農桑輯要校釋』, 農業出版社, 1988, 145쪽에서 맹기는 『농상집요』 최초의 주요 편찬인이고, 나머지 두 사람은 二稿와 再版 때 수정과 보충작업을 했다고 한다.

254) 金容燮, 「高麗刻本 『元朝正本農桑輯要』를 통해 본 『農桑輯要』의 撰者와 資料」 『東方學志』 65집, 1990, 65쪽. 『農桑輯要』의 撰者에 대해서는 본장의 뒤에서 다시 언급하였다.

255) 『元史』 권160, 「孟祺傳」 "至元七年, 持節使高麗, 還, 稱旨, 授承事郎、山東東西道勸農副使."

256) 『元史』 권93, 「食貨一 · 農桑」 "中統元年, 命各路宣撫司擇通曉農事者, 充隨處勸農官."

보충작업을 했다는 것이 일반적이 견해이다.[259] 세 사람도 모두 집필과 교정에 참여했으며, 1270년 편찬의 주관부서인 대사농사가 성립할 때 대사농에 임명된 張文謙도 참여한 성원 중의 하나였을 것으로 볼 수 있다.[260] 게다가『농상집요』의 서문을 썼던 王磐 역시 쿠빌라이의 '農桑爲本'을 구상한 참모중의 한 사람이었으며, 맹기를 추천하기도 했다는 점에서[261] 그들과 함께 집필에 참여했다고 볼 수 있다. 대만의 蘇啓慶은 쿠빌라이 정권초기 그를 도와 각종 정책을 입안하여 安着할 수 있게 도운 집단을 이름 하여 '潛邸舊侶'집단이라고[262] 이름 하였다.

잠저구여의 구체적 인원과 역할을 분명하지 않지만 쿠빌라이가 대칸의 자리에 오르기 전(1244~1260년) 그의 정치적 자문역할을 한 60여 명은 金의 舊臣인 金源遺士, 漢人儒士, 漢化된 거란출신 및 문학지사 등이었다고 한다.[263] 쿠빌라이가 정권을 잡으면서 이들 한인 儒士를 채용하여 漢地를 통치하고 개혁하는데 활용했으며, 이들을 통해 漢法에 따라 생산을 회복하는 조치를 취하여, 그 결과 몽골정권이 중원에 정권을 건립하는데 중요한 작용을 하도록 했다고 한다.[264] 예컨대 당시 유

---

257) 暢師文은 허형의 학생으로서 그의 愛民과 富民 사상에 동의하였다. 柴福珍,『元代社會與三部農書』, 中國農業科學技術出版社, 2009, 137~138쪽.

258)『元史』 권26,「仁宗紀二」에 의하면 司農 苗好謙이『栽桑圖說』을 찬술하여 養蠶의 보급에 앞장 선 것을 보면 잠상의 실제적인 전문가였음을 알 수 있다.

259) 魯奇, 앞의 책,『中國古代農業經濟思想』, 54쪽에는 몇 가지 상이한 견해를 제시하고 있다. 원사는 暢師文이 책을 헌납했다고 하여 그들 저자라고 하는 견해도 있지만, 그 연대는 王磐이 서문을 쓴 연대와 13년의 격차가 생기는 것으로 미루어, 그가 헌납한 책은 수정본일 가능성이 높다. 肖克之,『農業古籍本叢談』, 農業出版社, 2007, 44쪽.

260) 繆啓愉 校釋,「元刻農桑輯要的優越: 代序」『元刻農桑輯要校釋』, 農業出版社, 1988, 1쪽.

261)『元史』 권160,「王磐傳」.

262) 蘇啓慶,『元代史新探』, 新文豊出版公司, 1983.

263) 魯奇, 위의 책,『中國古代農業經濟思想』, 36쪽.

264) 盧琳,「論世祖忽必烈任用漢人儒士的政策」『西部學刊』 2013年 4期, 66~67쪽.

사 許衡은 쿠빌라이에게 修德, 用賢, 愛民을 건의하여 이로써 정치의 근본으로 삼아 기강을 확립하면 법도가 행해져 통치가 이루어질 것이라고 했으며, 世祖도 이를 수용했다.[265] 그런가 하면 張文謙과 劉秉忠 등은 몽골인이 지닌 嗜殺, 屠城의 악습을 바꾸도록 건의하였는데, 그 결과 남송을 멸하고 전국을 통일하는데 적지 않은 작용을 했다고도[266] 한다.

그런데 실제 그의 참모 중에는 儒士 이외에 음양 술수가나 의술가 및 승려와 같은 非儒士와 건축, 요리, 의약을 담당하는 전문기예 인재도 포함되었던 것으로 보인다. 쿠빌라이는 유학과 유사에 대한 신뢰보다 오히려 의술이나 占卜術을 더 신뢰했다는 지적도 있으며,[267] 그의 잠저구여 중에도 유사도 무조건 신뢰한 것이 아니라 믿음이 있는 자의 추천을 받거나[268] 특히 그들의 자제를 인질로 쿠빌라이를 숙위케 한 자들이 대를 이어 신뢰를 받고 있다. 이는 사적인 가신관계를 더 중시했다는 것이며, 그렇다고 하더라고 3代 이상 계속해서 중요관직에 임명한 경우는 매우 적었다는 것을 보면,[269] 漢人 유사를 무조건 신뢰하지 않았음을 알 수 있다. 실제 14세기 초 라시드 앗 딘이 저술한『五支派』에 수록된 57명의 쿠빌라이의 大臣들은 대부분 몽골인과 색목인으로 그들은 諸王, 중앙과 지방의 재상, 장군 및 케식 친위병은 몽골족이 중심을 이루었다.[270] 쿠빌라이는 그들의 보호를 받으며, 정사를 논했다는 사실에

265)『元史』권158,「許衡傳」"擧其要, 則修德用賢愛民三者而已. 此謂治本. 本立, 則紀綱可布. 法度可行, 治功可必. … 帝嘉納之."

266) 盧琳, 앞의 논문,「論世祖忽必烈任用漢人儒士的政策」, 68쪽.

267) 趙文坦,「忽必烈早期與漢族士人關係考察」『山東大學學報(哲學社會科學版)』1997年 4期, 31~32쪽.

268) 쿠빌리아의 신임이 두터웠던 劉秉忠은 그의 동학인 張文謙과 漢化된 西域人인 廉希憲 등을 쿠빌라이에게 추천하여 그의 潛邸에 들어오게 하였다. 趙文坦,「元世祖中統初年宰相的任用」『齊魯學刊』1995年 第4期, 52쪽.

269) 潛邸舊侶가 2대에는 높은 관직을 除授받았으나 관료의 작용은 크지 않았으며, 3대 이후에는 중하급으로 하락하거나 그 수도 적었다고 한다. 吳海濤,「元代京兆賀氏與其他漢人官僚家族仕宦之比較」『中國史研究』1998年 2期, 106~108쪽.

서 한족 유사들의 정치참여의 한계를 살필 수 있다.

이들 한족 유사집단 중 농업이 사회발전에 근본이라고 주장한 대표적인 사람은 劉秉忠, 許衡, 張德輝, 張文謙 등이었다. 유병충은 "천하 백성들에게 농상에 힘써 산업을 진흥하는 것이 나라의 큰 보탬이다."라고[271] 하였으며, 장문겸 역시 중통원년에 농사에 밝은 자를 뽑은 선무사에 임명되어 갈이와 파종을 권농했으며, 지원7년(1270)에는 원이 사농사를 설립하여 농상수리를 관장할 때 장문겸은 대사농경을 겸임하여[272] 富國과 富民할 것을 강조했다.[273] 또한 허형은 "농사를 지어 民生이 넉넉해지면 백성이 부를 축적하게 되고, 병사가 강해지며, 인재도 많아져서 국세가 강해진다. 지금은 국가가 거두기만 하고 生財의 연유를 알지 못한다. 성심으로 농민을 중히 여겨 더 이상 괴롭히지 말고 독려하여 농경을 행하면 10년 후에는 창고가 가득 차 오늘에 비할 바가 아닐 것"이라고[274] 건의하고 있다.

하지만 쿠빌라이가 평소 가졌던 "농민들은 열심히 농사짓는데, 왜 의식이 넉넉하지 못한가?"라는 의문은 이후 원대 농정에 큰 변화를 예고한다. 당시 유사 장덕휘가 대답하기를 "농상은 천하의 근본이고 의식이 그곳에서 나온다. 남경여직하여 일 년간 힘들게 농사를 지어두면 좋은 것은 가려 官에서 가져가고, 나머지 보잘 것 없는 것은 가족을 부양하는데, 그마저 관리가 다시 橫斂하니 백성들이 추위에 떨고 굶주리지 않는 자가 없다."라고[275] 대답하였다. 이것은 바로 농상은 국가의 근본

270) 金浩東, 「쿠빌라이 카안의 대신들: 『五支派』에 수록된 쿠빌라이 카안의 大臣 名單 분석」『동양사학연구』 125輯, 2013, 226~241쪽.

271) 『元史』 권157, 「劉秉忠傳」 "今地廣民微, 賦斂繁重, 民不聊生, 何力耕耨以厚産業. 宜差勸農官一員, 率天下百姓務農桑, 營産業, 實國之大益."

272) 『元史』 권158, 「世祖紀四」.

273) 柴福珍, 『元代社會與三部農書』, 中國農業科學技術出版社, 2009, 135~136쪽.

274) 『元史』 권158, 「許衡傳」.

275) 『元史』 권163, 「張德輝傳」.

이고, 농민은 최선을 다해 노동하지만 중간에 이를 감독하는 관료의 착취로 농민은 생산의욕을 상실하고 가난한 상태에 빠졌다는 것이다. 결국 사대부 관리의 중간착취를 막고 교화를 통해 중농을 이끌기 위해서는 철저한 관리와 함께 愛民과 富民과 利民을 위해 정책을 펼 것을 주문하였던 것이다. 쿠빌라이를 비롯한 몽골귀족은 비록 초기에는 한인 관료의 설득에 의해 농정을 폈을지라도 한인 관료들을 전적으로 신뢰하지 않았던 것 같다. 농민의 관점에서 농서를 편찬했다거나 몽골식 방식으로 촌락을 편성[村社]하고 권농관을 조직화한 것도 이런 이유 때문이 아니었을까 생각된다.

실제『농상집요』의 구성은 기본적으로『진부농서』와 큰 차이가 없다. 그럼에도 국가의 주도로 재차 농서를 편찬하게 된 것은『진부농서』가 너무 간략하고, 농사기술과 그 적용이 구체적이지 않아 농민들이 이해하기가 쉽지 않았으며, 게다가 대사농사를 총괄하는 몽골귀족은 물론이고 아래의 농사일에 밝지 못한 한인 권농관들조차 이 책으로 농상기술과 교육시키기에 용이하지 않다는 인식 때문일 것이다. 특히 정권을 장악한 몽골족들의 입장에서는 고집 센 한 촌부가 집필한 농서를 제국의 農桑 교육용으로 삼기에는 문제가 있었고, 그들 주도로 국가기반을 강화할 수 있는 강건한 농민의 확보와 생산력을 제고할 수 있는 새로운 농서가 필요했을 것이다. 그리고 王磐이 쓴『농상집요』의 서문에서 본 바와 같이 이전보다 개간지가 늘어나고 경작기술이 향상되었지만, 농상의 기술을 익히지 않는다면 힘만 들고 성과가 적다는 것을 걱정하여, 중요한 부분을 잘 요약하여『농상집요』를 편찬하게 된 것이다. 원조는『농상집요』를 통해 기존의 생산기술을 보완하여 농민이 적은 힘을 들이고도 많은 수확을 올릴 수 있도록 독자적인 농업정책을 관철하고자 했던 것이다.

3)『농상집요』의 출판과 新添

한림학사 王磐이 서문을 쓴 시점이 至元 癸酉년 '季秋中旬日'이니 1273년 11월 초순에 해당한다. 이는 지원10년으로 元으로 국호를 개칭한 지 2년만이다. 비록 쿠빌라이가 중통연간부터 농상의 중요성을 인식하고, 농민의 관점에서 부민과 부국을 위해 기획했을지라도 자료수집과 정리한 시간으로 볼 때『농상집요』를 기획하고 집필했던 시기는 元 이전부터였을 것으로 판단된다. 집필을 위해 먼저 대사농사를 설립하여 오직 농상에만 힘썼던 것을 보면, 이때『농상집요』를 집필하기 시작했을 가능성이 있다.『원사』에 의하면, 대사농사의 건립은 지원7년(1270)이며, 그것은 중통2년(1261)에 건립된 권농사가 2년 뒤 司農司를 거치면서 체재가 정비된 것이다.

다만 편찬한 1273년에는 어느 정도가 배포되었는지는 알 수 없다.『농상집요』의 간행에 대한 최초의 기록은 지원23년(1286) 감찰어사 暢師文이 편찬한『농상집요』를 헌상했으며,[276] "23년 6월 丙申일에 … 대사농사에 조칙을 내려 (교정된) 정본인 농상집요를 諸路에 배포하도록 하였다."[277]『中書省致江浙行省印造農桑輯要咨文』(이하『咨文』)에 의하면 이 책은 各道의 廉訪司나 勸農正官을 중심으로 배포된 듯하다.[278]

胡道靜은 이때 간행부수를 추정하여 1,000부라고 비정하고 있다. 그의 연구에 의하면 그 후 仁宗 延祐원년(1314)부터 後至元5년에 이르기까지 25년간 모두 6차례 간행되었다. 즉 延祐원년(1314년; 1,500부),

---

276)『元史』권170,「暢師文傳」"二十三年, 拜監察御史, 糾劾不避権貴, 上所纂農桑輯要書."

277)『元史』권14,「世祖本紀十一」"(23年) 六月丙申朔 … 詔以大司農司所定農桑輯要書頒諸路."

278) 元初에 各道에는 提刑按察司가 설립되고 이후 肅政廉訪司로 개칭되었는데, 이들은 중앙과 지방의 御史臺에 소속되었으며, 주로 백관의 善惡과 행정의 득실을 규찰했으며, 아울러 道의 勸農官을 관리했다. 한편 勸農正官은 勸農을 책임지는 正職官으로 주로 농사에 밝은 자를 선임하였다.

延祐3년(1316년; 1500부), 至治2년(1322년; 1,500부), 天曆2년(1329년; 3,000부), 至順3년(1332년; 1,500부), 後至元5년(1339년)이 그것이다.

흥미로운 것은 출판된 지역이 仁宗, 명종 천력2년, 문종 至順3년에 모두 강절성에서 인쇄되었다는 점이다. 이것은 農桑 기술과 경험을 강남지역에서 적극적으로 수용하고자 했음을 뜻한다. 남송 이후 남천에 따른 인구증가와 정착과정에서 생긴 자연스러운 현상이었을 것이다. 강절성의 이 같은 농업기술에 대한 열망으로 10개의 행중서성 중에서 강절 농업이 가장 발달하여 "蘇湖熟, 天下足"을 연출해[279] 매년 京師에 공급되는 양식의 1/3을 점하였다.[280] 江淮농업의 발전은 太湖유역의 정경세작에서 비롯되며, 매년 해운으로 大都에 보내지는 양식이 300만석에 달하여 兩宋시기 생산량을 초과했다고 한다.[281]

『농상집요』는 그동안 두 차례의 수정본이 출판되었는데, 1차는 지원10년에 편찬된 후 계속 수정 보완하여 지원23년에 출판된 판본이고, 두 번째 판본은 仁宗 延祐元年(1314)에 인쇄되고, 그 후 줄곧 順帝 後至元5년(1339)까지 재판의 重印本이 인쇄되었지만 마지막은 인쇄부수를 알 수 없다.『원사』「順帝紀」에는 "至正2년(1342)에 농상집요를 반포했다."라고[282] 하는데, 이것은 제2판인 것으로 생각된다. 그렇다면 그 이후에도 일정분의 『농상집요』가 공급되었을 것으로 생각된다. 발행부수는 지원10년부터 계산하면 文宗 至順3년(1332) 약 60년 간 모두 7차

---

279)『滋溪文稿』"浙右之地, 若蘇､湖､常諸郡, 土壤肥沃, 民務細作, 歲賦租米數百萬石, 遭海以供京師."

280) 葉依能,「元代糧食生産和糧食商品化」『中國農史』1994年 13卷 제4期, 34쪽에서 元代 매년 歲入양식은 총 12,114,780石인데, 江浙 한 省이 4,494,793석에 달하여 1/3이상을 점했다고 한다.

281) 潘清,「元代江淮農業發展述論」『徐州師範大學學報(哲學社會科學版)』第38卷 第6期, 2012, 83쪽.

282)『元史』권40,「順帝三」"(至正二年) 二月壬寅(朔), 頒農桑輯要."

례로서 약 1萬부 이상이 인쇄되어 배포되었다고[283] 한다. 이 중에서 기록이 분명한 것은 『咨文』에서 仁宗 延祐3년(1316)에 1,500부를 간행하고, 天曆2년에 『농상집요』 3천부, 『栽桑圖』 300부를 간행했으며, 나머지는 매 차에 1,500부를 간행했으며, 至順3년(1332)에도 발행했다는 것과[284] 蔡文淵의 序에서는 仁宗때 舊版은 인쇄가 선명하지 못하니 다시 大字로 조판하라고 지시하여 1500부를 간행, 英宗 至治2(1322)에는 1500부 간행했다는[285] 내용뿐이기 때문에 지금까지 『농상집요』의 간행부수에 대한 견해차가 적지 않다.

이에 대해 繆啓愉는 위의 『咨文』에 근거하여 1286년에서 延祐원년(1314) 이전에 초판이 8,500부가 인쇄되어 평균 매 5년간 1,400부 정도 인쇄되었다고 보고 있다. 그 후 延祐원년, 至治2년에 각 1500부, 天曆2년에는 3,000부가 간행되었다고 하여[286] 胡道靜과 견해를 달리하고 있다. 이런 기록과는 달리 주목할 만한 내용은 『원사』 「仁宗紀」에 등장하는 것처럼 延祐2년(1315) 8월에 "江浙行省에 조칙을 내려 농상집요 萬部를 인쇄하여 관리에게 배포하여 勸課하도록 했다."라는[287] 기록이다. 한 해에 만부를 간행했다는 것이다. 무계유는 『元刻農桑輯要校釋』에서 이 농상집요의 인쇄 배포부수에 대한 문헌기록이 다소 과장이 있다고 하면서, 『咨文』에 근거할 때, 이 만부는 한 번의 간행 부수가

283) 石聲漢 校注, 「附錄一 · 武永殿聚珍本農桑輯要提要」 『農桑輯要校注』, 農業出版社, 1982, 264쪽에는 "至元10년 王磐의 序에서 至順 3년에 이르기까지 간행된 萬部의 정부 문서[官牒]가 있다."라고 한다. 胡道靜, 『農書 · 農史論集』, 農業出版社, 1985, 65~67쪽; 魯奇, 앞의 책, 『中國古代農業經濟思想』, 57~59쪽에도 견해를 같이한다.

284) 繆啓愉 校釋, 앞의 책, 『元刻農桑輯要校釋』, 1~3쪽; 胡道靜, 위의 책, 『農書 · 農史論集』, 63-65쪽.

285) 繆啓愉 校釋, 「農桑輯要蔡文淵序」 『元刻農桑輯要校釋』, 農業出版社, 1988, 552~553쪽.

286) 繆啓愉 校釋, 위의 책, 『元刻農桑輯要校釋』, 544~548쪽; 柴福珍, 앞의 책, 『元代社會與三部農書』, 158~159쪽.

287) 『元史』 권25, 「仁宗紀二」 "詔江浙行省印農桑輯要萬部, 頒降有司遵守勸課."

아니라고 하며, 초판인 世祖 지원23년(1286)부터 仁宗 延祐원년(1314) 이전까지 계속 발행한 것이 8,500부이며, 연우 원년에 간행하여 연우 3년까지 배포한 1,500부를 합한 것이었다고 한다.[288] 이에 반해 萬部는 世祖 至元23년부터 文宗 至順3년까지 관청에서 인쇄 배포한 수량이었다고 하여 견해차가 적지 않다.[289]

梁方仲의 인구통계자료 중 至順3년(1332)에 가장 근접하면서 인구수가 잘 드러나는 기록은 至元28년인데, 당시 인구수가 약 59,848,964명이니[290] 1만부를 출판한다고 해도 권농관과 관련 기관에 배포되는 1천여 부를 제하면 대개 민간에는 7천여 명, 즉 거의 縣단위에『농상집요』1부가 배포되는 셈이 된다. 그 이외에도 섬서성 固城縣 등에서는 지방에서도 각본하였다고 한다. 이는 당시의 인쇄기술을 감안할 때 결코 적은 분량은 아니었으며, 이 농서가 민간에 보급되면서 耕者에게 "盡其利"하고 蠶者에게는 "富繭絲"하여 권농관이 감독하기 전에 이미 勸課의 효과를 갖추었던 것이다.[291] 이처럼『농상집요』가 중앙 및 지방에서 간행되어 권농관을 통해 생활 속으로 보급되면서 농상기술이 진일보하여 원대 의식생산량의 증가에 적극적인 작용을 하였다.

이상과 같이『농상집요』를 간행하여 국가는 농민들에게 무엇을 전달하려 했을까? 특히 기존의 농서에 없는 내용이나 특별히 주목하고자 했던 것은 무엇이었을까? 이 문제를 살피기 위해서는 우선『농상집요』

---

288) 繆啓愉 校釋,「中書省致江浙行省印造農桑輯要咨文」『元刻農桑輯要校釋』, 6~7쪽; 같은 책, 545쪽; 胡道靜,『農書 · 農史論集』, 農業出版社, 1985, 65쪽에서도 지원 23년 이후 관에서 발행한 것이 1萬부였다고 한다. 石聲漢 校注,「武英殿聚珍本農桑輯要提要」『農桑輯要校注』, 農業出版社, 1982, 265쪽에서도『元史』의 기록에 착오가 있으며, 이때 1500부를 인쇄했다고 설명하고 있다.

289) 胡道靜,『農書 · 農史論集』, 農業出版社, 1985, 65쪽.

290) 梁方仲,『中國歷代戶口田地田賦統計』, 上海人民出版社, 1980, 176~177쪽.

291) 繆啓愉 校釋, 앞의 책,「有關序跋志傳與著錄 · 地方版農桑輯要蒲道元序」『元刻農桑輯要校釋』, 554~555쪽.

의 목록과 새로 첨부된 부분이 무엇인지를 살피는 것이 순서일 것이다.

〈표1〉『농상집요』 인쇄부수와 배포(繆啓愉 校釋, 『원각농상집요교석』, 547쪽과 魯奇, 58쪽 참조)

版數		인쇄	왕위	연호(年)	연도	胡道靜 견해		繆啓愉 견해		
						인쇄수	누적인쇄	인쇄년	반포년	부수
중앙판	예비	1	世祖	至元10	1273	–	–	初版:1286–1314 이전		8500
	1	2		至元23	1286	1000(추산)	1000			
	2	3	仁宗	延祐元年	1314	1500	2500	再版1314	1316	1500
	2	4		延祐3	1316	1500	4000			
	2	5	英宗	至治2	1322	1500	5500	再版1322	–	1500
	2	6	明宗	天曆2	1329	3000	8500	再版1329	1322	3000
	2	7	文宗	至順3	1332	1500	10,000			
	2	8	順帝	後至元5	1339	–	–	再版1339	1342	–
地方版		城固	仁宗 英宗間	延祐 · 至治間	1314–1323					
			惠宗	至元2	1336	辰州路總管府 重刻 (고려『元朝正本農桑輯要』저본)				
海外版(朝鮮)			恭愍王	21년	1372					

이상과 같이『농상집요』를 간행하여 국가는 농민들에게 무엇을 전달하려 했을까? 특히 기존의 농서에 없는 내용이나 특별히 주목하고자 했던 것은 무엇이었을까? 이 문제를 살피기 위해서는 우선『농상집요』의 목록과 새로 첨부된 부분이 무엇인지를 살피는 것이 순서일 것이다.

모두 7권으로 구성된『농상집요』에 새롭게 추가된 부분을 원각대자본에서는 목차와 내용에서 "新添"이라고 부기하고 있다. 柴福珍은 이 내용을 도표화하여 잘 보여주고 있다.

〈표2〉『농상집요』 중의 "新添" 내용 (柴福珍, 154쪽)

卷 數		추가항목/전체	내 용
권2	耕墾	4/21	苧麻. 木棉. 論九穀風土及種蒔時月. 論苧麻木棉
권5	瓜菜果實	11/45	西瓜. 蘿蔔胡蘿蔔附. 菠薐. 萵苣. 同蒿. 人莧. 莙薘. 銀杏. 橙柑附. 橘. 蘆子
권6	竹木藥草	13/47	松杉柏檜附. 漆. 皁莢. 楝. 椿. 葦荻附. 蒲. 梔子. 枸杞. 甘蔗. 薏苡. 藤花. 薄荷.
권7	孳畜禽魚 歲用雜事	1/10	蜜蜂
총계		29조항	

이상의 〈표2〉에서 볼 때 권1, 권3~권4는 특별히 새롭게 첨가한 내용이 없다는 점이다. 그 내용은 주로 농업부분이다. 권1은 「전훈」으로 농업의 지침이고, 권3은 「栽桑」, 즉 뽕나무재배에 관한 내용이며, 권4는 각종 누에치기에 관한 내용이다. 農桑의 부흥을 국가적 목적으로 삼은 원대에 농업에 새롭게 추가하지 않은 것은 그 기술수준이 송대의 방식과 큰 차이가 없었다는 말이 된다. 그렇다고 원대의 농업에 변화가 없었던 것은 아니다. 前代처럼 관리하거나 농민의 수확을 가로채지 않고, 농지의 개간을 확대하거나 촌사의 농민을 교육하고 권농하는데 초점이 맞춰졌음을 알 수 있다. 『농상집요』의 체제만으로 볼 때, 기존의 농서 중 다양한 일상의 내용을 소개하고 있는 『제민요술』과 유사하다. 실제 栽桑과 양잠부분을 포함하여 전체의 39.3%에 해당하는 많은 부분을 『제민요술』의 기록에서 인용하고 있다. 그러나 『사시찬요』와 같은 월령식과도 다르며, 상황에 따라 농업경영방식을 제시하고 있는 『진부농서』의 체제와도 다르다. 다만 내용이 농상이란 점에 초점을 맞추고 있다는 점에서는 『진부농서』와 닮아 있다. 『농상집요』에서 『제민요술』 다음으로 많이 인용하고 있는 농서는 『務本新書』, 『士農必用』 및 『四時類要』이다. 이 중 『사시유요』는 인용빈도가 11.4%를 점하며, 주로 과채, 과실 竹木 약초 및 孳畜 등에 치중하고 있다.

이에 반해 『무본신서』, 『사농필용』은 인용빈도가 전 참고자료의 12.6%, 11.9%에 해당되어 『농상집요』 권3~4의 재상과 양잠방면의 기술에 많은 도움을 주고 있다.[292] 특히 이들은 양잠내용의 대부분의 기술을 제공하고 있다. 비록 권3~4에는 신첨의 내용이 없다고 하지만 이처럼 『농상집요』의 편집과정에서 인용하고 있는 저서는 『제민요술』과 『무본신서』, 『사농필용』을 제외하더라도 『사시유요』, 『韓氏直說』, 『蠶經』, 『歲時廣記』, 『博聞錄』, 『桑蠶直說』 『種蒔直說』 등이 있으며,[293] 이들은 이전의 농서에서 거의 인용하지 않았던 저술이다. 이 중 『사시유요』는 문장이 당말 韓鄂의 『사시찬요』와 거의 일치한다고 하여 두 책을 동일시하는 경향이 있는 것을[294] 제외하면, 나머지 책은 주로 금대와 남송시대에 쓰였다. 이들의 농경기술은 당시에는 비록 낯선 것은 아니었을지라도 널리 보급된 것이 아니었기 때문에 『농상집요』에서 이들을 적극적으로 인용했다는 것은 『농상집요』가 새로운 농업기술을 담으려는 의도가 충분했다고 볼 수 있다. 특히 『종시직설』에서 새로운 쟁기질과 김매는 방식과 더불어 최신식 鋤를 인용하고 있다. 『한씨직설』과 『잠상직설』이 원대 현역인 대사농사의 저작이었다는 점에서 이 역시 보급을 목적으로 했을 것이다.

---

292) 石聲漢 校注, 「附錄二: 校注後記」 『農桑輯要校注』, 農業出版社, 1982, 272쪽의 表에는 『농상집요』의 기술을 제공한 문헌의 비중을 『제민요술』 39.3%, 『무본신서』 12.6%, 『사농필용』 11.9%, 『사시유요』 11.4%, 『박문록』 9.8%, 『한씨직설』 2.9%, 『농상요지』 1.9%, 『잠경』과 『야어』 0.7%, 『도경본초』, 『세시광기』는 각 0.5%, 『종시직설』, 『상잠직설』, 『진지홍』이 각 0.4%이며, 新添이 6.6%라고 소개하고 있다.

293) 그 외에도 『歲時廣記』, 『博聞錄』, 『陳志弘』 등에서 단편적으로 인용되고 있다. 石聲漢 校注, 「附錄二: 校注後記」 위의 책, 『農桑輯要校注』, 272쪽; 宮紀子, 「農桑輯要からみた大元ウルスの勸農政策(上)」 『人文學報』 제93호, 京都大學人文科學研究所, 2006, 64~66쪽.

294) 繆啓愉 校釋, 『四時纂要校釋』, 農業出版社, 1981, 24쪽 각주 32에서 『四時類要』가 곧 『四時纂要』라고 하고 있다.

4)『농상집요』의 구성과 내용상의 특징

『농상집요』는 총 7권으로 편집되어 있으며, 내용은 크게 9부분으로 구성되어 있다. 즉 1. 典訓(전체내용의 6.5% 차지[295]) 2. 耕墾(1.5%) 3. 播種(15%) 4. 栽桑 5. 養蠶(4. 5를 합쳐 30%) 6. 瓜菜(13%) 7. 果實(6%) 8. 竹木(9%) 9. 약초(8%) 10. 孳畜(10%) 11. 歲用雜事(1%)으로 되어 있다. 특징적인 것은 桑蠶의 기술내용은 책 전체의 1/3을 점하며,[296] 기존에 없던 '藥草'가 추가되어 있고, 가축번식[孳畜]방법과 天時地利의 합당한 방식 등도 포함되어 있다.

책 전체의 서론에 해당하는「典訓」편에는 농본의 중요성과 권농 및 다각적경영의 필요성을 강조하여 "民爲邦本, 食爲民天"라는 사상을 다시 한 번 제기하여 근면함과 게으름에 따라 상벌을 주고 지방관으로서 권농의 경험을 강조하였다. 『제민요술』과 그 내용을 비교해보면『농상집요』의 내용이 보다 분명해지는데, 우선『농상집요』에는 술 및 각종 발효식품과 음식조리법 등이 빠져 있다. 빠진 이유는 분명하지 않지만[297] 이들 음식이 서민의 근면함에 방해가 되거나 쉽게 접근할 수 있는 음식재료와 가공법이 아니었다는 점에서 몽골귀족들의 주목을 받지 못한 듯하다. 이는 철저히 농본사상에 입각한 듯하다. 권2의「耕墾」편에는『제민요술』의 정경세작의 전통을 계승하여 "잡설에 이르기를 무릇 농사짓는 농가는, 반드시 자신의 능력을 헤아려, 차라리 적게 파종하는 것이 좋지, 욕심을 내어 많이 파종하는 것은 좋지 않다."라고[298] 했으며,

---

295) ( )속의 분야별 비율은 魯奇, 앞의 책,『中國古代農業經濟思想』, 60~63쪽을 참고하였다.

296) 石聲漢 校注, 앞의 책,「附錄二: 校注後記」『農桑輯要校注』, 269쪽에서는 栽桑과 養蠶의 비중이 책의 32%에 달하여 1/3을 점한다고 한다.

297) 魯奇, 앞의 책,『中國古代農業經濟思想』, 63~66쪽에는『제민요술』과 비교할 때『농상집요』에 빠진 내용은 미신적인 것과 무농학적 가치부분이라고 한다.

"무릇 밭갈이의 근본은 농시에 따르고 토질에 맞추며 시비를 통해 지력을 윤택하게 하고, 서둘러 김매고 수확한다."라는[299] 『범승지서』의 견해를 따르고 있다.

이를 토대로 『농상집요』의 내용상의 특징을 보면, 『제민요술』은 대개 농작물의 기원적인 기록이 많으며, 주로 한대 이전의 자료를 참고하고 있다. 『농상집요』는 700년 전의 북쪽 지방의 농서인 『제민요술』을 기반으로 하여 곡물 생산을 중심으로 각종 부업을 통해 자급자족하는 소농의 경제 시스템을 구축하는 농본사상을 담았다. 하지만, 700년의 세월이 흐르면서 새로운 기술들이 필요하게 되었고, 『농상집요』는 『제민요술』의 장점을 취함과 동시에 새로운 방법과 발전된 기술을 담고자 하였다.[300] 때문에 『농상집요』에는 비록 한대의 자료도 있지만, 주로 직전의 당송시대의 자료가 많은 것이 특징이다. 기술된 작물의 순서도 차이가 있다. 장강하류 유역의 『진부농서』에서는 당연히 稻가 수위를 점하지만, 같은 북방농업의 특성을 지닌 『제민요술』과 비교해 보면 『농상집요』의 「播種」편에서는 조와 대소맥이 대소두보다 앞에 기록되어 있으며, 水旱稻도 비중이 『제민요술』보다 증가하여 기장이나 대소두의 앞자리를 점하고 있고, 麻는 곡물보다 섬유작물로 중시되어 오곡에서 벗어난 것이 특징이다. 이것은 남방의 이주민이 증가되면서 그들의 식생활 문화가 함께 이동했으며, 국방상 馬料 수요가 증가한 것과도 관련 있을 것이다.[301] 하지만 『농상집요』의 「파종」편은 비록 일부 『무본신서』의 인용과 苧麻나 목면 등의 신첨부분도 있지만 다른 편에 비해 많은 부분

298) 『農桑輯要』 권2, 「耕墾」 "雜說, 凡人家營田, 須量己力. 寧可少好, 不可多惡. 凡地有薄者, 卽須加糞糞之."

299) 『農桑輯要』 권2, 「耕墾」 "凡耕之本, 在於趨時和土務糞澤, 早鋤早穫."

300) 石聲漢 校注, 「附錄二: 校注後記」 앞의 책, 『農桑輯要校注』, 267쪽.

301) 朴喜眞, 「南宋代 江南地域의 麥作과 農民 삶의 情況」 『中國史研究』 제100집, 2016 참조.

『제민요술』의 기록에 의존하고 있다. 이것은 주곡작물의 위치는 다소 변했지만 생산기술에는 큰 변화가 없었음을 말해준다.

다만 耕地法에서 끌개[勞나 撻]나 곰방메[耰]를 이용한 평탄 정지 작업과 한 단계 더 나아가 "쟁기질 한 번에 써레질은 여섯 번[犁一耙六]"과 같이 써레질을 통해 습기를 보전하고 있다는 것은 변화된 특징이다. 아울러 생산력의 제고를 위해 시비기술도 발전했을 것이다. 이미 남송 때 『진부농서』에서도 볼 수 있었듯이 「糞田之宜篇」이라는 항목이 처음 출현했으며, 基肥뿐 아니라 속효성 追肥가 주곡작물에 시비되고 있다. 『농상집요』보다 40년 뒤에 편찬된 『왕정농서』에는 「분양편」 이라는 비료에 관한 독립항목이 자리 잡게 된다. 여기에는 비료를 가축분, 踏糞法, 苗糞, 草糞, 火糞, 泥糞으로 구분하고 있으며, 농가근처에는 糞屋을 설치하여 각종 쓰레기를 똥오줌을 끼얹어 부숙했다고 [302] 한다. 또 이미 인분의 生糞과 大糞의 성질을 파악하여 논머리[田頭]에 窖糞시설을 두고 적당시간 부숙하여 비료로 만들어 肥田한다는 사실도 주목된다.[303] 이러한 거름을 토지의 肥力을 높이는 약처럼 사용하여 "以糞治之"함으로서 지력을 "常新壯"했던 것이다.[304] 남송 이후 시비가 중시된 것은 인구이동으로 인한 개간지의 확대나 水田의 발달과 果菜類나 섬유 작물과 같은 상품작물 확대 및 稻麥 2년3모작과 같은 현상이 큰 작용을 했을 것이지만,[305] 기후변화도 한 몫을 했다. 특히 원대의 기후는 한랭 건조하였는데,[306] 합리적인 시비와 가을 耙耮 작업을 통해 토양양분·온도·저수와 抗旱 및 抗病능력을 증가시켜 양

302) 『王禎農書』「糞壤篇」.

303) 『王禎農書』「糞壤篇」.

304) 『陳旉農書』「糞田之宜篇」.

305) 崔德卿, 「『齊民要術』과 『陳旉農書』에 나타난 糞과 糞田의 성격」『중국사연구』 第81집, 2012 참조.

306) 劉昭民, 『中國歷史上氣候之變遷』, 臺灣商務印書館, 1992, 130쪽.

식생산량이 증가되었으며, 이것이 토양 비력설에 대한 주된 발전이었다고 한다.[307] 그 결과 원대에는 “惜糞如惜金”이나 “糞田勝如買田”한다는 말이 등장하게 된 것이다. 『진부농서』와 『왕정농서』 사이에 위치한 『농상집요』 역시 채소에는 기비하고, 桑樹에는 기비와 추비했으며, 踏糞, 漬種法 및 種肥도 볼 수 있다.

흥미로운 것은 13세기에는 6세기 때보다 藥草나 瓜菜類 등의 경제작물의 비중이 월등하게 증가되고 있다는 점이다. 과채는 『무본신서』, 『사시유요』 및 『博聞錄』 등과 신첨 자료가 합해져 『제민요술』보다 두 배로 증가되었으며, 약초는 이들 자료를 참고하여 『제민요술』보다 3.5배 증가되었다. 새로 첨가된 약초는 梔子, 枸杞, 사탕수수[甘蔗], 율무[薏苡], 藤花, 薄荷 등인데, 이중 사탕수수는 蜜蜂과 더불어 단맛이 추가되고 있다는 점에서 주목된다. 그리고 藥草는 이제까지 볼 수 없었던 독립된 목차를 가지게 되었으며, 그 후 『飮膳正要』라는 음식과 약재를 이용한 식료 의학서가 등장하고 있는 것을 보면, 원대에는 건강에 대한 관심도 과학적이고 구체적이었음을 잘 보여준다. 이들이 새로 첨가된 주된 요인은 야생이였던 것이 점차 재배의 대상이 되었거나 외부에서 유입된 점에서 찾을 수 있을 것이다.[308]

신첨의 채소로 주목되는 것은 수박[西瓜],[309] 무[蘿蔔], 시금치[菠薐], 상추[萵苣], 쑥갓[茼蒿], 莙蓬, 비름[人莧] 등이다. 건조한 화북지역의 경우 겨울의 한랭기와 여름의 건기에는 녹색 채소를 보기 힘들

307) 張凱 · 尹永紅, 「淺談農桑輯要對元代經濟的影響」『課程教育研究』 2013年 11月 下旬刊, 61쪽.

308) 繆啓愉 校釋, 「農桑輯要標誌着農學發展的新段階」『元刻農桑輯要校釋』, 農業出版社, 1988, 515쪽.

309) 『王禎農書』 권8, 「百穀譜集三 · 西瓜」 “一說, 契丹破回紇, 得此種歸 … 北方種者甚多, 以供歲計. 今南方江淮閩浙間亦效種, 比北方差小, 味頗減爾.”에서 수박[西瓜]은 북방에서 유입되었으며, 남방 江淮, 閩浙지역에도 재배되었지만 북방에 비해 다소 품질이 떨어졌음을 알 수 있다.

었다. 그래서 '園枯'라는 명칭이 생겨났다.[310)]『농상집요』에서 주목되는 것은 채소의 저장기술이다. 예컨대 시금치의 경우 수확 후 다 먹지 못하면 "뜨거운 물에 데친 후 말려두었다가 따뜻한 물에 담가 부드럽게 한 후 조미하여 먹거나", 가을에 파종한 것은 "땅속 구덩이에 묻어서 저장하여 겨울에도 언제나 신선하고 푸른 채소를 먹을 수 있었다."라는 것이다.[311)] 그리고 봄에 파종한 상추 역시 늘 먹을 수 있었으며, 가을에 파종한 것은 霜降이 지난 후에 소금에 절여 채소로 이용하는 방식을 제시하고 있다.[312)] 무[蘿蔔]도 저장기술을 新添하여 "여름에 심은 무는 수확하여 소금에 절이거나 구덩이를 파서 저장하면 수시로 이용할 수 있다."라고[313)] 하며, 순무[蔓菁]의 경우 절이거나 말려 엮어서 그늘진 곳에 말려 사용했다고 한다.[314)] 채소밭에 채소가 없을 때는 비름을 파종한다고 하여 언제라도 신선한 채소를 소비할 수 있도록 배려하고 있다.[315)] 가지의 경우,『무본신서』를 인용하여 가지와 잎을 잘라내어 '晚茄'를 열리게 하는 방법을 취하고 또 저장할 때는 "배를 갈라 종자를 물속에 넣어 일군 후에, 물에 가라앉은 것을 취하여 재빨리 햇볕에 말려 잘 싸서 보관"하거나 "늙은 가지를 데쳐서 연하게 하여 물에 담근 후에 껍질을 벗겨 소금을 뿌려 고루 섞어 저장"했다고[316)] 한다.

이처럼 채소와 조미료가 다양해졌다는 것은 식재료와 요리가 풍부해

---

310)『農桑輯要』권5,「菠薐」.

311)『農桑輯要』권5,「菠薐」.

312)『農桑輯要』권5,「萵苣」.

313)『農桑輯要』권5,「蘿蔔」.

314)『農桑輯要』권5,「蔓菁」;『제민요술』권3,「蔓菁」에서도 비슷한 내용이 전하는데, 즉 순무를 잎을 땋아서 그늘진 곳에 말리되 연기를 쐬어서는 안 된다. 말린 후에는 선반위에 쌓아두고 거적으로 덮어주었다고 한다. 이것은 오늘날 무 시레기 말리는 법과 완전 일치한다.

315)『農桑輯要』권5,「人莧」.

316)『農桑輯要』권5,「茄子」.

졌음을 뜻한다. 근교에는 상업적 목적으로 신선한 채소를 재배하여 도시에 공급했을 것이며, 약초와 섬유작물 등의 공급이 크게 확대된 것은 이들 상품에 대한 수요가 많았음을 뜻한다. 그리고 채소는 육식을 주로 하는 몽골족에게 공급하거나 서민들의 흉년을 구제하고 부족한 식량을 보충하는 수단으로도 장려했다는 점에서[317] 『농상집요』의 편찬의도를 살필 수 있다.

『농상집요』의 목차에서 살필 수 있는 또 다른 특징은 남방, 서방에서 재배되고 있는 물산을 북방에서도 재배를 추진하고 있다는 점이다. 『제민요술』에서는 非中國物産으로 분류되었던 橙, 柑, 橘, 풀명자[樝]와 사탕수수 같은 물산이 새로 추가되고 있으며, 모시[苧麻]와 棉花가 새로 추가된 것은 원대 섬유작물의 다양화와 함께 수요의 절박함을 반영하고 있다.[318] 특징적인 것은 전통적인 蠶絲와 大麻 이외 저마와 면화가 의료식물의 대열에 들어왔다는 점이다. 이들은 원래 中原에는 없었던 작물로써 『농상집요』에서는 북방지역으로 확산을 강조하고 있다. 『농상집요』「苧麻」조에는 '苧根'은 중국의 남부지역에서 재배된 것으로 파악하여, 苧麻의 경우, 작물의 형태, 특징 및 방적하는 것을 넘어 파종, 재배법 및 수확까지 새로이 추가하고, 수확 후의 모시가공과 방직까지 자세하게 묘사하고 있다. 특히 서역에서 유입된 목면[319]은 이전의 자료의 부족 때문인지 新添하여 갈이에서 파종, 물주기 및 수확하여 목화씨를 제거하여 솜으로 실을 잣거나 솜으로 이용하는 방법에 이르기까지 제시하고 있다. 「木綿」조의 끝부분에는 목면의 가장 큰 특징은 가벼우면서 따뜻하다는 점을 제시하여 추위를 극복할 수 있음을 암시하

---

317) 『農桑輯要』 권5, 「蔓菁」.

318) 柴福珍, 앞의 책, 『元代社會與三部農書』, 154쪽.

319) 『農桑輯要』「論九穀風土時月及苧麻木綿 · 苧麻木綿」 "木綿亦西域所産."에서 西域의 목면이 전파되었음을 말하고 있다.

고 있다. 주목되는 것은 별도로「論九穀風土時月及苧麻木綿」항목을 제시하였으며, 그 중에 '苧麻木綿'조를 통해 서역에서 유입된 목면이 섬서, 하남지역에서 재배되었음을 알 수 있다. 일부에서는 풍토를 핑계로 재배의 어려움을 역설하지만 중국의 진귀한 식품이 대개 遠地에서 유입된 것임을 명심하고, 풍토를 극복할 것을 주문하고 있는 것이 인상적이다. 그리하여 더운 여름날에 시원한 새모시옷을 입고, 추운 날에는 곱고 따뜻한 면 옷을 입을 것임을 강조하고 있다.[320] 면직품의 발전으로 인해 至正26년(1289) 원조 정부는 浙東, 江東, 江西, 湖廣, 福建에 木棉提擧司를 설치하여 "백성들에게 해마다 棉布 10만 필을 납입하게 했으며," 후에는 일부 남방지역에는 木棉布로서 地稅를 대신하게 하자 대량으로 면포를 구입했으며,[321] 그 결과 목면과 면포생산이 확대되었다.[322]

무엇보다『농상집요』의 서명에서 보이듯 栽桑과 양잠이 돌출적인 성취를 보이고 있다는 점이다. 권3의「재상」편은 모두 13항목으로 구성되어 있으며, 여기에는 뽕나무 종자를 받아 파종하기와 다양한 이식방법, 접붙이기 휘묻이와 같은 재배법 및 가지치기 등의 種桑法과 뽕나무 관리법이 구체적이면서 쉽게 안내되어 있다. 양잠방식 또한 마찬가지이다. 권4에는 모두 33항목으로 구성되어 있는데, 그것을「양잠」,「잠사준비」,「잠실수리관리」,「누에의 변색 · 개미누에 깨기와 떨기방법」,「잠실의 온도관리 누에치기 · 채반 바꾸기」,「잠실잡록」그리고「누에섶 올리기와 고치 실켜기」등에 의거하여 분류하여 편입함으로써 누구나 쉽게 양잠에 접근할 수 있도록 안내하고 있다. 이들 桑蠶의 내용은『제민요술』에서는 전체분량의 단지 3%를 점한 것에 불과한데,『농상집요』에

320) 최덕경 역주,『농상집요 역주』, 세창출판사. 2012, 185쪽.

321) 王逢,「黃道婆祠序」『梧溪集』卷3, "責民歲輸棉布十萬匹."

322) 葉依能,「元代糧食生産和糧食商品化」『中國農史』1994年 13卷 제4期, 31쪽.

는 10배가 늘어난 30% 이상을 점한다.[323] 그 전달방식도 『제민요술』이나 『진부농서』와는 달리 단순한 지식전달이 아니고, 종사자의 입장에서 필요한 사항을 정렬하고 있는 것이 특징이다. 그 속에는 누에의 속성에서부터 각종 잠사도구의 준비에서 누에씨를 거두는 방법, 잠실관리법과 온도유지법 및 채반 바꾸기와 섶에 올려 고치를 치고 딴 고치의 실을 켜 베틀에 올리기 직전까지의 모습을[324] 순서에 따라 자세하게 안내하고 있다.[325] 베 짜는 것은 『농상집요』 「재상」이나 「잠상」편에는 보이지 않고, 권7의 마지막부분인 「雜用雜事」조에서 "6월에 女工에게 실을 자아 비단을 짜게 한다."는 사실에서 볼 수 있다.[326] 농번기에 전문 女工이 담당했던 것을 보면, 남경여직의 농상 분리가 이루어졌거나 주로 관영수공업으로 생산하였을 것으로 판단된다.

특히 「蠶事雜錄」에서는 각종 양잠의 주의사항을 제시하고 있다. 그 내용은 그동안 오랜 경험을 통해 체득한 비법, 양잠을 하면서 돌연 발생하는 상황과 주의사항 등을 관찰자의 관점에서 제시하고 있다. 즉 누에 몸에서 생기는 변화, 먹이 주는 방법, 잠실의 조명과 공기 및 온

323) 魯奇, 앞의 책, 『中國古代農業經濟思想: 元代農書硏究』, 63쪽.

324) 이상하게도 『농상집요』 권4의 양잠부분에는 누에고치에서 실을 켜는 작업까지만 안내하고 직접 베틀에서 베를 짜는 방법에 대해서는 설명하고 있지 않다. 물론 『제민요술』 권5, 「種桑柘」편에서는 누에를 길러 고치를 따는 방법까지 설명하고 있다. 그리고 『진부농서』에서는 고치를 따서 저장하는 방법까지만 보인다. 그런데 『왕정농서』 단계에는 織機의 그림과 함께 비단을 방직하는 내용을 자세하게 안내하고 있다. 왜 이렇게 시간의 흐름에 따라 참가할 수 있는 노동을 단계적으로 안내하고 있는지 그 이유는 분명하지 않다. 다만 생각해볼 수 있는 것은 방직의 방식이 大麻布와 유사하기 때문에 중복을 피하기 위해 생략했거나 아니면 비단의 방직은 소농가에서 하지 않았을 가능성이다. 후자의 경우 방직의 전문성 때문에 농가에서는 단지 양잠을 통해 생산한 뽕잎, 고치 및 그것을 방적한 실을 시장을 통해 판매하고, 이것을 상인이 일괄적으로 구입하여 官民의 전문적으로 수공업장에서 방직했을 가능성이 크다.

325) 石聲漢 校注, 「附錄二: 校注後記」 앞의 책, 『農桑輯要校注』, 270쪽에서는 『농상집요』 속의 桑蠶의 분량이 『제민요술』의 桑柘내용에 비해 10배 이상이 증가되었다고 한다.

326) 『농상집요』 「잡용잡사」 "六月: 命女工織紬絹."

도조절, 누에의 각종 금기사항에 대해 제시하고 있다. 금기사항을 보면 누에치기의 정성이 마치 아기를 기르는 것 같이 하여 누에를 기르는 아낙네의 작은 행동과 정성이 직접 누에에게 영향을 미친다는 교훈이 누에가 인간보다 더한 영물임을 실감하게 한다. 만일『농상집요』의 처방대로 양잠을 한다면 초보자 농민이나 몽골족이라도 쉽게 누에를 칠 수 있도록 안내하고 있는 것은 당시 비단생산이 절박한 국가정책이었으며, 동시에 소농민들의 부업에도 중요한 작용을 했을 것임을 짐작하게 한다.

이상과 같이『농상집요』내용을 보면 원대 농정의 시선이 아래로 향하고 있으며, 쉽게 농업기술을 습득하고, 서민의 의식을 향상시키는 방향으로 정책의 노선을 정하고 있는 것을 볼 수 있다. 이것은 한편으로는 농업의 실정에 익숙하지 못하고 수적으로도 약세에 처한 몽골족이 다수의 한족을 통치하기 위한 수단으로 농정에도 군사권과 감찰력을 동원하여 책임과 강압으로 농업기술과 국가의 농정을 권농관을 통해 교육한 것이다. 그러면서 한편으로는 농업에 정통하지 못한 사대부들이 명분에만 앞서고, 권농하면서도 농민의 사정을 헤아리지 못하며, 무사안일과 수탈을 일삼았던 관료에 대한 반발 때문에 그들이 중심이 되어 집필했던 농서조차 신뢰하지 못한 것이다. 쿠빌라이가 정권을 잡으면서 바로 대사농사를 설립하여『농상집요』를 편찬하고 권농관을 통해 농업기술의 대중화에 나섰던 것은 유목민이 지닌 공유공생 하는 공동체 의식이 잘 반영된 것이 아니었나 생각된다.『농상집요』에 새로 첨부[新添]된 물산을 보면 상업작물이 크게 증가하고 있으며, 게다가 저마나 목면처럼 서남과 북서쪽에서 유입된 물자도 적지 않았던 것을 보면 이들 지역과의 교역도 활발했음을 알 수 있다. 특히 물산의 수용을 위해 풍토론에 집착하지 말고 적극적으로 대처하기를 요구한 것은 그만큼 절실함이 있었던 것도 사실이지만, 한편에는 의식의 안정과 民富가 국가의 기반이라는 원대초기 농정의 염원도 작용했을 것이다. 때문에 月別 요약집에 해당하는 「歲用雜事」를 책의 말미에 위치시켜, 게을러서 농시를 잊지 않도록 주의시키고 있다. 이런 다양한 상업작물을 교통수단을 통해 신속하게 운송하여 국내외의 교역의 대상으로 삼았던 것도 원의 신속한 기동력과 무관하지는 않았을 것이다.

6. 원대 상품작물의 발달과 물자유통

1) 『농상집요』의 상품작물의 실태

농서를 발간하고 권농관을 촌락에 파견하여 생산을 독려하며, 농민을 교육시켜 생산된 농산품은 당시 사회에 어떻게 활용되기를 바랐을까? 농민을 國本이라고 했으니 1차적으로는 농민 의식의 충족을 바랬을 것이다. 하지만 전술한 바와 같이 『농상집요』 중에서 농작물의 耕墾이 1.5%, 곡물파종이 15%로 모두 16.5%인데, 여기에는 각종 곡물과 삼, 모시[苧麻], 목면 등이 포함되어 있으며, 麻, 苧를 제하면 순수 곡물 파종은 크게 줄어들어 11~13.5%에 불과하게 된다. 이것은 양잠의 비중(30%)의 절반에도 못 미치며, 瓜菜와 果實을 합한 13%와 竹木 및 약초를 합한 17%의 사이에 해당한다.[327] 이것은 원대에는 곡식보다 상대적으로 과채, 과일과 竹木, 약초와 같은 부업적, 상업적 작물의 비중이 컸음을 말해준다. 그렇다면 원대 이 같은 상업적 작물을 재배하여 무엇을 도모하고자했는지, 『농상집요』를 다시 들여다보자.

관찬서였기 때문에 『농상집요』에 실려 있는 작물은 농민의 衣食에 꼭 필요한 농산품으로서 국가가 재배를 권장하고자 한 물품이기도 했다. 권농관의 교육과 감독 하에 재배한 농산품은 국가에 조세로 납입하거나

---

327) 魯奇, 앞의 책, 『中國古代農業經濟思想: 元代農書硏究』, 62~63쪽.

자가에서 소비하고 남는 것은 쉽게 시장에서 환금할 수 있는 것이 많았다는 것이 특징이다. 특히『농상집요』에 새롭게 추가된 '新添'부분은 대부분 상품작물이었다. 목면, 저마에서 상당수의 瓜菜, 과일류 및 竹木과 약초가 그러했다. 이를 단순화시키면 원정부가『농상집요』를 편찬하게 된 의도는 농본을 통해 제민을 확보하고, 그들에게 農桑과 새롭게 첨부된 작물을 의도적으로 경작하게 하여 富民으로 유도하고, 그로 인해 국내외의 유통과 교역을 강화하여 부국을 도모하려 했다고도 볼 수 있다.

본래 신속한 이동과 교역은 유목민의 장기중의 하나였다. 문제는 물품의 생산과 개발에 있다.『농상집요』에 실린 농산품은 바로 국내외의 수요에 적합한 물목의 모음이라고 할 수 있을 것이다. 그 중에서도 元代에는 농서제목이 말해주듯 '桑'이 중시되고 있는데, 원대의 또 다른 농서인『왕정농서』에도 첫머리가「農桑通訣」편이며,『농상의식촬요』에도 여전히 '農桑'이 중요한 시대적 개념으로 등장한다.

원대『왕정농서』「農桑通訣·種植篇」에는 "심을 樹種은 매우 많지만 백성에게 가장 이로움을 주는 것은 뽕나무만한 것이 없다."라고[328] 하면서 가장 먼저 뽕나무에 대해 그 종류, 수종, 재배기술 등에 대해 상세하게 소개하고 마지막에 접붙이기 등의 이식방법을 덧붙이고 있다. 이처럼『농상집요』에도 뽕나무와 양잠의 방법에 대한 다양한 기술을 소개하고 있지만, 정작 비단 방직에 대한 것은『왕정농서』단계에 와서야 분명해진다. 특히 당시 발판이 두 개인 '二躡織機'를 발명하여 女工이 손쉽고 재빠르게 직조할 수 있게 되었다는 것을 보면, 비로소 소농가에서도 비단생산이 용이해졌으며, 여기서 삽도와 함께 방직에 대한 구체적인 설명을 덧붙이게 된 것이다. 이것은 원대 중기 이전까지에는 소농이 단독으로 견직하는 것이 곤란했을 수도 있다는 말이 된다. 그것은 이전

---

328)『王禎農書』「農桑通訣·種植篇」"種植之類顆矣, 民生濟用, 莫先於桑, 故首述而備論之."

의 소농가에서는 뽕잎을 판매하거나 누에를 길러 고치를 생산하여 이를 판매하거나 아니면 실을 잣아 시장에 판매하는 데에 머물렀을 가능성이 없지 않다. 이때에는 상인이 견직의 재료나 생사를 유통시켜 소농민이 아닌 전문장인이 방직했을 것으로 여겨진다. 청명상하도에 나타난 당시 開封의 도시풍경을 보면 상업활동과 상인에 대한 통제가 당대의 성시처럼 엄격하지도 않다. 길가에 쭉 늘어선 상점, 다리 위나 거리에서 자유롭게 물건을 판매하는 사람들, 육로나 수로를 이용하여 자유로이 물자를 수송하고, 낙타를 이용한 대상들도 성문을 드나드는 것을 보면 원격지 무역도 왕성했으며, 이를 통해 다른 도시의 분위기도 짐작할 수 있다.

비슷한 모습은 저마재배에서도 볼 수 있다. 『농상집요』의 「苧麻」조에는 한 해에 모시를 세 번 수확했으며, 이때 무당 20~30斤 이상을 수확했다고 한다. 斤당 가격이 陳, 蔡지역에서는 300文이었으니 일반 대마를 재배하는 것보다 몇 배의 수입을 올릴 수 있었다. 특히 모시는 뿌리가 해마다 자생하여 한 번의 수고로 영원토록 이익을 얻었을 수 있었다.[329] 이와 함께 새로운 섬유작물로 소개한 목면은 단지 재배법과, 수확 후 목화씨를 뽑고 이를 꼬아 실을 잣거나 솜을 옷에 넣는 방법까지만 제시하고 있지만,[330] 생사나 면화솜 만으로도 충분히 상품으로 가치가 있었을 것이다. 역시 이 같은 저마와 목면을 널리 보급하여 富民의 길로 유도하는 것이야말로 富國하는 길이라고 인식했을 것이다.

瓜菜와 果實의 생산은 그 자체로서 식량을 보조하는 기능도 했지만, 토란과 순무에서 볼 수 있듯이 흉년이나 기근이 들 때 救荒작물로서의

---

329) 『農桑輯要』 권2, 「播種 · 苧麻」 "此麻, 一歲三割. 每畝得麻三十斤, 少不下二十斤. 目今陳, 蔡間, 每斤價鈔三百文, 已過常麻數倍. … 比之常布, 又價高一二倍. 然則此麻, 但栽植有成, 便自宿根, 可謂暫勞永利矣."

330) 『농상집요』 권2, 「播種 · 木綿」.

기능도 했다.[331] 瓜菜의 경우 무엇보다 원대가 되면 저장기술이 다양했다는 점이 특징이다. 순무, 芥子菜, 상추 및 고수[胡荽]는 소금에 절여 보관했으며, 가지는 데쳐서 껍질을 벗겨 소금을 뿌려 저장했다.[332] 그런가 하면 순무 잎은 지금의 무시래기 만드는 법과 같이 시들기 전에 그늘에 말려 저장하였다.[333] 그 외에도 시금치 등은 땅에 구덩이를 파서 저장하여 겨울 내 신선한 채소를 공급하기도 했다. 사료 상 채소나 과일을 시장에 공급하여 상품화했다는 직접적인 표현이 없다. 하지만 고수 1畝를 재배하면 비단 6필의 값어치가 있고,[334] 순무재배는 도시근교 농업에 적당하다는 지적과 그 씨로서 머릿기름을 만들거나 芥子菜의 열매로는 겨자장이나 겨자가루를 만들기도 했다. 그런가 하면 들깨 씨도 떡 찌는 기름과 비단의 도료로도 사용되었으며, 저장한 채소는 상품성이 있다는 사실을 감안하면 상업작물로서의 가치를 충분히 짐작할 수 있다. 그리고 채소소비도 늘어나게 되면서 1년 동안 藍菜 2~3이랑, 부추 1~2이랑을 심으면, 채소걱정은 할 필요가 없다고[335] 할 정도로 채소재배를 장려하였다.

원대의 채소재배에서 주목되는 점은 그 지역의 생태적 특성을 잘 파악하여 재배기술을 제공했다는 것이다. 그 때문에『농상집요』에는 지역의 특성에 맞는 복수의 품종을 제시하고 있다. 예컨대 마늘[蒜]은 사질토양에 적합하지만 희고 검은 사질토양과 단단한 점성토양에 따라 뿌리가 달라진다는 것 등이 그것이다. 실제 大蒜의 경우 지역풍토에 따라 작물의 생장도 달랐다. 즉 并州지역에 마늘을 심으면 크기가 작아지고,

---

331)『농상집요』권5,「瓜菜·芋」;『농상집요』권5,「瓜菜·蔓菁」.

332)『농상집요』권5,「瓜菜·茄子」.

333)『농상집요』권5,「瓜菜·蔓菁」.

334)『농상집요』권5,「瓜菜·胡荽」.

335)『농상집요』권2,「播種·芋」.

반면 순무뿌리는 굵게 자란다.[336)]

나무를 옮겨 심을 때에도 음양을 고려하여 양지에서 자란 앵두는 양지에, 음지에서 자란 것은 음지에 옮겨 심도록 했으며,[337)] 은행나무의 경우 암수가 마주보게 심도록 했다. 이 같은 지역에 따른 작물의 생태 논리는 비록 『제민요술』에서부터 비롯되었지만, 『농상집요』에서는 진일보하여 풍토에 맞지 않을 경우 생강의 예에서 보듯 약물을 사용해서라도 풍토를 극복하고자 했던 것이다.[338)]

『농상집요』에는 기존 瓜菜類는 지역의 풍토에 맞게 다양한 재배법을 제시하고, 동시에 새롭게 첨가된 작물인 西瓜 · 무 · 홍당무 · 시금치 · 상추 · 쑥갓 · 비름 · 근대[莙薘] 등도 적극적으로 권장하고 있다. 특히 西瓜는 "일설에 거란이 回紇을 정복하고 이 종자를 가져왔으며, 북방에 주로 많이 파종했다. 지금은 남방의 江淮 · 閩 · 廣 · 浙間에도 파종하고 있으며, 북방과 비교해 크기나 맛이 큰 차이가 없다."라고[339)] 할 정도로 풍토를 넘어 폭넓은 지역에 재배되고 있다. 그리고 남방산인 귤이나 풀명자[樝子]조차도 심는 기술을 배운다면 가용에 큰 보탬이 될 수 있다는 적극적인 지도와 끈기는 농경민의 기질을 뛰어넘는다.[340)] 地大한 중국이 博物하게 된 것도 이 같은 몽골인의 진취적이고 적극적인 농정에서 비롯된 것이 아닐까 여겨진다. 그리고 남방지역에서는 과일이 보편적으로 재배되었는데, 예컨대 荔枝의 경우 『왕정농서』「百穀譜 · 荔枝」에는 여지가 꽃필 무렵 상인들이 현장을 답사하여 생산량을 미리 확

336) 『농상집요』 권5, 「瓜菜 · 蒜」.

337) 『농상집요』 권5, 「果實 · 桃」.

338) 『농상집요』 권5, 「瓜菜 · 薑」, "中國土不宜薑, 僅可存活, 勢不可滋息. 種者, 聊擬藥物小小耳."

339) 『왕정농서』 권8, 「百穀譜 · 西瓜」, "一說契丹破回紇, 得此種歸 … 北方種者甚多, 以供歲計. 今南方江淮閩廣浙間亦效種. 比北方差小, 味頗減爾."

340) 『농상집요』 권5, 「果實 · 橘」; 『농상집요』 권5, 「果實 · 樝」.

인하는데, "閩中지역의 여지가 연간 얼마나 생산되는지 알지 못한다." 라고 할 정도로 많이 수확하여, 수륙을 이용해서 남북 각지로 판매했으며, 국외로는 西夏, 고려, 일본과 大食 등지에까지 판매되었다.

竹木의 상품작물은 이미 『제민요술』「種楡白楊」에서도 볼 수 있었다. 즉 白楊木은 5년을 재배하면 서까래를 만들 수 있고, 10년을 키우면 용마루나 들보로 사용할 수 있다. 1畝당 3개의 이랑을 만들어 이랑 당 720그루를 심으며, 그루당 두 개의 뿌리가 생기니 畝당 4,320개의 뿌리가 만들어진다. 3년째가 되면 나무 가지로 누에시렁을 만들 수 있었다고 한다. 만약 "매년 30무의 백양목을 파종한다면, 3년에 90무를 파종하게 되어, 이 중 매년 30무의 나무를 내다 팔면, 64만 8천전을 얻게 된다. 3년마다 한 번씩 돌아가면서 다시 파종하면 끝없이 계속해서 이용할 수 있다. 이것을 농작물을 파종하는 농부와 비교해 보면 그 노력과 편안함이 萬 배나 차이가 난다."라고[341] 하며, 『농상집요』에도 이 사실을 그대로 인용하여 생산을 유도하고 있다.

『농상집요』「竹木」편에 새로 추가된 나무는 松柏 · 漆 · 皁莢 · 楝 · 椿 · 葦 · 蒲 등이 있다. 이 중 문맥상 상업적으로 사용되었을 것은 漆 · 葦 · 椿 · 蒲 등이지만 다른 것도 상품화되었을 것이다. 실제 「竹木」편에는 식수하여 부농이 될 수 있는 길을 여러 곳에서 제시하고 있다. 예컨대 楡의 경우, 심은 지 3년 뒤부터 용도에 따라 팔았으며, 목재로 사용할 수 없는 것은 팽이나 주발을 만들고, 10년이 되면 다양한 그릇을 만들며, 15년이 되면 수레바퀴를 만들었다고[342] 한다. 닥나무 역시 통째로 베어 내다 파는 것보다 껍질을 벗겨 삶아 팔면 이익이 더욱 크며, 직접 종이를 만든다면 이익은 더욱 많아지고, 30무를 재배하여 매년 10

---

341) 『齊民要術』「種楡白楊」"歲種三十畝, 三年九十畝, 一年賣三十畝, 得錢六十四萬八千文. 周而復始, 永世無窮. 比之農夫, 勞逸萬倍."

342) 『農桑輯要』 권6, 「竹木 · 楡」.

무씩 내다 팔면 매년 100필의 비단을 생산한 수입이 있었다고[343] 한다. 楊柳는 빨리 자라 3년이 되면 서까래를 만들 수 있으며, 매년 30무를 파종하여 3년이면 90무가 되며, 매년 30무의 목재를 팔 수 있다고[344] 하는 등 상업성을 강조하고 있다.

호두[楸[345]]의 경우, 열매생산을 통해 이익이 있기도 하지만, 『농상집요』에는 오히려 목재생산을 유도하고 있다. 2畝의 땅에 600그루를 심으면 10년 후에는 마차의 칸이나 널빤지, 소반[盤], 盒은 물론 악기를 만들 수 있으며, 최상의 棺도 만들 수 있다고[346] 한다. 오동나무 역시 열매수확과 함께 나무로 악기를 만들거나 각종 그릇이나 나막신과 널빤지를 만드는데 사용되었다.[347] 이처럼 상업성이 있는 竹木재배를 통해 각종 목재용기와 건축자재 및 악기 등에 이르기까지 폭넓게 이용했음을 볼 수 있다. 다목적 식수야말로 富民이 되는 지름길이라는 논리이다.

물론 제시된 30무의 면적은 크지는 않지만, 농경을 겸할 경우, 소농민이 감내하기에는 결코 작은 면적은 아니다. 따라서 竹木의 경우, 전업농가도 존재했을 가능성을 점칠 수 있다. 하지만 기준 면적만으로 보면 소농민을 대상으로 재배를 유도한 것임을 알 수 있다. 국가가 농서를 통해 소농이 富民이 될 수 있는 길을 제시하고 권농하였다는 것은 원의 농정이 상품생산과 교역에 적극적이었음을 말해준다. 이것은 이미 방대한 영토를 장악한 카안 울루스가 몽골제국간의 교역과 인접국가간의 무역과 유통을 감안한 정책이었을 것이다.

이런 현상은 전지를 대상으로 하는 작물재배에만 국한되지 않았다.

---

343) 『농상집요』 권6, 「竹木 · 穀楮」.

344) 『농상집요』 권6, 「竹木 · 柳」.

345) 최덕경 역주, 『농상집요 역주』, 세창출판사, 2012, 515쪽에는 楸를 개오동나무로 해석하기도 한다는 것을 제시하고 있다.

346) 『농상집요』 권6, 「竹木 · 楸」.

347) 『농상집요』 권6, 「竹木 · 梧桐」.

『왕정농서』「農桑通訣 · 畜養篇」을 보면, 선조들의 養馬 · 養牛 · 養羊 · 養猪 · 養鷄 · 養鵝鴨 · 養魚와 養蜜蜂 등 가축사육의 경험을 잘 정리하고 있다. 『왕정농서』에는 養馬가 가장 먼저 언급되어 있다. 하지만, 養牛 · 養猪에 비해 소개된 분량도 많지 않고, 대부분 『제민요술』 등에서 인용하고 있다. 이것은 농업지구에서 목축업은 『제민요술』시대보다 발달하지 않았음을 말해준다. 물론 남방의 수전농업을 안내한 『진부농서』에서 牛耕과 養牛에 대해 중요시한 것은 말할 필요도 없었다. 이런 현상은 『왕정농서』에서도 마찬가지로서, 牛衣제작에 대해서는 소개하고 있지만 말의 사료인 거여목[苜蓿]에 대해서는 언급조차하지 않고 있다.[348] 실제 당시 농가에서는 소를 本으로 하였으며,[349] 소에게 쓰는 藥은 사람과 유사하였다.[350] 이것은 축목이 농업위주로 변했음을 의미한다. 그 대표적인 것이 바로 농업지대의 부산물로 양육하는 돼지사육에 대해서는 구체적으로 언급하였다는 점이다. 『농상집요』의 養猪부분은 거의 『제민요술』과 동일하며, 단지 거세한 후 살찌우는 법을 『사시유요』에서 인용하고 있다. 하지만 『왕정농서』에서는 각 지역의 자연자원을 활용한 養猪法을 잘 제시하고 있다. 예컨대 강남은 湖泊이 많아 萍藻나 물가의 각종 잡다한 수초들을 돼지에게 먹일 수 있으며, 산간지역에서는 상수리 열매를 먹이거나 약초나 어린 나무 싹을 먹이면 돼지고기의 품질이 아주 좋아진다. 그런가 하면 江北의 육지에서 돼지의 수량에 따라 馬齒莧을 재배하면 잘 자라며 가뭄에도 잘 견딘다. 특히 주목할만한 것은 馬齒莧이 잘 자라기 때문에 이들을 큰 통에 담아 물을 붓고 쌀뜨물과 지게미와 함께 섞어 담가두면 황색을 띠면서 시큼하게 발효되는데, 이를 먹이거나 혹은 밀기울을 섞어 먹이면 돼지가 쉽게 살이

348) 柴福珍, 『元代社會與三部農書』, 中國農業科學技術出版社, 2009, 178쪽.

349) 『王禎農書』「農桑通訣 · 養馬類」 "今農家以牛爲本."

350) 『王禎農書』「農桑通訣 · 養牛類」 "牛之爲病不一, 其用藥與人相似."

쪄서 해마다 이들을 팔면 가용에 큰 보탬이 되었다는 점이다.[351] 이 같이 지역의 산물을 이용한 養猪방식은 사료의 공급원을 확대할 뿐만 아니라 무엇보다 양식을 절약할 수 있다는 점에서 중국의 養猪 역사상 일대 창조라고 평하기도 한다.[352] 그 결과 원대 남방지역의 경우 양서 농가가 소나 양보다 특별히 많았던 것이다.[353]

이처럼 농업뿐만 아니라 채소, 竹木이나 栽桑, 양잠, 목축과 養魚와 養蜜蜂[354]을 통해서도 많은 이익을 거둘 수 있는 길을 국가가 제시하면서 지역의 특성에 맞는 사업을 전개할 것을 유도하여 각종 상품생산을 인도한 것은, 방대한 수요처와 적극적 교역을 행한 元代만이 지닌 주목할 만한 특징이라고 볼 수 있다. 이상에서 볼 때 확실히 국가는『농상집요』를 통해 상품작물을 생산하여 부민의 길로 유도했던 것 같다. 그렇다고 모든 소농민이 상품작물을 생산했던 것은 아닐 것이다. 농경을 기본으로 하면서 각기 생산여건에 따라 한두 가지를 선택하였을 것이다. 설령 이런 상품작물이 곡물재배보다 이익이 많을지라도 접근이 쉽지 않았을 수도 있다. 왜냐하면 첫 2~3년 동안 人力, 경험 및 재원이 부족하고 그 기간 동안 곡물생산을 할 수 없다면 생존이 곤란해 버티기도 힘들었을 수도 있다. 물론 이때 권농관이 지원하거나 촌락공동체가 상호 부조했다면 여건은 달라진다. 또 상품작물을 생산했다고 할지라도 판매를 위한 시장과 유통망이 활성화되지 않으면 비록 수익이 더 많아진다고 하더라도 쉽게 접근하기 곤란할 것이다.

그런데 당시 몽골제국은 울루스 상호간의 역관계가 변화하면서 몇

351)『王禎農書』「農桑通訣 · 養猪類」.

352) 王磊,「元代的畜牧業及馬政之探析」『中國農業大學 碩士學位論文』, 2005.5; 柴福珍, 앞의 책,『元代社會與三部農書』, 162쪽.

353) 徐旺生,『中國養猪史』, 中國農業出版社, 2009, 108쪽.

354)『王禎農書』「農桑通訣 · 養蜜蜂類」"春夏合蜂及蠟, 每窠可得大絹一匹."이라 하여 봄여름에는 벌집 하나로 大絹 1필을 구입할 정도의 소득을 올렸다고 한다.

개의 대형 울루스들이 분할되었지만, 울루스 연합체라는 몽골제국의 기본성격이 바뀐 것은 아니다. 大元은 전 울루스를 포함하는 최고지배자 카안 역할을 한 카안 울루스였다.[355] 따라서 정치적으로는 울루스간에 분열되긴 했지만 거대한 몽골제국 간에는 실크로드는 물론 陸海路를 통해 물자를 교역했을 것으로 보인다. 우선 농업지역으로 물산이 가장 풍부했던 카안 울루스인 大元이『농상집요』를 통해 어떤 농산품 생산에 주력했던가를 살펴보자.

2) 원대 農業 · 蠶桑業의 발달과 물자유통

(1) 곡물 생산량과 유통

石聲漢의 연구에 의하면『농상집요』가 의존하고 있는 자료 중『제민요술』에 대한 의존도가 39.3%에 달하며, 그 중에서도「파종」편의 경우 전체 의존도의 58/75로서 77%를 점하여 다른 편보다 훨씬 높다.[356] 이것은 곡물생산기술이 이전과 큰 차이가 없었음을 말해준다.「파종」을 설명하기 전,「典訓」에서 가장 강조한 것은 바로 굶주리고 헐벗는 사람을 없게 하는 것이며, 그래서 적은 힘으로 많은 수확을 올렸던 先賢務農을 예로써 제시했던 것이다.「파종」편의 주된 내용은 파종과 재배법으로 대부분『제민요술』의 내용과 동일하다.「대소맥」조에서『사시유요』,『사농필용』,『한씨직설』 등의 자료를 인용하고 있지만, 모두 농시에 맞게 수확할 수 있는 방법을 제시했을 뿐 상업적 목적과 관련 짓지는 않았다.

다만『농상집요』에서 새롭게 볼 수 있는 작물인「豌豆」는 콩꼬투리를 팔거나,「薥黍」의 경우 가축사료로 쓰고, 그 줄기는 누에잠박이나 울타

355) 金浩東, 앞의 책,『아틀라스 중앙유라시아사』, 142~143쪽.

356) 石聲漢校注,「附錄二: 校注後記」『農桑輯要校注』, 272쪽 表 참조.

리로 사용되기에 도시에 가서 팔아 필요물건을 구입할 수 있다고[357] 한다. 흥미로운 것은「파종」편에서 麻와 麻子는 물론 苧麻와 木綿 같은 섬유작물을 곡물에 포함시켜 농작물의 변화를 시도한 점인데, 농작물은 다른 작물과는 달리 농민의 안정적인 경제기반을 위한 의식용으로 생산된 듯하다. 반면 新添의 저마와 목면은 비록 해당 지역의 풍토와 맞지 않을지라도 재배를 포기하지 말고, 농업기술을 충분히 교육하고 익히게 하여 폭넓게 생산하도록 하였다.[358] 원대에는 남방산 苧麻가 河南에서 재배되고, 목면은 섬서의 동쪽지역에까지 재배되어 큰 이득을 보고 있었는데, 양자의 가치를 알게 되면서 보다 넓은 지역으로 확대되고 상품작물로서의 가치도 크게 증가되었던 것으로 보고 있다.

이렇게 보면『농상집요』에 등장하는 곡물은 부업으로의 가치보다는 단지 식량의 충족과 납세를 위해 재배되었으며, 그 외 瓜菜·果實·竹木·藥草 등의 작물재배와 및 孳畜과 禽魚 사육 등은 주로 收益性의 목적이 크다고 볼 수 있다. 결국 衣食의 안정적 생산위에 수익성 작물의 재배를 도모한 것으로,『농상집요』에서 국가가 원했던 농경방식은 다종경영을 도모한 것이라고 볼 수 있다. 즉 주곡작물과 부업작물을 함께 재배하여 수익성을 추구한 것이다. 다종경영은 소농경제에서 보편적으로 존재하는 경영방식으로, 토지가 협소하고 농업생산이 자연조건에 의해 좌우될 경우 생산과정의 경험이나 주관적인 판단에 따라 합리적으로 작물을 안배하여 결정했다. 대개 양식작물의 재배와 함께 瓜菜·과실·약초·목재·축목과 섬유작물 등을 재배했는데,『농상집요』에는 전술한 바와 같이 이들에 대해 자세하게 안내하고 있다. 그런 점에서는 원대의『왕정농서』나『농상의식촬요』도 큰 차이가 없다.

당시 지역별 곡물 생산량을 보자. 원대의 지역은 중서성 아래 여러

357)『農桑輯要』권2,「播種·豌豆」,「播種·蕎黍」.

358)『農桑輯要』권2,「論九穀風土時月及苧麻木綿·苧麻木綿」.

개의 行中書省이 있었다. 즉 嶺北, 遼陽, 河南, 陝西, 四川, 甘肅, 雲南, 江浙, 江西, 湖廣 등 모두 10곳이 있었다.[359] 이 중 농업이 가장 발달된 지역은 '天下足'으로 유명한 蘇湖지역인데『滋溪文稿』에는 이 지역에 대해 "浙右의 지역으로 蘇, 湖, 常의 諸郡은 토양이 비옥하고 백성들이 힘써 경작하여 해마다 쌀 수백만 石을 賦租하는데, 해운으로 경사에 올려 보냈다."라고[360] 한다. 원대 매년 양곡이 들어오는 양은 12,114,780石인데, 江浙 한 省의 양이 4,494,783석으로 1/3이상을 점하였다. 당시 강절지역의 무당 생산량은 높았으며, 至元 중에는 새로 443頃을 개간하기도 하였다. 江浙 다음으로 歲入糧이 많은 곳은 둔전이 가장 많은 하남성이다. 그 다음이 광서성과 호광성이 뒤를 이을 정도로 원대의 중요 양식생산지역이 되었다. '天府之國'인 사천성은 오랜 전쟁의 파괴로 지원19년에 호적에 등재된 民戸가 12만에 불과할 정도로 인구가 감소하고 토지가 황폐했지만, 그 후 軍民屯田 29곳을 설치하여 많은 식량을 생산하였다.[361] 그 외 북방의 황하지역의 관중지역도 대량의 개간으로 세조 때에 麥이 "천하에 가득하고"라고 할 정도로 식량생산에 주력했고, 關隴陝洛에도 풍년이 들어 백성들의 생활이 안락하고 즐겁다고[362] 하였다. 산동지역 역시 지원10년에서 13년 사이 수 만 畝가 개간되어 창고가 가득하였다고 한다.[363]

원대의 무당 생산량은 지역에 따라 차이가 적지 않았다. 吳慧의 연구에 의하면 宋代 1畝는 원대와 동일하며, 지금의 0.9畝에 해당한다.[364]

359) 以外에도『원사』에는 高麗에도 征東等處行中書省이 설치되고 있음이 보인다.

360)『滋溪文稿』"浙右之地, 若蘇湖常諸郡, 土壤肥沃, 民務細作, 歲賦租米數百萬石, 漕海以供京師."

361)『元史』권180, 「趙世延列傳」"世延議即重慶路立屯田, 物色江津、巴県閑田七百八十三頃, 摘軍千二百人墾之, 歲得粟万一千七百石."

362) 王揮,『秋間集』권86,「淪範陽種奄事狀渝」.

363) 葉依能, 앞의 논문,「元代糧食生產和糧食商品化」, 34쪽.

364) 吳慧, 앞의 책,『中國歷代糧食畝產研究』, 166쪽, 236쪽.

무당 생산량은 1석에서 6石 4升까지 일정하지 않다. 대체적으로 북방의 무산량은 평균 米1石인데 반해, 남방의 경우 평균 畝産米는 2.5석(宋斛)이며, 이것은 元石으로 1.75[365]석에 해당된다고 한다.[366] 특히 원대 농서에서 보듯 도작이나 맥작이 송대 이전처럼 한 지역의 산물이 아니라 전국적으로 재배되고 연 兩熟과 稻麥 2년3작이 확대되어 토지이용도가 확대되면서 수확량은 더욱 증가되었다. 당시 식량의 생산량은 지원연간(1264~1294)에 원정부가 해마다 浙西에서 경사에 운반된 해운의 양식의 수를 통해 당시 대략의 생산량을 짐작할 수 있다. 즉 "지원 20년은 4만6천50石, 24년은 30만석, 28년은 1백 52만 7천 250석, 31년은 51만 4천 530석, 元貞원년에는 34만500석, 大德원년은 65만8천300석, 地大원년은 1백24만148석, 皇慶원년은 2백8만3천50석, 延祐원년은 2백40만3천264석, 至治원년은 3백26만9천451석, 泰定원년 2백8만7천231석, 天曆원년에는 3백25만5천220석"[367]으로 해마다 일정하지는 않지만 점차 증가되고 있는 것을 보면 개간으로 인한 경작면적의 증가와 단위당 생산량의 증가를 살필 수 있다.[368]

이 같이 식량생산이 증가된 요인은 우선 인구증가와 도시의 성장으

---

365)『元史』 권93, 「食貨一 · 稅量」 "蓋以宋一石当今七斗故也."에 근거하면 송대 1石은 원대에는 7斗에 해당된다.

366) 王培華, 앞의 논문, 「土地利用與社會持續發展: 元代農業與農學的啓示」『北京師範大學學報(社會科學版)』 1997年 3期(總第 141期), 60쪽에서는 남방의 무산량은 稻 2石이 보편적이었다고 하여 큰 차를 보이고 있다. 하지만 사료상의 무당의 생산량이 어떤 사료는 粟과 稻로, 어떤 경우 米(大米, 小米인지도 불명)로 표현되어 일관성이 없다.

367)『元史』 권93, 「食貨一 · 海運」 "至元二十年, 四万六千五十石 … 二十四年, 三十万石 … 二十八年, 一百五十二万七千二百五十石 … 三十一年, 五十一万四千五百三十三石 … 元貞元年, 三十四万五百石. … 大德元年, 六十五万八千三百石 … 至大元年, 一百二十四万一百四十八石 … 皇慶元年, 二百八万三千五百五石 … 延祐元年, 二百四十万三千二百六十四石 … 至治元年, 三百二十六万九千四百五十一石 … 泰定元年, 二百八万七千二百三十一石 … 天曆元年, 三百二十五万五千二百二十石."

368) 물론 원 후기로 접어들면서 강남지역 세량의 해운량이 10배 가까이 증가되고 있는 것을 통해 그만큼 이들 지역에 대한 수탈과 강제가 자행되었음을 알 수 있다.

로 양식의 구매량이 증가한 것이며, 아울러 漠北, 和林에 이르기까지 둔전이 설치되고 수확의 결과에 따라 권농관에 상을 내릴 정도로 식량 공급지역이 확대되고, 대외교역도 활발하게 되면서 식량의 수요량도 증가했을 것이다. 뿐만 아니라 잉여생산물이 증가되면서 양조업, 搾油 및 제분업과 같은 가공업의 발전도 식량생산의 발전을 추동했다.[369] 그 외에도 송대 이후 강남지역으로의 인구이동과 함께 북쪽의 식생활습관까지 옮겨와 豆麥과 같은 양식생산이 크게 증가되었다. 특히『元史』「兵志·屯田」에서와 같이 원초에는 전쟁이 빈번하여 '堅城大敵'을 만나면 군사들에게 식량을 공급하고 장기전을 대비하기 위해서는 둔전을 설치하여 대치할 수밖에 없었다. 때문에 전국적으로 둔전이 확대 실시되면서 곡류는 가축의 사료로서도 적극 이용되었다.[370] 이렇게 생산된 곡물은 대소 상인들이 기존의 운하, 해운과 몽골족의 신속한 육로조직을 이용하여 국내외로 운송, 유통되었다.

(2) 絲織業의 발달과 교역

『농상집요』와『왕정농서』에서는 각종 농업기술 이외에 또한 다양한 직물 생산공구, 수공업 가공공구와 가공방법도 소개하고 있다. 예컨대『농상집요』의 繰絲방법,『왕정농서』에서의 방직에 대한 소개가 그것인데, 이것은 원대가 농업경영상 전통적인 남경여직, 즉 농업과 방직수공업이 밀접하게 결합된 농업경영사상을 반영하고 있다고 볼 수 있다.[371] 다만『농상의식촬요』중에는 방직과 같은 수공업의 가공공구와 가공방법에 대한 내용이 없다. 이것은 직접『농상집요』를 계승하였기 때문이

369) 葉依能, 앞의 논문,「元代糧食生産和糧食商品化」, 35~37쪽.

370) 周藤吉之,「南宋に於ける麥作の奬勵と二毛作」『宋代經濟史研究』, 東京大學出版會, 1962.

371) 魯奇, 앞의 책,『中國古代農業經濟思想: 元代農書研究』, 157쪽.

라고도 하며, 또는『농상의식촬요』의 다종경영이 주로 농가의 농업생산에서 이루어진 것에 반해, 농산품의 가공, 특히 섬유작물의 수공업가공은 농가 이외에서 진행되었기 때문이라고도[372] 한다. 실제 李幹은 원대 이후 機織과 원료생산의 분화가 현저했다고 지적하였다.[373]

그런데 견직의 경우,『맹자』에서 5畝의 집주변에 뽕나무를 파종하면 50세 된 노인이 비단옷을 입을 수 있다고 가정하며,『史記』「貨殖列傳」에서 魯, 齊지역은 포백을 생산하였다고 한다. 하지만 당시 소농가에서 모두 직접 견직하는 것은 용이하지 않았을 것이다. 비록 漢初부터 "務勸農桑"을 명하고, 昭帝 때에는 천하에 "以農桑爲本"을 강제했을지라도 소농가에서 桑樹재배나 양잠 이외, 견직을 했다는 기록은 일부지역에 국한된다. 그런데 북위 이후 균전제에서 調로서 戶당 약간의 帛을 징수한 것을 볼 수 있다. 이것 역시 그동안 부업으로 비단을 생산해왔던 일부 지역과 계층에 대해 한정하여 강제 적용했을 가능성이 크다.[374] 실제 당대 이전의 농서에서는 방직에 대한 기록은 없거나 무시해도 좋을 정도로 소략하다.

특히『왕정농서』에 의하면 원대 이전의 방직기는 구조가 복잡하고, 노동력도 많이 소요되어 전문적인 기술자와 함께 공동으로 작업하지 않으면 숙지하기도 곤란할 정도였다는 것을 알 수 있다. 더구나 紋織의 경우 수십 개의 踏板이 사용되어 가내노동으로 사용하기에는 거의 불가능했다.『왕정농서』「農器圖譜 · 織機」조에서 보이듯이, 원대에 비로소 간단하고 익히기 쉬운 "二躡의 직기"를 만들었다고 하는 것은 이때부터 소농가에서도 직접 방직을 할 수 있게 되었음을 말해준다. 이것은 元代

372) 魯奇, 위의 책,『中國古代農業經濟思想: 元代農書研究』, 158쪽.

373) 李幹,『元代社會經濟史稿』, 湖北人民出版社, 1985, 199쪽에서 唐宋 이후 機織수공업이 점차 가내수공업을 벗어났다고 한다. 이 이후 織物품종도 정치하고 아름다운 것이 새로운 단계에 달했다고 한다.

374) 崔德卿,「元代 農書편찬과 農桑輯要」『중국학보』 제77집, 2016. 8, 참조.

이전 소농가의 경우, 원료생산과 방직이 분리되어 栽桑을 통해 뽕잎을 팔거나 누에를 쳐서 고치를 팔거나 아니면 한 단계 더 나아가 製絲한 상품으로 파는 단계에 머물렀을 가능성이 크다. 후술하는 科差에서도 絲를 그대로 세금으로 납입한 것도 이를 뒷받침한다. 소농가에서 직접 견직이 가능하려면 간편한 직기의 발명될 때까지 기다리지 않으면 안 되었으며, 그 시점이 원대『왕정농서』단계였다고 생각된다. 물론 직물업 중 서민의 평상복으로 오랫동안 사용해왔던 麻葛 布織의 경우는 공정이 그다지 복잡하지 않고 도구도 간단하여 선진시대부터 줄곧 원료생산 후 가내수공업으로 생산했을 것으로 판단된다. 그런 점에서 한대 화상석에 많이 등장하는 斜織機와 방직과정의 그림은 踏板의 형태로 볼 때, 麻布용 방직기거나 아니면, 墓主인 지주에 예속되었던 전문 女工이 짜는 平絹織 혹은 간단한 紋絹織機였을 것이다. 二躡의 직기가 보급되면서 원대에 소가정에서도 平絹織이나 간단한 紋絹의 직조는 가능했을 것이지만, 고급견직과 다양한 무늬의 紋織은 더욱 전문 방직집단이나 관청 수공업에 맡겨졌을 것이다.[375] 원대 사직업이 강남의 蘇, 湖, 杭, 常, 松州를 중심으로 발달했다는 것도 더욱 이를 뒷받침한다.

『원사』「食貨一 · 科差」에 의하면 원대의 조세는 강남에는 추세[곡물]와 하세[비단, 삼베 및 토산잡물]로 징수했으며, 강북에는 稅量과 科差가 있다. 세량이란 戶에 할당된 곡물세로서 丁稅와 地稅가 있으며, 과차는 호등제에 의한 물납세로 絲料[生絲]와 包銀으로 징수했다. 사료상으로는 해당 시기가 분명하지 않아 稅額이 의심스럽지만, 絲料法은 太宗 丙申년에 처음 시행되어 2戶당 絲1斤을 내게 했으며, 包銀法은 憲宗 乙未년에 시행된 것으로 漢民에게는 처음 포은 6兩을 납입하게 했

375) 葉依能, 앞의 논문, 「元代糧食生産和糧食商品化」, 30쪽에 의하면 몽골 통치자는 전쟁 중에 대량의 工匠을 포로로 잡아 북방의 수공업 局院에 종사케 하였으며, 통일 후에는 전국 각지에 이런 官辦手工業局院과 織染局을 설치하여 운영하였다고 한다.

는데, 이후 4兩으로 징수했다. 그것도 2량은 銀, 2량은 絲絹으로 징수했다고 한다.[376] 이에 근거하여 『원사』「식화지」 속에 보이는 사직품의 생산량을 대략적으로 짐작할 수 있다. "中統四年에는 絲 71만2,171斤, 鈔 5만6,158錠을 징수했으며, 至元二年에는 絲 98만6,912斤, 包銀等鈔 5만6,840錠, 布 8만5,412匹을, 至元三年에는 絲 106만3,226斤, 包銀等鈔 5만9,085錠을, 至元四年에는 絲 109만6,489斤, 鈔7만8,126錠을, 天曆元年에는 包銀差發鈔 989錠, 貝\ 113만万3,119索, 絲 109만8,843斤, 絹 35만530匹, 綿 7만2,015斤, 布 21만万1,223匹."[377]을 징수했다. 그리고 세조26년(1289)에는 浙東, 江東, 江西, 湖廣, 福建 등의 남방지역에는 木綿提擧司를 두어 백성들에게 연간 木綿 10만 필을 거두게 했으며, 이를 都提擧司가 총괄하고 있다.[378] 이것을 보면 지역의 여건에 따라 絲, 絹, 綿, 布 등으로 납입했음을 확인할 수 있다. 다만 銀으로도 대납할 수 있었던 것으로 보아 모든 가구가 사직업에 종사한 것이 아니었음을 알 수 있다. 특히 남방지역을 중심으로 징수한 목면이 天曆원년(1328)에는 강북에서도 科次로 징수한 것을 보면 목면 생산이 확대되었음을 살필 수 있다.

이처럼 원대에 면포가 처음 과세되었다는 것은 주목된다. 綿業은 비

---

376) 『元史』 권93, 「食貨一 · 科差」"科差之名有二, 日絲料, 日包銀. 其法各驗其戶之上下而科焉. 絲料之法, 太宗丙申年始行之. 每二戶出絲一斤, 並隨路絲線顔色輸於官. 五戶出絲一斤, 並隨路絲線顔色輸於本位. 包銀之法, 憲宗乙卯年始定之. 初漢民科納包銀六兩, 至是止徵四兩, 二兩輸銀, 二兩折收絲絹顔色等物. 逮及世祖, 而其制益詳."

377) 『元史』 권93, 「食貨一 · 科差」"中統四年, 絲七十一萬二千一百七十一斤, 鈔五萬六千一百五十八錠. 至元二年, 絲九十八萬六千九百一十二斤, 包銀等鈔五萬六千八百七十四錠, 布八萬五千四百一十二匹. 至元三年, 絲一百五萬三千二百二十六斤, 包銀等鈔五萬九千八十五錠. 至元四年, 絲一百九萬六千四百八十九斤, 鈔七萬八千一百二十六錠. 天曆元年, 包銀差発鈔九百八十九錠, 貝\一百一十三萬三千一百一十九索, 絲一百九萬八千八百四十三斤, 絹三十五萬五百三十匹, 綿七萬二千一十五斤, 布二十一萬一千二百二十三匹."

378) 『元史』 권15, 「世祖十二」, "(二十六年)置浙東江東江西湖廣福建木綿提擧司, 責民歲輸木綿十萬匹, 以都提擧司總之."

록『사시찬요』「三月 · 種木綿法」이 처음 등장하지만,『농상집요』에서도 「木棉」을 新添의 항목에 넣고 있다. 게다가『왕정농서』「百穀譜 · 木綿」과『농사의식촬요』「三月 · 種木綿」은 기경, 파종 및 관리에 있어『농상집요』와 서술 내용이 유사한 점이 있으나『사시찬요』와는 서술 방식이 전혀 판이하다. 따라서『사시찬요』3월편 끝에 첨부된 '種木綿法'의 내용은 후술하는 바와같이 후대에 삽입된 것이라고 보기도 한다. 면업은 송대에 이미 황제 및 문무백관들이 면직품을 좋아하여 그 효용성이 컸지만, 원대에 본격적으로 확산되었을 것으로 보이며, 남방지역에서 징수한 면포의 생산량은 적지 않았다.

중국 목면의 유입은 중앙아시아 전래설과 남방설이 있는데,[379]『왕정농서』에서는 목면의 종자는 南海諸國에서 유입되었다지만 이미 원대에 江東과 陝右지역에서 많이 재배되어 생산지와 큰 차이 없이 성장하였으며, 南蠶北麻의 이익을 겸할 수 있었다고 한다.[380] 목면이 원대에 麻絹을 보조하는 중요한 상품작물로 자리 잡았지만, 앞의 조세 납입량에서 絲, 絹, 布와는 차이가 많은 것으로 보면 원대의 생산량은 그다지 많지 않았던 것 같다.[381]

이에 반해 장강하류지역의 蘇湖杭州 등지에서는 사직업이 북쪽보다 발달하여, 丹徒縣의 경우 사직업에 종사하는 가구가 300餘戶되었다고[382] 하니 점차 농업에서 분리되어 생업으로 생산되었음을 알 수 있으

379) 繆啓愉 校釋,『元刻農桑輯要校釋』, 農業出版社, 1988, 137쪽.

380)『왕정농서』「百穀譜集之十 · 木綿」.

381) 葉依能, 앞의 논문,「元代糧食生産和糧食商品化」, 30쪽에서 陶宗儀,『輟耕錄』권24,「黃道婆」"其地土田磽瘠, 民食不給, 因謀樹藝, 以資生業, 遂覓(棉)種於彼."의 사료를 근거로 원대에는 면업이 보편적으로 보급되지 않았다고 한다. 반면 潘清,「元代江淮農業發展述論」『徐州師範大學學報(哲學社會科學版』第38卷 第6期, 2012, 84쪽에서 원대에는 재배면적이 크게 확대되어 至元중기에 江淮, 江東지역에 유행했다고 한다.

382)『至順鎭江志』권6,「土貢」.

며, 견직에 대한 사회적 수요가 확대되면서 대도시에는 인근의 城鄕에서 제조된 아름답고 질 좋은 사직품이 집적되었다. 전국의 대표적인 도시로는 北京, 涿州, 哈强府, 京兆府, 哈寒府[火山], 寶應縣城, 成都, 土番州, 襄陽府, 南京, 鎭江, 蘇州, 保定 등이 있다. 여기에는 생산자와 시장 사이에 원료 및 도구 공급자인 包買主와 小商販이 존재하였다. 예컨대 四明[절강 寧波서남]지역은 "본래 잠상을 좋아하지 않았는데, 그 絹紗와 명주는 모두 상인이 산동, 閩浙에서 가지고 온 것이다."라는[383] 사실에서 인근의 상인이 生絲와 명주를 구입 유통했음을 알 수 있다. 개별 분산적인 소생산자나 機戶에서 생산한 사직품은 자가 수요와 국가의 부세로 납입하고[384] 남은 것은 바로 시장에서 팔 수 없었으며, 외지인이 그것을 구입하기도 쉽지 않았다. 그래서 비단은 대상인들이 출자하여 설립된 絹莊이란 상점에 기호의 상품을 집적하여 牙行에 의해 품질과 가격이 평가된 후 대상인에게 판매되는데, 그 중간에 包買主와 소상인이 간여하게 된다. 이때 丹徒縣과 같이 대규모 機戶가 출현하고, 중층적인 상인이 존재한다는 것은 방직업이 점차 농업의 부업에서 벗어나고 있다는 증거이며, 상인들이 부업생산자와 소상품생산자의 이익을 가로채기 시작했음을 말해준다.[385]

당시 물자유통과 상인들의 활동은 상세를 통해 가늠할 수 있다. 우구데이[太宗] 甲午년(1234)에 처음 상세를 징수하고 그 관리를 엄격하게 하였다. 지원7년(1270)에는 1/30세로 정한 후 통일된 이후에는 상업권과 화폐가 통일되면서 점차 증액되어 天曆연간(1328~1330)에는 상세 수입이 지원7년의 100배 이상으로 증가된 것을 보면, 지역 간의 물자

---

383)『延祐四明志』 권6, "俗本不善蠶桑, 其絲線織紝皆仰賈人自山東閩浙來."

384) 天曆원년(1328)에 包銀으로 絹 35만530匹을 납입한 것을 보면 일정지역에서 농촌 부업으로 비단을 생산하여 賦稅로 납입했음을 알 수 있다.

385) 李幹, 앞의 책, 『元代社會經濟史稿』, 200쪽.

유통과 경제교류를 확인할 수 있다.『원사』「食貨 · 商稅」에는 전국의 行省, 路, 州와 大都지역을 40개로 구분하여 商稅額을 제시하고 있는데, 가장 많은 곳은 江浙, 河南, 湖廣, 江西, 腹裏(수도권 주변), 섬서 등지로 江南, 河南과 大都를 중심으로 전국적인 경제교류가 활성화되었음을 알 수 있다.[386]

국내시장에서 유통된 중요한 물목이었던 사직품은 또 대외 무역의 중요한 상품이었다. 14세기의『島夷志略』에 등장하는 朋加剌, 大烏爹, 馬八兒嶼, 高郎步, 小唄喃, 古里佛, 土塔, 撻吉那, 下里 등지의 시장에 교역상품 중에 대량의 元朝의 사직물과 도자기와 같은 상품이 있었다는 것을 보면,[387] 중국 사직품이 국제시장에서 중심 교역품이었다는 것을 알 수 있다. 송대는 개국 초부터 대외무역을 중시하여 통상범위와 무역빈도가 당대를 크게 초과했다. 남송 때에는 비록 영토가 날로 축소되면서 "경비가 곤핍해지자 해외무역에 크게 의존했다."라고[388] 하였다. 특히 선박을 이용한 동남지역과의 교류가 그 중 하나를 점하였다.

북송대에는 唐制를 계승하여 浙, 閩, 廣 등의 路에 提擧市舶司를 설치했으며, 남송 때에는 兩浙지역에 5곳에 시박사가 分建되는[389] 등 대외관계가 활발했다. 무역의 발달에 따라 外域 및 해상교통이 소개되는 것은 시대적 요구였다. 10세기 말 南漢을 멸하고 남방 연해지를 장악하여 光州에 시박사를 설치한 후, 12세기까지 杭州, 明州, 泉州, 密州[山東膠州]에 시박사가 설치되고, 1113년 7월에는 秀州 華亭縣[상해 宋江)에 市舶務가 설립되기도 했다.[390] 그 위치로 볼 때 중국 남방지역의 산

386)『원사』권94,「食貨二 · 商稅」.

387) 송원시대 각 나라의 교역품 중에 비단과 도자기가 가장 많이 등장한다. 沈福偉,『中西文化交流史』, 中華書局, 1981, 2쪽.

388) 顧炎武,『天下郡國利病書』권120, "經費困乏, 一切倚辦海舶."

389)『宋史』권167,「職官志七」.

물을 중심으로 대외교역이 활발하게 전개되었음을 말해준다.

실제 12세기 후반 송대 周去非가 찬술한 『嶺外代答』을 보면, 이미 40여개의 국가와 그 중 20여개 국가의 위치를 기술하고 있다. 특징적인 것은 外國門을 상하 두 부분으로 나누어 上은 주로 동남아국가를, 下는 大秦國, 이란, 인도 등의 국가로 나누고 있다. 그는 출국 경험이 없으면서도 동쪽 인도네시아에서 서쪽으로 인도양, 홍해, 지중해로 나가 모로코에 이르는 먼 지역을 소개하고 있다.[391] 그런가 하면 13세기 초의 송대 趙汝適의 『諸蕃志』에는 모두 58개의 국가를 기록하고 있는데, 동쪽으로 신라국[고려]과 왜국에서, 남으로는 인도네시아 군도에 이르는 동남아제국, 서쪽으로는 인도, 아랍제국[大食], 아프리카 및 이태리 시실리아, 북쪽으로는 중앙아시아와 소아시아에 이르는 넓은 지역과 물산을 구체적으로 소개하고 있다.[392]

원대에는 영토도 넓고 교통도 발달하였으며, 생산력이 높고 상업이 발전하여 국내시장을 채운 후 남은 상품을 팔기 위해 상인들은 해외로 눈을 돌렸다. 몽골시기에는 주로 육로교통인 실크로드의 天山남북로를 이용하여 동서로 왕래했으며, 至元14년(1277)에는 元軍이 兩浙, 복건을 장악하면서 원 정부는 시박사를 泉州에 건립하였다. 또 慶元[寧波], 上海, 澉浦[杭州부근]에 시박사를 설치하여 복건 안무사가 감독하게 하였으며,[393] 이후 溫州, 廣州, 杭州에도 설치했다. 송을 멸한 후에는 해운무역이 원대 대외무역의 중요한 위치를 점했다. 대원제국시기에는 기존의 무역관계 이외 보다 많은 국가와 지역을 연결하여 무역의 중심

390) 이것이 상해 최초의 대외무역기구로서 이후 부근 青龍鎭에 收稅場을 설치했는데, 商稅수입이 15,800貫에 달해 秀州 稅收의 60%를 점했다고 한다.

391) 楊武泉 校注, 『嶺外代答校注』「周去非與嶺外代答: 校注前言」, 中華書局, 1999, 9~10쪽.

392) 謝方 校釋, 『諸蕃志校釋』「前言」, 中華書局, 2000, 6쪽.

393) 『元史』 권94, 「食貨志二 · 市舶」.

역할을 함으로서 경제문화의 교류를 더욱 촉진시켰다.[394)]

1349년 汪大淵이 찬술한 『島夷志略』의 「島夷誌後序」에서, 그는 "어릴 때부터 배를 타고 지나간 지역에 대해 詩賦의 형태로 산천, 토속, 풍경, 물산의 차이를 기록했으며, 각종 기이하고 놀랄만한 일들은 그가 모두 몸소 유람하며 직접 보고 들은 내용들이며, 전설적인 일들은 싣지 않았다."라고[395)] 한다. 마지막 100번째 항목인 「異聞類聚」만 前人의 기록으로 직접 확인하지 못한 것이라고 하였다. 『도이지략』에 등장하는 교역국은 항구와 국가를 합쳐 220여개에 달했으며,[396)] 필리핀 以南, 以西의 국가와 지역이 97개를 차지하였다. 이는 남송 趙汝適의 『諸蕃志』에 기록된 것보다 38개가 많은 것을 보면, 원대 국제간의 교역규모가 훨씬 확대된 것을 알 수 있다.[397)] 가장 대표적인 곳은 필리핀, 인도네시아군도 및 인도차이나지역이었다. 상호간의 교역품에 대해 『제번지』에는 交趾國 등에서 목면, 각종 향료 등을 유입했으며, 중국은 교역 상대국의 대부분 지역에 瓷器, 帛絹 등을 수출했다고 기록하고 있다.

이런 현상은 그 후 『도이지략』에서도 이어져, 말레이지아나 필리핀 군도 및 인도차이나지역에서 木綿, 木綿花紗와 綿布의 생산지가 늘어났는데, 특히 인도네시아 자바 부근의 「文誕」은 "婦織木綿爲業"라고[398)]

---

394) 李幹, 앞의 책, 『元代社會經濟史稿』, 314쪽.

395) 『島夷志略』 「島夷誌後序」, "大淵少年嘗附舶以浮於海. 所過之地, 竊嘗賦詩以記其山川土俗風景物産之詭異, 與夫可怪可愕可鄙可笑之事, 皆身所遊覽, 耳目所親見. 傳說之事, 則不載焉."

396) 蘇繼廎 校釋, 『島夷志略校釋』 「敍論」, 中華書局, 1981, 9쪽.

397) 魯奇, 위의 책, 『中國古代農業經濟思想: 元代農書硏究』, 97쪽. 목차으로 보면 송대 『諸蕃志』에 소개된 국가가 54개국, 지역이 4곳 모두 58곳으로 원대 『島夷志略』의 필리핀 이남, 이서지역보다 39곳이 적다. 『諸蕃志』는 주로 국가위주로 소개되어 있고, 『島夷志略』은 교역지역을 중심으로 소개되어 있어 단순비교는 곤란하다. 다만 원대는 국가를 넘어 지역과의 교류가 송대보다 활발했던 것은 사실이다.

398) 『島夷志略』 「文誕」.

하며, 남인도의 「金塔」지역은 "女耕織爲業"라고[399] 하였다. 그 외 占城海南布, 占城布나 인도네시아 자바 지역의 闍婆布와 같이 지역 특산의 면포가 등장하고 있다. 『도이지략』에 등장하는 물품을 종류별로 살펴보면 布, 향료, 주류, 금속제품, 견직물, 농작물과 과실수, 동물, 도자기류, 생활용품, 식물, 약재와 조선기술 등의 순으로 많다.[400] 포는 綿布, 麻布 뿐 아니라 竹布, 皮桑布 등 다양한 소재로 布를 만들었으며, 이미 각 지역의 고유한 布가 교역되었음을 알 수 있다. 하지만 각국과의 교역물건 중에 가장 많이 등장하는 물건은 역시 견직물과 도자기였다. 견직물에는 土綢絹, 山紅絹, 丹山錦, 草金緞, 五色絹, 五色綢, 五色緞, 青緞, 花宣絹, 花錦, 紅綠絹, 細絹, 綾羅, 遮里絹, 龍緞, 建寧錦, 五色紬緞 등이 있으며, 도자기에는 青白의 瓷器가 주류를 이루고 있다.[401] 각지에서 중국의 견직을 많이 요구했다는 점을 통해 원대 방직생산의 정도가 어떠했는가를 짐작할 수 있다.

7. 麗元 간의 生活文化 교류

본장에서는 원대 農桑위주의 농업정책의 결과물인 농작물과 직물의 생산실태를 살펴보고, 그것이 원대 식생활문화를 풍부하게 하여 인접국가의 음식문화에도 적지 않은 영향을 주었다는 것을 검토해볼 것이다. 특히 원대 식료서인 『飮膳正要』를 통해 한반도의 식생활과 닮은 점이 적지 않다는 것을 살펴 양국 간의 음식문화의 영향을 가정해보고자 한다.

---

399) 『島夷志略』「女塔」.

400) 汪前進 譯注, 『島夷志略』「導言」, 遼寧教育出版社, 1996, 8~11쪽.

401) 蘇繼庼 校釋, 앞의 책, 『島夷志略校釋』, 참조.

1) 물자교류와 木綿

1231년 撒禮塔이 고려정벌을 단행한 이후, 고려는 30년간 몽골에 대한 항쟁을 계속하다 고종은 사태수습을 위해 1259년 5월 태자를 원에 파견하게 된다. 태자가 원에 도착하자 곧 4대 뭉케 카안이 사망하고 안개정국 속에서 고려 고종의 부음을 접하게 된다. 그 와중에 쿠빌라이를 공개적으로 천명하고 귀국하여 이듬해 4월 원종이 된다. 원종은 사신을 보내 쿠빌라이 즉위를 축하하는 동시에 정식으로 고려의 신속의사를 표시하였다. 그 후 1271년 왕실 간에 통혼하여 공민왕대까지 5~6대 걸쳐 지속되어 고려의 군주들은 쿠빌라이 일가의 부마라는 자격을 가지게 된다. 1280년에는 일본정벌을 위해 정동행성을 설치하여 고려 통치의 관부로 삼았다. 쿠빌라이 사후 비록 몽골제국은 분열이 진행되었을지라도 麗元관계의 틀은 유지되었으며, 지속적으로 고려에 대한 간섭이 진행되었다.[402]

이러한 오랜 복속관계 속에서 원은 공물의 요구와 수탈이 계속되었으며, 그들의 法俗까지 따르도록 했다. 한편 고려는 元의 국제적 지위에 편승하여 교역을 행하여 양국 간의 교류는 다방면으로 이루어졌다. 기존의 연구에 의해 잘 알려진 사실은[403] 첫째 인적교류로서 사신을 파견하여 왕래 교섭한 것으로 정부 관원과 대량의 민간인원도 등장한다. 둘째는 경제교류이다. 回賜와 貢納형식이며, 상인에게는 무역의 기회를 제공했다. 셋째 문화교류는 금속활자, 서적구입, 程朱理學 학습 등과 한자가 보편적으로 유행하고, 漢文(語)都監의 설립, 원대 書法의 유행 등이 있다. 넷째는 元曲과 희곡 유입. 다섯째는 역법, 의학과 과학

---

402) 金浩東,『몽골제국과 고려』, 서울대학교출판문화원, 2015, 83쪽.

403) 田俊遷,「蒙元時期蒙古與高麗的經濟文化交流和民族融合」『甘肅社會科學』2001年 6期; 顔培建,「高麗與蒙元的漢文化交流」『南陽理工學院學報』第2卷 第5期, 2010.

기술의 도입인데, 郭守敬의 授時曆 도입과 소화, 화약제조법 도입 등이 그것이다. 여섯째는 농업기술의 도입으로 이앙법, 목면 재배기술 도입과 『농상집요』의 유입으로 각종 농업기술이 소개되었다. 일곱째는 오랜 몽골족의 지배와 상층 간의 혼인관계로 몽골 습속이 강요되어 복식이나 악기연주 및 이름까지 몽골 법식으로 바꿀 것을 요구했다는 것 등이 있다. 현재의 양국 간의 연구도 이상의 문제를 보다 구체적으로 접근하는 방향으로 진행되고 있다.[404] 여기서는 보다 실제적인 부분 몇 가지를 다루어 보고자 한다.

우선 몽골인이 주목한 고려의 물산과 고려가 필요했던 송원대의 물품은 어떤 것이었는지를 살펴보자. 원대 사절이 물품을 가지고 고려를 간 것이 61회, 고려 사신이 물품을 휴대하고 원조를 방문한 것이 138회였다. 고려왕이 진헌한 물품을 보면, 鷂子, 好銅, 黃白紙, 金鍾, 金鱔, 銀鱔, 獺皮, 眞紫羅, 細苧布, 紙, 玳瑁, 白苧布, 表紙, 奏紙, 金盂, 銀盂, 阿吉兒合蒙合皮, 鷹, 鐵, 珍珠, 金, 日本栗, 虎皮, 花文大席, 인삼, 鵠肉, 牛, 香菜, 水果, 白銀滿鏤鍍金臺盞, 白銀滿鏤瓶, 銀鍾, 虎豹皮, 白馬, 金盞, 銀鏤葵花盞, 金瓶, 米, 木衣, 脯, 獾皮, 野猫皮, 黃猫皮, 鞍驕, 耽羅馬, 金瓶, 鏤銀壺, 銀湯瓶, 銀大尊, 半鏤銀胡壺, 金畫甕器, 野雉, 耽羅牛肉, 耽羅酥油, 海菜, 乾魚, 乾脯, 畫扇, 酒鍾, 皮貨, 織紋紡布, 熊皮, 熊羔皮 등이 있다.

그리고 元帝가 回贈한 물품으로는 西錦, 曆日, 金錢走絲, 色絹, 駱駝, 良馬, 弓矢, 重錦, 秤子, 等子, 鶻, 海東靑, 玉器, 鳳瓶, 玉笛, 綵帛, 포도주, 海靑圓牌, 鋪馬扎子, 金瓮, 玉帶, 金袍, 米, 鸚鵡, 銀, 寶鈔, 織金緞, 紅絹, 綿綾, 紅綃, 金緞, 金緞衣, 綉緞, 綾素緞, 木棉絹, 劍, 御鞍, 金鞍, 黃金, 羊, 鵠, 楮幣, 浮車 등이 있다.[405]

---

404) 金渭顯, 「麗元間의 物貨交流考」『(명지대)人文科學論叢』 7집, 1990에서 양국 간에 각종 贈送과 贈與品에 대해 제시하고 있다.

이상에서 양 국가의 교역 물품 중 고려물목의 특징을 보면, 인삼, 짐승의 가죽, 종이, 金銀瓶, 鐵, 제주말과 저마 등이 돋보인다. 이 중에서 주목되는 것은 저마로서 細苧布, 白苧布, 織紋苧布 등이 있다. 저마는 섬유가 길고 당기는 힘이 강하며 가볍고 부드러워 윤기가 좋으며 신축성이 적고 접촉감이 청량하여 남방, 특히 열대지역의 해외시장에 인기 있었다.『농상집요』에 의하면 저마는 다년생 초본식물로서 일 년에 여러 차례 수확하며, 중국 남부지역에서 일반적으로 재배했으며, 新添하여 새로운 재배법을 소개할 정도로 섬유작물로 중시했는데, 고려의 저마에 관심을 보인 것은 품질 면에서 차이가 있었던 것 같다.『諸蕃志』에 소개된 고려[당시에는 신라국으로 표기]의 특산을 보면, 인삼, 수은, 사향, 松子. 榛子, 石決明, 松塔子, 防風, 白附子, 茯苓, 大小布, 毛施布, 銅磬, 瓷器, 草蓆, 鼠毛筆 등으로[406] 대부분 약재가 중심을 이루고 있다. 그 중에서 '毛施'라는 저마의 고려 俗言이 그대로 실려 있어 흥미롭다. 고려에서 생산된 모시포가 세계시장에서 통하고, 질적으로 우수했음을 말해준다. 당시 고려의 모시포는 저마포, 木絲布, 漂白布 등으로 불렸으며, 내구성이 강하고 "빨래하면 다시 하얗게 되어" 왕과 貴臣들이 많이 입었으며,[407] 중국에서도 유행했다고 한다.[408] 그 때문에 元

405)『高麗史』 권22~권44, 「高宗世家」에서 「恭愍王世家」까지의 내용은 曾雄生,『中國農業通史: 宋遼夏金元卷』, 中國農業出版社, 2014, 722쪽에 잘 정리되어 있다. 그런가 하면, 이강한,『고려와 원세국의 교역의 역사』, 창비, 2013에서는 고려정부가 원의 사신이나 원에 제공한 물품은 대개 은병, 綾, 銀, 織紋苧布, 熊羔皮, 苧布, 제주말, 金, 기명, 彩席, 苧麻布, 豹獺皮, 白苧布, 龍席, 竹簟 등이 있으며, 원 황제나 정부가 고려에 내린 물품[回賜品]은 銀, 織金緞, 紅絹, 포도주, 달력, 線綾, 紅綃, 활, 화상, 칼, 金, 金緞, 絹, 繡緞, 綾素緞, 木綿, 海靑, 鷂子, 鞍子, 表裏, 弓劍, 楮幣, 玉帶, 七寶帶, 碧細金帶 등이 있다고 한다.

406)『諸蕃志』 권上, 「新羅國」.

407)『宣和奉使高麗圖經』 권23, 「雜俗 · 土産」에는 "고려에서는 모시와 삼을 많이 심어 베옷을 입는다. 옥과 같이 깨끗하나 가장자리 처리는 군색하다. 왕과 貴臣들은 모두 입었다."라고 한다.

408) 曾雄生, 앞의 책,『中國農業通史』, 723쪽.

조정에서도 요구했던 것 같다.

당시 원은 『제번지』와 『도이지략』의 무역품에서 보듯 중국 각지의 수공예품과 남방의 토산을 대량으로 세계시장으로 수출하여 환심을 샀으며, 이러한 수출상품은 농산품보다 주로 사직품이나 도자기 등과 같은 수공업품이 중심을 이루었다. 특히 세조 쿠빌라이 집권기에는 상업적 능력을 지닌 回回人과 서역상인들이 집권하면서 국내외적으로 교역이 활발했으며,[409] 그로 인한 재정수입도 급증했다. 고려에 대한 원의 수출품 역시 도자기, 絲와 사직품, 면포가 대종을 이루며, 또한 약재, 茶, 서적과 각종 일용품이 수출되었다. 그리고 해로를 통한 公무역 중에 강남지역의 쌀 수 만 석과 토산품을 忠烈王 19년과 21년에 몇 차례씩 遼陽으로 운송했으며, 그 중 일부의 양식이 고려로 운송되었다. 게다가 고려상인은 산동, 복건, 절강 등지에서 대량으로 생사를 구입하여 국내로 가서 가공하고 견직을 생산하여 재차 중국으로 수출하기도 하였다.[410]

이 중 고려가 원의 농산품 중 새롭게 관심을 가진 것이 목면이었다. 사신으로 갔던 文益漸이 탐을 내어 어려운 여건 속에서도 가져왔을 만큼 필요한 섬유작물이었다. 면화의 중국 유입시기와 경로 및 재배실태에 대해서는 다양한 견해가 있다. 다만 목면 재배법이 농서 상 처음 등장하는 것은 당말의 『사시찬요』이다. 그럼에도 원각본 『농상집요』「播種 · 木綿」에는 당시 新添자료로 인식하고 있다. 현존하는 『사시찬요』는 명 만력18년(1590) 조선 각본으로 동일한 책이라고 평가받고 있는 『四時類要』를 『농상집요』가 11.4%나 인용했음에도 '木綿'부분을 새로 추가한 내용이라고 표기하였다. 사실 『농상집요』 목면의 내용은 『왕정농서』나 『농상의식촬요』와는 유사한 부분이 있지만, 『사시찬요』와는 차이가 많아 뒤에 조선에서 판각할 때 삽입했다는 지적을 받고 있다.[411]

409) 田村實造, 「世祖と三人の財政家」『中國征服王朝史の研究』, 同朋舍, 1974.

410) 曾雄生, 앞의 책, 『中國農業通史』, 722~723쪽.

관찬서인『농상집요』에 면화재배 방식이 새로 추가된 것을 보면 13세기 후반에는 면화재배가 널리 보급되지 않았던 것을 말해주기도 한다. 중국목면의 도입경로는 3가지로 구분할 수 있다. 우선 남방의 목면은『후한서』에서는 '梧桐木華', 삼국 吳 때 萬震의『南州異物志』에는 "絲布, 古貝木所作"에서의 '吉貝木', 晉 張勃의『吳錄地理志』에는 '木綿'이라고[412] 기술하며, 그 산지는 華南과 越南北境이며, 남송후기에 점차 閩廣지역에서 북쪽으로 전파되고, 원대 초기에는 장강유역에 적지 않게 재배되었다고 한다.[413] 이 棉을 아시아棉 또는 中棉이라고 한다. 閩人은 이 면화를 '吉貝'라고[414] 했다. 이것은 일년생 혹은 다년생 亞灌木 혹은 관목이어서 '수면(樹棉)'이라 부르는데, 중국에서 재배된 것은 喬木의 木綿이 아니고 1년생 草本이었다.[415]

둘째는 중앙아시에서 유입된 목면으로,『梁書』및『南史』에는 高昌國産 "白疊子"라고 기록된 것이 곧 棉花이다. 최근에도 신강에서 晩唐과 후한묘에서 이런 면직품이 출토되고 있다.[416] 문헌과 출토유물에 근거

---

411) 閔成基,「四時纂要의 種木綿法에 대하여」『부산대학교 인문논총』제29집, 1986에 의하면 1960년대 초부터 일본과 중국학자들에 의해 '종목면법'이 배열상 후인에 의해 첨가된 것으로 보았다고 한다. 이에 근거하여 필자는 파종시기, 溺灰糞種, 施肥法, 용어의 관점에서『사시찬요』의 시점과 적합하지 않고 오히려 조선의 농법에 적합함을 논증하고 있다. 다만 합리적인 논증과는 별개로 결론을 정해놓고 접근하고 있는 듯한 인상을 준다.

412) 張勃의『吳錄地理志』에서 交趾 定安縣의 木綿은 나무 높이가 1丈[10尺]이며, 열매는 술잔과 같고 안에 綿이 있고 그 면은 누에의 綿과 같다고 한다.

413) 漆俠,「宋代植棉續考」『史學月刊』1992年 제5期. 특히 馬華陽,「宋代的植棉和棉紡」『安徽農業科學』36輯, 2008에서는 唐 중기에 면화재배가 북방에서 확대되었으며, 북송시대에는 복건, 광동일대에서 재배된 면화가 남송시대에는 長江과 淮河유역, 江南西路, 兩浙路와 江南東路로 광범하게 확산되었다고 한다.

414) 삼국시대 孟康은『漢書』注에서 "閩人以棉花爲吉貝"라고 했다.

415) 繆啓愉 校釋,『齊民要術校釋』권10,「五穀果蓏菜茹非中國物産者 · 木綿」, 農業出版社, 1998, 845쪽.

416) 新疆 民豊縣 北大 사막 중의 後漢墓, 6세기 吐魯蕃 高昌시기의 古墓 및 吐魯蕃 阿斯塔那 唐墓에서도 綿織品이 출토되고 있다. 汪若海 · 李秀蘭편,『中國棉史紀事』, 中國農業科學技術出版社, 2007.

할 때 신강은 5세기 이전에 이미 면화가 재배되었으며, 그 후 점차 동쪽 감숙지역으로 전파되었다. 이 면을 아프리카棉 또는 草棉이라 칭하며, 식물그루는 왜소하다.[417] 농식물학자인 石聲漢은 한 무제 때에 이미 서아시아로부터 면포 수입이 정착되었고, 6-7세기에 투루판 부근에서 처음으로 면화가 재배되었지만, 『농상집요』 이전의 황하유역과 남부지역에는 樹綿은 물론 草棉도 파종되지 않았으며, 당시 황하유역과 중국 境內에서 소비된 면포는 동남, 서북의 여러 민족에서 공급되었다고 한다.[418] 당시 가장 좋은 면포는 南越로부터 가져 온 백첩포(白疊布)였다고 한다. 다만 『농상집요』에 이르면 섬서 동쪽지역에서도 목면을 재배했다고 한다.[419] 석성한은 또 서북과 동남 노선 이외에 서남지역의 운남, 광서를 거쳐 내지로 전래된 노선도 제시하고 있다.[420]

그런가 하면 繆啓愉는 중국에서 재배된 목면은 남방과 서북에서 전래된 것으로, 아시아綿인 1년생 초목은 남송 후기에 남에서 북으로 전파되었고, 원대 초기에는 江淮유역에까지 재배되었으며, 이후 (明淸시대에는) 遼河에 이르기까지 폭넓게 분포하여 때문에 이를 中綿이라고 칭했다고 한다. 한편 5세기 이전부터 신강지역에 파종했던 서북의 草綿은 하서회랑과 陝肅지역을 거쳐 내지로 확산되었는데, 재배면적은 넓지 못했지만 『농상집요』단계의 목면은 草綿이었다고[421] 한다. 하지만 원대에는 草棉과 中綿이 화북에서 교차되는 시점으로 그 품종을 획일적으로 단정하기가 쉽지 않다. 특히 19세기에 미국에서 섬유가 좋고 생

417) 繆啓愉 校釋, 위의 책, 『齊民要術校釋』 권10, 「五穀果蓏菜茹非中國物産者 · 木綿」, 845쪽.

418) 石聲漢 校釋, 『齊民要術今釋』(下책) 권10, 「五穀果蓏菜茹非中國物産者 · 木綿」 中華書局, 2009, 1139~1144쪽.

419) 『農桑輯要』 권2 「苧麻木綿」.

420) 洪用斌, 「元代的棉花生産和棉紡業」 『中國社會經濟史研究』 1984年 3期, 55~56쪽에서도 新疆, 四川雲南, 海南島 棉花로 구분하여 移植과 확산을 설명하고 있다.

421) 繆啓愉 校釋, 『元刻農桑輯要校釋』 권2, 「播種 · 木綿」, 農業出版社, 1988, 137쪽.

산량이 높은 陸地棉이 유입되면서 점차 기존의 중면은 사라지고, 그루가 왜소한 초면 역시 신강 일부지역에만 남아 있기 때문에 더욱 그러하다.

만약 무계유의 지적처럼『농상집요』의 목면이 草綿이었다면, 문익점이 1364년 고려로 가져온 면화는 어떤 종류일까? 원대에 화북지역에까지 남방산 면화가 전파되었는가? 아니면 여전히 감숙지역의 草綿이 주류를 이루었는가에 달려있다.[422] 특히 문익점이 元都에 도착한 후 홍건적 문제로 인해 원과의 외교적 교섭이 잘 수습되지 못하여 3년간 大都 근처에 억류되었다고 한 것을 보면,[423] 남방을 유람할 수 있는 기회는 더욱 없었을 것이다.[424] 따라서 그가 쉽게 구할 수 있었던 목화씨는 당시 북방에서 많이 재배되었던 草綿이었을 가능성이 크다.[425]

원대 3대 농서에서 모두 목면재배에 주목하고 있는 것을 보면, 원대에는 이전의 麻, 絹의 새로운 보조 섬유작물로 면화 재배를 권농했음을 알 수 있다. 특히『농상집요』「苧麻木綿」에서 보듯 "더운 여름날에는 시원한 세모시옷을 입게 될 것이고, 매우 추운 날에는 곱고 따뜻한 면 옷을 입게 될 것"과『왕정농서』「百穀譜 · 木綿」에서 "재배가 쉬워 … 누에

422)『농상집요』의 목면이 草棉이라고 해도 여전히 의문은 남는다. 남송을 정벌한 후, 이미 中綿을 재배하고 있던 강남지역은 초면으로 바꾼 것인지, 아니면 통일 후 남북의 재배 면이 달랐는지에 대한 설명이 곤란하다. 그런데『왕정농서』와『농상의식촬요』의 목면 기록이『왕정농서』의 것과 유사하며, 특히『농상의식촬요』의 목면은『농상집요』와 목차까지 일치한다는 점에서 남방지역에도 草棉으로 통일했을 가능성도 없지 않다.

423) 김해영,「문익점의 생애와 목면 전래 事蹟의 검토」『문익점과 목면업의 역사적 조명』, 아세아 문화사, 2003, 33~35쪽.

424) 張建松,「再談木棉"傳入朝鮮": 兼談其在宋元時期的傳播」『中國農史』2008年 2期에서 문익점의 자취를 볼 때, 大都와 高麗 陸路교통선상에 머물고 남방을 간적이 없기 때문에 북방의 면화종자를 가지고 왔다고 한다.

425) 繆啓愉 校釋, 위의 책,『齊民要術校釋』, 845쪽에서 亞洲綿이 명청시대 때에 더욱 확대 발전하여 中綿으로 칭했다는 것을 보면 원대에는 아직 북방에까지 진출하지는 못한 듯하다.

를 치지 않아도 錦絮를 얻을 수 있고, 삼을 재배하지 않아도 布匹을 얻을 수 있다."는 지적은 보조섬유의 등장으로 의생활의 질을 풍부하게 하고, 특히 솜과 면포는 서민의 겨울나기에 더없는 선물을 제공하였던 것이다.

하지만 원대 이전에는 오랜 시간동안 서아시아, 서남지역 및 동남아시아로부터 면포를 수입했지만, 재배는 신강이나 閩廣의 일부지역에 국한되고 전국적으로 재배가 본격화된 것은 원대였다. 목면의 명칭은 『魏書』, 『梁書』, 『南史』, 『新唐書』 등에도 등장하고, 綿의 명칭은 『한서』, 『후한서』 이전까지도 소급되지만, 목면을 수 천 필 이상을 하사하거나 징수한 사례는 원대부터 나타나는 것도 이를 입증한다.[426] 실제 『도이지략』을 보면 당시 중국은 목면 특산지와 교역한 사실을 확인할 수 있다. 목면 土産地로는 필리핀섬의 三島, 麻逸, 麻里魯, 베트남의 交趾, 民多朗, 占城, 인도네시아의 遐來勿, 爪哇, 重迦羅, 文誕, 舊港, 班卒, 말레이 반도의 吉蘭丹, 戎, 羅衛, 東冲古剌, 蘇洛鬲, 針路, 龍牙菩提, 인도연안의 金塔, 土塔, 撻吉那와 그 외 尖山, 三佛齊, 班達里 등에서도 목면이 생산되었다. 목면은 이들 지역에서 원의 도자기와 비단과 교역한 후, 시박사를 통해 남방을 거쳐 전국으로 보급되었다. 이런 무역활동은 元의 적극적이고 강인한 도전정신이 해상무역에 잘 반영된 것으로 명초 해상원정의 토대가 되었을 것이다.

이상과 같은 원의 적극적인 해외원정에 편성하여 고려는 원과의 무역을 통해 다양한 문물을 접할 수 있었을 것이다. 麗元의 무역은 육로로는 瓦市를 통하고, 대부분은 해상무역을 이용하였다. 李幹은 그의 저서 『元代社會經濟史稿』에서 北風의 계절에는 慶元과 泉州 항에는 고려

426) 『元史』 권15, 「世祖十二」 "置浙東江東江西湖廣福建木綿提擧司, 責民歲輸木綿十萬匹, 以都提擧司總之."에서와 같이 木綿생산지인 浙東, 江東, 江西, 湖廣, 福建 등지에 提擧司를 설치하여 해마다 목면 10만 匹을 운송할 것을 책임지우고 있다.

에서 온 배가 가득했으며, 南風의 계절에는 고려 禮成江에는 元에서 온 상선이 부단히 운행했다고[427] 한다. 실제 1976년 신안해저에서 건져올린 중국 沉船과 각종 유물은 원, 고려와 일본과의 무역로를 잘 말해준다. 그런가 하면 고려 충선왕 즉위년(1298년) 6월에 馬八兒嶼에서 銀絲帽, 錦繡手箔, 土布 및 沈香의 예물과 함께 사신을 보내왔다. 이 지역은 스리랑카와 인도반도 남부의 바닷가에 위치하여 井鹽과 야자술을 생산한 지역으로 翠羽, 細布, 大羊이 특산이며, 무역품은 砂金, 靑緞, 白礬, 紅綠焇珠 등이 있었다고[428] 한다. 이곳은 교통의 요지로 元과 교역이 활발했으며, 비록 사적인 관계로 고려를 방문했지만,[429] 결국 고려는 원을 매개로 먼 인도남부와 교역하는 계기가 되었던 것이다.

2) 식생활문화의 영향과『飮膳正要』

대원제국은 다양하게 생산된 농산물과 직물 등을 바탕으로 교역이 활발했으며, 元은 이런 농산물을 기초로 음식생활문화 역시 진일보하

---

427) 李幹,『元代社會經濟史稿』, 湖北人民出版社, 1985, 339쪽. 14세기 활발했던 麗元간의 교역을 잘 보여주는 자료가 바로『老乞大』와『朴通事』와 같은 高麗의 漢語 교과서이다. 그런데 金榮濟,「宋代 東아시아 海上貿易과 季節風: 高麗와 南中國 사이를 中心으로」『中國史硏究』 제92집, 2014에서는 기록상 고려 사절이 남중국으로 향해한 기록은 음력 2월, 3월처럼 봄이 많고, 또 7월, 8월의 가을철에도 많았으며, 5월 6월에는 남중국의 南風을 이용하여 고려 예성항에 입항했다고 한다. 특히 7월 8월은 南風과 東北風이 불기도 하여 이 시기에 상인들이 많이 왕래했다고 한다.

428) 蘇繼廎 校釋, 앞의 책,『島夷志略校釋』「馬八兒嶼」, 中華書局, 1981, 344~345쪽 참조.

429) 이강한, 앞의 책,『고려와 원제국의 교역의 역사』, 205~221쪽에서 마아바르국의 왕자 孛哈里가 고려에 사신을 보낸 이유와 그 왕자의 정체에 대해 상술하고 있다. 다만, 蘇繼廎校釋, 앞의 책,『島夷志略校釋』「馬八兒嶼」, 345쪽의 주석에서 汪大淵이 馬八兒國으로 칭하지 않고 하나의 무역의 귀착지로서의 馬八兒嶼로 표기한 것은 양자를 구별한 듯 하며, "無酋長"으로 토지는 기름지나 베를 짜지는 않았으며, 남녀가 散髮을 하고 풍속이 음란했다고 지적한 것을 볼 때 강력한 국가체의 존재가 의심스럽다. 실제 地産이나 교역품이 元과 적극적으로 교류할 만한 여건을 지니고 있지 못하였다.

는 기초를 확립했을 것이다. 그리고 원과 오랜 인적교류와 정치적 관계를 맺어왔던 고려 역시 직간접으로 이 같은 영향을 적지 않게 받았을 것이다.[430] 본장에서는 오늘날 우리의 고유한 음식문화 중 당시 원과의 관계 속에서 등장한 음식문화는 어떤 것이 있었는지를 원대의 대표적인 식료서인『음선정요』를 통해 살펴보고자 한다.『음선정요』는 1330년 황제의 膳醫 忽思慧가 황제의 건강을 위해 찬술한 책인데, 여기에는 유목민족답게 다양한 육식의 재료 및 요리방법을 비롯하여 당시 다양한 음식소재를 이용한 각종 보양식이 소개되어 있다. 이 중 당시 주목한 식료재료이거나 오늘날 대표적인 한국 食料가 된 몇 가지만 선별하여 살펴보기로 한다. 우선 당시 고려에서 진상한 대표적인 물품인 인삼이 원대에는 주로 어떻게 활용되었는지부터 살펴보자.

(1)인삼 : 우선 오랫동안 한반도 수출품 중에 대표적인 물품은 인삼이었다. 唐代『海藥本草』에 의하면 신라삼은 길이는 한 자 정도 되고, 사람형상을 한 것이 가장 신효가 있다고 하며, 네 차례나 당에 貢物로 보냈다고 한다.[431] 徐兢이란 송대 사신의 눈에 비친『宣和奉使高麗圖經』에 의하면, "(고려) 인삼이 특별하며 … 인삼에는 生蔘, 熟蔘 두 가지가 있다. 생삼은 색이 희고 虛하여 약에 넣으면 그 맛이 온전하나 여름이 지나면 좀이 먹으므로 솥에서 쪄서 오래 보관한 숙삼만 못하다. … 인삼을 달이는 데도 합당한 법도가 있다."라고[432] 소개하고 있다. 서긍의 말 중에 "舊傳形匾者"라고 한 것에서 그가 중국에 있을 때부터 납작한 형태의 고려 熟蔘을 보았음을 알 수 있다. 하지만 중국 정사에는 인삼

---

430) 유목문화가 중국에 끼친 문화로 흔히 목축업과 육식을 꼽는다. 고려 역시 이에 대한 영향을 적지 않게 받았을 것이다.『음선정요』에도 獸品의 배열순서가 소, 양, 말(나귀), 낙타 순으로 되어 있으며, 특히 양고기가 많은 것이 특징이다. 최덕경,「齊民要術」에 보이는 動植物의 배양과 胡漢 農業文化의 融合」『중국사연구』 제62집, 2009, 49~54쪽.

431) 李盛雨,『東아시아 속의 古代 韓國食生活史硏究』, 鄕文社, 1992, 473쪽.

432)『宣和奉使高麗圖經』 권23,「雜俗 · 土産」.

에 대한 기록을 찾기가 쉽지 않다.

『北方藥用植物』에 소개된 인삼을 보면, 인삼은 다년생 초본으로 맛은 달고 쓰며, 脾臟, 폐와 심장에 작용하여 원기를 크게 보충하고, 폐와 비장을 보하며 체액을 생성하게 하고 정신을 안정시키는 작용을 한다고 하여 주로 약재로 사용하고 있다.[433] 원대의 식료서인『飮膳正要』에는 인삼에 대해 흥미로운 사실이 전한다. 여기에는 고려에서 수입된 인삼이 어떻게 사용되었는지 잘 보여준다. 인삼이 주로 식료로서 처방된 경우는 자라탕[團魚湯], 五味子湯, 人蔘湯, 渴忒餅兒, 官桂渴忒餅兒, 荅必納餅兒, 橘皮醒醒湯, 鐵甕先生瓊玉膏, 神枕法과 服蓮子 등의 탕과 약의 재료로 인삼이 필요성분으로 사용되었다.

여기서 인삼탕의 조제법을 보면 인삼의 뿌리와 줄기의 중간 부분인 蘆頭를 제거하고 가루로 낸 新羅蔘 4냥, 속의 흰 부분을 제거한 귤껍질[橘皮] 1兩과 차조기 잎 2兩, 沙糖 1근을 "물 2말[斗]을 넣고 솥에 넣고 달여 1말이 되면, 찌꺼기를 버리고, 깨끗하게 가라 앉혀 임의로 적당양씩 복용한다."라고 되어 있다. 이 탕약의 효용은 "氣를 순조롭게 순환시키고 흉부의 횡격막을 열어주며, 갈증을 멈추고 체액이 생기게 한다."라고[434] 되어 있다. 여기서 중요한 것은 "인삼탕"에 신라삼을 사용하였다는 점이다. 그 외에도 신라삼을 사용했던 것에는 갈특병아(渴忒餅兒), 官桂渴忒餅兒가 있다.[435] 갈특이 어떤 약재인지 구체적으로 알 수 없지만 어혈과 기침통증과 관련된 병인 듯하다. 다른 약재 2~3가지와 함께 반죽하여 적당한 크기의 덩어리로 만들어 입에서 녹여 먹는 이 약제는 모두 체액분비를 촉진시켜 갈증을 멈추며, 한기로 인한 기침을 멈추게 하는 효능이 있었다고 한다. 당시 약재로서 신라삼이 지닌 효능

433)『北方藥用植物』, 南方日報出版社, 2009, 163쪽.

434)『飮膳正要』권2,「諸般湯煎 · 人蔘湯」.

435)『飮膳正要』권2,「諸般湯煎 · 渴忒餅兒」,「諸般湯煎 · 官桂渴忒餅兒」.

은 기의 순환을 촉진하고 체액분비로 인한 갈증해소, 기침을 멈추고, 숙취를 해소하며, 장을 강건하게 하고 온갖 정력을 갖추게 하며 오장의 기혈을 넘치게 하고, 골수를 충실하게 하고 혈액을 충만하게 하여 젊게 만드는 瓊玉膏와 神枕法의 중요 약재로 사용되었다. 심지어 신라삼을 넣어 제조한 경옥고를 먹으며, 몸과 마음까지 깨끗하게 되니 "(이 처방은) 다른 사람에게 함부로 알게 하지말라."라고[436] 할 정도의 비방으로 인식되기도 하였다. 전술에서 모시가 중국귀족들의 의복에 사용되었듯이 고려인삼 역시 원의 황제를 비롯한 사대부들의 식료와 건강에 비방으로 사용되었던 것은 물론이고 점차 보양식의 식재료로도 이용되었던 것이다.

(2)포도주(蒲萄酒) : 元帝가 回贈한 물품 중에 흥미로운 것으로 포도주가 있다. 포도주가 중국에 유입된 것은 『제민요술』「五穀果蓏菜茹非中國物產者」에서의 지적과 같이 張騫이 서역에 사신으로 갔다가 돌아오면서 가져왔다고 한다.[437]

『제민요술』「種桃柰」에는 포도의 특성과 함께 재배법이 소개되어 있다. 즉 10월에 1步 간격으로 구덩이를 파서 덩굴을 모아 말아서 구덩이 속에 묻어두고, 윗부분의 줄기와 가지부분에는 짚이나 기장 줄기를 덮어주거나 마른 흙을 덮어 준다. 이듬해 2월이 되면 다시 꺼내 정리해서 시렁 위에 둘러주라고 주문하고 있다. 그리고 포도를 딸 때는 꼭지 째로 꺾지 말고 한 알 한 알씩 따서 그 손실을 막도록 했으며, 건포도 만드는 법과 신선하게 저장하는 법까지 구체적으로 제시하고 있다.[438] 이 같은 포도재배 방식은 『사시찬요』「雜事」와 『농상집요』「桃」에서도 그대

436) 『飮膳正要』 권2, 「神仙服食 · 鐵甕先生瓊玉膏」 "修合之時, 沐浴至心, 勿輕示人."

437) 『齊民要術』 권10, 「五穀果蓏菜茹非中國物產者 · 果蓏 七」 "博物志曰, 張騫使西域還, 得安石榴胡桃蒲桃."

438) 『齊民要術』 권4, 「種桃柰 第三十四」.

로 계승하고 있는데, 이것은 서북 사막지대의 재배방식을 그대로 따른 것이다. 다만『농상집요』에는『박문록』의 기록을 보충하여, 대추나무 줄기에 구멍을 뚫어서 포도나무가지를 그 안에 끼워 넣어, 포도나무 덩굴이 자라서 굵어져 구멍 속에 가득 차게 될 때 포도나무 뿌리를 잘라주는 방식도 소개하고 있다. 이때 열리는 포도는 육질과 씨가 대추와 유사하며, 북방에서는 모두 이러한 방식에 따라 포도를 재배했다는 것을[439] 덧붙이고 있다. 흥미로운 것은 세종 때 姜希孟이 찬술하였다고 하는『四時纂要抄』에는 포도의 재배방식이 대추나무에 의탁하는 방식을 취하고 있다. 이것은 조선의 포도재배기술이 唐代의 방식이 아닌 원의 방식을 따르고 있다는 말이다.

특이한 것은 원대 이전의 農書에는 포도에 대한 독립항목이 없고 桃나 雜事에 덧붙여 설명하고 있다는 점이다. 그때까지 포도재배지역이 한정되었거나 포도는 과일로서 대접을 받지 못했음을 말해준다. 농서에 포도가 독립적인 항목으로 등장한 것은 1314년에 찬술된『農桑衣食撮要』가 처음이다. 이것은 원대에 포도가 대규모로 재배가 되었다는 것과 함께, 찬자 魯明善의 고향이 高昌[吐魯蕃]이며, 이곳은 예로부터 포도 생산지로 포도재배기술에 익숙했기 때문이라고[440] 한다. 여기에 소개된 방식은 이전과는 달리 겨울에 왕성한 가지를 3척 크기로 잘라 숙분 속에서 싹을 틔워 이것을 무에 꽂아 땅속에 묻어 뿌리가 내리면 2~3월에 꺾꽂이하는 방식이다.[441] 이것은 전혀 새로운 재배방식으로 보급이 용이하다.[442]

---

439)『농상집요』권5,「果實 · 桃」.

440) 湯慧玲,「農桑衣食撮要對元代農業經濟的影響」『農業考古』2015年 第3期, 293쪽.

441)『農桑衣食撮要』「二月 · 揷蒲萄」"預先於去年冬間截取藤枝旺者, 約長三尺, 埋窖於熟糞內. 候春間樹木萌芽發時取出, 看其芽生, 以藤籤蒲萄內栽之. 埋二尺在土中則生根, 留三五寸在土外候苗長. 牽藤上架, 根邊常以煮肉肥汁放冷澆灌, 三日後以淸水解之. 天色幹旱, 輕鋤根邊土澆之. 冬月用草包護, 防霜凍損. 二､三月間皆可揷栽."

포도생산이 점차 확대되면서 포도를 발효시켜 장기 보관하는 방법의 일환으로 포도주가 등장하게 된다. 원대 이전 중원의 포도 양조법을 보면, 포도에 곡물을 섞어 제조하였는데, 이는 오늘날 穀酒제조 할 때에 포도를 넣는 방식이었을 것이다. 원대에는 이와 유사하게 짓이긴 포도에 찹쌀 죽을 넣고 누룩가루를 섞어 만들었다. 이런 사실은 16세기말 『본초강목』에도 이어지고 있다.

조선의 경우 포도가 보급된 것을 왕조실록을 통해 살펴보면, 1398년 9월에 太祖가 수정(水精)포도를 먹고 싶어 하여 세자에게 교지를 내려 처음으로 서리 맞아 반쯤 익은 산포도(山蒲萄)를 구해 와 임금을 기쁘게 했으며, 이틀 후에는 韓幹이 수정포도를 구해오자 쌀 10석을 내려주었으며, 그로 인해 병이 나았다고 한다.[443] 그리고 태종11년(1411) 8월에는 檢校參議 朴昇이 포도를 바치니 쌀 5석을 하사했다는 기록이 전한다.[444] 이것은 포도수확시기가 지나긴 했지만 조선 초기에는 포도가 아직 일부 계층에서만 향유되었음을 말해 준다. 포도재배법도 15세기 중엽에 찬술된『山家要錄』에 의하면, 꺾꽂이 이전의 방식인 덩굴을 통째로 땅에 묻는 전통적인 기술로 사용했던 것을 보면,[445] 원대의 신기술이 조선에는 도입되지 않았음을 알 수 있다. 그런가 하면 포도주 만드는 법도 1500년대 초에 찬술된『需雲雜方』에 의하면, 멥쌀을 갈아 죽에 찐 멥쌀 누룩과 포도가루를 함께 항아리에 담아 만들었다고[446] 한다. 이것은 원대 이전부터 사용되어왔던 전통적인 중원지역의 포도주제조기법으로 조

---

442) 曾令香, 「農桑衣食撮要中的新農業生産技術和經驗探討」『安徽農業科學』 39(33), 2011에서 『農桑衣食撮要』이전에는 종자번식이 중심이었다고 한다.

443) 『태조실록』 15권, 태조 7년 9월 1일 癸酉; 『태조실록』 15권, 태조 7년 9월 3일 乙亥

444) 『태종실록』 22권, 태종 11년 8월 5일 甲午.

445) 『山家要錄』「蒲萄」.

446) 『需雲雜方』 下篇 「蒲萄酒」 "白米三斗百細洗末作粥, 待冷麴末七升和入瓮. 待熟白米五斗百洗全蒸待冷, 麴三升萄末一斗和前酒入瓮, 待熟用之. 又法, 蒲萄破碎用糯米五升作粥, 待冷, 麴末五合和入瓮, 待淸用之. 可博凉州刺史."

선 초 포도의 보급정도를 미루어 보아 원대에 기존의 곡주에 포도를 넣어 양조하는 방식이 한반도에 도입되어 민간에 보급되었음을 말해준다.

하지만 원대의 포도 양조법은 기존의 방식과는 달리 포도를 껍질 채로 찧어 항아리에 넣고 천연발효균을 이용하여 자연 발효시키는 방식으로 바뀌었다. 이 방식은 신강 위구르지역에서 채용한 것인데,[447] 13세기 말과 14세기 초 충렬왕 때에 포도주가 회사품에까지 들어 있었던 것을 보면, 기존의 포도주와는 다른 방식으로 제조된 것이었음을 짐작하게 한다. 그렇다면 천연 발효식 포도주는 1314년『농상의식촬요』편찬 이전부터 원에 도입된 듯하다.

『음선정요』에서 포도는 사람을 건강하게 하고 피부를 윤택하게 하며, 머리를 검게 하고 독이 없는 과일로 인식되었으며,[448] 포도주가 단순히 여흥을 위한 술의 용도가 아닌 食療로도 취급되고 있다. 즉 포도주는 "氣를 더하고 비위를 조절하며 배고픔을 참아내게 하고 의지를 증강한다."라고[449] 하였다. 당시 포도주는 생산지에 따라 네 등급이 있었는데, 그것은 西番[西羌], 哈剌火[吐魯蕃],[450] 平陽[臨汾], 太原지역의 포도주이다. 이 중 어느 것도 吐魯蕃에서 생산된 포도주만 못하였다고 한다.[451] 이것은 그곳이 포도를 생산하기에 가장 적합한 풍토였으며, 제조방식도 독특했기 때문일 것이다. 그렇지만 이미 원대에는 포도주가 널리 보급되었음을 말해준다. 고려왕에 回賜된 포도주는 천연 발효하여 제조된 것으로, 이전의 양조법과는 다른 최상품의 술이었지만 조선

447) 曾雄生, 앞의 책,『中國農業通史』, 833~834쪽.

448)『飮膳正要』권3,「果品·蒲萄」.

449)『飮膳正要』권3,「米穀品·酒·蒲萄酒」, "益氣調中, 耐饑強志."

450) 위구르지역으로 지금의 吐魯蕃이다. 원나라 때에도 위구르족이 거주했으며, 씨 없는 포도생산지로 유명하다.

451)『飮膳正要』권3,「米穀品·酒·蒲萄酒」"有西番者, 有哈剌火者, 有平阳太原者, 其味都不及哈剌火者. 田地酒最佳."

전기까지도 이 방식을 수용하지 못한 듯하다.

(3)燒酒 : 원대에는 포도주만 유명한 것은 아니었다. 중국 최초로 소주를 발명했다는 점도 한반도 생활문화와 관련하여 흥미롭다. 소주에 관한 최초의 중국 기록은 원초의 『居家必用事類』「南番燒酒法」에 처음으로 등장한다. 이 방법은 항아리[瓶]에 술을 담고 구멍을 뚫은 빈 항아리를 입을 마주대게 하고, 그 구멍에 竹管을 설치하여 그곳으로 증류된 방울이 흘러가도록 만든 장치로서 오늘날 소주 고리를 이용하는 방식과 동일하다. 이때 얻은 소주의 색은 아주 깨끗하고 맛은 독하며, 단맛이 덜하고 술 양의 1/3정도의 좋은 소주를 얻을 수 있었다고 한다.[452] 원대 『음선정요』에는 또 다른 소주법이 등장한다.[453] 제조법을 보면 좋은 술을 양조하여, 이것을 다시 끓여 증류하여 얻은 이슬이 바로 阿剌吉酒라고 하여 回回문화와의 관련성을 제기하였다.[454] 回回는 回紇의 음역으로 대개 이슬람교를 신봉하는 중앙아시아인으로 『음선정요』에 回回豆, 回回葱 回回靑 등으로 미루어 원과의 교류가 활발했음을 말해준다. 이 阿剌吉 속에는 주정의 함량이 증류하지 않은 술보다 높아 불을 붙이면 붙는다. 때문에 火酒 또는 燒酒라고 하였다. 이처럼 소주는 곡물을 발효하여 술을 만든 후에, 이것을 다시 증류하여 제조했던 것처럼 비교적 제조과정이 복잡하고 일손이 많이 소요된다. 그런 점에서 초기에는 일상적인 음용보다 식료로 이용되었을 가능성이 크다. 소주의

---

452) 이 燒酒 역시 『飮膳正要』의 阿剌吉酒와 마찬가지로 番名을 阿里乞(Araq)이라 한 것에서 동일한 알코올의 아랍어의 音譯이 아닌가 생각된다.

453) 燒酒의 기원을 학자에 따라 한대, 당대, 송대 및 원대로 보고 있다. 주로 발굴된 소주고리인 듯한 유물을 근거로 하고 있다. 한국의 경우 삼국시대에 소주고리가 발굴되어 부여박물관에 전시하고 있다. 하지만 이 소주고리의 용도가 무엇인지 분명하지 않다. 李盛雨, 『東아시아 속의 古代 韓國食生活史研究』, 鄕文社, 1992, 412~413쪽.

454) 최남선에 의하면 阿剌吉酒는 回回문화를 몽고인이 받아들여 소주문화를 창시했으며, 고려가 원과의 접촉을 통해 이를 수용했다고 한다. 張智鉉, 『韓國外來酒流入史研究』, 修學社, 1987, 49쪽 참조.

맛과 성질은 달고 매우며, 열이 강하고 아주 독하다. 주된 효능은 冷邪가 인체에 침입하여 단단하게 뭉친 것을 분산시키며, 한기를 막는 작용을 한다.[455)]『음선정요』에서는 소주를 치료제로 활용하고 있는데, 이것은 양조기술의 큰 진보라고 말할 수 있을 것이다.

게다가 李時珍은 그의『本草綱目』「穀四 · 燒酒」에서 "火酒가 곧 阿剌吉酒"라고 하였으며, 청대 郝懿行은『證俗正要』에서 "火酒는 秫酒이며, 원대부터에 처음으로 그것이 만들어지기 시작했고, 일명 阿剌吉酒라고 하며『음선정요』에 보이며, 이시진의『本草綱目』에서 상술하였다."라고 하여 원대를 소주의 기원이라고 말하고 있다.

현재까지 소주기원에 대해서는 지역과 시점에서 다양한 견해가 제시되고 있는데,[456)] 모두 명확한 증거가 없다. 중원지역과 관련이 있는 것으로는 6세기의『제민요술』에 몇 차례 등장하는 白酒가 있다. 이 술의 용도는 백병(白餅)의 술밑밥으로 이용하거나 돼지고기나 개고기를 삶을 때 누린내를 없애고 羊의 대장을 씻어내는데 주로 사용되었다. 이 백주가 소주인지 찌꺼기가 있는 배료주(白醪酒)인지는 더 많은 검토를 요한다. 이들 중 남방지역과의 관련성에 대해 간술해 보고자 한다. 원대 소주의 원료는 대개 우유나 곡물로 증류하는 것이 보통인데, 송 · 원대 남방의 물산을 기록한『嶺外代答』,『諸蕃志』와『島夷志略』등의 기록에 의하면, 이곳 술의 원료는 주로 椰子 · 檳榔 · 사탕수수 등으로 빚고 있다. 사료만으로는 이들 재료로 만든 술이 어떤 형태였는지가 분명하지 않다. 그런데『嶺外代答』「食用門」에는 "廣西지역 富民이 담근 술

---

455)『飮膳正要』권3,「米穀品 · 酒 · 阿剌吉酒」"味甘辣, 大熱, 有大毒. 主消冷堅積, 去寒氣. 用好酒蒸熬, 取露成阿剌吉."

456) 최근 소주기원설에 대해 朴賢熙,「燒酒의 흥기: 몽골시기(1206~1368) 중국에서 한반도에로 증류기술의 전파」『중앙아시아연구』21권 1호, 2016, 76~83쪽에서 몽골기원설, 몽골이전 西南番 기원설 내지 서아시아 혹은 남방기원설 등으로 다양하여 현재까지 뚜렷한 결론을 내리지 못하고 있다.

457) 宋 周去非(楊武泉 校注),『嶺外代答校注』, 中華書局, 2006, 234쪽에서 이 술은 老酒로서 麥麴으로 담근 것으로 밀봉 보관하면 10년간 보관할 수 있다고 하지만 과연 열대성 기후에 그것이 가능했는지는 의문이다.

[457]은 십년이 지나도 맛이 변하지 않고, 赤黑色을 띠며, 각 처의 도로가에는 큰 잔에 白酒를 담아 豆腐羹과 함께 행인에게 판매했는데, 그래서 이 술을 豆腐酒라고[458] 하였다. 이처럼 더운 지역임에도 10년이 지나도 맛이 변하지 않을 정도의 양조기술이 발달한 것으로 보아 단순한 과일주나 곡주는 아니었을 것 같다. 특히 이곳의 白酒[459]가 소주였거나 이 백주에 과일을 담근 술이라면 장기 보관도 가능했을 것이다. 문제는 이 백주가 소주인지의 여부와 그것이 원에서 도입되었는지 아니면 아랍지역에서 유입되었는지는 새로운 검토를 요한다.

흥미로운 것은 명말 강남지역의 농서인 『보농서』에 소주에 대한 기록이 적지 않다는 점이다. 「逐月事宜」에는 蘇州에서 黃酒 지게미를 증류하여 만든 소주를 구입했다든지,[460] 돼지가 먹는 밀기울로 소주를 빚어 수입원으로 삼았는데,[461] 이때 구입한 술지게미로 짠 탁주는 雇農에게 제공하고, 증류하여 만든 소주는 시장에 판매하거나 특별한 사람들에게 대접한 듯하다.[462] 그런데 최근 蘇州人들은 잘 증류하지 않은

457) 宋 周去非(楊武泉 校注), 『嶺外代答校注』, 中華書局, 2006, 234쪽에서 이 술은 老酒로서 麥麴으로 담근 것으로 밀봉 보관하면 10년간 보관할 수 있다고 하지만 과연 열대성 기후에 그것이 가능했는지는 의문이다.

458) 『嶺外代答』 권6, 「食用門 · 酒」 "諸郡富民多釀老酒, 可經十年, 其色深沉赤黑, 而味不壞. 諸處道旁率沽白酒, 在靜江尤盛, 行人以十四錢買一大白及豆腐羹, 謂之豆腐酒."

459) 宋 周去非(楊武泉 校注), 앞의 책, 『嶺外代答校注』, 234쪽에서는 燒酒의 기원이 원대라고 가정하여 이 '백주'는 소주가 아니고, 何剡 『酒爾雅』의 "醝 白酒也."라는 것에 근거하여 단순한 희색의 술을 가리킨다고 한다.

460) 『補農書』 「逐月事宜」(최덕경 역주, 『보농서 역주』, 세창출판사, 2013), 41쪽.

461) 『補農書』 「運田地法」, 164쪽.

462) 『補農書』 「蠶務 六畜附」, 218~220쪽에 의하면, 蘇州에서의 술지게미 가격은 4천斤에 12兩이었다. 지게미 100근(1石)으로 燒酒 20근을 만들 수 있었다. 만약 품질 좋은 술[上號酒]을 만들면 15근의 소주를 만들 수 있다. 쌀로 만든 소주는 맥으로 만든 것보다 도수가 높다. 소주의 소매가격은 斤당 2푼[分]이고, 도매 판매가격은 1푼 6리로서 맥의 원가보다 높은 가격을 받을 수 있다. 절강 長興縣의 경우 누룩과 땔감 비용은 맥 1斗당 1푼이었다. 그리고 蘇州에서는 남은 술지게미 4천근으로는 돼지 6마리를 기를 수 있었다고 한다.

소주는 이익이 많지 않아 빚고 남은 술지게미를 桃花酒에 넣었다고 한다.[463] 이처럼 장강 하류지역에 소주가 품질에 따라 판매유통된 것은 물론 민간의 경영지주들도 판매목적으로 소주를 제조했으며,[464] 소주가 養猪보다 많은 이윤을 남겼다는 사실을 자세하게 언급하고 있다.[465] 이것은 명대 후기에는 강남지역에 소주의 보급이 북쪽 못지않게 일반화되었음을 의미한다. 이처럼 짧은 기간에 소주의 습속이 강남지역으로 급속히 확산된 것은 元통일 이후 자유로운 인구이동의 결과이겠지만, 멀지않은 남방 소주와의 관련은 없었을까?

한편 비슷한 시기의 조선의 소주는 "쌀죽을 끓여 3~4일간 발효시켜 찹쌀과 누룩을 섞어 항아리에 넣고 삭혀 鼎을 이용하여 소주를 받는다."라고 하여 15세기 중엽 조선의『산가요록』에 처음 제시되어 있다.[466] "소주 내리는 법"이『음선정요』의 방식과 유사한 것으로 보아 이 역시 원대 후기 인적, 물적 왕래를 통해 고려에 전래되었을 가능성이 크다. 실제『고려사』「崔瑩傳」에는 소주를 좋아하는 慶尙道元帥 金縝이 휘하 士와 더불어 밤낮으로 술을 마시자 군대 내에서는 그들을 燒酒徒라고 불렀으며, 그 결과 전쟁에서 패하기도 했다.[467] 禑王 원년(1375)에는 사치로 인해 풍속을 해친다는 이유로 燒酒, 錦繡叚匹, 金玉器皿의 사용을 금지했던 것을 보면[468] 소주가 軍民에 보급되어 부정적인 영향을 끼쳤음을 알 수 있다.[469]

---

463)『補農書』「蠶務 六畜附」, 218쪽.

464)『補農書』「補農書後」, 310쪽에서는 집에서 술을 빚고자 할 때는 필요한 도구를 구입했으며, 술지게미로 소주를 만들 때는 절강성 항주근처의 蕭山縣의 사람에게 요청하여 만들었다는 것을 보면 모든 가정에서 소주를 제조한 것은 아니었던 듯하다.

465)『補農書』「蠶務 六畜附」, 219~220쪽.

466)『山家要錄』「酒方 · 取燒酒法」.

467)『高麗史』卷26,「崔瑩傳」"縝嗜燒酒, 軍中號曰燒酒徒. 卒伍偏裨, 少忤其意, 輒鞭辱, 衆忿怨. 及倭焚掠合浦營, 衆曰, "可使燒酒徒擊賊, 我輩焉能戰.…及倭焚掠合浦營, 衆曰, 可使燒酒徒擊賊, 我輩焉能戰?" 却立不進. 縝單騎遁走, 遂大敗."

이외에도 원대『음선정요』에는 각종 식물의 뿌리나 과일, 또는 동물의 뼈를 담아 만든 술이 전해지고 있다. 虎骨酒, 枸杞酒, 地黄酒, 松节酒, 茯苓酒, 松根酒, 羊羔酒, 五加皮酒, 腽肭脐酒, 小黄米酒, 葡萄酒, 阿剌吉酒, 速儿麻酒 등이 그것인데, 1809년『閨閤叢書』에 의하면 枸杞酒, 松节酒, 五加皮酒의 명칭도 보인다. 아마도 음으로 양으로 상호 영향을 받았을 것으로 보인다. 늑대와 같은 강인한 기질을 지닌 몽골족이 추위 속에서도 더욱 강한 에너지를 발산하고 정복과 교역을 수행한 것도 이런 도수 높은 술의 발달과 전혀 무관하지 않았을 것이다.

(4)생선회 : 삼면이 바다를 낀 한반도의 음식 중 특징적인 것으로 생선회와 생선 매운탕이 있다. 이런 음식은 원대음식과 어떤 관련을 지녔는지 살펴보자. "膾"는『설문해자』에 의하면, "고기를 가늘게 썬 것이다."라고[470] 한다. 그렇다면 중국에서 생선회가 언제부터 식용하기 시작했을까? 이 부분에 대한 뚜렷한 연구는 없다. 다만『논어』「鄕黨」편에서 "가늘게 썬 회를 싫어하지 않았다."라고[471] 하여 공자도 膾를 좋아했다고 한다. 그리고『예기』「少儀」편에는 "소와 양, 생선같이 비린내 나는 날고기를 저며 썰어 놓은 것을 회"라고 하였다. 이는 소, 양과 생선을 썬 것은 분명하지만, 생선의 경우 활어인지의 여부가 분명하지 않다.

그런데『시경』「小雅 · 六月」에는 "膾鯉"라고 하여 잉어회를 볼 수 있다.[472] 비슷한 魚, 肉膾에 대한 기록은『馬王堆一號漢墓(下)』에 출토된「竹簡」속에서도 牛膾, 羊膾, 魚膾라는 단어에서 찾을 수 있다.[473] 또 이

---

468)『高麗史』권85,「刑法志二」"辛禑元年二月, 教曰, 人不知儉, 侈用傷財, 今後, 如燒酒 · 錦繡段匹 · 金玉器皿等物, 一皆禁斷. 雖婚姻之家, 止用紬紵, 務從儉約, 以成風俗."

469) 朴賢熙, 앞의 논문,「燒酒의 흥기: 몽골시기(1206~1368) 중국에서 한반도에로 증류기술의 전파」, 75쪽.

470)『說文解字』膾部, "細切肉也."

471)『論語』「鄕黨」"食不厭精, 膾不厭細." "疏: 牛與羊魚之腥聶而切之, 爲膾."

472)『詩經』「小雅 · 六月」"炰鱉膾鯉."

죽간의 '魚膚'에 대한 해석에는 "膚는 膴이며, 膴에 대해 鄭注에는 '膴䐑生魚爲大臠.''라고 하였다. 이것은 생선을 얇게 도려내는 것을 뜻한다. 그 방법에 대해 鄭注에서는 생선 배 위 맛있는 부분을 베어내는 것으로 풀이하고[474] 있다. 후한 辛延年의『羽林郎』에도 "먼저 술을 요구하니 玉壺에 청주를 담아 내왔으며, 다시 맛있는 안주를 부탁하니 金盤에 잉어회를 담아와 손님을 접대했다."라는[475] 구절에서도 잉어회가 술안주로 등장하고 있다.

이상의 자료에 근거할 때 한대 이전부터 화북지역에서는 牛, 羊의 육회와 민물고기의 생선회를 즐겨 먹었음을 알 수 있다.[476] 그 조리법은 孔子의 회 식용법에서 살필 수 있는데『논어』「鄕黨」편에는 "(魚肉) 자른 것이 바르지 않으면 먹지 않았으며, 醬이 없으면 먹지 않았다."라고 하여 생선회를 가늘게 썰어 醬으로 조미하여 먹었음을 알 수 있다.[477] 조미에 사용된 재료는 晉人 潘尼의『釣賦』에 의하면, 西戎의 마늘, 南夷의 생강 등을 넣어 시고 짠맛을 적당하게 조화시켜 만들었다고 한다.[478] 생선회에 관련된 자료는 그 후 위진남북조시대에도 보이는데, 東晉의 '鱸膾'에 관한 기록은 물론, 문집 속에도 魚膾가 자주 등장하며,[479]『제민요술』권8의 도처에도 '成膾魚', '玉膾', '膾齏', '切膾人', '食

473) 湖南省博物館編,『馬王堆一號漢墓(下)』, 文物出版社, 1973, 135쪽.

474) 湖南省博物館編, 위의 책,『馬王堆一號漢墓(下)』, 133쪽.

475) 辛延年,『羽林郎』"就我求清酒, 絲繩提玉壺. 就我求珍肴 金盤鱠鯉魚."

476) 崔德卿,「戰國·秦漢시대 음식물의 調理와 食生活」『釜山史學』제31집, 1996, 133~134쪽.

477) 이때의 장은 豆醬 혹은 魚醬 모두 가능하다. 이에 대해서는 崔德卿,「東아시아 젓갈의 出現과 베트남의 느억 맘」『比較民俗學』제48집, 2012 참조 바람.

478)『初學記』권22,「漁」第11.

479)『東國李相國集』권14,「古律詩」에는『晉書』권92,「文苑傳·張翰」의 동진 張翰이 이야기가 전해지는데, 그가 齊에서 벼슬하다 가을바람이 불어오자 고향의 鱸膾가 생각나 돌아왔다는 내용이다. 이것으로 미루어 東晉시대에도 생선회의 존재를 확인할 수 있다.

膾魚' 등과 같은 생선회와 관련된 자료를 많이 볼 수 있다.[480)]

그런가 하면 당대 盟詵(621~713년)의 『食療本草』에는 생선회[鱠]를 이용한 다양한 처방을 볼 수 있다. 우선 가물치[鱧魚]의 鱠는 각기병과 風邪를 입은 사람이 먹으면 효과가 있으며,[481)] 붕어[鯽魚]회는 갑작스런 설사에 마늘과 함께 먹으면 약간 熱을 띠고, 생강·장과 함께 먹으면 다소 冷하며, 여름철 열이 있는 설사에도 효과가 있다.[482)] 또 모래무지[鮫魚[483)]]회도 붕어 못지않게 오장을 보호하는데 효과가 있으며,[484)] 농어[鱸魚]회는 태아를 편안하게 하고 중초의 비위를 보양하여 오장을 보하고, 근골을 강화하며 장과 위를 편안하게 하여 수습으로 인한 질병을 치료했다.[485)] 그리고 음식소화불량 때에 魴魚회를 먹으면 비위의 기능을 증진하였으며, 芥子醬과 함께 먹으면 肺의 기능을 증진했다고[486)] 한다. 이처럼 당대에는 膾를 대부분 약재로서 이용하였으며, 鱠라고 표기한 것이 특징이다. 물론 이런 처방은 고대 이후 오랜 식용의 경험에서 나왔을 것이다.

다만 中唐 이후 그동안 애용했던 잉어[鯉魚]가 횟감으로 등장하지 않는 것이 이상하지만,[487)] 여전히 회를 식용하였다. 北宋 梅堯臣이 "膾를

480) 王利華, 『中古華北飮食文化的變遷』, 中國社會科學出版社, 2000, 235~236쪽에서는 『晉書』 권33, 「王祥傳」의 "臥氷求鯉"의 고사와 『太平御覽』 권411, 「人事部」 52에서 崔鴻의 前趙錄을 인용하여, 西河郡의 효자 王延이 한겨울에 生魚를 먹고 싶어 하는 모친을 위해 정성을 쏟아 구한 활어로 膾를 쳐 대접하였다는 사료를 제시하고 있으며, 그 외에도 중고시기 문집 속에는 魚膾에 대한 기록이 매우 많다고 한다.

81) 『食療本草』 권中, 「鱧魚」.

482) 『食療本草』 권中, 「鯽魚」.

483) 鄭金生 等, 『食療本草 譯注』, 上海古籍出版社, 2007에 의하면 鮫魚는 鯊魚라고 한다.

484) 『食療本草』 권中, 「鮫魚」.

485) 『食療本草』 권中, 「鱸魚」.

486) 『食療本草』 권中, 「魴魚」.

487) 王利華, 앞의 책, 『中古華北飮食文化的變遷』, 236쪽에는 膾鯉가 中唐 이후에는 금지되었다고 하지만, 구체적인 근거는 제시하고 있지 않다.

차려 놓고 과객을 대접했다."라는 詩를 보아도 송대에 여전히 생선회가 존재했음을 살필 수 있다.[488] 다만 당대를 전후하여 생선회가 지역에 한정되어 식용했는지 아니면 전국적인 현상이었는지는 보다 다양한 사료발굴이 필요하다.

원대에 접어들면 생선회[膾]가 반찬이나 음식으로 생활 속에 자연스럽게 스며든 것을 볼 수 있다. 원 초의『居家必用事類』「魚鱠」편을 보면, "생선은 대소 크기에 무관하게 신선한 것이면 좋다. 머리, 꼬리 및 배 부분의 내장을 제거하고 얇게 썰어 잠시 햇볕에 말리고 무와 생강을 썰어 함께 그릇에 넣고 섞어 芥辣醋를 뿌려 먹었다고[489] 한다. 원대『飮膳正要』에도 '魚膾'라는 독립된 항목이 등장한다. 그것은 횟감인 "신선한 잉어 5마리를 (배를 갈라) 껍질, 뼈, 머리, 꼬리를 제거하고 회를 썬다." 그리고 양념재료는 "생강, 무, 파, 향채, 여뀌를 잘라 준비한다." 양념장은 "(별도로 볶을 솥을 달구어 기름을 넣고) 생강, 무, 파와 같은 재료를 넣은 후에 겨자가루를 넣고 볶으면서 소금, 초로 고루 섞어 조미하여" 바로 생선회를 찍어 먹었던 것이다.[490] 그 외에도『음선정요』에는 강과 호수에 사는 붕어와 魴魚도 소개하면서 膾를 먹으면 脾胃가 좋아지며, 이질도 생기지 않는다고[491] 한다. 이처럼 생선회가 식료로서 음식의 일부로 취급되고 있다. 지금 한국의 현실과 약간 다른 점은 필요에 따라 양념장을 볶아서 조리했다는 점뿐이고, 재료는 거의 동일하다. 명대 『본초강목』 단계에 이르면 지금과 같은 조미방식으로 통일된 듯하다.[492] 이처럼 한대 이후 드물게 보였던 생선

488) 李聖雨,『韓國料理文化史』, 教文社, 1993, 274쪽에서 재인용.

489)『居家必用事類』「飮食類·魚鱠」.

490)『飮膳正要』 권1,「魚膾」"新鯉魚五個, 去皮骨頭尾. 生薑二兩. 蘿蔔二個. 葱一兩. 香菜蓼子各切如絲. 胭脂打糝. 右件, 下芥末炒, 葱鹽醋調和."

491)『飮膳正要』 권3,「魚品·魴魚」, "補益與鯽魚同功. 若作膾食, 助脾胃. 不可與痟疾人食."

회 관련 자료가 당대와 大元제국에서 쉽게 발견된다. 다만 중국의 경우 생선회가 대부분 淡水魚인데 원래부터 습관적으로 식용했는지, 아니면 다른 해양 국가들과 교역하면서 魚膾의 가치를 새롭게 인식한 것인지는 더 많은 검토를 요한다.

원대 생선회의 보급은 『음선정요』「服藥食忌」를 통해서도 확인할 수 있다. 즉 "服藥"할 때는 "기름기 많은 음식, 생선회와 같이 비리고 누린내 나는 등의 음식물을 많이 먹어서는 안 된다."[493] 그리고 음식의 相剋으로 "양고기는 생선회와 유즙과 같이 먹어서는 안 되며", "여뀌[蓼]도 생선회와 같이 먹어서는 안 된다."라고[494] 하고 있다. 그런가 하면 "생선회를 지나치게 많이 먹어서 체내에 기생충으로 인한 뱃병[蟲瘕][495]이 생기면, 大黃 즙, 귤껍질 가루를 소금탕과 함께 복용한다."라고[496] 했다. 이것은 '음식금기', '상극음식'과 '음식물중독'에서 생선회가 다른 음식과 결합되면서 생긴 주의를 환기시킨 것이다. 이것을 보면 원대에는 생선회가 상당히 보편화되었음을 알 수 있다. 元간섭기에 인적 교류가 활발해지면서 자연스럽게 이런 魚膾문화가 고려에 유입되었을 것이다.

실제 13세기 중엽 고려시대의 『東國李相國集』에는 술안주로 농어회[鱸膾], 腥膾를 먹었다는 기록이 적지 않다.[497] 물론 한반도에서 언제

---

492) 16세기 李時珍의 『本草綱目』「魚膾 · 釋名」에는 "잘게 썰어 만들었기 때문에 회라고 한다. 무릇 모든 살아있는 물고기를 얇게 썰어서 깨끗하게 비린내를 씻어내고 마늘 양념에 찍어 먹는다. 생강, 초에 조미하여 먹는다."라고 하였다.

493) 『飮膳正要』 권2, 「服藥食忌」. "但服藥不可多食 … 油膩物, 魚膾腥膻等物. 及忌見喪屍產婦腌穢之事. 又不可食陳臭之物."

494) 『飮膳正要』 권2, 「食物相反」 "羊肉不可與魚膾酪同食.", "蓼不可與魚膾同食."

495) '蟲瘕'에 대해 장빙룬[張秉倫], 『飮膳正要譯註』, 上海古籍出版社, 2014, 239쪽에서 뱃속에 기생충이 생겨서 단단한 덩어리가 되는 병으로 그 원인은 기생충이 생겨서 뭉치게 된 것이다. 증상은 얼굴이 누렇고 여위며, 때때로 쓴물과 묽은 물을 토하며, 복부가 크게 부풀고, 위와 배에 심한 통증이 있고, 통증 부위 혹은 배꼽 부위가 때때로 통증이 났다가 그쳤다가 하며, 혹은 덩어리를 만질 수도 있다고 한다.

496) 『飮膳正要』 권2, 「食物中毒」 "食魚膾過多成蟲瘕, 大黃汁陳皮末, 同鹽湯服之."

497) 『東國李相國集』 권1, 5, 6, 9, 11, 14, 「古律詩」.

부터 생선회를 식용했는지는 사료부족으로 분명하게 알 수는 없지만, 고려시대에 원과의 인적, 물적 교류가 활발해지고 장기 체류자가 늘어나면서 고향의 식습관을 그리워하여 자연스럽게 한반도에 전파되었을 가능성이 크다. 1800년대 초 조선에서 찬술된『酒饌』「膾割法」에는 羊의 껍질을 벗겨 물을 묻히지 말고 썰어 소금과 기름을 고르게 발라 겨자초를 찍어 먹는 육회법을 소개하고 있다. 그 콩팥[肛胞] 역시 껍질을 벗긴 후 물기를 제거하고 말려 회로 먹었다는 사실에서,[498] 식습관이 유사한 생선회도 존재했을 것으로 보인다.

흥미로운 것은 임진왜란 때 明의 병사들이 조선인들이 회를 먹는 것을 보고 내동댕이치며 "중국 사람은 익은 고기가 아니면 먹지 않는다. 이것은 오랑캐의 음식이다."라고 한『於于野談』의 기록이다.『芝峯類說』(1614)에도 "지금 중국 사람은 회를 먹지 않는다. … 우리나라 사람이 회를 먹는 것을 보고 웃는다."라고 했다. 원대『음선정요』(1330년 찬)와『본초강목』(1578년 찬)에서는 생선회를 식용했는데, 임진왜란기인 16세기 후반 이전에 어떤 일로 갑자기 먹지 않았을까? 이 시기는 명말청초기로 민족이동이나 종교적인 큰 변화가 없었다. 다만 당시에는 小氷期로 인한 불순한 기후로 한파와 가뭄 및 수재가 계속되면서 곡물생산이 줄고 전염병이 창궐하면서 도처에 반란이 야기되었다.[499] 당시 기후불순으로 인해 야기된 전염병이 수많은 사람들의 생명을 빼앗아가고, 그 원인이 생선회 때문이라고 膾炙되면서 魚膾를 엄금했을 가능성이 높다. 왜냐하면 오랫동안 생선회를 즐겨왔던 중국인이 한 시기를 지나면서 오늘날까지 전혀 먹지 않게 된 것은 분명 강한 충격적인 배경이 있었을 것이기 때문이다.[500] 반면 중국과 여건이 다른 조선에는 생

---

498)『酒饌』「煎煮方 · 膾割法」.

499) 劉昭民,『中國歷史上氣候之變遷』, 臺灣商務印書館, 1992, 147~152쪽; 김종규,『기후의 역사』, 한울아카데미, 2004.

선회의 전통이 그대로 정착된 것이다.

(5)湯과 국[羹] : 한국의 음식문화 중 독특한 또 다른 문화는 탕과 국[羹]문화이다. 식사할 때 羹의 중요성은 이미 『예기』「內則」편에서 볼 수 있다. 당시 화북지역의 밥상은 밥[飯]과 국[羹]이 중심을 이루었는데, 「曲禮」편에 의하면 이때 밥은 왼쪽, 羹은 사람의 오른쪽에 놓으며, 이런 밥상의 모습은 제후에서 서인에 이르기까지 차등이 없었다고 한다. 한국은 이런 전통을 지금까지 잘 지속하고 있는 세계의 유일한 국가이다. 그렇다면 이런 국의 문화는 언제부터 시작되었을까? 이미 한대 馬王堆 1호 漢墓의 遣策에는 29가지의 다양한 羹과 그 소재를 전고에서 밝힌 바 있다.[501] 여기서는 한국 국문화에 직접적인 영향을 끼친 원대의 羹, 湯과 한반도의 관계를 살펴보고자 한다.

우선 『음선정요』에 나타난 湯과 羹을 보면, 湯이 34가지, 羹이 26가지, 그리고 粥이 22가지에 달했다. 湯羹을 합한 수가 60종류로 한대보다 크게 증가했음을 알 수 있다. 그 외 탕 · 갱의 이름이 붙지는 않았지만 용도가 동일한 것을 합하면 더욱 늘어나게 된다.[502] 이에 반해 고려시대에는 이규보의 시에 토란국과 아욱국이 등장하며, 조선의 경우, 15세기 중엽의 종합농서인 『山家要錄』에는 고기와 야채를 넣어 끓인 대구어피탕, 장사탕과 진주탕 등 3종, 죽은 흰죽, 두죽 및 잣죽 등 5종 보인다. 1500년대 초의 『需雲雜方』에는 湯 3가지, 1800년대 초의 『酒饌』에

500) 李聖雨, 『韓國料理文化史』, 教文社, 1993, 273~274쪽에서 송대 이후 콜레라나 페스트 같은 대역병이 일어나 그 원인이 생선회에 있다고 하여 먹지 않게 되었다고 가정했다. 그가 『음선정요』라는 책을 보지 못해 원대에도 생선회를 먹지 못했다고 한 것은 잘못이나 그 원인이 콜레라 같은 전염병에 원인이 있었다는 것은 주목할 만하다.

501) 崔德卿, 앞의 논문, 「戰國 · 秦漢시대 음식물의 調理와 食生活」, 141~142쪽; 153쪽. 흥미로운 것은 다양한 요리법 중에 粥과 湯은 보이지 않는다.

502) 『飮膳正要』 권2, 「黃雌鷄」은 비록 湯이나 羹의 이름은 붙지 않았지만, 조리과정을 보면 이들과 동일하다.

서는 탕 10가지가 등장한다. 하지만 이미 기원 전후의 광주 신창동유적에서 목제 국자와 주걱이 등장하고, 6세기의 창령 송현동이나 함안 성산산성의 목기 출토유물 중에 다양한 목기 그릇과 주걱 숟가락 및 젓가락이 출토되고 있는 것을 미루어 탕과 국이 이전부터 존재했을 가능성은 크다. 그렇지만 고려와 조선 문헌 사료만으로 보면 적어도 조선전기에는 원대에 비해 湯과 羹의 수, 즉 재료와 조리방법 등이 턱없이 부족하다는 것을 알 수 있다. 이것은 당시 술의 종류가 다양했던 것에 비하면 더욱 이해되지 아니하며, 이는 오늘날과는 달리 조선시대 이전에는 湯, 羹문화가 원대에 비해 그다지 발달하지 않았음을 말해준다. 탕 · 국문화가 발달하기 위해서는 사발과 숫가락의 발달이 수반되어야 한다. 하지만 실제 신안해저에서 발굴된 고려시대의 금속 숟가락을 보면 손잡이가 길고 아래로 휘어져 있고, 술부분이 평평하여 국을 뜨기가 부적합하다.[503] 때문에 당시에는 손으로 들고 국을 마셨을 가능성이 크다. 하지만 16세기 경기도 여주에서 출토된 청동제 주발과 숟가락을 보면 오늘날과 큰 차이가 없다.

湯이나 羹의 가장 큰 특징은 재료를 국물에 우려 건더기와 함께 식용한다는 것이다. 이때 필요한 도구가 숟가락과 젓가락이었다. 『제민요술』 이전에는 간혹 채소국을 羹이라고 하고, 고기국을 臛이라고 하는 지적도 있지만,[504] 漢初 마왕퇴 1호묘의 遣策에는 채소 및 고기와 무관하게 白羹, 豚酐羹, 鯖白羹과 같이 羹이라고 표현하고 있다.[505] 그리고 『음선정요』에서는 湯과 羹을 특별히 구분하고 있지 않다. 다만 『음선정요』에도 한 곳에 '野豬臛'란 명칭이 등장하고, 野鷄羹을 臛이라고도 표현하고 있다. 여기서 羹과 臛을 동일한 의미로 사용했으며, 臛은 단지

503)『신안선 속의 금속공예』, 문화재청, 2007, 31쪽.

504) 李聖雨, 앞의 책,『韓國料理文化史』, 93쪽.

505) 湖南省博物館編, 앞의 책,『馬王堆一號漢墓(下)』, 130~133쪽.

주재료 이외 다른 보조재료를 넣지 않고 끓인 국을 지칭하고 있다.[506] 그리고 唐代의『食療本草』와 차이가 있다면, 당대에는 食療, 즉 치료에 초점을 맞추어 주재료를 중시했는데 반해,[507]『음선정요』에서는 각종 재료의 가공과 조리법 및 그 결과를 중시하고 있다. 그래서 전자에서는 단지 鯽魚, 鯉魚라고 이름하고, 후자에서는 鯽魚羹, 鯉魚湯이라 표현하여 그 재료와 요리의 결과를 구체적으로 명시하고 있다는 것이 특징이다. 흥미로운 것은『음선정요』에는「鯽魚羹」이란 이름이 두 차례 등장하는데, 같은 재료를 한 쪽은 "煎熟作羹"하여 요리하고, 다른 쪽은 "煮熟"하여 국물량에서 차이가 있었지만, 모두 羹으로 표시하고 있다. 게다가 이는 "煮作羹"한 鯉魚湯과도 조리법에서 큰 차이가 없다. 이것은 湯과 羹의 구별이 없어졌으며, 당대보다 원대의 食療가 생활 음식에 보다 근접하였다는 것을 말해준다.

『음선정요』에 등장하는 湯, 羹과 粥의 소재를 보면, 먼저 죽의 재료는 주로 소맥죽, 山藥粥, 羊骨粥, 葵菜羹 등과 같이 각종 곡물이나 채소 및 금수를 재료로 사용하면서, 山藥粥에는 양고기를 桃仁粥과 羊骨粥에는 멥쌀을 넣기도 했다. 羹과 湯의 재료는 죽과 달리 생선이 포함되어 더욱 다양하다. 주목할 점은 大麥湯, 棗薑湯같이 주재료만 넣고 끓이기도 하지만, 大麥片粉湯, 木瓜湯, 匏子湯 등과 같이 곡물과 채소로 만든 탕에는 주재로 이외 양고기를 넣거나 山藥湯에는 좁쌀을 넣기도 했다. 또 羹에도 즉 葵菜羹에는 양고기를 넣었으며, 주로 생선과 육고기가 많고 곡물은 거의 없다는 것이 특징이다.

이처럼 원대의 식료용 요리에는 모든 음식물의 소재가 탕, 국의 소재

506)『음선정요』권2,「野豬臛」"治久痔, 野雞病, 下血不止, 肛門腫滿. 野豬肉二斤, 細切. 右件, 煮令爛熟, 入五味, 空心食之."

507) 唐代『食療本草』의 목록으로는 그 요리가 湯인지 粥인 羹인지를 확인할 수 없다. 요리의 결과에 대해『飮膳正要』와는 달리 중시하지 않은 듯하다.

였을 정도로 국물 음식이 많다는 것이 특징이다. 이것은 단순한 유목음식이 아니고 북방민족의 침입으로 남북의 農牧漁獵문화가 결합되면서 그 소재도 炒狼湯, 人蔘湯, 자라탕, 熊湯, 羊脊骨羹, 鯽魚羹과 같이 다양해지면서 나타난 현상으로 봐야 할 것이다. 이런 羹, 湯의 문화는 유학을 숭상한 조선에서『예기』「曲禮」의 식사예법인 "밥은 왼쪽, 羹은 오른쪽"이란 전통을 자연스럽게 유입하게 되면서 傳統으로 자리 잡았으며, 그 결과 다양한 국[羹]문화가 본격적으로 定着하게 된 것이 아닐까 한다.

(6)매운탕 : 원대 湯문화 중 특징적인 것이 매운탕[Spicy Fish Stew]의 존재이다.『음선정요』「鯽魚羹」에 의하면, "큰 붕어의 비늘과 내장을 제거하고 깨끗하게 손질하여, 큰 마늘, 후추, 작은 고추[小椒], 속의 흰 부분을 제거한 귤껍질, 縮砂와 蓽茇" 등의 재료를 손질하여 모두 붕어 뱃속에 넣고 羹을 끓여[508] 調味하여 먹었다고 한다.[509] 여기서 특징적인 재료는 小椒이다. 당시 椒에는 인도산 胡椒와 巴蜀 지역산인 산초[蜀椒] 등이 있는데, 15세기 중기 沈周의『石田雜記』에는 辣椒를 따서 햇볕에 말려 가루로 내어 보관해두고 사용했다고 한다.[510] 이들은 美洲에서 고추가 들어오기 이전부터 존재했던 것으로[511] 이를 국에 넣어 매운맛을 더하였던 것이 주목된다. 붕어로 만든 또 다른 국은 신선한 큰 붕어의 비늘을 벗기고 아가미와 내장을 제거하고 깨끗하게 씻어서 잘게 썰어 작은 고추[小椒]와 草果[512]를 가루로 내어 파 줄기를 넣고 삶아 국을 먹는다. 전자는 오랜 설사를 치료하고 비위를 건강하게 했으

---

508) 李盛雨, 위의 책,『韓國料理文化史』, 93쪽에는 唐代 이후 湯과 羹이 국의 의미로 바뀐다고 한다.

509)『飮膳正要』권2,「鯽魚羹」"治脾胃虛弱, 泄痢, 久不瘥者, 食之立效. 大鯽魚二斤. 大蒜兩塊. 胡椒二錢. 小椒二錢. 陳皮二錢. 縮砂二錢. 蓽撥二錢. 上件, 葱醬鹽料物蒜, 入魚肚內, 煎熟作羹, 五味調和令勻, 空心食之."

510) 沈周,『石田雜記』, "造紅麴法"時, 稱"先取辢椒不拘多少, 曬乾為末, 貯之."

511) 王茂華 外2인,「略論歷史上東亞三國辣椒的傳播種植與功用發掘」『中國史研究』제101집, 2016 참조.

며, 후자는 치질이나 腸風의 치료제로 사용되었지만 그 상태로 음식의 요리로도 사용될 수 있는 것이다. 요즘의 표현을 빌리면 붕어매운탕인 셈이다. 마찬가지로 小椒와 草果를 넣고 생선 비린내를 제거하여 끓인 잉어매운탕으로 황달이나 각기병의 탕약으로도 사용된 醫食同源인 셈이다. 물론 이 같은 탕은 열을 발생하기 때문에 아열대나 열대지역에는 널리 보급되지는 않았을 것이며, 그리고 여름보다 겨울에 특히 습기가 많은 지역에 주효했을 것이다. 흥미로운 것은 『居家必用事類』「魚鱠」에 의하면 신선한 생선을 머리, 꼬리 및 내장 등을 제거하고 횟감을 뜬 후에 남아있는 생선머리와 꼬리에 생강을 넣고 매운 국을 끓여 무[菜頭]를 넣고 상에 올린다. 浙西 지역사람들은 이것을 탕회갱(湯鱠羹)이라고[513] 하였다. 이것은 지금도 한국의 바닷가 횟집에서 일반적 조리되고 있는 매운탕이다. 원대에 이런 탕이 유행했다는 것은 신안해저에서 발굴된 손잡이가 달린 다양한 청동제 조리용 국자와 주방용기를 통해서도 짐작할 수 있다.[514]

한국에 비슷한 생선 매운탕이 존재한 것은 19세기 말의 『是議全書』로서 생선찌개에 고추장이나 된장을 사용했으며, "고춧가루에 기름 두어 순갈을 쳐서 갠 뒤 찌개 위에 얹으면 빛이 아름답고 칼칼하여 좋다."라고 하였다. 이미 1809년 『규합총서』에 고추장메주가 등장하면서 甘醬 대신 고추장을 쓰라고 하여 고추장이 보급되고 있다. 그래서 메기탕에 고추장을 넣고 끓였다고 한다.[515] 매운탕은 매운맛을 통해 양기를 보충

512) 草果는 생강과 식물인 초과의 열매이다. 맛과 성질은 맵고 따뜻하다. 습기를 제거하고 한기를 없애며 가래를 삭이고 소화를 도아 체증을 없애는 효능이 있다. 학질, 만성 위염 및 급체, 구역질, 구토, 설사, 식체를 치료한다. 고기를 삶을 때 향료로도 많이 사용된다.

513) 『居家必用事類』「魚鱠」"將魚頭尾, 煮薑辣羹, 加菜頭供. 浙西人, 魏之湯鱠羹."

514) 앞의 책, 『신안선 속의 금속공예』, 130~139쪽.

515) 李盛雨, 위의 책, 『韓國料理文化史』, 245쪽; 253쪽.

해서 脾胃를 보양했으며, 몸속의 濕邪를 몰아내는 새로운 작용을 했던 것이다. 조선의 이러한 국과 탕의 문화는 원대에 다양하게 융합된 식문화의 영향을 받았을 것으로 보인다.

이상과 같이 麗元관계를 통해 程朱理學과 같은 형이상학적인 사상의 유입 뿐 아니라 생활면, 특히 음식방면에서 상호 다양한 문화적 유입과 융합을 확인할 수 있으며,『음선정요』는 이를 잘 증거하고 있다.

3)『농상집요』와 李嵒

杏村 李嵒(1297~1364년)은 固城 李氏로 고려 忠烈王 23년에 判三司使 李瑀의 3남 중 장남으로 태어났다. 1313년(충숙왕 원년) 8월에 문과에 급제하여, 1328년 32세에 元에 들어가 숙위하고 있던 충혜왕을 侍從하였다. 이때 함께 귀국한 뒤 중용되었으며, 53세 때인 1349년 2월에 충정왕을 따라 前贊成事의 자격으로 元에 갔다 온 후, 그해 9월에는 다시 충정왕의 왕위계승을 사례하기 위해 원에 갔다가 10월에 돌아왔다.『牧隱藁』「文藁」권9에 실린「農桑輯要後序」를 보면, 이암이 그의 外甥 禹確에게 전하고 奉善大夫 陜州知事 姜蓍가 이것을 판각하여 널리 전하게 되었다고 한다.[516)]

『농상집요』는 쿠빌라이가 남송정벌 이전 大元제국을 건립한 직후인 1273년에 大司農司에 의해 편찬된 농서이다. 고려에서는 이를 근거로 공민왕 21년(1372)에『元朝正本農桑輯要』라는 서명으로 판각하였다. 이 판본의 특징은 책의 끝부분에「孟祺後序」,「辰州路總管府重刊後序」,「音義」,「李穡 農桑輯要後序」,「偰長壽 農桑輯要後序」가 순서대로 쓰여

---

516) 廉定燮,「행촌 이암의『農桑輯要』도입과 의의」『행촌 이암의 생애와 사상』, 일지사, 2002, 203쪽; 223쪽에서 李嵒은 세상을 떠나기 전에 甥姪胥인 姜蓍에게『농상집요』의 간행을 부탁했으며, 姜蓍는『농상집요』의 도입공로를 이암에게 돌렸다고 한다.

있다는 점이다. 이것은 맹기가 後序 한 辰州路 총관부의 판본을 고려에서 중각하고, 이에 대해 고려말 李穡과 偰長壽가 후서했다는 말이다.

그렇다면 이 원조정본은 원대 판각된 판본 중 어떤 종류일까? 오늘날 우리가 쉽게 접할 수 있는 『농상집요』에는 두 종류가 있다. 『永樂大全』 중에서 편집한 청 건륭기의 「武英殿聚珍本」(石聲漢 校注, 『農桑輯要校注』, 농업출판사, 1982)과 상해도서관 소장본인 元刻大字本(繆啓愉 校釋, 『元刻農桑輯要校釋』, 농업출판사, 1988)이 그것이다.

무영전본은 모두 7권이며, '原序'는 王磐이 썼다고 한다. 책의 후반부에 포함된 「무영전취진본농상집요제요」에는 世祖 지원10년(1273) 처음부터 王磐이 序를 썼다고 하며, 원각대자본은 仁宗 延祐 元年本(1314)은 『농상집요』의 재판본인데, 그 후 順帝 後至元5년(1339)에 重刊한 것으로 이른바 上海圖書館所藏本이다.[517] 이를 저본으로 한 무계유 교석본에 의하면, 그 속에는 「蔡文淵序」와 함께 「中書省致江浙行省印造農桑輯要咨文」이 들어 있다.[518] 채문연의 序는 원래 元 蘇天爵의 『國朝文類』(즉 『元文類』 권36에 所載)의 내용으로 채문연이 원 英宗의 명을 받들어 至治2년(1322)의 『농상집요』 重印本에 서문을 썼다고 한다. 인종 때 판각한 舊版을 江浙省臣에게 조칙을 내려 다시 大字本으로 판각하여 1,500부를 찍어 朝臣과 諸路牧守令에게 나누어 주고 백성을 勸諭했다는 내용이다.[519] 이는 소체본에서 대체본으로 바뀌면서 채문연에게 서문을 쓰게 하고, 이후 판각하면서 첨부한 듯하다. 그 후 順帝 後至元의 판본을 토대로 건륭연간에 간행한 「武英殿聚珍本」에는 채문연의 서문은 사라지고 다시 王磐의 '原序'가 등장했다는 것이 된다.

---

517) 胡道靜, 『農書 · 農史論集』, 農業出版社, 1985, 65쪽.

518) 繆啓愉 校釋, 『齊民要術校釋』, 農業出版社, 1998.

519) 繆啓愉 校釋, 위의 책, 『齊民要術校釋』, 552~553쪽.

김용섭교수는 高麗각본의 底本에 蔡文淵의 序가 있는 것으로 보아 英宗 至治2년의 대자본이나 고려각본은 이 판본을 직접 이용한 것이 아니고, 順帝 至元2년(1336)에 지금의 호남성 沅陵 辰溪지역의 辰州路 총관부에서 重刊한 대자본이라고 한다. 여기에는 전술한 바와 같이「孟祺後序」가 들어있다. 이를 근거로『농상집요』의 찬자를 孟祺로 보고 있다.[520] 현재까지 地方版은 인종과 영종간(1314~1323년)에 城固에서 한 차례씩 간행되었으며,[521] 혜종 지원2년에 重刊되었다는 근거는 원조정본에서 비로소 확인된다. 만약 필요에 의해 지방판이 辰州路에서 至元2년에 판각되었다면, 湖廣지역의 보급용이었을 것이다. 하지만 그 때는 맹기의 도움을 받을 수가 없는 처지인데,[522] 어떻게「孟祺後序」가 들어있을까?

당시 책을 간행하고 배포하는 시기를 보면, 대체로 3년이 걸렸다. 順帝 때의 後至元5년(1339)본은『元史』「順帝紀」에 의하면, "至正2년(1342)에『농상집요』를 배포했다."라고[523] 한다. 辰州路의 경우 지원2년에 간행하여 배포될 시간쯤 정부에서 다시 後至元5년판이 간행되었다는 말이 된다. 이 시점만 유독 출판간격이 너무 벌어져 지방에서 필요한 책을 구입할 수 없어 취한 조치라고 생각할 수도 있다.

다만 後序의 경우, 책을 편찬하거나 복간할 때 보통 공이 있는 사람이 쓰는데, 채문연이 서를 쓴 것은 원서의 판각을 대대적으로 바꾸었기 때문에 그 경위를 위해 후서를 쓴 것으로, 시간이 지나면서 王磐의 原

---

520) 金容燮,「高麗刻本『元朝正本農桑輯要』를 통해 본『農桑輯要』의 撰者와 資料」『東方學志』65집, 1990, 59쪽; 65쪽.

521) 胡道靜, 앞의 책,『農書 · 農史論集』, 農業出版社, 1985, 65~67쪽.

522) 孟祺는 지원7년(1270)에 고려를 방문했으며, 나이 51세에 사망했다. 따라서 1336년이면 맹기가 이 세상에 존재하지도 않기 때문에 간행 때 맹기의 도움을 받을 수가 없게 된다.

523)『元史』권40,「順帝三」"(至正二年) 二月壬寅, 頒農桑輯要."

序가 다시 등장하는 것은 지극히 자연스럽다.

그러면 고려에서 판각한 원조정본에는 왜 「孟祺後序」가 들어있었던 것일까? 『농상집요』는 관찬서로서 대표자인 大司農卿이 있는데, 왜 맹기가 후서를 썼을까? 흥미로운 것은 원각대자본의 본문 속에 집필자로서 맹기가 등장한다는 사실이다. 즉 「論九穀風土時月及苧麻木綿」이란 제목 상단의 우측에 저자를 孟祺라고 명시하고 있다. 이 장은 「九穀風土及種蒔時月」과 「苧麻木綿」의 두편으로 이루어져 있다. 이것은 제목부터가 『농상집요』 다른 권 속의 목차와 형태가 전혀 다르다. 특히 그 내용과 동일한 목차가 권2 「파종」편 안에 모두 들어있는데, 권2의 말미에 다시 '論'이라고 하여 마치 작물전체에 대한 총평을 하는 듯한 인상을 준다. 그 총평을 맹기가 썼다고 원각대자본에 명시되어 있다. 물론 다른 부분에는 그 같은 저자의 이름이 등장하지 않는 것을 보면 그것은 공동으로 저술했기 때문일 것이다. 맹기가 王磐과 같은 시점에 後序를 쓸 수 있었던 것은 실제 맹기가 집필자의 한 사람으로 총평을 했기 때문이었거나 맹기가 집필자를 대표했거나 아니면 현실농업에 익숙한 자로서 '新添'의 정보를 가장 많이 제시한 노고가 있었기 때문이었을 가능성이다. 이것은 후서를 썼다고 해서 집필을 전담했거나 책임자를 담당한 것은 아니라는 말이다. 예컨대 『진부농서』의 경우에도 「陳旉後序」 이외에, 「洪興祖後序」와 「陳旉跋」, 「王綱跋」, 「朱拔跋」 등이 보인다. 그렇다고 그들이 저자가 아닌 것과 동일하다.

고려각본에 채문연의 序가 보이지만, 孟祺의 후서가 강조된 것을 볼 때, 順帝 後至元5년의 상해본과는 약간 다른 판본인 것 같다. 왜냐하면 英宗 때의 대자본 중에서 「蔡文淵序」가 등장하고 後至元5년본을 저본으로 한 武英殿본에서는 맹기후서가 등장하지 않기 때문이다. 그렇다면 고려각본에 맹기가 들어간 시점은 언제일까? 결국 英宗 至治2년

(1322) 이후 順帝 後至元5년(1339; 배포시기는 1342년) 이전일 가능성이 크다.

李嵒이 원에 머물렀던 시간은 1328~1330년,[524] 1349년이었다. 때문에 직접 가져왔다면 天曆2년(1329)본이 적당하고, 1349년에는 後至元5년본도 배포된 지 7년이나 지나 구입이 쉽지 않았을 것이다.[525] 마침 호남의 辰州路총관부에서 至元2년(1336)에 자체 판각한『농상집요』가 출판되어 이를 구입했을 가능성도 있다. 이 책에는 木綿 新添에 적극적이었던「孟祺後序」를 덧붙여 책의 권위를 더했던 것 같다. 이 책은 발간시기로 미루어 李嵒이 직접 원에 있을 때 구입하지 않았을 가능성도 없지 않다. 하지만 학자적 관원들이 왕래하면서 농서에 대한 정보와 양국 간의 경제와 권농에 대한 담론이 자연스럽게 오고갔을 것이며, 이때 관련 책에 대한 관심과 구입요구를 이암이 했을 수도 있었을 것이다. 이암이 죽고 8년 뒤에 元에서 가져온 원각대자본을 저본으로 1372에『元朝正本農桑輯要』가 판각되었다.[526]

현재 남아있는 부분이 전체가 아니라서 원본과 상호대조하기 불가능하지만, 남아있는 것을 통해 그 특징을 살펴보자. 우선 목차를 확인할 수는 없지만 영종 때의 大字本을 저본으로 했다면 上海本과 기본적으로 유사했을 것이다. 따라서 목차에도 '신첨'의 내용이 표기 되었을 것이다. 먼저 발견되는 것은 고려의 원조정본으로 필요시 항목을 통합하

524) 李益柱,「杏村 李嵒의 생애와 정치활동」『행촌 이암의 생애와 사상』, 일지사, 2002.

525) 매번 발행부수가 1500부 정도였고, 본서가 또 권농관의 필수 지참서였기 때문에 발행년에 구입하지 못하면 헌책을 입수하기란 거의 불가능했을 것이다.

526) 魏恩淑,「『元朝正本農桑輯要』의 농업관과 간행주체의 성격」『한국중세사연구』제8호, 2000에서는 간행의 주체가 李穡계열로 분류할 수 있는 정치세력이었다고 한다. 그들은 온건한 개선론과 농업생산력 발전을 통한 소농경영의 안정에 주력했다고 한다. 하지만 과연 이런 소극적인 부류가『농상집요』의 내용을 그대로 간행하여 적극적으로 수용 보급할 수 있었겠는가는 다소 의문이다.

여 한 제목 속에 포함시키고 있다는 점이 주목된다. 예컨대 권5의 「瓜菜」 속의 '芹古刀'와 '甘露子'를 앞의 '荏蓼'항목에, 권6의 '芰'는 '芡'항목에 통합해서 처리하고 있다는 점이다. 그리고 고려정본 권4에는 殿本과는 달리 「收種」과 「浴連」의 사이에 「擇繭」장이 없다. 또 권5의 「種瓜」를 보면 '于'대신 '於'를 쓰고 있으며, "治瓜籠法" 다음의 내용의 전본에는 大字이나 이 역시 小字體로 적혀 있으며, "又摘瓜法"의 내용이 빠진 것 등이 殿本이 아닌 元刻의 상해본과 닮아 있다. 따라서 고려정본은 적어도 1406년에 완성된 『영락대전』을 저본으로 한 殿本보다 오래되었음을 알 수 있다.

고려 원조정본의 또 다른 특징은 '音義'이다. 이 같은 현상은 원대 『농상집요』나 중국의 농서에는 보이지 않는다. 다만 북송 至道2년(996) 각본의 『四時纂要』를 1590년 조선에서 중각할 때 '音注'를 추가한 듯하다. 내용은 '芹古刀'와 같이 독특한 글자에 대한 音을 표기한 것이다. 이보다 이전의 高麗 『원조정본농상집요』의 경우 音 표기와 함께 '畊耕同'에서 보듯 글자의 의미까지 단 「字音義」가 첨부되어 있다. 「字音義」는 전훈과 穀物(권1~2), 蠶桑(권3~4), 菜果木(5~7권)으로 구분하여 卷당 약 30개 전후의 단어를 제시하여 뜻풀이를 하고 있다. 이 목적은 단순히 鄕言으로 바꾼 것이 아니라 농서에 등장하는 전문기술과 용어에 대한 뜻을 밝혀 책의 이해를 돕고, 권농하는 관리에게는 명확하게 의미를 전달하기 위해서였을 것이다.

원조정본에는 권1~2, 권3~4, 권5~7의 음의를 한데 묶어 각 권의 끝에 배열하고 있다. 당시 이 책이 비록 지방관원에서 편찬되었다고 하더라도 주된 독자층은 관료지식층이었을 것이다. 이것은 『농상집요』 속의 농업기술을 농민에게 보급해야겠다는 강한 애착과 함께 한편으로는 고려의 식자층이 아직 중국농업기술을 충분히 수용할 정도의 지식을 갖추지 못했음을 말해준다. 이는 책의 내용을 현실화시키기에는 일정한 시간이 필요했음을 의미한다. 그럼에도『농상집요』를 판각해야겠다고 생각한 이유는 어디에 있었을까? 그것은 책의 내용 때문이었을 것이다.『농상집요』는 유사한 농서인『제민요술』과『진부농서』와 대비해 볼 때 소농중심의 농서였다는 것을 잘 알 수 있다. 王磐의 서문에서도 지적했듯이 당시 세조 쿠빌라이는 民富의 근원은 農桑에 있으며, 농상이 잘 유지되어야 飢寒에서 벗어날 수 있다는 신념이 있었다. 대사농사를 설립한 후,『농상집요』편집할 때 쿠빌라이가 다른 일은 하지 말고 농상의 권면에 주력하라고 명령한 사실도 이를 말해준다. 결과는 民富를 도모하고자 했던 것이다. 물론 건강한 민의 양성은 부국강병의 원천이라는 의미도 내재되어 있었을 것이다. 飢寒을 해결하는 방안을 식량생산에서 끝낸 것이 아니라『농상집요』속에는 상품작물의 재배를 통해 부를 축적할 수 있는 방법을 구체적으로 제시하고 있다. 특히 국가가 新添작물을 제시하여 方外의 작물에 대한 정보까지 권농을 통해 농민에게 제시한 것은 주목할 만하다.

『농상집요』는 단순히 농시나 자연의 질서에 순응하여 풍토에 안주하는 농업에 종사할 것을 요구한 것이 아니라 인내와 도전을 요구하고 있다. 이것은 권농과 수탈을 일삼았던 과거의 농정과는 다른 모습이라는 것을 농서를 통해 확인할 수 있으며, 몽골의 신속하고 강력한 조직력이 농업에까지 미치고 있다는 것을 고려 사신들은 원을 왕래하며 보았을 것이다. 몽골족은 오랜 시간 자연과 투쟁하며 광대한 지역을 거침없이 정복했던 유목민이다. 특히 방대한 울루스 국가를 경영하면서 색목인과 한족의 도움을 받아가며 그들의 부족함을 채우면서 통치를 행하였다. 송대 농업정책의 문제점을 파악하고 이를 극복하고자 노력했을 것이며, 그 첫 사업이 屯田의 설치와『농상집요』의 편찬이었을 것이다.

이 같은 역동적인 元 경제의 움직임을 고려의 지식인들은 간파했을 것이고, 또한 국내외적인 교역과 시장개척도 직간접으로 체험하면서,

한편으로 고려의 농민과 농업을 보았을 것이다. 그리고 李嵒과 같이 젊고 패기 찬 지식인은 고려에도 상대적으로 자유롭고 교역이 활발한 시장을 염원했을 것이다. 판각한 元朝正本의 농서 속의 작물이 비록 한국의 풍토에 맞지 않고, 쉽게 구할 수도 없는 작물일지라도 충실하게 『농상집요』를 중간했던 것을 보면 그런 이상을 실현하려는 희망이 있었다고 볼 수 있을 것이다.

『농상집요』는 조선왕조가 개창되어 처음으로 농서를 발간할 때까지 내용과 체제면에서 중요한 참고자료였다. 하지만 1429년에 이를 근거로 편찬된 『農事直說』의 목차를 보면, 「備穀種」, 「耕地」, 「種麻」, 「種稻」, 「種黍粟」, 「種稷」, 「種大豆小豆菉豆」, 「種大小麥」, 「種胡麻」 및 「種蕎麥」을 제시하고 있고, 蕎麥의 끝에 '油麻[芝麻]'과 '小蘇子[水荏子]'라는 이름만 덧붙이고 있다. 이 『농사직설』의 내용은 모두 『농상집요』의 7권 중 권2의 주곡에 관한 내용인데, 그것도 권2 중 「薥黍」, 「苧麻」, 「木綿」 등은 아예 빠져있다. 뿐만 아니라 여기에는 『농상집요』 권1의 「典訓」편, 권3의 「栽桑」, 권4의 「養蠶」, 「蠶事預備」, 「修治蠶室等法」, 「變色生蟻下蟻等法」, 「涼煖飼養分擡等法」, 「養四眠蠶」, 「蠶事雜錄」, 「簇蠶繰絲等法」, 「夏秋蠶法」편, 권5의 「瓜菜」, 「果實」편, 권6의 「竹木」, 「藥草」편, 권7의 「孶畜」, 「禽魚」, 「歲用雜事」편 등의 내용이 전혀 수록되어 있지 않다.

그렇게 된 것에는 태종 때 『원조정본농상집요』의 일부 즉 「耕墾」과 「播種」편만을 발췌하여 小民들이 이해할 수 있도록 俚語로 번역한 『농서집요』와 『養蠶經驗撮要』 편찬했던[527] 것과 무관하지 않을 것이다. 이때 『농서집요』의 목차는 기본적으로 『농상집요』의 권2의 「耕墾」과 「播種」편과 유사하다. 세종 때 『농사직설』을 편찬할 때 복잡한 『농상집요』의 내용보다 간편본인 『농서집요』의 체제에 의존하고, 게다가 「苧麻」,

527) 廉定燮, 앞의 논문, 「행촌 이암의 『農桑輯要』 도입과 의의」, 225~228쪽.

「木棉」과「論九穀風土時月及苧麻木棉」편은 제외했다. 그리고『농사직설』보다 약간 앞서 발간된『양잠경험촬요』도『농상집요』의 1/5정도의 내용으로 축소하여 출간하였다. 곧 이어『농사직설』에는『농서집요』에 제시된 농경방식이 華北지역의 것이기에 조선의 풍토와는 맞지 않는다고 하여 조선[삼남지역]의 풍토와 현실에 적합한 농서의 편찬과 그 보급의 필요성을 제기한 것이다. 이는 일면 타당한 견해라고 생각할 수도 있지만, 그 후 점차『농상집요』의 많은 곡물이 그 풍토를 극복하고 재배된 것을 감안한다면 이런 지적은 지역의 특수성에 대한 고려였다기보다는 그 시점에서의 필요에 대한 인식 부재와 재배기술 및 정책적 한계였다고 볼 수 있다.

특히『농서집요』와 같이『농사직설』에도「瓜菜」,「果實」,「竹木」,「藥草」등 소농민의 糧食과 收益과 관련된 일체의 내용이 빠진 것을 보면, 당시 원대의 농업기술을 적극적으로 수용할 준비가 되어 있지 않았던 것 같다. 이것은 비록 王命에 의한 편찬된 사업이지만『농사직설』에는 곡물은 품종, 지역과 기후에 따라 농시가 다르고, 같은 지역도 풍토가 달라 농업기술의 적용을 달리 해야 하며, 그로 인해 농시를 상·중·하로 구분한다는『농상집요』의 지적에는 주의를 하지 않았던 것이다.

『농사직설』의 내용상의 특징은 우선 주곡의 배열순서가『농상집요』에서는 粟[穀], 麥, 稻, 黍, 豆, 胡麻, 麻의 순인데 반해,『농사직설』에는 麻, 稻, 黍粟, 豆, 麥, 油麻 순으로 되어 있다. 15세기의 조선에서는 벼와 麻布의 생산을 통한 의식확보를 중시했음을 알 수 있다. 그리고『농상집요』의 잠상부분을 모아 15년 전에『양잠경험촬요』를 간행한 것을 보면 원대와 같이 富民을 위한 필요성에서 비롯된 것은 아니었지만 지배층을 위한 견직의 필요성은 컸던 것 같다. 그 때문인지 養蠶은 요점만을 발췌기록하고 綿花는 언급조차 하지 않고 있다.[528] 면화의 경우 비슷한 시기에 강희맹의 『四時纂要抄』 4월조에 '耕木綿'이란 말이 처음 등장하고, 230년이 지난 1655년 『농가집성』에서야 비로소 「種木花法」이란 항목이 보인다. 그리고 『元朝正本農桑輯要』와 마찬가지로 『농사직설』에도 글자에 따른 音과 뜻을 풀이한 「字音義」가 있다.

편찬의도를 『농상집요』에서 "국가의 근본은 民이며, 민은 衣食을 근본으로 하며, 의식은 農桑을 근본 한다."라고 한 것과 유사하게 『농사직설』에서도 농자는 국가의 대본이며, 식량생산에 주목하고 있다. 하지만 『농사직설』에서는 "五方의 풍토가 다르고 작물에 따른 농법이 제각기 있다."라고[529] 하여 『농상집요』의 「九穀風土及種蒔時月」편의 풍토론에 대한 견해를 편의적으로 수용하고 있다. 즉 이러한 풍토론은 국내 선진농업기술의 전국적 보급을 중시하고, 풍토차로 인한 해외물산의 국내 수용거부를 시사하기도 한다. 풍토론을 지나치게 강조하는 것은 유입작물의 전파를 두려워하거나 방해했다는 비판에서 자유로울 수 없다. 『농상집요』가 진정 주장하는 것은 "가령 각 지역에서 똑같은 농시를 채용하고 있는 것은, 실로 비파의 기러기발을 아교로 붙여서 곡조를 내지 못하는 것과 같다."라고[530] 비유하였으며, 풍토에 맞지 않는다고 핑계를 댈 것이 아니라 이를 극복하여 他方의 물산도 그 지역에 적합하게 수용하여 적극적으로 재배할 것을 「苧麻木綿」에서 잘 제시하고 있다.[531] 그런 점

528) 물론 李光麟, 「『養蠶經驗撮要』에 대하여」『歷史學報』 28집, 1965에 의하면, 태종 때 『농상집요』에서 양잠편을 추출하여 俚語로 번역하여 『양잠경험촬요』라는 책을 출판했다고 한다. 이책은 비록 『농상집요』의 내용을 축소하여 출판했지만, 어떤 부분은 『농상집요』보다 상세하며, 특히 「用葉」, 「候病理療」와 「祀先蠶神」 등은 새롭게 추가한 것을 보면 양잠에 대한 관심이 지대했음을 알 수 있다.

529) 『農事直說』 「序」 (金榮鎭 譯註, 『朝鮮時代前期農書』, 韓國農村經濟硏究院, 1984), 44~46쪽.

530) 『農桑輯要』 권2, 「九穀風土及種蒔時月」 "苟比而同之, 殆類夫膠柱而鼓瑟矣."

531) 『農桑輯要』 권2, 「苧麻木綿」; 최덕경 역주, 『농상집요 역주』, 세창출판사, 2012, 178~185쪽 참조.

에서『농사직설』에서는『농상집요』의 적극적인 의도를 충분히 반영하지 못했다고 볼 수 있다.[532)]

뿐만 아니라『농상집요』가 본래 지닌 상업작물과 신지식에 대한 적극적인 수용태도와 같은 원대의 진취적이고 강력한 유목적 에너지를 흡수하지 못하고, 오히려 송대처럼 농업과 농촌 속에 농민을 묶어 두는 방식으로 변했던 것이다. 그 속에는 상품작물과 그를 통한 소농민과 富民의 성장을 도모했던 정책은 보이지 않았다. 하지만 본래 李嵒이 元을 경험하고 귀국길에 密州를 지나면서 蘇軾의 작품 중 "새벽을 알리는 닭의 울음소리 처량하고,", "五湖의 봄을 낚으련다."[533)]와 같은 詩句를 읊으며, 암담한 고려 말기의 현실을 극복하고자 한 희망을『농상집요』를 통해 이루고자 했던 것은 주목해야 할 것이다.

8. 결론

본고의 기본적인 의문, 즉 유목민인 몽골족이 大元제국을 건립한 이후 어떤 방식으로 농업생산에 진력하고, 그것을 토대로 어떻게 통치하였는가는 물론이고 국내외의 교역을 활발하게 추진할 수 있었을까를 추적하였다. 이를 구명하기 위해 필자는 3가지 관점에서 주목했다. 첫째 大元의 농정, 특히 대사농가를 건립하여 권농사를 파견하고, 전대와 다른 농업인식과『농상집요』편찬에 주력했던 사실과 그 배경을 살폈다. 그리고 정복과정에서 지역의 거점을 확보하고, 생산의 전진기지로 삼았던 둔전의 설립을 살피고, 권농관이 어떻게 권농하여 농민을 농촌

532) 물론 여말선초의 정치적 상황과 원명의 교체가라는 상황에서 元은 더 이상 朝鮮의 이상국가가 아니었기 때문이었을 수도 있다.

533) 1349년 9월 이암이 귀국길에서 당시 자신의 심정과 흡사한 蘇軾의「過密州次韻趙明叔喬禹公」이라는 구절을 읊조렸던 것으로 생각된다.

에 안착하게 하고, 그들을 교육하여 부국강병의 토대로 삼았는가를 농촌 하부조직인 村社를 통해 구명하였다. 둘째, 원대의 『농상집요』의 발간배경과 농서 속에 등장하는 농업내용을 통해 원대 농업이 지향했던 것은 무엇이며, 특히 기존의 농업정책과는 달리 民富를 위해 다양한 상품생산을 권유하고, 새로운 작물재배에 주목했던 원인을 살폈다. 셋째는 이렇게 생산된 농산물과 방직업이 당시 원대의 국내외의 시장개척과 무역에 적지 않은 영향을 끼쳤으며, 그로 인해 조성된 경제상의 변화는 생활상에는 어떤 작용을 했는가를 살펴보고자 했다. 이를 위해 당시 의식 재료의 변화와 식료서인 『음선정요』를 통해 살펴보고, 특히 그러한 현상이 인접국가에는 어떻게 작용했는지를 고려 식생활의 변화를 통해 검토하였다.

쿠빌라이가 정권을 잡으면서 가장 주목했던 정책이 몽골족에 대한 적개심을 완화하고 민심을 회복하는 것이었는데, 그것은 바로 한족에게 의식의 안정된 생업을 보장해주는 것이었다. 世祖 충통3년(1262)에 실시한 토지개간과 농상보호정책은 이 같은 일환이었다. 쿠빌라이는 이를 위해 권농기구를 설치하여 중앙과 지방의 농정을 점검했다. 초기에 자주 바뀌는 권농관의 명칭과 같이 일관성을 갖지 못했으나 지원7년(1270)에 농상수리를 전담했던 司農司를 대사농사로 개칭하고, 특히 지원12년 4월에는 대사농과 어사대부를 겸직하면서 諸路의 勸農官의 역할을 제형안찰사에게 위임하였다. 이는 권농사의 기능이 안찰사에게 넘어가고 대사농사의 농상에 대한 기능에 감찰과 확인행정의 기능이 겸하게 되었음을 의미한다. 이것은 몽골족이 기존의 방식으로 농업생산력을 제고하고 인민을 효과적으로 관리하고 통제하는 데 문제가 있었음을 말해준다. 『원사』에 舊制, 古制, 宋制 등의 용어가 백 수십 번이나 등장하는 것은 바로 원대 이전의 한인정책과는 구별되는 정책을 구사했음을 의미하기도 한다. 권농사가 지방을 "巡行勸課"하면서 기술

교육 못지않게 주의를 기울였던 것이 바로 "擧察勤惰", "考校勤懶", "抑遊惰", "禁遊惰"한 것이었다. 이것은 생산 활동을 저해하거나 생산에 몰두하지 않는 자를 단속했음을 뜻한다. 이때 농정을 위해 실제 농민과 접촉한 인물이 바로 村社조직의 社長이었다.

『通制條格』「田令 · 農桑」와 『元史』「食貨」에는 촌사에 대해 상술하고 있다. 사장은 대개 연장자이며 농사에 밝은 자로서 촌락민의 지지를 받는 자가 임명되었는데, 주로 촌사에서 농사일을 독려하고 감독하였다. 사장의 역할을 효과적으로 수행하기 위해 官司에서는 직역을 맡기지도 않고 잡세도 면제해주었으며, 또한 里正과 縣의 압력으로부터 보호해주는 제형안찰사나 廉訪司가 정기적으로 순행했다. 그때 만약 촌락의 풍속을 어지럽히거나 농사에 게으른 자가 있으면, 정기적으로 提點官에게 보고했다. 이것 역시 군사적 통치방식이 농정에까지 미친 것으로 원대가 지닌 독특한 특징이며, 이것은 빠른 농업생산회복과 국가가 원하는 방향으로 농업을 발전시키는데 중요한 작용을 했던 것이다.

군사주둔지의 원활한 식량공급을 위해 설치한 둔전책 역시 전대와는 다른 특징을 지녔다. 점령지가 확대되면서 鎭戍지역을 중심으로 둔전이 운영되었으며, 이들은 촌사조직과는 다르지만 둔관에 농사에 정통한 자를 충임했으며, 통일 후에는 식량보충의 수단으로 발전하면서 전국적으로 확대되었다. 14세기 초에는 전 行省에 둔전이 설치되어 120여 곳으로 늘어났으며, 참가군대나 경작자에 따라 다양한 형태로 구분된다. 그리고 변방이나 남방지역의 경우 비록 전쟁지역이 아닐지라도 인민을 감시할 필요가 있었기 때문에 둔전을 설치하기도 했다. 둔전이 각 지역에 설치되면서 다양한 민족이 둔전으로 遷移되고, 이를 통해 황무지가 개간되고 농업생산도 크게 회복, 발전했다. 게다가 수확의 결과에 따라 관할한 宣徽使나 軍士에게 상을 내려 군 · 민둔의 지력을 최대한 높였다는 점에서 또 다른 농정의 일면을 볼 수 있다. 이것은 농업이 군사정책과 결합하면서 정복지를 장기적으로 지배했다는 점에서 원대 농업에서 또 다른 의미를 발견할 수 있다. 하지만 둔관이 둔전을 사용화 하거나 호강세력이 장악하여 둔전내부에 수탈관계가 형성되면서 둔전은 붕괴의 길을 걷게 되었다.

원대 농정을 언급하면서 특히 주목한 부분은 농서편찬이었다. 유목민족이 건립한 원왕조에서 다른 시대보다 농서를 많이 편찬했다는 점이 특기할만하다. 남송의 陳旉가 그의 농서의 서문에서 "자신이 실제 경험한 것을 농민에게 도움이 되기를 바라면서 농서를 편찬"했는데, 「陳旉跋」에서는 "사대부들이 농사의 본질을 깨우치지 못하고 망령되게 삭제하고 개사하고 미사여구만 덧붙여 농사의 이치에 괴리가 생겼다." 라고 사대부들의 농업의 현실감에 불쾌감을 보이고 있다. 이것은 송대 사대부의 농업에 대한 비실용적이고 이해가 부족한 면을 단적으로 말해주는 것으로 몽골지배층도 화북에 체류하면서 이런 사실을 미리 간파했을 것이다. 『농상집요』를 편찬한 동기는 이 같은 송대 관료에 대한 불신과 함께 기존 농서가 농업 경영자를 위한 농서였다는 것에 반발하여 생산자 농민을 위한 농서를 편찬할 필요성을 인식했으며, 그것이 바로 農桑을 중심으로 편찬한 『농상집요』였다.

『농상집요』는 비록 기본 전개과정이 『제민요술』과 닮아있지만, 주곡 이외에 각종 생활에 필요한 작물을 다양하게 제시하고, 또 개별 농민들이 농가부업으로 반드시 알아야 할 사항을 기억하기 쉽게 서술하고 있다는 점이 특징이다.

당시 농사에 정통한 자를 권농관으로 삼은 것은 물론이고, 대사농사와 村社조직이란 농정을 통해 농민을 조직화하여 농업을 장악했으며, 이런 방식을 통해 바로 지역과 인민을 지배하였다. 촌사의 사장은 농민에 대해 작물에 대한 신지식과 농업기술의 보급과 생산력의 향상에 실질적으로 앞장섰다. 무엇보다 권농에 장애요인이었던 게으르고 국가정책에 잘 순응하지 않았던 자를 효과적으로 관리하여 시정함으로써 생산의 효과를 배가하였다. 여기에는 원대가 지닌 군사조직과 감찰조직이 크게 작용했다는 것이 이전 시대의 농정과 다른 점이라고 볼 수 있다. 즉 군사와 감찰기능을 농정에 적용하여 신속하고 과단성 있게 해결함으로써 농업생산을 국가적 목적에 맞출 수 있었던 것이다.

대사농사가 주도하여『농상집요』를 편찬할 때 역점을 둔 것은 農桑業과 상업적 작물생산에 주목한 것이다.『농상집요』가 이전의『제민요술』에서 많은 부분을 참고로 했지만 현격하게 다른 점은 음식과 양조같이 잉여생산물을 가공했다기보다 농민의 실제생활에 보탬을 주는 부분에 초점을 맞추었다는 점이다. 그리고 주곡생산보다 잠상, 마포나 면포와 같은 직물생산에 크게 주목했다는 점이다. 이러한 현실은 이미『진부농서』에서도 찾아볼 수 있지만,『농상집요』는 농업경영의 측면이 아니라 생산하는 농민이 현장에서 바로 활용할 수 있도록 농서를 집필했다는 점이 다르다. 특히 양잠부분은 처음부터 마지막 직조에 이르기까지 구체적으로 안내하고 있는 것이『농상집요』의 특징이다. 이러한 영향 때문인지 40년 후에 등장한『왕정농서』의「農器圖譜」에서는 각종 농기구의 역사와 사용법을 구체적으로 소개하여 실제 농민이 "力少功多"하는 효과를 낼 수 있도록 제시하고 있다는 점 역시 농민의 측면에서 배려한 농서라고 볼 수 있을 것이다.

이와 더불어 원대의 농서 속에는 몽골민족의 도전정신이 잘 배어 있다. 대표적인 것이 바로 풍토론에 대한 극복이다. 지금의 모든 물산이 다른 지역에서 들어왔는데, 풍토에 맞지 않는다는 핑계로 方外에서 유입한 신품종의 재배를 게을리 해서는 안 되며, 꾸준히 지력을 회복할 것을 권유하였다. 이러한 정신은 원대 3대 농서 속에 모두 계승되고 있다. 그 결과 토지생산력은 전대를 능가했으며, 송원대 이후 農桑체계의 형성을 통해 생산된 각종 농산물과 직물은 국내외적으로 유통되면서 교역시장이 확대되었던 것이다.

쿠빌라이가 정권을 잡은 이후 측근에서 그가 중원에 안착할 수 있도록 도와준 潛邸舊侶집단이며, 첫 사업 중 하나로 시작된 것이 권농사 설립과 『농상집요』의 편찬이다. 『농상집요』의 특징은 農桑에 의한 농민의 衣食 충족과 상품작물의 재배였다. 단순한 주곡의 생산기술과 비단이나 목면같은 직물에 머물지 않고, 각종 야채 · 과실 · 竹木 및 가축과 양어에 이르기까지 상품화하여 부민이 될 수 있는 것을 제시하고 있는 것이 주목된다. 이를 위해 기존의 농시와 풍토를 중시하고 그에 순응했던 것과는 달리 풍토를 극복하도록 요구했다. 실제 『농상집요』 에 등장하는 내용 중 특징적인 것은 蠶桑의 내용이 전체의 1/3을 점하며, 木綿과 苧麻와 같은 新添의 작물과 이들을 상품화하는데 주력했다는 사실이다. 이처럼 단순한 지식전달이 아니라 작물에 따라 農時를 다양하게 응용할 것을 주문하였다. 특히 「蠶事雜錄」에는 오랜 경험을 통해 체득한 양잠의 내용과 돌연히 발생하는 주의사항을 생산자 관점에서 제시하고 있다. 그리고 瓜菜類의 비중이 확대되면서 채소의 저장기술이나 남, 서방의 물산의 북방 재배를 추진하였다. 그 결과 主穀의 파종비율(13.5%)이 양잠(30%), 과채와 과일(13%), 竹木과 藥草(17%)에 비해 상대적으로 크게 줄어든다. 이것은 당시 상업적 재배에 주목했음을 말해준다. 이 같은 상품이 바로 국내외의 상품유통과 교역망을 넓히게 된 요인이 되었던 것이다. 이와 행보를 같이하여 『농상집요』는 世祖 지원 10년(1273)에 편찬된 이후, 인종 이후부터는 거의 5~7년 간격으로 한 번씩 重刊했다는 점에서 農桑의 기반에 따른 국내외 교역시장의 의지를 살필 수 있다.

원대 農桑위주의 정책의 결과, 강북과 강남에서는 科差와 夏稅를 통해 비단과 마포를 징수하였고, 山東과 閩浙은 대표적 생산지로 자리 잡았다. 『원사』 「食貨志 · 科差」에 보이는 중통4년의 과차액 속에 "綿七萬

二千一十五斤"이 보이는데, 綿은 絹, 布에 비해 상대적으로 징수량은 적지만 강남지역에는 이미 적지 않게 재배되었음을 살필 수 있다. 이렇게 생산된 각종 곡물과 견직물 등은 도자기, 차 등과 함께 국내외 교역의 중심을 이루었다. 송원시대의 국외 교역의 실태는『영외대답』,『제번지』와『도이지략』등에 잘 묘사되어 있다.『도이지략』에는 교역한 국가와 항구가 220여 곳에 달했으며, 대표적인 지역은 필리핀, 인도네시아 군도와 인도차이나지역이었다. 당시 수출된 대표적인 물산은 도자기, 비단과 木綿이었다. 石聲漢에 의하면 중국의 목면은 이미 한대에 서아시아로부터 아프리카산 草綿이 유입되었다고 한다. 그 외에도 남부지역에서 아시아산 中綿이 도입되기도 했다. 목면이 본격적으로 재배되면서 비로소 마포와 견직과는 달리 부드럽고 따뜻한 綿 옷을 입게 되어 따뜻하게 겨울을 보낼 수 있었다.

당시 元과 정치적인 간섭아래 놓여있던 고려도 세계 대제국을 건설한 원과 다양한 관계에서 긴밀하게 교역하였다. 고려의 인삼, 白附子와 같은 약재와 '毛施'라는 이름의 苧麻는『제번지』에 소개되어 세계시장에도 유통되었다. 이 중 인삼은 몽골사회의 食療에 적지 않은 영향을 끼쳤다. 원대 조리식료서인『음선정요』를 보면 원대 식생활문화의 실태와 그것이 고려의 식생활에 어떤 영향을 끼쳤는가를 짐작할 수 있다. 이 중에서 주목되는 것은 인삼, 포도주, 소주, 생선회, 湯과 국[羹]문화 및 생선매운탕 등등은 오늘날 한국인이 가장 선호하고 자랑하고 있는 음식이기도 하다. 이들이 고려후기에 왕래, 체류했던 양국의 사람들에 의해 도입되고 조선시대를 거치면서 한반도의 주된 음식문화로 자리 잡았던 것으로 보인다. 뿐만 아니라 고려는 원에 편승하여 동남아시아 여러 국가와 교역할 수 있는 길을 열기도 하였다.

고려는 당시 원대의 사회경제의 주된 작용을 했던 목면과『농상집요』에도 관심을 가졌다. 文益漸에 의해 유입된 목면은 풍토를 극복하고,

서민에게 따뜻한 의복을 제공하는데 중요한 작용을 했다. 『농상집요』 역시 공민왕21년(1372)에 『원조정본농상집요』를 편찬하여 원대의 선진 농업기술을 전수하여 활발한 사회경제의 모습을 고려 땅에 이식시키고자 했다. 하지만 朝鮮 初에는 농서를 수용할 준비가 갖추어져 있지 않았다. 그래서 『농상집요』의 일부를 초사한 『농서집요』를 간행하여 원대와 같은 경제를 꿈꾸었지만, 결국 老農의 경험을 바탕으로 『농사직설』이 탄생하게 된 것이다. 여기에는 主穀이 중심을 이루었고, 『농상집요』를 통해 꿈꾸었던 다양한 상품경제의 모습과 富民의 정신은 보이지 않고, 內卷化된 농업으로 변모되었던 것이다.

제 2 장

한국 중세의 농정과 이암의『農桑輯要』도입

부산대학교 인문대학 사학과 교수 李 宗 峯

1. 머리말

전근대 국가의 중요한 生産基盤은 農業을 중심으로 유지되었기 때문에, 국가는 농업문제에 대해 많은 관심을 가져왔다. 특히 농업은 백성의 생존권 문제와 직결되기 때문에 더욱 등한시 할 수 없었다. 한국 중세시기 국가의 농업에 대한 관심은 다양한 농업정책으로 추진되었고, 農書 간행 · 보급은 그러한 정책 중에서 가장 중요하게 추진된 사항의 하나이다. 왜냐하면 농서의 간행 · 보급을 통해 새로운 농업기술을 여러 지역에 보급함으로써 이를 토대로 농업생산력의 증대를 도모할 수 있기 때문이다. 그러므로 한국 고려시기의 농업생산력증대의 토대로서 실시된 농업정책과 그 일환으로 추진된 농서의 간행 · 보급에 대해 살펴보는 것은 중요한 의미를 가진다고 하겠다.

한국 중세(고려 · 조선전기)의 농정, 즉 농업정책의 연구에 대해서는 농정의 구체적인 부분에 대해 이루어졌다. 수령들이 권농사를 겸대하는 부분과 수령의 중요 임무인 '수령 5事'에 대해서도 연구되었고, 그리고 권농의 구체적인 양상에 대해서도 다양한 연구가 이루어졌으며[1] 필자도 그와 관련한 논문을 이미 발표한 바 있다.[2]

그리고 농정에서 중요한 부분은 선진농업기술을 전파하는 농서의 간행인데, 고려시기에 간행된 농서류를 통해 농정과 농서 간행의 의미를 살필 수 있다. 12세기에는 林景和에 의해『孫氏蠶經』이 번역 간행되었는데,[3] 이에 대한 연구도 일부 이루어졌다. 그리고 최근에 경북 성주군

---

1) 이종봉,「高麗後期 勸農政策과 土地開墾」『釜大史學』15 · 16, 부산대 사학회, 1992; 김용섭,『한국중세농업사연구』, 지식산업사, 2000; 한정수,『한국 중세 유교정치사상과 농업』, 혜안, 2007; 이정호,『고려시대의 농업생산과 권농정책』, 경인문화사, 2009.

2) 이종봉, 위의 논문, 1992.

3) 이종봉, 위의 논문, 1992.

가야산 深源寺 소장 '吉凶逐月橫看'의 고려목판이 발굴 조사되었는데,[4] 고려목판의 성격과 고려시기의 작물파종과 그 의미를 새로운 관점에서 해석할 수 있게 하였다.[5]

아울러 원의 司農司에서 간행한 『農桑輯要』가 고려로 도입되어 간행되었는데, 이에 대해서는 일찍부터 많은 연구자들이 관심을 가지고 연구를 진행하였다. 고려말 『농상집요』의 도입은 조선초기에 華北旱地農業의 영향을 강하게 받았다는 견해와[6] 조선초기에 『농상집요』를 『養蠶經驗撮要』로 발췌 · 번역함으로써 양잠분야에 많은 영향을 주었다는 견해,[7] 『농상집요』를 『農書輯要』로 발췌 · 번역함으로써 조선초기 농업사상에 영향을 주었다는 견해[8] 등이 제시되었다. 그런데 20세기 후반에 고려각본 『농상집요』가 새롭게 알려지면서 『농상집요』의 찬자에 대한 새로운 문제 제기가 있었다. 김용섭은 고려각본 『농상집요』의 검토를 통해 『농상집요』의 찬자를 기존에 大司農司라고 이해하였던 부분에 대해 실제적인 찬자를 孟祺로 파악하는 새로운 견해를 제시하였고,[9] 필자도 『농상집요』의 도입시기와 간행의 의미를 검토한 바 있다.[10] 이후

---

4) 위은숙, 「深源寺 소장 13세기 '吉凶逐月橫看 高麗木板'의 農曆」『民族文化論叢』 52, 영남대 민족문화연구소, 2012.

5) 위은숙, 위의 논문; 염정섭, 「고려의 중국 農曆 • 曆書 • 擇日書 도입과 「吉凶逐月橫看」의 성격」『한국중세사연구』 38, 한국중세사학회, 2014; 위은숙, 「심원사 소장 13세기 '吉凶逐月橫看 高麗木板'을 통해서 본 고려의 擇日문화」『민족문화논총』 59, 영남대 민족문화연구소, 2015.

6) 金容燮, 「高麗時代의 量田制」『東方學志』 16, 연세대 국학연구원, 1976.

7) 李光麟, 「養蠶經驗撮要』에 대하여」『歷史學報』 28, 역사학회, 1965.

8) 金容燮, 「農書輯要의 농업기술」『세종학연구』 2, 세종대왕기념사업회, 1987; 『朝鮮後期農學史研究』, 일조각, 1988; 吳仁澤, 「"農書輯要"의 耕種法 研究」 부산대 대학원 문학석사 학위논문, 1988.

9) 金容燮, 「高麗刻本"農桑輯要"를 통해서 본 "農桑輯要"의 纂者와 資料」『東方學志』 65, 연세대 국학연구원, 1990; 『한국중세농업사연구』, 지식산업사, 2000.

10) 李宗峯, 「高麗刻本 『元朝正本農桑輯要』의 한국농학사상의 위치」『釜山史學』 21, 부산사학회, 1991.

에도 『농상집요』의 간행의 주도층과 그 의미에 대한 연구가 계속 이루어져서 『농상집요』에 대한 연구를 심화시켰다.[11] 이상에서 살펴본 것처럼 한국 중세의 농정과 농서의 편찬 · 간행에 대해서는 상당부분 연구가 이루어졌다.

그리고 李嵒이 원의 『농상집요』를 도입한 이후, 비슷한 시기의 다른 관인들에 의해서 수차와 목면을 도입하였는데, 이에 대해서 살펴볼 필요도 있다. 수차는 공민왕 11년 白文寶가 도입할 것을 역설하여 가뭄과 수전농법의 하나인 이앙에 대비하자고 하였는데, 어떻게 백문보가 수차를 도입하였고, 백문보와 이암의 관계는 어떠했는지를 검토할 필요가 있다. 목면 또한 문익점이 가져와서 여말선초의 사회에 심대한 영향을 주었는데, 이는 원의 농업기술이 고려와 조선에 많은 영향을 주었음을 살필 수 있는 부분이다.

따라서 본고는 기왕의 연구 성과를 토대로 한국 중세 농정의 이해란 관점에서 중세의 농업정책에 대해 살펴보고, 이를 토대로 고려시기 농서의 간행, 그리고 이암에 의해 『농상집요』가 도입되는 배경과 시기, 『농상집요』 도입된 이후에 전개된 『농상집요』의 농학계승 등을 살펴보고자 한다.[12]

2. 중세의 농정

1)권농정책의 전개

농업은 전근대사회의 중심이었기 때문에 중세 국가는 이를 등한시할

---

11) 위은숙, 「고려각본 『元朝正本農桑輯要』의 농업관과 간행주체의 성격」 『한국중세사연구』, 한국중세사학회, 2000; 廉定燮, 「행촌 이암의 『農桑輯要』의 도입과 의의」 『행촌 이암의 생애와 사상』, 일지사, 2002.

12) 본 글은 필자의 앞의 논문, 1991 · 1992의 내용을 토대로 작성되었음을 밝혀 둔다.

수 없었다. 중세국가인 고려는 다양한 농정, 즉 권농정책을 실시하였다. 특히 고려는 후삼국의 혼란과정을 거쳤기 때문에 민의 안정화가 더욱 절실하였는데, 고려가 추진한 그러한 노력의 하나는 조세의 면제였다. 고려 태조는 즉위 초에 백성들에게 3년간 田租를 면제하였는데,[13] 이러한 정책은 이후의 왕들도 계속적으로 추진하였다. 특히 숙종 7년(1102) 동경관내의 주 · 군 · 향 · 부곡 19개 지역에서 농사의 작황에 따라 租 · 調 · 役 등을 차등하게 면제를 하였고,[14] 기근이 들 경우에도 그 지역의 조세를 면제해 주었다.[15] 이처럼 조세의 면제를 통한 권농은 전근대 국가, 즉 고려에서 보편적으로 추진되었던 정책이었다.

고려는 각 지방에 파견되는 지방관에게 권농을 중요한 임무로 부여하였다. 성종 5년 5월에는 "나라는 백성을 근본으로 삼고, 백성은 먹는 것을 가장 소중히 여긴다. 만일 만 백성의 인심을 얻으려면 오직 三農(봄에 밭을 갈고, 여름에 김을 매고, 가을에 걷어 들이는 것)의 시기를 빼앗지 말고, 자 12목 및 여러 주, 진의 지방관은 지금부터 가을까지 여러 가지 잡무들을 다 중지하고 오로지 권농에만 전념할 것이고, 내가 장차 사자를 보내 田野의 경작여부와 수령들이 부지런하고 게으름을 검열하여 이것으로 표상과 처벌을 결정할 것이다"라고 하였다.[16] 고려는 수령들에게 권농 임무를 수령의 임무 중의 하나로 채택했다. 성종은 나라의 풍요와 덕화를 위해 목재의 인재를 뽑아 지역의 수령으로 파견하면서 이들에게 특별히 부탁하였는데, 그 중에 '무릇 너희 牧民官은

13)『高麗史』권79, 식화2 농상서.

14)『高麗史』권80, 식화3 진휼 숙종 7년 3월 "三司奏 東京管內州 · 郡 · 鄕 · 部曲十九所因去年久旱 民多飢困 乞依令文 損四分以上免租 六分以上免租調 七分以上課役俱免已輸者 聽折減來年租稅 制可".

15)『高麗史』권28, 충렬왕 3년 11월 "甲寅 以慶尙道饑 減租稅".

16)『高麗史』권79, 식화2 농상 성종 5년 5월 "敎曰 國以民爲本 民以食爲天 若欲懷萬姓之心 惟不奪三農之務 咨 爾十二牧 · 諸州鎭使 自今至秋 並宜停罷雜務 專事勸農 予將遣使檢驗 以田野之荒闢 牧守之勤怠 爲之褒貶焉".

獄訟을 지체하지 말고, 창고를 제대로 채우며, 곤궁한 백성을 진휼하고, 농업과 양잠을 열심히 장려하며, 부역과 조세를 가볍게 하고 일을 처리할 때 공평하여야 한다.'라고 하거나,[17] 고려 말 공민왕 20년(1371)의 교서에서도 '농업과 양잠은 의식의 근본이니 여러 도의 巡問使와 按廉使는 수령이 뽕나무를 심는 것과 토지 개간의 많고 적음을 살핀 후 이름을 갖추어 보고하게 하여 黜陟의 근거로 삼도록 하라'고 하면서[18] 농업과 양잠을 계속적으로 강조하고 있다. 이는 고려가 중농이념을 바탕으로 적극적인 권농정책을 펼쳤고, 농업과 양잠을 함께 중시하였음을 보여준다.[19]

이와 같은 수령의 권농 임무는 고려후기에도 지속되었다. 충렬왕 즉위년(1274) 12월 원에 보낸 별도의 箋文에서 '小邦은 옛날부터 주군에 수령을 파견하여 농업과 양잠을 권장하였습니다. 또 여러 도의 按察使로 하여금 파종하고 추수하는 일을 독려하고 살피도록 하였습니다.'고 하고 있는 내용을 통해서도 알 수 있다.

수령이 맡은 권농의 중요성은 고려 후기에 이르러 '수령의 5사'로 정립되었는데, 다음의 자료가 주목된다.

---

17) 『高麗史』 권3, 성종 5년 9월 기축 "敎日 … 思與賢能 共淸風化 擢簪纓之彦 差牧宰之員 均賦稅以化人 尙廉平而成俗 然而人鮮克擧 事恐稽遲 更開戒勗之端 別降丁寧之旨 凡爾牧民之官 無滯獄訟 楙實倉廩 賑恤窮民 勤課農桑 輕徭薄賦 處事公平".

18) 『高麗史』 권79, 식화2 농상 공민왕 20년 12월 "農桑 衣食之本 諸道巡問 · 按廉 考其守令種桑 · 墾田多少 具名申聞 以憑黜陟".

19) 한정수, 앞의 책, 83~185쪽에서 고려시기 중농이념을 '天人感應的 農業觀'이라고 표현하고 있고, 위은숙은, 앞의 논문, 122쪽에서 이양의 상소문을 통해 고려초기를 『예기』 月令의 사상을 통해 중앙집권적 농본국가의 이념을 마련하였다고 하였다. 이러한 개념을 통한 고려 농정의 이념에 대해서는 기본적으로 동의하지만, 너무 중국의 농업 사상을 강조하였다는 측면이 있다. 따라서 고려의 농정이념은 '農桑', 즉 농업과 양잠을 중시하는 입장에서 이루어졌으므로, 농업과 양잠을 중농정책이란 관점에서 서술하고자 한다.

「가」

A)敎 守令考績之法 以田野闢 · 戶口增 · 賦役均 · 詞訟簡 · 盜賊息 五事爲殿最 其遞任者 必待新官交付 去任朝參(『高麗史』 권75, 선거3 전주 우왕 원년 2월)

B)趙浚言 按廉之職 國初節度使也 摠攝軍民 專制方面 守令奉職 而民安其業 方鎭懾服 而戰守必力 事權歸一 人無異望 至今號爲一方統察 … 知官皆正順 · 奉順之員 方鎭 · 府尹 · 州牧 · 都護 亦兩府之大臣 奉翊之達官 故按廉不以王人大體爲念 反以秩卑小節爲嫌 紀綱不振 願法祖宗遣兩府之成憲 體唐室遣大臣之故事 擇兩府有廉 · 威 · 明 · 幹四善者 爲都按廉黜陟大使 以田野闢 · 戶口增 詞訟簡 · 賦役均 · 學校興 巡察州郡 而黜陟之 以號令嚴 · 器械精 · 兵卒鍊 · 屯田修 · 海寇息 巡臨方鎭 而賞罰之 而軍官敗績 沒一州郡 守令貪汚 招納賄賂者斬(『高麗史』 권75, 선거3 전주 창왕 즉위년 7월)

위의 자료 A)는 수령의 고적의 평가를 田野의 개간, 戶口의 증가, 賦役의 공평, 詞訟의 간명, 도적을 없게 한 것 등 다섯 가지 요소로써 하였는데, 농업과 관련되는 토지의 개간을 제일 중요시하고 있다. 자료 B)는 조준이 안렴사의 품계가 낮아서 발생한 폐단을 지적하면서 兩府의 고관을 안렴사로 파견하던 선대 임금들의 법을 본받고, 大臣을 파견한 당나라 왕실의 옛일을 참고하여 양부 관리 중에서 청렴, 위엄, 총명, 수완 등 네 가지 장점이 있는 사람을 골라서 都按廉黜陟大使로 삼아서 전야의 개간과 호구의 증가와 송사의 간명과 부역의 공평과 학교의 진흥을 표준으로 하고 주와 군을 순찰하여 벼슬을 올리고 내리는 일을 단행할 것을 건의하고 있다. 고려 말 안렴사는 청렴 · 위엄 · 총명 · 재능을 가지고서 토지의 개간을 힘쓸 수령을 잘 순찰하게 하였는데, 이는 안렴사의 기능을 강화시키는 것이 목적이었지만, 안렴사를 통해 수령 5사의 하나인

'토지의 개간'을 진작시키려는 권농의 의지를 엿볼 수 있다. 이처럼 고려는 초기부터 멸망할 때까지 권농에 대한 의지가 강하였고, 권농의 목표도 '勸課農桑'에서 '田野闢'으로 전환되었다. 그리고 이는 고려후기 사회적 상황, 즉 대몽항쟁과 왜구의 노략질 등으로 황무지가 많이 발생되었던 상황에서 토지개간을 유도하려는 측면과 연관되어 있었다.

이처럼 고려는 다양한 권농정책을 실시하였고, 이러한 정책은 조선전기에도 지속되었다. 조선전기에 중앙에서는 호조의 版籍司가, 지방에서는 군현의 수령이 권농정책을 추진했다. 특히 지방은 수령의 지휘 하에 많은 吏屬 · 鄕任이 여기에 종사하였는데,[20] 다음의 자료를 통해 살펴볼 수 있다.

「나」

A)禮曹詳定六曹分職及所屬以聞 … 戶曹掌戶口 · 土田 · 錢穀 · 食貨之政貢賦之差等事 其屬有三 一曰版籍司 二曰會計司 三曰給田司 版籍司掌戶口土田賦役貢獻勸課農桑 考驗豐凶水旱及義倉賑濟之事 正郎一人 佐郎一人 會計司 掌租賦歲計 權衡度量 京外儲備支調之事 正郎一人 佐郎一人 給田司 掌永業 · 口分 · 園宅 · 文武職田 諸公解田之事 正郎一人 佐郎一人(『태종실록』 권9, 태종 5년 3월 병신)

B)司憲府上禁駕前直呈及守令褒貶之法 從之 啓曰 主掌各司誤決訟詞許令擊鼓申聞 近間大小臣民 凡有訟冤 伺行幸之日 輒於駕前直呈 旣違擊鼓之法 進退不中程式 或致御馬驚駭 後有訟冤者 依式擊鼓 其駕前亂雜直呈者 以判旨不從論罪 又啓 守令褒貶 汎稱德行等第 不論實效有無 以故守令務求虛譽 行媚於使臣過客 取悅於品官鄕吏 未有力行實效者 今後以狀後七事考察 分爲等第實效事目 各於名下 具錄申聞 以憑黜陟, 一

20) 김용섭, 「조선 초기의 권농정책」『동방학지』 42, 연세대 국학연구원, 1984, 99쪽.

存心仁恕 賑恤窮乏者幾人 惠養老疾者幾人, 一 行己廉謹 裁省冗費某某事, 減損收斂某某事 早暮劬勞某某事, 一 奉行條令 到任以來 奉行某某事 板牓張掛 諭衆申明幾條, 一 勸課農桑 境內堤堰幾所內 修築幾所 任後勸民植桑椹 每一戶幾株 官種桑椹 分給栽植 每一戶幾株 勸民造水車每一里幾具 官造作分給每一里幾具 勸耕幾 合家疾病者 令隣里耕耨 待其平復 償價者幾, 一 修明學校 學校幾間內 修治幾間 生徒幾人內 讀書幾人 通幾經幾人, 一 賦役均平 貢賦收斂 某某事均平 軍役差定 某某事均平 一決訟明允 奴婢相訟幾 道內(決絕) 幾道 雜訟幾道(『태종실록』 권12, 태종 6년 12월 을사)

C)平澤縣監卞澄源辭 上引見問曰 出身何地 澄源對曰 初屬忠順衛 去官後 爲歙谷縣令 遞爲部將 今授此職 上曰 爾旣經守令 其所以治民 何先 澄源對曰 當以七事爲先 上曰 所謂七事者 何 澄源對曰 農桑盛 · 學校興 · 詞訟簡 · 奸猾息 · 軍政修 · 戶口增 · 賦役均, 此七事也 上曰 欲農桑之盛 當如何 澄源曰 不奪農時 而耕種趁時 則農桑盛矣 又問興學校, 則當如何 澄源曰 時聚儒生 · 講經義 · 試製述 · 使之勤業 · 則學校興矣 … 又問 增戶口 則當如何 澄源曰 撫養休息 使民安業 則居者不逃 逃者自來矣 上曰 守令賢否 係斯民休戚 不可不愼 往愼乃職 毋或言與行違也(『성종실록』 권158, 성종 14년 9월 을미)

위의 자료 A)는 호조와 그 예하의 판적사의 기능을 설명하고 있는데, 판적사는 호조 아래에 속한 3개 부서 중 하나로 호구 · 전토 · 부역 · 공헌과 농상에 대한 부과, 자연재해에 대한 조사, 빈민구제 등의 일을 하고 있었다. 중앙의 판적사는 농업에 관한 일을 관장하고 있었음을 알 수 있다. 자료 B)는 사헌부에서 올린 계로서, 농정과 관련된 지방수령과 이속들의 실태를 잘 보여주는데, "수령을 포폄하는 데 덕행과 等第를 汎稱하고 실효의 유무를 논하지 아니하는 까닭에, 수령은 힘써 虛譽

를 구하고, 사신과 과객에게 아첨하며, 품관과 향리에게 잘 보이려 하여, 힘써 행해 실효가 있는 자 없습니다. 금후로는 狀의 뒤에 적은 七事로써 고찰하고, 등제와 실효의 事目을 나누어 만들어 각각 名下에다 갖추 기록하여 신문해서, 黜陟의 빙거로 삼으소서. 農桑을 勸課하여 경내에 堤堰을 수축한 곳이 몇 곳이며, 도임 후 백성에게 뽕나무 심기를 권고하여 매 1호에 몇 그루씩 심었으며, 관에서 심은 뽕나무를 나누어 주어서 심은 것은 매 1호에 몇 그루씩인가? 백성에게 水車를 만들도록 권한 것은 한 마을에 몇 개씩이며, 관에서 만들어 나누어 준 것은 한 마을에 몇 개씩인가? 勸耕한 것은 몇이며, 온 집안이 병을 앓고 있는 자는 이웃으로 하여금 경작해 주게 하고, 그가 회복되기를 기다려 값을 갚아 주게 한 것이 몇인가?"라는 내용이다. 그리고 자료 C)는 평택현감으로 부임하는 卞澄源에게 성종이 수령으로써 해야 할 일에 대해 묻고 있다. 성종의 물음에 변징원은 7사를 해야 한다고 대답하였는데, 7사는 농상, 학교, 詞訟, 간활, 군정, 호구, 부역의 진흥이고, 농상을 일으키는 방법은 農時를 빼앗지 않고, 갈고 심기를 때에 맞추어 하면 된다고 하고 있다. 그리고 인사고과 규정으로서 7사를 제시하고 있는데, 이는 전조인 고려의 5사와 연결되며 조선전기의 권농정책은 고려에서 이루어진 국가적 권농정책의 계승이라 말할 수 있을 것이다.

또한 고려의 권농은 다음과 같이 과거의 책문으로 제시될 정도로 중요하게 인식되었다.

「다」

問 : 우리 국가는 오랑캐의 난으로 인하여 백성을 거느리고 도읍을 옮겨서 社稷을 보전하게 되었으니, 이는 비록 성스러운 천자와 어진 재상의 묘책으로 말미암은 것이나 또한 하늘이 도운 것이다. 과연 하늘이 도운 바라면 필시 興復할 기회가 있을 것인데, 가만히 앉아서 그것을

기다리는 것이 옳겠는가, 부지런히 人事를 닦아서 天心에 응해야 옳겠는가?

이른바 인사라는 것은 덕화를 베풀어 인민을 편안하게 하고, 농사에 힘써 수재 · 한재를 방비하는 유가 바로 그것이다. 그러나 지금의 형편으로 보면, 列郡의 殘民들이 떠돌아다니며 토착하지 못하고 있는데, 이들을 安集시키려면 어떠한 방법을 써야 할 것이며, 토지가 황폐하여 묵은 땅이 많은데 興農을 하려면 또한 어떠한 술책을 써야 할 것이며, 그 수재 · 한재를 방비하는 것과 덕화를 베푸는 것은 어떤 것이 으뜸이 되는가? 諸生들은 고금의 理體에 밝으리니, 숨김없이 다 진술하라.(『동국이상국집』 권11, 문답 갑오년 예부시 책문)

위의 갑오년(1234) 예부시 책문은 토지가 황폐하여 묵은 땅이 많은데, '興農'을 하려면 어떠한 술책을 써야 하는 지 방안을 제시하라는 것이다. 이러한 책문은 단순히 책문에 머문 것이 아니라 고려라는 국가가 얼마나 농업의 정책에 대해 그 중요성을 생각하고 있는 지를 단적으로 보여 준다고 하겠다.

고려는 권농을 위해 지방관에게 勸農使를 겸대하게 하였다. 권농사의 직명은 이미 중국 송대인 인종 4년(1044)에도 존재하였고,[21] 원대에도 널리 존재하였다.[22] 고려에서 권농사의 직명은 정종 5년(1039) 東北路의 여러 주가 홍수로 인해 경제적인 어려움에 부딪치자, 해당 路의 권농사로 하여금 쌀과 소금으로 진휼하게 하였다는[23] 내용으로 처음 『고려사』에 나타난다. 그리고 문종 20년에는 지방관의 직무는 농사와

---

21) 『宋史』 권9, 인종 4년 3월 "甲申詔轉運使 提點刑獄 罷勸農司".

22) 원대의 권농기능에 대해서는 본서의 1장(최덕경)의 글이 참고 된다.

23) 『高麗史』 권80, 식화3 진휼 정종 5년 4월 "制 東北路諸州 去年大水 漂沒禾稼 百姓貧乏 其令本路勸農使 發倉米鹽 賑之".

양잠이 가장 긴요하므로 여러 도의 외관의 장에게 모두 권농사의 임무를 띠게 하였는데,[24] 권농사의 겸대는 문종 20년부터 본격화되었다고 볼 수 있다. 다만 지방관이 권농사를 겸한 사례로서 문종 13년(1059)에 죽은 李隴西公의 아들 幹方의 관직이 '前 國子進士 將仕郎 寧德城判官兼 勸農使 良醞令同正'으로 기록되어 있다.[25] 이처럼 李幹方이 권농사의 직을 문종 13년 이전에 겸대하고 있었던 점을 고려하면 동시기의 다른 관인들도 권농직을 겸대하고 있었을 가능성이 많다. 따라서 문종 20년 권농사를 여러 도의 외관의 장에게 모두 겸대하게 한 것은 국가적으로 지방관의 권농역할을 더 강화하기 위한 조치로 보여 진다. 권농사는 고려전기의 지방관들이 이미 겸대하고 있었다.

한편 고려시기 도의 행정적 기능은 12세기 이후 강화되었다.[26] 그런데 명종 3년(1173)부터는 7도 안찰사와 5도의 감창사에게도 권농사를 겸대하게 하였다.[27] 안찰사는 현종대 절도사를 폐지하고 두었는데, 문종 때 都部署로 개칭되었다가 예종 8년에 복귀되었고[28] 그 후 명칭과 함께 많은 변화가 있었다. 감창사는 문종 때 처음 설치되었는데, 동북면과 서북면에 파견되었다.[29] 안찰사와 감창사는 각 도와 서북면과 동북면 등을 살피면서 주 · 부 · 군 · 현의 수령들의 권농을 감독한 것으로

---

24) 『高麗史』 권79, 식화2 농상 문종 20년 4월.

25) 『高麗墓誌銘集成』, 隴西李公墓誌銘.

26) 고려시대 道制에 대한 다음의 글들이 참고 된다(洪淵津, 「高麗前期 道制의 成立과 그 性格」 『釜大史學』 17, 부산대 사학회, 1993; 邊太燮, 「高麗前期의 外官制」 『한국사연구』 2, 한국사연구회, 1968; 『高麗政治制度史硏究』, 일조각, 1971).

27) 『高麗史』 권79, 식화2 농상 명종 3년 정월 "以七道按察使五道監倉使皆兼勸農使".

28) 『高麗史』 권77, 백관2 외직 "按廉使專制方面 以行黜陟 卽國初節度使之任 顯宗三年 罷節度使 後置按察使 文宗十八年 改爲都部署 睿宗八年 復改爲按察使 忠烈王二年 改按察使爲按廉使 二十四年 忠宣卽位 以慶尙 · 全羅 · 忠淸三道 地大事劇 加置按廉副使 交州 · 西海兩道 地小 不置副使 又罷東界安集使 以交州按廉兼之 辛昌八月 以按廉秩卑 改爲都觀察黜陟使 以兩府大臣爲之 賜敎書斧鉞以遣之 恭讓王元年 始革京官口傳 別用除授 以專其任 二年置各道觀察使 · 經歷司 四年 罷諸道觀察使 復按廉使".

29) 『高麗史』 권77, 백관2 외직 " 監倉使 東 · 西北面置之".

생각된다.

고려의 권농사는 지방의 장관뿐만 아니라 그 예하의 속관도 겸대하였다.[30] 공민왕 3년(1354) 진주목의 경우 목사와 판관이 모두 권농사를 겸대하고 있었고,[31] 계림부의 부윤과 판관도 모두 권농사를 겸대하고 있었다.[32] 이처럼 지방관뿐만 아니라 그 속관에게도 권농사를 겸대하게 한 것은 지방관의 권농 기능을 보다 강화하기 위한 것이었다.[33] 고려는 국가적으로 권농을 강화하기 위해 군현의 수령들에게도 권농사를 겸대하게 하였던 것이다.

한편 고려후기에는 고종 42년(1255) 중앙에서 각도에 권농사의 직책을 가진 관원을 파견하였다.[34] 이 시기는 고려의 정부도 강화도에 있었고, 몽고의 고려침략이 계속되고 있었는데도, 권농사의 파견이 이루어졌다. 권농사를 파견한 이유는 정확하게 알 수 없지만, 강화도 정부에서도 각 도와 지역의 권농을 강화하려 했다는 것으로 볼 수 있다. 실제 이듬해에는 몽고군에 의해 피난 가는 현풍현의 사람들이 몽고군에게 인신과 재물을 약탈당했고, 권농사 金宗敍가 살해되었다.[35] 이러한 사실은 권농사가 고종 42년 각도에 파견되었음을 보여준다.

한편 권농사는 몽고와 강화이후 권농의 역할보다는 군량 조달을 위한 수취의 역할을 담당하였을 것으로 유추된다. 고려는 원에서 둔전경

---

30) 고려시대 속관에 대해서는 다음의 논문이 참고 된다(박종기, 「고려시대의 지방관원들 -屬官을 중심으로-」『역사와 현실』 24, 한국역사연구회, 1997, 153~174쪽).

31) 『拙藁千百』 권2, 開板記 "至正 14年(1354, 공민왕 3) 甲午八月日 晉州開板 … 判官通直郎版圖正郎兼勸農使 李臣傑 牧使中正大夫典校令兼管內勸農使 崔龍生".

32) 『慶州府先生案』, 慶尙道營主題名記 辛未(1391, 공양왕 3) 2月日 "道觀察黜陟使匡靖大夫兼監倉安集轉輸勸農管學事提調刑獄兵馬公事 安翊".

33) 李宗峯, 「高麗後期 勸農政策과 土地開墾」, 부산대 문학석사 학위논문, 1989, 70쪽의 권농사 용례 별표 참조.

34) 『高麗史』 권24, 고종 42년 5월 "甲寅 分遣諸道勸農使".

35) 『高麗史』 권24, 고종 43년 4월 "戊辰 玄風縣人四十餘艘避亂 泊近縣江渚 蒙兵追獲男女財物 殺勸農使金宗敍".

략사의 설치를 반대하는 명분으로 각 도에 권농사를 파견하여 있는 힘을 다하여 군량을 마련하고 있다고 하거나,[36] 원의 황제에게 권농사의 파견을 중지해 줄 것을 요청하였다.[37] 하지만 원나라는 각 도에 계속 권농사를 파견하였고,[38] 충렬왕 14년에는 경상도권농사가 세마포 바치는 것을 금지하기도 하였다.[39] 이에 따라 원간섭기의 권농사는 권농사의 원래 목적, 즉 권농기능보다 원에 필요한 물자를 수탈하는 역할을 담당하여 오히려 민에게 피해를 주는 기관으로 변질되었기 때문에 폐지되고, 안렴사가 그 역할을 대신하였다.[40]

이처럼 고려는 권농정책을 매우 중시하였는데, 그러한 정책은 종자의 보급, 농구의 제조와 대여, 官牛의 대여, 수리시설의 건설, 농서의 간행과 보급 등을 들 수 있다.[41]

첫째, 종자의 보급이 권농의 한 방법이었다. 고려의 민들은 흉년으로 곡식을 거두어들이지 못하는 경우가 자주 있었으므로 종자가 부족하였다. 이러한 때에는 국가에서 민들에게 종자를 많이 빌려 주었다. 현종 7년 현종은 '江南의 군 · 현들이 지난해에 농사가 잘 되지 않았기 때문에 많은 백성들이 굶주리고 있으니 해당 지방 관원들에게 식량과 종자를 주어서 농사를 장려'하도록 하였고,[42] 문종 5년 '春州 · 交州 · 東州 등의 창고 곡식을 옮겨 종자와 양식으로 지급하였다'고[43] 하고 있다.

---

36) 『高麗史』 권27, 원종 12년 1월.

37) 『高麗史』 권28, 충렬왕 즉위년 12월.

38) 『高麗史』 권29, 충렬왕 9년 10월.

39) 『高麗史』 권30, 충렬왕 14년 3월.

40) 『高麗史』 권77, 백관2 외직 권농사 "後別置勸農使 忠烈王十三年 以各道勸農使聚斂傷民 罷之 以按廉使兼其任".

41) 이에 대해서는 다음의 글들이 참고 된다(金琪燮, 「高麗前期 農民의 土地所有와 田柴科의 性格」 『韓國史論』 17, 서울대 국사학과, 1987; 이종봉, 앞의 논문, 1992; 이정호, 앞의 논문; 한정수, 앞의 책).

42) 『高麗史』 권79, 식화2 농상 현종 7년 정월 "敎曰 江南郡縣以去歲不登 民多饑饉 所在官 給糧種 以勸農耕".

권농의 한 방편이었던 종자의 지급은 고려말기까지 지속되었다.

둘째, 농구의 제조와 대여이다. 농구는 농업에 있어서 필수적 요소이었으므로 국가에서 이를 적극 제작하였다. 성종 6년에는 주 · 군의 무기들을 회수하여 농기구를 만들었다.[44] 성종은 유교적 중앙집권국가를 위해 여러 제도를 시행하였는데, 지방 세력의 힘을 약화시키기 위해서는 그들이 보유하고 있는 군사력을 약화시켜야 했고, 그러한 방안의 하나가 무기의 몰수였다. 이들로부터 몰수한 무기를 농기구로 만들었던 것이다. 이와 비슷한 정책으로 우왕 13년 왜구가 발호한 시기에 尹可觀이 병기를 농기구로 만들고, 이를 활용하여 둔전을 조성하여 식량을 넉넉히 하였다.[45] 다음으로 국가는 농기구를 민에게 빌려주었다. 현종 9년에는 우산국(울릉도)이 동북여진의 침입을 받아 농업을 잘 하지 못하자 李元龜를 파견하여 농구를 하사하였다.[46]

셋째, 우마인 관우의 대여이다. 우마는 전근대 농경에서 농기구와 함께 매우 중요하였다. 우마는 통일신라의 촌락문서에 의하면 촌락단위로 파악되고 있었고,[47] 고려시기에는 국가가 섬에서 사육하기도 하였고,[48] 소의 도살을 금지하기 위한 제도적인 장치도 마련하였다. 그러나 고려시기 농민들의 소의 보유현황을 알려주는 기록은 없다. 다만 조선초기 소를 소유한 자가 10호중 1에 지나지 않았다는 기록과 한 마을에

---

43)『高麗史節要』권4, 문종 8년 4월 "制 文湧登三州 鎭溟縣長平鎭 往年被水災 其發義倉 賑之 又移春 · 交 · 東等州倉粟 給種食".

44)『高麗史』권79, 식화2 농상 성종 6년 6월 "收州郡兵鑄農器".

45)『高麗史節要』권32, 우왕 13년 2월 "判密直司事尹可觀卒 初倭賊皆由丑山島入寇 可觀出鎭合浦 建白置船卒 自後 倭患稍息 性淸儉 秋毫不取 不近聲妓 銷兵器弊棄者 爲農器 開屯田 以贍軍食".

46)『高麗史』권79, 식화2 농상 현종 9년 11월 "以于山國被東北女眞所寇 廢農業 遣李元龜 賜農器".

47) 李基白,『韓國古文書史料集成』, 일지사, 1987, 28~34쪽의 신라 촌락문서에는 각 촌마다 소의 현재 현황과 3년 후 죽의 소의 수가 자세하게 기록되어 있다.

48)『高麗史』권82, 병지2 마정 충렬왕 원년 7월 "遣使慶尙 · 全羅道 點閱諸島牛馬".

도 소를 소유한 자가 1~2家에 불과하다는 기록이 있는데,[49] 이를 참고하면 조선초기 민들의 소의 소유현황은 아주 열악함을 알 수 있다. 그렇다면 고려의 민호는 소를 소유하지 않은 농가가 조선초기보다 더 많으면 많았지 적지는 않았을 것으로 유추된다. 고려의 민들이 소를 적게 소유한다는 것은 그만큼 농업에 여러 가지 한계를 가지고 있었음을 의미한다. 그래서 고려는 농업을 장려하기 위해 관청에서 보유하고 있는 소를 대여하여 농민의 경작기능을 보완하였을 가능성이 많다. 고려는 현종 8년 興和鎭의 민에게 관청이 보유하고 있는 소를 빌려 주어서 농사를 짓게 하였다.[50] 그리고 우왕 5년에는 둔전을 설치하면서 관가의 소와 농기구로 농사를 권장하라는 상소가 올라오기도 했다.[51]

소는 농사에서 매우 중요하였지만, 식용으로도 중요하였다. 따라서 고려시기에는 소의 도살이 많았다. 고려 후기 조준은 '백성에게 먹는 것은 제일 중요한 문제요, 곡식은 소의 힘으로부터 나옵니다. 우리나라에서는 禁殺都監을 두었던 것은 농사를 소중히 하고 민생에 도움을 주려는 것입니다. 그런데 韃靼과 禾尺들은 농사지을 대신에 소를 잡아서 먹고 있는데, 서북면에서 그 피해가 우심합니다. 또한 주군들과 각 站들에서는 모두 다 소를 잡아서 손님을 대접하고 있는데도 그것을 금지하지 않습니다. 마땅히 금살도감 및 주군의 수령에게 명령하여 禁令을

---

49) 『世宗實錄』 권54, 세종 13년 12월 갑진 "幸太平館 設餞宴 上語使臣日 本國荒漠之地 凡物不阜 而牛隻尤不盛 近因水旱 民生艱食 救死不贍 安有養牛之資 因此農牛鮮少 民産可慮 今聞帝勅本國 令換牛隻一萬 心實惶懼 本國民戶有牛者 十之一 而其存者不過一隻而已 雖擧國索之 焉得萬隻 冀大人善奏蠲免,俾我東民偏蒙聖澤".
『端宗實錄』 권7, 단종 원년 9월 무인 "且馬固軍政之所大需 牛亦農事之所大用 夫一里之內有農牛者 不過一二家 以一家之牛 資一里之耕者 過半焉 若失一牛 是一里之人 俱不得時其耕耨也 以一牛之存亡 係一里之貧富 則牛之用 固大矣".

50) 『高麗史』 권79, 식화2 농상 현종 9년 2월 "都兵馬使奏 興化鎭自經寇亂民戶 並無牛畜 乞借官牛 以助農耕 從之".

51) 『高麗史』 권82, 병2 둔전 우왕 5년 "五年 正月 門下府郎舍上疏 論時弊其詞日 … 東西兩界 用兵最急 宜於閑曠之地 設屯田 遣公廉者 備官牛農器 勸督耕耘 以備軍須".

널리 알리고 집행하도록 하기 바랍니다. 만약 위반자를 붙잡아서 관청에 고발하는 자가 있으면 금령을 범한 자의 재산을 그 상으로 충당하고 범죄자는 殺人犯에 준하여 논죄하소서'라고 건의하였다.[52] 소의 도살을 방지하기 위해 국가는 공민왕 11년 금살도감을 설치하기도 하였고,[53] 소를 잘 관리하거나 질병으로부터 보호하기 위해 우마의서를 편찬하기도 하였다.

넷째, 수리시설의 확충이다. 수리시설은 삼국 및 통일신라시대부터 사료에 등장하는데,[54] 여기에는 堤堰, 洑, 溝渠, 防川, 防潮堤, 井戶 등이 있었다. 고려시대에는 먼저 前朝 및 건국 초기에 건설되어진 수리시설, 제언에 대한 보수 및 개축 작업이 활발하게 이루어졌다. 현종대 한번 수리가 시도된 碧骨堤를 인종대에 와서 규모를 증수시킨 것,[55] 의종대 무너진 연복정의 남천제방을 새롭게 축조한 것,[56] 恭檢池가 명종대에 와서 司錄 崔正份에 의해 새롭게 수축된 것,[57] 영광에서 吳元卿이 방축제언하여 토지를 비옥하게 한 것,[58] 고려후기 배극렴이 경주에 파견되어 제언을 수축한 것[59] 등이 이에 해당된다.

또한 이 시기에는 이전부터 건설되어 왔던 제언과는 다른 형태의 수

---

52)『高麗史』권118, 조준전 "竊聞 楊廣道已置常平倉 宜令諸道 依此施行 守令有不如法者罰之 食爲民天 穀由牛出 是以 本國有禁殺都監 所以重農事厚民生也 韃靼禾尺 以屠牛代耕食 西北面尤甚 州郡各站 皆宰牛饋客而莫之禁 宜令禁殺都監 及州郡守令 申行禁令 其有捕獲告官者 以本人家産充賞 犯者以殺人論".

53)『高麗史』권77, 백관2 제사도감각색 "禁殺都監 恭愍王十一年 置之 以紅賊陷京 殺牛馬殆盡 申嚴宰殺之禁".

54) 삼국 및 통일신라시대의 수리시설에 대해서는 다음의 논고가 참고 된다(李基白,「永川菁堤碑貞元修治記考察」『新羅政治社會史研究』, 일조각, 1981; 李光麟,『李朝水利史研究』, 한국연구원, 1961).

55)『新增東國輿地勝覽』권33, 김제군 고적.

56)『高麗史』권19, 의종 24년 6월.

57)『高麗史』권28, 상주목 산천.

58)『韓國金石全文』中世 下, 吳元卿墓誌.

59)『太宗實錄』권27, 태종 14년 6월 임자.

리시설의 건설이 활발히 진행되었다. 그것은 浚渠, 掘地, 河渠, 溝洫 등의 방법을 통한 수리시설의 개발이었다.[60] 林民庇가 의종대에 명주의 지방관으로 파견되어 浚渠하여 漑田하였다든지,[61] 李文著가 의종대에 홍주의 지방관으로 파견되어 渠引水하여 漑田五六千頃을 새롭게 조성한 것이라든지,[62] 李元尹이 양주의 지방관으로 파견되어 溝洫을 파서 토지를 개간한 것[63] 등은 토지를 굴착하여 수리시설을 건설한 것이었다. 이것은 이전의 수리시설이 제언을 중심으로 건설되어졌던 것과는 다른 양상이라고 할 수 있다.

그리고 하천과 연해지역에서는 방천공사나 간척공사를 통해 활발히 수리시설이 건설되고 있었다.[64] 이런 수리시설은 수리불안전답을 수리안전답으로 전환하기 위한 필수적인 농업기술의 산물로 이는 국가적 권농의 일환으로 건설되었음을 알 수 있다.[65] 특히, 고려후기에는 해안 및 도서지역에서 수리시설들이 공통적으로 건설되었다. 고려는 13세기 대몽항쟁의 방안으로 강화도로 천도하였고, 지배층과 기층 백성들은 각각 해안 및 도서지역으로 이주하였다.[66] 다음의 자료는 이들 지역에서 건설된 수리시설을 확인할 수 있다.

「라」

A)崔瑀徵州縣一品軍 加築江華沿江堤岸(『增補文獻備考』 권146, 田賦考 堤堰 고종 22년조)

60) 위은숙, 「12세기 농업기술의 발전」 『부대사학』 12, 부산대 사학회, 1988, 83~95쪽.

61) 『高麗史』 권99, 林民庇傳.

62) 『朝鮮金石總覽』, 李文著墓誌.

63) 『掘藁千百』 권1, 送安梁州序.

64) 위은숙, 앞의 논문, 1988, 83~91쪽.

65) 이종봉, 앞의 논문, 1992, 327쪽.

66) 『高麗史節要』 권16, 고종 35년 3월.

B)後爲西北面兵馬判官 蒙古兵來攻 諸城入保葦島 島有十餘里 平衍可耕 患海潮不得墾 方慶令築堰播種 民始苦之 及秋大熟 人賴以活 島又無井泉 常陸汲 往往被虜 方慶貯雨爲池 其患遂絕(『高麗史』 권104, 김방경전)

C)制 諸道被兵凋殘 租賦耗少 其令州縣其人 耕閑地 收租補經費 又令文武三品以下 權務以上 出丁夫有差 防築梯浦·瓦浦爲左屯田 狸浦·草浦爲右屯田(『高麗史』 권79, 식화2 농상 고종 43년 2월조)

자료 A)은 최우가 주현의 1품군을 동원하여 강화의 연해지역에 수리시설을 건설하였다는 것이고, 자료 B)의 내용은 김방경이 서북면병마판관이 되었을 때 몽고군이 침공해 왔으므로 여러 성들에서 葦島에 들어가서 관청을 유지하고 민들을 보호하면서 이 섬에는 평탄한 땅으로서 경작할 만한 곳이 10여 리 가량 있었으나 조수물이 밀려들어오곤 하였기 때문에 개간하지 못하였는데, 防波堤를 쌓고 파종하게 하자 민들이 처음에는 이것을 고통스럽게 여겼으나 가을에 이르러 곡식이 잘 되었으므로 그 덕택에 살아 갈 수가 있었고, 또 섬에 우물도 새롭게 만들었다는 것이다. 자료 C)는 대몽항쟁으로 조세의 수입이 감소되자 주현의 기인으로 하여금 경작하지 않은 땅을 개간하여 조세에 보충하도록 하고, 또 문·무 3품 이하와 권무 이상의 관직을 가진 자로 하여금 부역군을 차등 있게 내게 하여 梯浦, 瓦浦의 개울에 방축을 쌓아서 이를 左屯田으로 하고 狸浦, 草浦를 막아서 右屯田으로 하였다는 것이다. 이와 같이 고려 후기 13세기에는 연해 및 도서지역과 개간되지 않은 지역을 중심으로 토지를 활용하려는 방안들이 활발하게 모색되었다.[67]

조선전기의 수리시설 역시 고려시대와 비슷한 양상을 보여주었다.

67) 위은숙, 앞의 논문, 1988, 83~91쪽; 이종봉, 「고려시대 수전농업의 발달과 이앙법」 『한국문화연구』 6, 부산대 한국문화연구소, 1993, 167쪽.

즉, 제언과 川防(防川)에 대한 수리와 축조를 중심으로 이루어졌다. 제언에 대한 최초의 기록은 태조대에 前郎將 鄭芬의 진언에서 찾을 수 있다. 정분은 "농사를 장려하는 중요한 일은 제언을 쌓는 데에 있습니다. 수령들이 모두 권농하는 직책을 갖고 있으면서 여기에 힘쓰지 않으오나, 제언이란 가뭄과 장마를 방비하는 것이오니, 도관찰사에게 명을 내리시어 주·부·군·현으로 하여금 그 고을의 閑良 품관 중 청렴하고 일 잘 보는 사람을 골라서 권농관으로 정하게 하고, 가을과 겨울 사이에 제언을 수축해서 눈 녹은 물을 모아 두게 하되, 단단하고 치밀하게 하는 데 힘써서 새는 일이 없게 하소서. 또 水口에는 돌로 도랑을 만들어 그 위를 쌓게 하고, 뚝과 같도록 도랑 안쪽에는 나무통을 세우고 나무통 안쪽에는 셋이나 다섯 구멍을 만들어서 물의 높고 낮은 데를 따라서 통하거나 막히게 하며, 도랑 바깥으로는 나무통을 두되 두 끝을 비워 두고, 그 밑으로는 좌우로 물을 내려서 끌어가도록 하고, 따로 제언의 한 쪽에 몇 자나 낮게 쌓되 수통의 웃구멍보다 약간 높게 돌을 깔아서 장마에 물이 넘치는 것을 방비하소서."[68]라고 하면서 농사를 장려하기 위한 수단으로 제언을 쌓아야 한다고 주장하였고, 제언의 구조물인 수구를 강조하였다.[69] 태조대 이후 역대 왕들은 임지로 떠나는 관리들에게 권농과 수리를 강조하였고 수령은 봄과 가을에 관찰사에게 제언에 대해 보고하고 수축하는 것이 법으로 규정되기에 이르렀다.[70]

조선전기 제언과 더불어 중요한 수리시설로 기능하였던 천방은 하천에 흐르는 물을 관개수로 활용하는 수리시설이었다. 천방에 대한 최초의 기록은 세종대에 영의정 黃喜, 우찬성 金宗瑞 등이 "천방과 제언은

---

68) 『太祖實錄』 권8, 태조 4년 7월 신유.

69) 염정섭, 「조선 초기의 水利 정책과 김제 벽골제」 『농업사연구』 6-2, 한국농업사학회, 2007, 85쪽.

70) 『經國大典』 권2, 戶典 田宅 "堤堰 守令每歲春秋報觀察使修築 新築處啓聞 諸邑堤堰內外面 多植雜木勿令決毁堤堰及裨補所林藪內伐木耕田者 杖八十追利沒官".

王政의 急務이므로, 우리 太宗朝 때에 李慇과 禹希烈로써 이를 관장하게 했었는데, 지금은 전담한 사람이 없이 監司에게 이를 맡기니, 감사가 일이 많아 겸하여 다스릴 겨를이 없습니다. 청컨대, 堂上官 한 사람을 택하여 그 일을 주장하게 하소서. 만약 당상관이 꼭 從事官을 데리고 가야겠다고 한다면, 煩弊를 덜어 혹 3품 이상의 朝官으로 적당한 자를 택하여 맡기는 것이 좋을 듯합니다."[71]라고 하면서 천방과 제언의 중요성을 역설하였다. 천방에 대한 논의는 특히, 문종대에 활발하게 이루어졌다. 1450년 문종은 경기·충청도·강원도·황해도·경상도·전라도·함길도 관찰사에게 유시하기를 "제언을 수축하는 법은『元六典』·『續六典』에 자세히 실려 있다. 또 이제 수령을 포폄할 때 천방과 제언은 아울러 7사 가운데 넣어서, 그 법을 세운 절목이 지극히 상밀하였다. 그러나 제언은 수원이 얕고 드러나서 공역이 많이 드나, 천방은 물이 원류가 있어서 공이 적게 들고 이익이 많기 때문에 천방이 가장 좋고 제언이 그 다음이다. 소문에 들으니, 여러 읍에는 천방을 만들 만한 것이 자못 많다고 하는데, 물의 끼친 이익이 있는지를 경들이 순행하여 널리 물어서 아뢰어라."라고 하였다.[72] 이런 국왕의 관심 속에서 천방은 세조대에 이르러 제언 축조와 더불어 수리사업의 양대 중추로 자리 잡게 되었다.[73]

한편 국가에서는 제언과 천방 외에도 새로운 수리시설인 水車의 보급에도 힘썼다. 수차는 중국과 일본에 활용되고 있었는데, 중국의 강남지역을 중심으로 널리 사용되었다. 원의 강남농법을 수용한 농서인『왕정농서』灌漑門에는 翻車(龍骨車)를 비롯한 다양한 수리 기구가 인용되

71)『世宗實錄』권125, 세종 31년 7월 정미.

72)『文宗實錄』권4, 문종 즉위년 10월 계유.

73) 염정섭,「중·근세의 농법과 수리시설」『중앙고고연구』10, 중앙문화재연구원, 2012, 126쪽.

어 있지만,[74] 수차라고 기록한 것은 없다. 하지만 고려 후기 지식인들은 중국 왕래하면서 수차가 널리 사용되고 있는 상황을 목도하였거나 다른 자료를 통해 이해하였을 가능성이 있다. 고려에서 수차는 처음으로 白文寶에 의해 언급되었는데, 다음의 자료가 주목된다.

「마」

密直提學白文寶上箚子 江淮之民 爲農而不憂水旱者 水車之力也. 吾東方人 治水田者 必引溝澮 不解水車之易注 故田下有渠 曾不足尋丈之深 下瞰而不敢激 是以 汚萊之田 什常八九 宜命界首官 造水車 使效工取樣 可傳於民間 此備旱墾荒第一策也 又民得兼務於下種揷秧 則亦可以備旱 不失穀種(『高麗史』 권78, 식화 2 농상 공민왕 11년)

위의 자료에서 백문보(1303~1374)는[75] 공민왕 11년(1362) 중국 江淮의 백성들이 농사를 지으면서 수차 덕분에 물을 쉽게 대어 수해와 한재를 근심하지 않지만 우리나라 사람들은 수차를 이용하지 않아 십중팔구 낮은 땅에는 물이 고여 있고 높은 땅은 풀이 무성하여 있는데, 수차를 도입하면 한재를 방비할 뿐만 아니라 이앙에도 도움이 된다고 역설하고 있다. 백문보는 무엇 때문에 적극적으로 수차를 활용하고자 하였을까?

백문보는 『고려사』 열전에 기록되어 있는데,[76] 열전과 『고려사』의 기록에는 중국을 방문하였다는 기록이 보이지 않는다. 하지만 백문보는 충숙왕 때 諫官職에 있을 때 충숙왕의 시에 화답하면서 '淸平詞'를 지어

74) 『王禎農書』 권3, 農桑通訣 灌漑篇; 권13, 農器圖譜 灌漑門.

75) 백문보에 대한 연구에 대해서는 다음의 연구가 참고 된다(閔賢九, 「白文寶硏究-政治家로서의 活躍을 中心으로-」『東洋學』 17, 단국대 동양학연구소, 1987).

76) 『高麗史』 권112, 열전25 백문보전.

칭찬을 받고 '以翰林職拜正言'이 되었다. 그 무렵 충숙왕은 5년(1336) 12월에 入元하였다가 다음해 12월에 돌아왔는데,[77] 그때 백문보도 원에 머물렀다. 백문보는 왕을 수종하면서 원의 문물에 많은 관심을 가졌을 것으로 유추된다.[78] 이후 백문보는 공민왕 11년 밀직제학으로 재직할 때 국가의 전반적 운용의 원칙 대한 여러 대책을 건의하였는데, 사마광의 인재등용원칙에 10科에 따라 인재를 등용할 것을 건의하였고,[79] 인사부정을 막을 대책[80], 경기도의 良田에 목장이 설치된 것을 다른 곳으로 이전하고, 양전에서 나는 이익을 활용하자고 하거나,[81] 경상도의 토지는 조운의 비용이 많이 들어가므로 족정과 반정에게 7결과 3결의 토지를 더 지급할 것을 건의하였다.[82] 백문보는 중국을 직접 방문하였을 때 여러 자료를 보고 다양한 지식을 축적하였고, 이후 이러한 내용을 건의하였을 뿐만 아니라 중국에서 널리 활용되고 있는 수차에 대해서도 수차의 사용을 통해 농업의 이익을 도모하고자 하였다.

백문보는『농상집요』를 도입한 이암과도 막역한 사이였다. 이암은 백문보보다 6살 연상이지만, 백문보에게 '懶翁語錄'을 짓게 하였다.[83] 반면 백문보는 이암이 죽었을 때 그의 '挽詞'를 지었는데,[84] 이암을 중국 남북조의 시인 庾開府와 당대의 명신 郭汾陽과 비교하여 다재다능한 인물로 평가하였을 뿐만 아니라 투호를 함께 즐기기도 하였다고 표현하고 있다. 백문보는 이암과 많은 교류를 하였을 가능성이 높다. 그런

77)『高麗史』권35, 충숙왕 후5년 12월 및 동왕 후6년 12월.

78) 閔賢九, 앞의 논문, 11쪽.

79)『高麗史』권112, 열전25 백문보전.

80)『高麗史』권75, 선거3 전주 공민왕 11년.

81)『高麗史』권78, 식화1 전제 경리 공민왕 11년.

82)『高麗史』권78, 식화1 전제 조세 공민왕 11년.

83)『淡庵集』, 懶翁語錄序.

84)『東文選』권9, 杏村李侍中嵒挽詞 "泉裝何遽爾 吾謂老彌强 玉樹添風彩 銀鉤照日光 淸新庾開府 終始郭汾陽 偶會還如昨 投壺意自長".

과정에서 백문보는 이암이『농상집요』를 도입한 것처럼 중국의 농업기술인 수차를 도입하고자 하였다.

그러나 고려시기에 수차의 이용에 관한 기록은 나타나지 않으므로 수차가 어느 정도 활용되었는지에 대해 명확하게 알 수 없다.[85] 이는 조선초기 수차가 어느 정도 활용되었는지를 살펴보면 어느 정도 이해할 수 있다. 조선초기 수차의 보급은 태종 때부터 강조되었는데, 수령의 포폄의 기준에 들어갔다. 다음의 자료를 살펴보자.

「바」

司憲府上禁駕前直呈及守令褒貶之法 從之 啓曰 … 一 勸課農桑 境內堤堰幾所內 修築幾所 任後勸民植桑椹 每一戶幾株 官種桑椹 分給栽植每一戶幾株 勸民造水車 每一里幾具 官造作分給每一里幾具 勸耕幾 合家疾病者, 令隣里耕耨 待其平復 償價者幾…(『태종실록』권12, 태종 6년 12월 을사)

수령은 農桑을 勸課하여 경내에 제언을 수축한 곳이 몇 곳이며, 도임 후 백성에게 뽕나무 심기를 권고하여 매 1호에 몇 그루를 심었으며, 官에서 심은 뽕나무를 나누어 주어서 심은 것은 매 1호에 몇 그루씩인가? 백성에게 수차를 만들도록 권한 것은 한 마을에 몇 개씩이며, 관에서 만들어 나누어 준 것은 한 마을에 몇 개씩인가? 勸耕은 몇인가를 기준으로 평가하려 하는데, 뽕나무와 함께 수차가 포폄의 기준으로 언급되고 있다. 뽕나무를 심는 것은 이미 고려시기에도 중요하게 취급되었지만, 수령의 포폄에 수차를 얼마나 보급했는지를 기준으로 삼는 것이 새롭게 나타난 것이 특이하다. 왜 수차가 새롭게 수령의 포폄의 한 요인

85) 이종봉, 앞의 논문, 1992, 330쪽.

이 되었을까? 그것은 조선초기 수차를 활용하여 수리문제를 해결할 대안으로 생각하였기 때문이다.

조선초기 수차는 어느 정도 이용되었을까? 이후 수차에 대해서는 한동안 기록이 없는 점을 고려하면 새로운 보급의 시도가 이루어지지 않았을 수도 있다.[86] 그런데 세종 15년 세종과 金宗瑞는 朴瑞生이 제기한 수차 문제를 두고 논의하는 과정에서 김종서에게 수차에 대해 질문을 하였는데, 이때 김종서는 "전에 禹希烈이 수차를 많이 만들어서 수년 동안 써 보았으나 마침내 이익을 보지 못하여 파하고 말았으니, 신은 좋지 못하다고 생각합니다"라고 아뢰고 있다.[87] 우희열은 태종 때 각 지역의 지방관을 역임하면서 수리시설의 보급에 많은 노력을 기울였던 인물이다. 수차의 제작은 앞에서 언급한 것처럼 태종 6년 당시 지방관의 포폄의 기준이었다. 그렇다면 수차는 태종 때에도 보급의 시도가 있었다고 보아야 한다. 하지만 수차는 국가의 의도대로 보급되지는 못하였던 것으로 생각된다.

이와 관련하여 세종 10년(1428) 통신사로 갔다 온 박서생은 당시 일

---

86) 李泰鎭, 「16세기 川防(洑)灌漑의 발달」『韓國社會史研究-農業技術과 社會變動-』, 지식산업사, 1986, 195쪽에서는 자료 「마-가」(『世宗實錄』 권52, 세종 13년 5월 경진)의 기록을 토대로 태종대에 禹希烈(?~세종 2년, 1420)이 여러 번 수차의 제작을 시도하였다고 하고 있다. 하지만 세종 13년 5월 경진의 기록은 우희열이 열심히 제방 쌓는 일을 감독하였다고 기록을 하고 있지만, 수차를 만들었다고 한 내용은 없다. 우희열이 수차를 만들었다는 것은 아래 주의 세종 15년 4월 신묘일의 기록이다.

87)『世宗實錄』 권60, 세종 15년 4월 신묘 "初 朴瑞生奉使日本回還 極言水車之利 上信之 都承旨安崇善亦獻議以爲可行 上顧左承旨金宗瑞曰 "爾意何如" 對曰 "前此禹希烈多作水車 行之數年 竟不見其利而罷之 臣意恐未可也" 上曰 "中國及倭邦皆利其用 我國介在其間 安有不可用之理 但行之者不用力 或未得其要耳" 對曰 "本國土(姓) 麤疎 泉水汚下 雖百倍其功 一日所灌 不過一畝 而功輟則滲漏 臣親見其狀" 上曰 "大抵人情憚於新作" 卽分遣敬差官于各道 多置水車 久無其效 上疑之 至是 令宦寺田吉洪 置水車於行宮近處 役百人激之 一日所灌 止一畝 而亦盡滲漏 又令崇善往觀之 崇善啓曰 "宗瑞終始皆言不可用 請與俱行 詰其利害" 命許之 俱往 役八十餘人終日激之 所灌不及一畝 而皆滲漏 崇善等回啓其狀 命扈從宰相議之 皆曰 "不可用" 卽命還各道敬差官 其水車藉人力者皆罷之 唯自激水車不罷".

본의 농업 실상과 함께 여러 가지 개혁안을 제시하였는데,[88] 그러한 개혁안 중에서 일본에서 사용되는 수차와 비교한 부분이 주목된다.

「사」

A)通信使朴瑞生具可行事件以啓 … 一 日本尙浮屠 交好所贈之物 無踰佛經 考閱諸處佛經 審其成帙與否 補舊成帙藏畜 以備後日通好之資, 一 日本農人 有設水車 斡水灌田者 使學生金愼 審其造車之法 其車爲水所乘 自能回轉 挹而注之 與我國昔年所造之車因人力 而注之者異矣 但可置於急水 不可置於漫水也 水碓亦然 臣竊料之 雖漫水 使人踏而升之 則亦可灌注矣 今略造其形以獻 乞於各官可置之處 依此造作 (『세종실록』 권46, 세종 11년 12월 을해)

B)傳旨戶曹 本國人民 但知堤堰之利 不知水車灌漑之益 遇旱失農 誠可憐憫 其令各道監司 放可置水車之處 以今所頒水車 依樣製造 監司以時考察 每當殿最 并錄勤慢 以憑黜陟(『세종실록』 권49, 세종 12년 9월 을축)

위의 자료 A)는 박서생이 “일본 농민들이 수차를 설비하여 물을 전답에 공급하는 자가 있으므로, 學生 金愼으로 하여금 수차를 만드는 법을 살펴보게 하였더니, 그 수차가 물을 타고 저절로 회전하면서 물을 퍼 올리고 있는데, 우리나라에서 전년에 만들었던 수차는 人力으로 물을 퍼 올리는 것과 다르므로 물살이 센 곳에는 설치할 만하나, 물살이 느린 곳에는 설치할 수가 없습니다. 水碓도 또한 그러하였으니, 신이 가만히 생각해 보니, 비록 물살이 느리더라도 사람이 발로 밟아서 물을

88) 한태문, 「조신통신사(1428)와 박서생」『열상고전연구』 29, 열상고전연구회, 2008, 157~164쪽; 김형수, 「栗亭 朴瑞生의 학문적 연원과 세종대 水車 도입론」『석당논총』 63, 동아대 석당학술원, 2015, 168~180쪽.

올린다면 또한 물을 댈 수 있을 것 같았습니다. 이제 간략하게 그 모형을 만들어 바치오니, 청컨대 각 고을에 설치할 만한 곳에 자기가 제시한 모형에 따라 제작하여 灌漑의 편리에 도모하자"라는 것이다. 자료 B)에서는 호조에 전지하기를 본국 민들이 다만 제언의 蒙利만을 알고 수차로 灌漑하는 유익한 방법을 몰라서, 旱災만 당하면 농사를 실패하곤 하니 실로 딱하고 민망한 일이므로 각도의 감사로 하여금 수차를 설치할 만한 장소를 조사하여 지금 반포한 수차의 모양에 따라 제조하게 하고, 감사가 수시로 이를 고찰하여 매양 殿最를 당할 때마다 그의 근면과 태만도 아울러 기록하여 黜陟의 증빙으로 삼도록 하라고 하고 있다. 위의 두 자료에 의하면 박서생은 일본의 수차와 우리의 수차를 비교하여, 일본의 수차 방식과 다른 수차를 만들어서 공급할 것을 제안하였고, 세종은 박서생이 만든 모형에 따라 제조하게 하여 지방관의 殿最로 삼겠다는 것이다.[89] 즉 세종은 적극적으로 수차 보급 의지를 보였음을 알 수 있다.

이후 박서생의 주장은 議政府와 諸曹로부터 시행해볼 만한 것으로 받아들여져 바로 수차제작을 실시한 것으로 보인다. 다음의 자료가 주목된다.

「아」

A)知印李克剛啓 臣到鐵原水原 觀排設水車之狀 機械皆具 隨卽滲漏不得灌漑 上御思政殿 引見知申事安崇善曰 太宗時禹希烈 以監築堤堰爲己任 不避衆責 太宗稱之 厥後所築堤防 頗多不實 然可用灌漑處亦多 民受其利 今於國家事 夙夜盡心者蓋寡 良可嘆也 水車之設 本以備旱 奉行官吏 皆不用心 排置沙石之 以至無用 甚爲不 上自中國 下至倭邦 皆受水

89) 李泰鎭,「16세기 川防(洑)灌漑의 발달」『韓國社會史硏究-農業技術과 社會變動-』, 지식산업사, 1986, 196쪽.

車之利 豈於我國 獨不能行 予之拳拳於此 匪棘其欲 視民利耳 予欲必收成効 宜選可任此事者 分遣各道 遂遣敬差官前護軍李韞于京畿江原咸吉道 前署令吳致善于忠淸全羅道 經歷朴絜于慶尙道 護軍趙昆于平安黃海道(『世宗實錄』 권52, 세종 13년 5월 경진)

B)工曹參議朴瑞生上言 頃者奉使日本 見舂砧之車 樂其無人力而自斡 使學生金愼往察灌漑之車 亦無人力而自注 廻還之日 造其形以上焉 庶助殿下務本厚生之政 卽蒙下命工人 造而試之 其灌漑之易 優於中國之車矣 然大體相同 而其細微之制 未盡善, 故重澁而難斡 此無他 工人不審金愼之言 而自用其智以造之故也 臣之汲汲於設此者 爲其無人力之勞 而自能灌漑也 今工人之所造 非惟體制未盡善 欲其人踏而升之 故輻大板厚 體重而難自斡也 人踏而升之者 倭國所不爲 臣但因自斡之車 得臆料之便 而并以上聞耳 近聞外方監司定差使員 俾造設焉 差使員亦效京中造設之法 不以自斡爲尙 而皆設踏升之車 故民見人力之費 而惡之矣 然則設之雖勤 何益之有 是車之用 其等有二 流川則自斡而灌之上也 止水則踏而升之下也 踏升之車 雖費人力 而遇旱災 不可不用 故其堅緻牢密 一如今之所造 而不至於易毁可也 自斡之車 則一以輕便爲主 而不以厚重爲尙也 蓋敎民之事 不示之以難 而示之以易 然後民皆樂而效之矣 今造之車 締造艱苦 規模牢密 不如日本之車簡朴而易造也 人之見之者皆日 非畎畝細民之所能造也 故造此者不以斲刻精巧爲尙 而伐木爲輻 縛板懸桶 使民易造而已 臣生長外方 嘗觀築川灌漑之難矣 守令以時差遣色吏 各率農民赴而役之 防築大則必用數百人之力 中則用數十人 小則用十餘人 累日乃成 或有水至而決潰 則亦如之 其民力之勞 誠多矣 今此車則不然 雖以匹夫之力 猶能爲之矣 況自 斡之車 一成而設之 則不用人力 而晝夜自灌乎! 自斡之術有四焉 輻之長短大小 咸得其中也 激水之板 長短廣狹厚薄 咸得其中二也 挹水之桶 大小稀密 咸得其中三也 變漫流爲急水而設之四也 岸高水深 則輻宜長 岸低水淺 則輻宜短 而大小 則相水之强弱而(栽) 之

也 川之流稍急稍深 則板之厚 宜乎四五分 而稍短且狹矣 川之流急而深 則板之厚 宜乎七八分 而長且廣矣 川之流大急大深 則板之厚 宜乎一寸 而又加長廣矣 挹水之桶 多則過重而難斡 小則過稀而難挹 其大小闊窄亦然 宜審水之漫急 而疎密得中 大小適宜 不使至於今之所造之誤也 凡此諸術 只就其地, 相水之强弱 而爲之(裁) 制 不可以臆度 而預爲之也 自斡之車 在漫流固不可施 日本人 有築川通溝 而設之者矣 今於漫流 小加防築 通一小溝而設之 則可以爲急流而自斡矣 今奉使者 亦不知其術而妄作 有乖於殿下愛民重農之至意 故仰陳所懷 伏望殿下 以此下諭諸道 仍命金愼 校正於一方 示之以易 而使諸造者取法焉 則庶幾水車正 而灌漑之利成矣知申事安崇善啓 瑞生職掌工曹 同金愼令本曹匠人造作試驗 從之(『世宗實錄』 권52, 세종 13년 6월 을미)

위의 자료 A)는 知印 李克剛이 아뢰기를 '철원과 수원에 가서 수차를 설치한 상황을 살펴보니, 기계는 모두 갖추어졌으나, 사람을 시켜서 물을 올리게 하니, 즉시 새어 버려 관개할 수가 없었다'고 하자 세종은 '수차의 설치는 원래 한재를 대비하기 위한 것인데, 받들어 행하는 관리가 모두 마음을 쓰지 아니하고 자갈땅에 설치하여 쓰지 못하게 되니 심히 부당하고, 중국과 왜국이 수차의 이익을 받는데, 어찌 우리나라에서만 행하지 못하는가'라 하고, 반드시 성공시키고야 말 것이니 꼭 이일을 맡을 만한 사람을 골라서 각도의 敬差官으로 전 護軍 李韞을 경기 · 강원 · 함길도에 보내고, 전 署令 吳致善을 충청 · 전라도에, 경력 朴絜을 경상도에, 호군 趙昆을 평안 · 황해도에 보내어서 보급하려는 의지를 강하게 피력하였다. 자료 B)는 공조참의 박서생이 올린 글이다. 첫째는 일본의 수차는 우수한데, 공인이 김신의 말을 잘 살피지 못하고 만들었기 때문에 허술하므로 일본보다 더 규모가 크게 치밀하게 새롭게 만들 것을 제안하고 있고, 둘째는 지금 수차는 비록 한 사람의 힘으로도 오히려 능히 할 수 있는데, 하물며 스스로 돌아가는 수차를 한번 만들어 설치한다면 인력을 쓰지 아니하여도 밤낮으로 제대로 물을 풀 것이고, 스스로 돌아가게 하는 술법은 네 가지가 있는데, 바퀴의 長短과 大小를 알맞게 함이 그 한 가지고, 물을 푸는 판자의 장단과 나비와 두께를 모두 알맞게 함이 그 두 가지이며, 물 푸는 통의 대소와 간격의 드물고 촘촘한 것을 모두 알맞게 하는 것이 세 가지이며, 느리게 흐르는 물을 급류(急流)로 만들어서 설치하는 것이 네 가지란 것이다. 셋째로는, "언덕이 높고 물이 깊으면 바퀴를 마땅히 길게 하여야 하고, 언덕이 낮고 물이 얕으면 바퀴를 마땅히 짧게 하여야 하니, 크고 작은 것은 물의 힘이 세고 약한 것을 보아서 만들어야 합니다. 냇물의 흐름이 조금 급하고 깊으면 판자의 두께는 4, 5分으로 하되, 조금 짧고 좁은 것이 마땅하며, 냇물의 흐름이 급하고 깊으면 판자의 두께는 7, 8푼으로 하되, 길고 넓어야 하는데, 냇물의 흐름이 크게 급하고 깊으면 판자의 두께는 한 치로 하고, 또 길이와 나비를 더해야 마땅합니다. 물을 푸는 통이 많으면 너무 무거워서 돌아가기 어렵고, 적으면 너무 드물어서 푸기 어려우며, 그 대소와 넓고 좁은 것도 이와 같으니, 마땅히 물의 느림과 급한 것을 살펴서 드물고 촘촘함이 정도에 맞고, 크고 작은 것이 알맞아서, 지금 만든 것과 같이 잘못 됨이 없게 하여야 할 것입니다"라는 것이다. 이를 토대로 박서생은 "여러 도에 下諭하여 김신이 한편으로 고치고 바로잡아 쉬운 것을 보여 만드는 자로 하여금 법을 취하게 하신다면, 수차가 거의 바르게 되어 관개하는 이익이 이루어질 것입니다"하니, 지신사 안숭선이 아뢰기를, "박서생은 직책이 공조를 맡았으니, 김신과 같이 본조의 장인으로 하여금 만들게 하여 시험하옵소서"라 하고, 그대로 따랐다. 박서생은 세종 13년 조선의 지형에 합당한 수차를 개발하였고, 이를 보급하기 위해 적극적인 자세를 취하고 있었음을 알 수 있다.

한편 세종은 判康津縣事 吳傅와 三和縣令 鄭詵이 하직을 고하였을 때, '수령의 임무는 형벌을 다스리는 것과 함께 水車로 한재를 방비함이 중한 일이므로 법대로 배치하면 백성에게 크게 유익할 것이다'라고[90] 하여 수차를 널리 보급하려는 의지를 보였고, 晉陽大君 李瑈 · 安平大君 李瑢 · 臨瀛大君 李璆 · 도승지 안숭선 등에게 명하여 藏義門 밖에 가서 自激水車를 보게 하거나,[91] 호군 吳致善에게 명하여 自激水車를 近郊에 설치하여 이를 시험하게 하였다.[92] 이처럼 세종은 수차의 보급에 적극적이었다. 이때 수차는 왜와 중국의 수차 중 어느 나라의 수차를 널리 보급할 것인지도 논란의 중심이 되었는데, 결국 자격수차를 보급하려는 것으로 결정되었다.

수차의 보급이 세종의 의도와 달리 널리 수행되지 못하였음은 문종 1년(1451)의 기록에 '本國은 土壤의 성분이 푸석하여 물을 받을 수 없는 까닭에 수차의 법은 마침내 이익을 보지 못하였다'는 기록을 통해 알 수 있다. 하지만 수차의 보급은 성종대에 이르면 다른 양상으로 나타났다. 성종은 崔溥가 명에 가서 수차의 制度를 보고 왔으므로 精巧한 木工으로 하여금 최부의 指揮를 들어 수차를 만들어 올리라고 하였고,[93] 실제로 최부는 수차를 만들어 바쳤다.[94] "최부의 수차는 지금 비롯된 것이 아니라 쓴 지가 오래되었고, 만약 한두 곳에 시험해 보면 쓸 수 있는지의 여부를 알 수 있고, 어떤 이는 말하기를, '수차를 운행하는 것은 功力이 많이 들어서 이루기가 어렵다'고 하니, 이는 너무 모르는 말입

---

90)『世宗實錄』권53, 세종 13년 7월 무인 "判康津縣事吳傳 三和縣令鄭詵辭 引見曰 守令之任 安民省刑爲重 且水車備旱重事 依法排設 則於民大有利焉".

91)『世宗實錄』권64, 세종 16년 6월 임자 "命晋陽大君 瑈 安平大君 瑢 臨瀛大君 璆 都承旨安崇善等 往觀藏義門外自激水車 崇善回啓曰 於臣所見可矣 上曰 天有旱徵 移排于可當激水之處 予當親覽焉".

92)『世宗實錄』권76, 세종 19년 2월 갑신 "命護軍吳致善 設自激水車於近郊以試之".

93)『成宗實錄』권217, 성종 19년 6월 병진 "下書全羅道觀察使李諿曰 聞崔溥到中國得見水車制度而來 其令巧性木工 聽溥指揮 造作上送".

94)『成宗實錄』권217, 성종 19년 8월 을미.

니다. 대저 시골 농민도 오히려 한 곳의 이익을 일으킬 수 있는데 어찌 조정에서 백성의 이로움을 인하여 이롭게 하는 것인데 이루지 못할 것이 있겠습니까? 엎드려 원하건대 전하께서는 마음에 두소서"라고 하고 있는 것은 이전보다 효과가 있었음을 보여준다.

박서생은 고려초 門下侍中을 지내고 屛山君에 봉해졌던 朴瑀를 중시조로 하는 가계의 일원으로 경상도 比安 출신이며 그의 자는 汝祥 호는 栗亭이었다.[95] 박서생은 학문적으로 이곡-정몽주-길재로 이어지는 영남사림에 속하였다. 그의 스승인 길재가 낙향하여 관직에 나아가지 않았던 것처럼 박서생도 출세보다는 학문에 뜻을 두었다. 일찍이 司馬試에 합격하고도 벼슬길에 오르지 않았으나 師門의 거듭된 권유로 인해 태종 1년(1401) 별시문과에 급제하여 관직에 나아갔다.[96] 관직 생활을 할 때에는 태종이 광주에 講武하는 것에 대해 시기적으로 부적절하다고 간하는 모습[97]이나 양녕대군이 법도에 어긋나는 행동을 하자 처벌을 주청[98]하는 등 강직한 모습을 보여주었다.

그리고 고려시대에 이루어졌던 중요한 권농정책은 농서의 간행 보급이다. 농서의 간행 보급은 선진농업기술을 여타지역에 보급시킴으로써 농업 생산력을 증가시킬 수 있는 중요한 일이었다. 고려 전기에는 농서의 보급과 간행에 대한 구체적인 기록이 보이지 않지만, 중국의 농서를 도입 간행하였을 가능성은 높다. 이에 대해서는 다음 절에서 자세하게 서술하고자 한다.

---

95) 장필기, 「조선 초기 율정 박서생의 학문적 기반과 현실 대응」『한국학논총』 34, 2010년, 654쪽.

96) 장필기, 앞의 논문, 2010, 658쪽.

97)『太宗實錄』 권21, 태종 11년 2월 병진조.

98)『世宗實錄』 권7, 세종 2년 윤1월 갑신조.

2) 農書類의 도입 간행

고려와 조선전기에는 농서 간행 보급에 많은 노력을 전개하였다. 농서 보급은 중국의 농서를 간행하는 방향과 조선의 농업 현실에 맞는 독자적인 농서를 간행하는 방향으로 이루어졌는데, 후자에 대해서는 이미 많은 연구가 축적되었다. 따라서 여기에서는 중국 농서의 간행 보급에 대해 살펴보고자 한다. 현재까지『농사직설』의 간행 보급 이전에 우리의 농업기술에 토대한 독자의 농서를 편찬했다는 기록은 없다. 그러므로 이 시기에는 중국의 농서를 도입하여 이용하였을 가능성이 있는데, 그것은 통일신라와 고려전기에 당 · 송대의 醫書를 도입한 사례를 통해 유추할 수 있다.

통일신라 때는 당의 의서인『廣利方』을 도입하려는 시도가 이루어졌다.[99]『광리방』은 당의 덕종 정원 12년(796)에 편찬되어 보급되었는데,『광제방』을 계승한 의서이다.[100] 애장왕 4년(803) 하정사 朴如言이 회남절도사 杜佑에게『광리방』을 요청하였고, 두우가 당의 덕종에게 글을 올려『광리방』5책을 하사받았다는 내용이 중국의 자료에 기록되어 있다.[101] 하지만 9세기『광리방』이 어느 정도 활용되었는지에 대해서는 기록이 없다.

---

99) 김현숙,「신라 애장왕대 唐 의학서『廣利方』의 도입과 그 의의(1)-劉禹錫의 '對淮南杜相公論新羅請廣利方'을 중심으로-」『東洋古典硏究』13, 東洋古典學會, 2000;「신라 애장왕대 唐 의학서『廣利方』의 도입과 그 의의(2)-劉禹錫의 '對淮南杜相公論新羅請廣利方'을 중심으로-」『東洋古典硏究』14, 東洋古典學會, 2000.

100) 김현숙, 위의 논문, 247~263쪽.

101)『全唐文』권603, 13책, 7784쪽, 劉禹錫代淮南杜司徒奏新羅請廣利方狀 淮南節度觀察處置等使敕賜貞元廣利方五卷 右 臣得新羅賀正使忭如言狀稱 請前件方狀一部 將歸本國者 伏以纂集神效 出自聖衷 藥必易求 疾無隱狀 搜方技之秘要 拯生靈之夭瘥 坐此華胥 咸躋仁壽 遂令絕域 逖聽風聲 美玆豐功 爰有誠請 以其久稱藩附 素混車書 航海獻琛 旣已通於華禮 釋疴蠲癘 豈獨隔於外區 正當四海爲家 冀覩十全之效 臣卽欲寫付 未敢自專 謹錄奏聞.

그리고 고려 초기에도 송에게 여러 차례 의서를 요청하였는데, 현종 7년(1016)과 현종 12년(1021)에 『聖惠方』을 가져왔다.[102] 『성혜방』은 송대에 편찬된 대표적인 의서 중의 하나이다.[103] 이러한 의서가 고려에서 편찬된 기록은 없지만 고려 의서의 편찬에 큰 영향을 주었다는 자료가 있다. 김영석은 『濟衆立效方』이란 의서를 편찬하였는데, 이때 송과 신라의학을 참고하였다고 하고 있다.[104] 이처럼 고려는 송과 신라의 의학을 토대로 독자적 의서를 편찬하였고, 이러한 의서가 '세상에 널리 전해졌다'는 점을 미루어 보면 농서도 유사한 모습을 보였을 가능성을 상정해 볼 수 있다.

한편 李陽은 성종에게 治國을 위한 권농책을 제시하였는데, 중국 고대의 『禮記』의 '月令'을 처음으로 인용하였다.[105] 이후 '월령'은 현종이 관료에게 온 마음으로 부지런히 준수할 것을 교서로 내릴때 참고되거나,[106] 의종 22년 의종이 정치를 쇄신하고자 할 때에도 인용한 것[107] 외에도 고려 말까지 여러 차례 인용되었다.[108] 이처럼 '월령'은 고려의 왕과 관료의 유교 정치의 지침서와 같은 역할을 하였다. 그런데 '월령'

---

102) 『宋史』 권487, 열전 외국3 고려전.

103) 川井正九 · 川合重孝 · 山本恒九 飜譯, 『中國醫學の歷史』, 東洋學術, 2003.

104) 김용선, 「김영석묘지명」 『고려묘지명집성』, 한림대 출판부, 2001.

105) 『高麗史』 권3, 성종 "人時 故君知稼穡之艱難 民識農桑之早晩 以致家給人足 年豊歲稔 按月令 立春前 出土牛 以示農事之早晩 請擧故事 以時行之 其二曰 躬耕帝籍 寔明王重農之意 虔行女功 乃賢后佐君之德 所以致誠於天地 積慶于邦家 按『周禮』內宰職 曰 上春 詔王后率六宮之人 生穜稑之種 而獻之于王 以此言之 王者所擧 后必贊之 方今上春 祈穀於上帝 吉日耕籍于東郊 君雖有事於籍田 后乃虧儀於獻種 願依周禮 光啓國風 其三曰 聖人俯察仰觀 以通時變 王者行仁布惠 用遂物情 按月令 正月中氣後 犧牲毋用牝 禁止伐木 無麛無卵 無聚大衆 掩骼埋胔 願當獻歲之晨 遍布行春之令 咸知時禁 俾識天常".

106) 『高麗史』 권5, 현종 18년 6월 "己未 敎曰 法天順時 然後可以禦災沴而致和平 今內史門下省及諸官司凡所奏行 多違時政 欲望陰陽調洽 豈不謬哉 宜各悉心 勉遵月令 以副予意".

107) 『高麗史』 권18, 의종 22년 3월.

108) 『高麗史』 권38, 공민왕 원년 2월.

은 유교적 소양을 위한 내용만이 아니고, 이양이 인용한 것처럼 중국 고대 농업에 대한 지식까지도 수록되어 있다. '월령'은『예기』에 수록되어 있는데,『呂氏春秋』12紀를 모은 것이다. 12기에는 四季(孟 · 仲 · 季)를 중심으로 여러 내용들이 서술되어 있고, '월령'은 이를 참고하여 작성하였다. '월령'을 인용하였다는 것은 '월령'의 내용이 고려사회에 도입되었고, 이를 어느 정도 이해하고 있었기 때문이다. 그런 점에서 '월령'의 농업론은 고려사회에 많은 도움이 되었을 것이다.

그리고 앞에서 서술한 것처럼 통일신라 애장왕 때와 고려 현종대에는 당과 송나라에 서적의 여러 차례 요청하여 醫書를 받았다. 그런데 오히려 宣宗 8년(1091) 李資義가 송에 귀국하였을 때 송의 황제는 고려로부터 구하고자 하는 책의 목록을 제시하였는데,『氾勝之書』와『蔡邕月令長句』등이 포함되어 있었다.[109]『범승지서』는 한서의 범승지가 편찬한 漢代의 대표적인 농서로 오늘날까지 전해지고 있고,『채옹월령장구』는 채옹이 저술한 것으로 현재 전하지 않지만,『農政會要』에 의하면 '『월령장구』: 메기장은 가을에 심고 여름에 익으니 사철을 두루 거쳐서 음양을 다 갖추고 있어 이 곡식이 귀한 것이다'라고[110] 하여 한전작물인 메기장에 대해 가장 먼저 인용하고 있다. 이는 중국 고대의 농업에 대해 기록하고 있는 책이 중국에는 없지만 11세기 이전에 고려에 전래되어 존재하였을 가능성을 유추할 수 있고, 고려와 송의 활발한 문화 교류를 생각할 수 있는 중요한 요소이다.[111]

한편 李奎報의『동국이상국집』에는『제민요술』에 기록된 내용과 비슷한 내용이 서술되어 있는데, 다음의 자료를 살펴보자.

---

109)『高麗史』권10, 선종 8년 6월.

110)『農政會要』3책, 穀種 稷.

111) 이에 관한 서술은 다음의 글이 참고된다(金庠基,「宋代에 있어서 高麗本의 流通에 대해서」『亞細亞硏究』18, 1965;『東方史論叢』, 서울대출판부, 1986; 屈萬里,「元祐六年宋朝向高麗訪求佚書問題」『東洋學』5, 단국대 동양학연구소, 1975).

「자」

A)不欲負其名 趁得蟬鳴日 眼見新穀升 今年事亦畢(『東國李相國集』 권14, 得蟬鳴稻-早稻謂之蟬鳴稻)

B)(ㄱ)青烏雛多來已壓-芋凡有四芋日車聲鉅子旁巨青烏 芋多子- 黃鷄卵在駭難成 … 十四名般斯第幾 二三分別尙離精 … (ㄴ)筋頭跳脫走丸輕-王述朝卵事- … 岷蜀充資濟陽九 我今佐食意難平 (ㄷ)… 煨糞禪師心豈傲 誤羊丞相學非精…(『東國李相國集』 後集 권7, 次韻侍郎以詩二首送土卵予以三首答之)

C)雖從天自化 孰把手能團 一樹名眞貴-廣志云桃梨海內有一樹- 千年實已飡(『東國李相國集』 後集 권7, 次韻李侍郎見和桃梨詩二首以四首答之)

위의 자료 A)는 선명도를 보고 시를 지은 것이다. 선명도는 논벼의 품종으로 『제민요술』에서는 『廣志』를 인용하였는데,[112] '남방에는 선명도가 있어서 7월에 익는다'고 하고 있다. 이를 고려하면 早稻種인 선명도는 13세기 이전에 고려에 전래되었고, 고려에서 재배되고 있었음을 알 수 있다. 자료 B)는 이규보가 李侍郎으로부터[113] 토란과 채소, 그리고 2두의 시를 받았는데, 그 후 이에 화답한 시 3수이다. 먼저 (ㄱ) 이규보는 토란을 보고 말하면서 '青烏'라고 하였고, 토란의 종류에는 '車聲 · 鉅子 · 旁巨 · 青烏 芋多子' 등을 언급하였는데, 이러한 표현은 『제

---

112) 『廣志』는 郭義恭의 저술로, 각종 과실과 품종을 기록한 책이다. 현재 책명은 후대의 농서와 여러 문헌에 인용되고 있지만, 책은 전하지 않는다.

113) 이시랑은 『東國李相國集』에 의하면 위에서 인용한 詩 외에도 이규보와 여러 차례 주고받았다. 이시랑은 『東國李相國集』 후집 권5에 '李侍郎需親受御賜鞓帶遂帶出訪予以詩賀之'와 묘지명을 작성한 자료를 통해 李需라는 견해(위은숙, 앞의 논문, 2000, 127쪽)와 『東國李相國集』 후집 권7, 次韻李侍郎見和二首에서 '距我登科二紀餘 成龍牓上欻飛起'와 『高麗史』 권73, 선거 명종 18년 6월에 '內侍中尙令'으로 과거에 급제한 근거를 들어 본관은 韓山으로 政堂文學 太子小傅를 지낸 文平公 李知命의 아들 李唐髦로 이해하는 견해가 있다(한정수, 앞의 책, 180쪽). 이시랑은 尙書禮部侍郎 · 太子文學 등의 文翰官을 역임한 것과 이규보의 부탁으로 묘지명을 지은 점을 고려할 때 李需임을 알 수 있다.

민요술』에서『광지』를 인용한 내용과 거의 동일하다.[114] 이때 청오가 14번째 중에 몇째이고, 이규보 자신은 2·3가지도 분별하기 어렵나고 하고 있는데, 이러한 토란의 종류도『제민요술』에서『광지』를 인용하여 14종이라고 하고 있다. (ㄴ)의 '筯頭跳脫走丸輕-王述朝卵事- … 岷蜀充資濟陽九 我今佐食意難平'의 부분은『晉書』와『本草』의 내용을 인용한 구절이다. 전자는 사서이고, 후자는 의서의 일종인데, 이규보는 중국의 여러 내용의 서적을 인용하여 이시랑에게 화답하고 있음을 알 수 있다. (ㄷ)의 '煨糞禪師心豈傲 誤羊丞相學非精'은 '똥을 굽는 선사의 마음 오만해서 芋(토란)를 羊으로 오인한 승상의 학문이 정밀하지 못하다고' 하고 있는데, 역시 본초를 인용하여 작성한 구절이다. 자료 C)는 이규보가 이시랑으로부터 酸梨·碧桃를 보내온데 대해 답하자,[115] 이에 이시랑이 화답을 하자 다시 4수로 답례한 시 중의 하나이다. 이 시에서도 역시『광지』를[116] 인용하여 '桃梨海內一樹'라고 하고 있다. 위의 자료에 의하면 이규보는『광지』·『진서』·『본초』등을 인용하여 위의 시를 작성하였음을 알 수 있다. 이때 이규보는 위의 내용 중에『광지』의 내용을 직접 보았을까? 아니면『제민요술』에 기록되어 있는 내용을 통해 간접적으로 보았을까? 이규보는 전자이든 후자이든『광지』를 비롯한 중국의 여러 종류의 서적을 직접 이해하고 있었고, 이는 13세기 이전에 중국의 농서를 비롯한 여러 서적이 고려에 전래되었음을 보여준다.

한편 이시랑은 이규보에게 토란의 재배법을 가르쳐 주었다. 이규보가 화답한 시에는 '縱受君傳栽養法 其如蹐跼地難平'이라고 하고 있는데,[117] 이를 통해 이시랑이 이규보에게 토란의 재배법을 자세하게 말하

114)『齊民要術』권2, 種芋 "廣志曰 蜀漢旣繁芋 民以爲資 凡十四等 … 有車轂芋 有鉅子芋 有旁巨芋 有青烏芋 此四芋多子".

115)『東國李相國集』후집 권7, "謝李侍郎送酸梨碧桃".

116)『齊民要術』권4, 插(種)梨 "廣志曰 洛陽北邙張公夏梨 海內唯有一樹".

117)『東國李相國集』후집 권7, "次謝李侍郎復見和七首".

였음을 엿볼 수 있다. 하지만, 이규보는 이를 이해하지 못하였고, 오히려 다른 시에서 그의 노비가 게으르다고 하고 있다. 그렇다면 이시랑은 토란의 재배법을 어떻게 이해하였을까? 마찬가지로 이시랑도 아마 앞에서 인용한 농서를 통해 토란의 재배법을 이해하였을 가능성이 많다.

따라서 고려전기 이전에 중국의 농서인『범승지서』나『제민요술』등이 유입되었을 가능성이 많다.[118] 그러나 중국의 농서들이 고려에 도입되어 간행되었는지는 알 수 없다. 다만 이와 같이 중국의 농서들이 도입되었다면 당시 수령들의 권농기능과 관련하여 볼 때 향촌사회에서 농업기술의 발달을 제고시키는 역할을 하였을 것으로 추측된다. 그러나 한편으로는 이처럼 중국으로부터 농서를 도입하여 이용하는 단계는 질수가 제한되어 있기 때문에 농업기술의 발전을 제고시키는데 일정한 한계가 있었다고 하겠다.

다음의 자료는 중국의 養蠶 관련 농서가 고려에 도입되어 간행되었고, 그로 인해 고려의 잠업(농업)기술의 발달에 일정한 영향을 주었다는 측면에서 주목된다고 하겠다.

「차」

檢校戸部尙書儒林郎 試御史中丞林公景和 字春卿 安東府輔州人也 … 公年纔十一 始以父陰加軍器注簿同正 丁未年(인종 5, 1127)春 通判京山府 政術著名 考績居一等 秩滿加景靈殿判官雜職署令 … 是時 孫氏蠶經 始行于世 然讀者莫曉其意 公以方言釋之 奏取朝旨 頒諸中外 遂興養蠶之法 越武辰(毅宗 2, 1148)歲拜權知監察御史 …正豊 四年(의종 13, 1159)十一月初二日長子永年將葬公于京城外江陰山之東麓(『高麗墓誌銘

118) 金容燮, 앞의 논문; 魏恩淑,「나말여초 농업생산력의 발전과 그 주도세력」『釜大史學』9, 1985; 金琪燮,「高麗前期 農民의 土地所有와 田柴科의 性格」『韓國史論』17, 서울대 국사학과, 1987.

集成』, 林景和墓誌銘)

임경화(1102~1158)는[119] 안동부 보주인으로 11세에 아버지의 陰으로 군기주부동정에 임명되었다. 경산부통판 때 행정 능력이 뛰어나 고과가 1등에 이르렀고, 이후 경령전 판관 · 잡직서령 · 도병사녹사 · 대부주부 · 대부승 등을 거쳤다. 그 때 중국의 잠서인『손씨잠경』[120]이 고려에 처음 유입되었으나 읽고 그 뜻을 명확하게 이해하지 못하였는데, 임경화가 이두로 번역하여 임금의 뜻을 얻어 간행하고 중외에 반포하니 양잠의 법이 일어났다고 하고 있다. 양잠에 관한 서적은 12세기 이전에 고려에서 간행되었다는 기록은 없다. 하지만 중국에서는 宋代 이전에 편찬이 이루어졌다.

중국의 농서에 양잠에 대해서는 일찍이『범승지서』에도 桑의 재배 기록이 있고,[121]『제민요술』에도 桑 · 柘 · 養蠶 등이 기록되어 있다.[122] 그리고 당대에는『신당서』에『잠경』이 권1 또는 권2이라는 서명이 기록되어 있다.[123]『잠경』은 현재 책이 전하지 않아 편찬자와 책의 내용을 정확하게 알 수 없지만, 당대에『잠서』가 단독 서적으로 편찬되었음은 아주 주목된다. 五代의 시기에도『잠서』가 편찬되었는데, 고려에서 간행

119) 임경화는 그의 형인 林景軾의 묘지명도 남아 있는데, 그의 형도 음직으로 장사랑 군기주부동정을 받았고, 후에 예주통판이 되었다(『高麗墓誌銘集成』, 林景軾墓誌銘).

120) 北村秀人, 「高麗時代의 絹織物生産에 대하여」『人文研究』 37-9, 1985에서『孫氏蠶經』은 五代 孫光憲이 찬한 蠶書일 것이라고 추측하고 있다. 그러나 孫光憲이 찬한『孫氏蠶經』은 청대 장서가의 목록에 보이지 않으므로 대략 이 이전에 소실된 것으로 파악하고 있다(王毓瑚 編著 · 天野元之助 校訂, 『中國農學書錄』, 龍溪書舍, 1975, 52쪽).

121)『氾勝之書』 권4, 種植 "種桑法 五月 取椹著水中 卽以手潰之 以水灌洗取子 陰乾. 治肥田十畝 荒田久不耕者 尤善 好耕治之 每畝以黍椹子各三升 合種之 … 桑 至春 生一畝食三箔蠶".

122)『齊民要術』 권4, 種桑柘附養蠶.

123)『新唐書』 권49, 예문지3.

된『손씨잠경』이 그것이다.『손씨잠경』역시 책이 전하지 않아 책의 내용을 정확하게 알 수 없지만, 당대의『잠경』을 참고하여 편찬하였을 가능성이 많다.『손씨잠경』은 언제 고려에 전래되었는지 알 수 없지만, 고려에서 필요하여 도입하였을 가능성이 많다. 이는 고려의 양잠업을 진흥하기 위한 일련의 정책과 일정한 연관을 가진다.

고려는 태조 즉위 초부터 '농사와 양잠은 衣食의 근본이니 王政에서 우선으로 삼아야 한다'고[124] 할 만큼 양잠을 강조하였고, 특히 현종 19년에는 여러 도의 주와 현으로 하여금 매년 뽕나무 묘목을 심도록 하되, 丁戶는 20그루 · 白丁은 15그루를 밭머리에 심어서 양잠에 이바지하도록 하라고 하였다.[125] 군현의 정호 · 백정층에게 뽕나무의 그루 수를 달리하고 있는데, 이는 정호 · 백정층의 경제력을 고려한 것이었다.[126] 양잠을 장려하기 위한 정책은 이후에도 지속되었다.[127] 이와 같은 고려시대 양잠에 대한 관심은 임경화가『손씨잠경』을 간행한 근본적인 요인이 아닐까 한다. 중국의 잠서가 고려에 도입되어 이두로 번역 간행됨으로써 고려의 양잠기술의 발달에 일정한 영향을 준 것처럼 여타의 농서들도 중국에서 도입되어 간행되면 고려의 농업기술의 발달에 영향을 줄 수 있었음을 유추할 수 있다.

고려는 왜 양잠에 많은 노력을 기울였을까? 이는 양잠을 통한 고급

---

124)『高麗史』권79, 식화2 농상서.

125)『高麗史』권79, 식화2 농상 현종 19년 정월.

126) 김기섭, 앞의 논문.

127)『高麗史』권79, 식화2 농상 인종 6년 3월 "詔曰 勸農桑 足衣食 聖王之所急務也 今守令 多以聚斂爲利 鮮有勤儉撫民 倉庾空虛 黎庶窮匱 加之以力役 民無所措手足 起而相聚 爲盜賊 甚非富國安民之意 其令州郡 停無用之事 罷不急之務 躋民安富 副朕憂勤".
『高麗史』권79, 식화2 농상 충숙왕 13년 10월 "下敎 農桑王政所先 其罷不急之役 以時勸課 毋致失業".
『高麗史』권79, 식화2 농상 공민왕 23년 12월 "敎曰 農桑衣食之本 諸道巡問 · 按廉考其守令種桑 · 墾田多少 具名申聞 以憑黜陟".

직물을 생산하기 위한 것으로 생각된다. 인근의 중국은 송 · 원대 양잠과 목면을 통한 고급 직물류를 생산하였다. 12세기 초 徐兢은 『고려도경』에서 '양잠에 서툴러 실과 옷감은 모두 상인을 통하여 중국 山東이나 閩浙에서 사들인다'고 하고 있다.[128] 이러한 서긍의 표현은 중국인의 입장에서 고려의 현실을 파악하였다기보다는 고려 잠상의 현실을 그대로 표현하였다고 생각된다. 고려는 고급 직물을 생산하기 위해서 양잠이 필요하였고, 양잠을 더욱 장려하기 위해서는 뽕나무의 재배가 필요하여 이의 기반이 되는 농서를 간행하였음을 알 수 있다. 그리고 12세기 『손씨잠경』의 간행으로 고려의 양잠업에 큰 변화가 있음을 유추할 수 있다.

이와 함께 최근에 알려진 경북 성주군 심원사 소장의 '吉凶逐月橫看高麗木板(보물 제1647호: 2010.2.24 지정)'은 아주 주목된다.[129] 이 고려목판은 '貞祐 7年 6月 浮石寺 願堂主 重太師 智○撰'[130]이라고 기록되어 있으므로 정우 7년, 즉 고종 6년(1219)에 간행되었는데, 앞뒤 2면이며, 한 면(앞)이 가로 50(51.5)cm, 세로 29.05(31.0)cm, 뒤의 가로 52.0cm, 세로 30.8cm의 목판본으로 현존하는 유일의 高麗曆書(農曆)이다.[131]

여기서 농력은 전체 20개 조항으로 구성되어 있는데, 농업의 서론격인 耕田耘田吉日(2행), 浸種下秧吉日(2행), 穀物류인 種粟吉日(2행-1

---

128) 『高麗圖經』 권23, 풍속2 토산 "不善蠶桑 其絲綫織紝 皆仰賈人 自山東 · 閩浙來 頗善織文羅花綾緊絲錦罽 邇來 北虜降卒工技甚衆 故益奇巧 染色又勝於前日".

129) 위은숙, 앞의 논문, 2009; 염정섭, 앞의 논문, 2014.

130) 찬자에 대해서는 위은숙(앞의 논문, 2012, 311쪽)은 '知○'로 판독하였고, 염정섭(앞의 논문, 2014, 88쪽)은 '智○'로 판독하였다. 그리고 네이버 두산백과에는 정확한 근거를 알 수 없지만 두 연구자의 판독과 달리 찬자를 '智元'이라고 판독하고 있다. 필자는 아직 원문을 보지 못한 상황이라 찬자를 '知○' 혹은 '智元'으로 이해하고 있는 점에 대해 차후에 확인하고자 한다.

131) 위은숙, 앞의 논문, 2012, 311쪽.

행: 三曆云), 種大豆吉日(2행-1행: 會同曆云), 種小豆吉日(2행-1행: 歲時曆), 種大小麥吉日(2행-1행: 會同曆云), 種黍穄吉日(2행-1행: 會同曆云), 種麻吉日(2행-1행: 會同曆云), 種蕎麥吉日(2행), 種稗吉日(2행), 種荏吉日(2행), 種稻吉日(2행), 種五穀吉日(4행-1행: 集正曆摠聖云) 등 11개, 소채류인 種菁吉日(3행), 種蒜 · 葱 · 薤吉日(2행), 種芋吉日(2행), 種菰吉日(2행), 種薑吉日(2행) 등 5개, 나머지 種茶吉日(2행), 種植吉凶日(3행) 등 2개이다. 이들 농력에는 길일을 중심으로 기록하고 있는데, 三曆, 會同曆, 歲時曆, 集正曆 등을 인용하여 기록하고 있다.[132]

穀物은 粟 · 大豆 · 小豆 · 大小麥 · 黍穄 · 麻 · 蕎麥 · 稗 · 荏 · 稻 · 五穀 11개 항목인데, 오곡의[133] 길일은 앞의 작물과 중복될 수 있음에도 왜 기록하였는지 의문이다. 채소류는 菁(무우), 蒜(마늘) · 葱(파) · 薤(염교), 芋(토란), 菰(줄), 薑(생강) 등의 5개 항목이고, 茶의 항목이 기록되어 되어 있다. 이 농력에서는 곡물과 채소류, 차류 등이 함께 기록되어 있는 점이 독특하다. 왜냐하면 조선초기의 우리의 농서인 『농사직설』과 『금양잡록』에는 채소류가 기록되어 있지 않기 때문이다. 그러나 중국의 농서인 『제민요술』과 『사시찬요』 등에는 채소류가 보편적으로 기록되어 있기 때문에 중국의 농서를 참고하여 편찬하였을 가능성이 많다.

앞에서 언급한 것처럼 고려목판은 '浮石寺 願堂主 重太師 智○撰'이라고 기록되어 있다. 浮石寺는 경북 영주 부석사이다. 찬자는 願堂主 重太師 智○이다. 지○은 승직을 가진 인물인데, 농서에 대한 어느 정도 이해를 하고 있었음 알 수 있다. 이보다 시기는 많이 늦었지만 14세

132) 농력의 판독은 위은숙, 앞의 논문, 2012, 313~316쪽을 인용하였다.

133) 중국은 참께 · 보리 · 피 · 수수 · 콩이거나 참깨 · 피 · 보리 · 쌀 · 콩의 5종 또는 수수 · 피 · 콩 · 보리 · 쌀의 5종을 5곡이라고 하였고, 우리나라에서는 쌀 · 보리 · 조 · 콩 · 기장을 5곡을 말한다.

기 大智國師 粲英은『농상집요』를 간행할 때 音義를 달았다.[134] 이와 마찬가지로 지○도 농서를 이해하고 있었고, 이를 토대로 부석사에서 농력을 편찬하였다. 농력은 三曆, 會同曆, 歲時曆, 集正曆 등을 인용하여 작물의 파종에 필요한 날짜를 택하였다. 이는 지○이 농업과 역에 대한 이해를 동시에 하고 있었기 때문에 가능하였다. 부석사는 사찰인데, 사찰에서 왜 이런 농력을 편찬하려 하였을까? 13세기 부석사는 농업경영에 대한 관심이 많았기 때문이 아닐까한다. 고려시기 사찰은 장안사 · 통도사 등의 사례를 고려하면 상당한 규모의 토지를 소유하고 있었다. 이러한 토지에 대한 농업경영을 보다 잘 해 보려는 의도에서 농력을 편찬하였을 것으로 생각된다.

이상에서 살펴본 것처럼 고려는 국가적으로 권농정책이 추진되었고, 개인적으로 농서를 간행하여 국가적 농정을 실천하고 있었음을 알 수 있다.

3.『農桑輯要』의 간본과 도입

1) 간본

『농상집요』는 王禎의『農書』와 魯明善의『農桑衣食撮要』와 더불어 원대에 편찬된 3대 농서 중의 하나로서 대사농사에서 농업의 백과사전 행태로 만들어진 관찬 농서이다.『농상집요』는 원의 세조 지원 10년(1273)에 편찬되었고, 지원 23년(1286)에 다시 증보되었을 가능성이 있는데, 이는 다음의 자료를 통해 이해할 수 있다.

---

134) 이종봉, 앞의 논문, 1991.

「가」

23年 拜監察御史 糾劾不避權貴 上所纂農桑輯要 24年 遷陝西漢中道 巡行勸農副使 置義倉 敎民種藝法(『元史』권57, 暢師文傳)

위의 자료에 의하면 暢師文은 세조 지원 23년 감찰어사에 임명되어 권귀를 규핵하는 일을 피하지 않았고,『농상집요』를 찬술하여 바쳤다고 하고 있고, 지원 24년에는 陝西漢中道 巡行勸農副使의 직으로 자리를 옮겼다고 하고 있다. 그런데『농상집요』는 위에서 서술한 것처럼 이미 지원 10년에 찬술되어졌다. 그러므로 지원 23년은『농상집요』를 찬술한 시기라고 하기 보다는 이미 지원 10년에 찬술되어진 것을 창사문이 다시 증보하였던 것으로 보여 진다. 그것은『농상집요』의 권 3, 6, 7의 내용을 살펴보면 인용문헌에 농서의 명칭이 기록되어 있지 않고, 단지 新添이라는 표현으로 농업기술을 서술하고 있다는 사실로 알 수 있다.[135] 이처럼『농상집요』는 지원 10년에 먼저 간행되고 다시 지원 23년에 창사문에 의해 증보되었다.[136] 이때 편찬된『농상집요』는 그해 6월에 여러 지역에 배포되었다.[137]

원이『농상집요』을 간행한 목적은 대원 제국이 건설된 전후에 농업생산증대가 중원의 지배권을 강화하는데 유익하다고 판단했기 때문이며, 이를 위해 사농사를 설치하고 농서의 간행을 추진하였다. 즉 이민족인 원이 중원을 지배하기 위한 수단으로 추진된 것이다. 따라서 국가에서는 각 지방에 파견되는 지방관, 권농관에게는 모두『농상집요』를 휴대하여 권농의 기초자료로서 이용케 하였다. 그런데『농상집요』는 판본의

135)『農桑輯要』에서는 각 작물의 농업기술을 서술할 때에는 먼저 인용문헌을 기록하는 것이 원칙이다. 따라서 모든 작물에는 인용문헌이 기록되어 있다.

136) 天野元之助,「元, 司農司撰『農桑輯要』について」『東方學』30, 東方學會, 1965.

137)『元史』권14, 세조 23년 6월 "乙巳 以立大司農司詔諭中外 皇孫鐵木兒不花駐營亦奚不薛 其糧餉仰於西川 遠且不便 徙駐重慶府 詔以大司農司所定農桑輯要書頒諸路".

부족현상이 나타나서 이를 가져와 다시 간행하지 않을 수 없게 만들었다. 다음의 자료는 그러한 현상을 구체적으로 이해할 수 있다.

「나」

逮我仁宗皇帝 克繩祖武 軫念民事 以舊板本弗稱 詔江浙省臣 端楷大書 更鋟諸梓 仍印千五百秩 頒賜祖臣及諸牧守令 知稼穡之艱難 以勸諭民 … 越至治改元之明年 丞相暨大司農臣 協謨奉旨 復印千五百秩 凡昔之未霑賜者 制悉與之 且勅翰林臣文淵 序諸卷首(『元文類』 권 36, 農桑輯要序)

위의 자료는 채문연이 작성한『농상집요』의 서인데, 자료에 의하면 인종대에 이르러『농상집요』의 구판본이 弗稱하여 강절성에서 대자본으로 1,500부를 간행하여 이를 지방관에 반급하였고,[138] 英宗 지치 2년(1322)에는 대자본을 이용하여 다시 1,500부를 간행하여 이전에 받지 못한 신하에게 반급했다는 것이다. 원의 인종 · 영종년간에 대대적인 농서의 간행이 추진되었음을 알 수 있다. 그리고『농상집요』는 明宗과 文宗 至順 2년(1332)에도 간행이 이루어졌고,[139] 또 順帝 至元 2년(1336)[140]과 至正 2년(1342)에도 간행이 이루어졌음을 알 수 있다.[141] 이와 같이 농서의 빈번한 국가적 간행사업이 추진되었던 것은 원의 국가적 특성과 관련이 있었다. 유목 민족인 원으로서는 한족의 생산기반인 농업에 대해 관심을 가지지 않을 수 없기 때문에 농서

138)『新元史』 권69, 食貨志 농정조에 '인종 연우 2년(1315)에『農桑輯要』15,000부를 간행하였다'고 기록되어 있다. 위의 채문연의 서에서는 1,500질이 간행되었다고 하였으나『新元史』에서는 15,000질이 간행되었다고 기록하여 양자의 자료에서 차이가 있는데 아마도 후자의 기록이 잘못 서술되어진 것이 아닌가 한다.

139)『四庫全書總目』 권102, 子部 農家類 農桑輯要.

140)『農桑輯要』, 辰州路總管府重刊後序.

141)『元史』 권40, 順帝本紀.

의 간행을 통해 권농을 추진함으로써 한족사회를 지배하고자 하였던 것이다. 그러나 이처럼 몇 차례에 걸쳐 간행되었던 원대의『농상집요』판본 중 완본은 거의 전하지 않고 다만 권 2, 3, 6의 일부가 중국에 전하고 있다고 한다.[142] 따라서 원대의 완본을 근거로 하여 간행되어진 고려각본『농상집요』의 판본은 실로 서지학적인 의의가 크다고 하지 아니할 수 없다.

그러면 고려각본『농상집요』는 어떤『농상집요』의 판본을 간본으로 하여 간행하였는지 살펴보자.[143] 먼저『농상집요』의 내용을 살펴보면 현재 필자가 가지고 있는 판본은 金容燮의 판본과 동일본으로 완본은 아니고 권제 3의 일부와 권제 4·5·6·7과 각권의 音義, 孟祺後序, 辰州路總管府重刊後序,[144] 木菴誌, 李穡의 農桑輯要後序, 偰長壽의 書農桑輯要後 등이 남아 있다. 일찍이 일본인 三木榮은 宋錫夏의 소장본을 통해『농상집요』의 서지학적 검토를 하였는데, 권두에는 蔡文淵序와 王磐序 등이 있다고 하였으며 본문과 권말은 앞의 판본과 동일한 구성이라고 파악하였다.[145] 이를 종합하면『농상집요』의 총 목차는 다음과 같이 구성된다.[146]

上卷 蔡文淵序 (至治 壬戌, 1322)	1장
王 磐序 (至元 癸酉, 1273)	1장
卷第 1 典訓	29장

142) 天野元之助, 앞의 논문.

143) 필자가 사용하고 있는『農桑輯要』나 원대의『農桑輯要』는 동일한 명칭이다. 고려에서 간행된『農桑輯要』는 간행될 때의 명칭을『農桑輯要』로 하였기 때문이다.

144)『農桑輯要』辰州路總管府重刊後序 "農桑輯要乃古今播植之法 牧羪之方 大而百穀桑麻 小而諸果瓜菜喂 喂樣牛羊驢馬鷄鴨猪□之類 靡非備載 實爲百姓養生之本 萬世無窮之利也 … 聖朝德愛黎元之美意 覽者勉焉 至元 2年 9月 謹識."

145) 三木榮,「農桑輯要」『朝鮮醫書誌』, 學術圖書刊行會刊, 1956, 267~270쪽.

146) 金容燮, 앞의 논문, 1990, 56쪽.

위의 총목차를 통해『농상집요』의 간본을 추적하는데, 주목되는 점은 卷頭의 蔡文淵의 序, 王磐의 序, 卷末의 孟祺의 後序, 辰州路總管府 重刊後序 등이다. 왕반의 서와 맹기의 후서는 본 농서가 처음 간행되던 시기에 작성되어진 것이고, 채문연의 서는 인종대에 대자본으로 간행되었던 것을 영종대에 다시 간행하면서 쓴 것이다. 따라서『농상집요』에 채문연의 서가 있는 것으로 보아 인종대에 간행되었던 대자본을 고려에서 가져왔었음을 알 수 있다. 그것은 이색의 農桑輯要後序를 통해서도 알 수 있다.

「다」

吾將刻諸州理 以廣其傳 患其字大帙重 難於致遠 已用小楷謄書 (『農桑

輯要』, 農桑輯要後序)

위의 자료에 의하면 고려에서는 '글자가 크고 질이 무거워서 걱정된다'고 하여 전래된 대자본을 이용하여 소자본으로 간행하였음을 알 수 있다. 이에 따른다면 고려에 가져온 판본은 인종대 새롭게 간행된 대자본이라 할 수 있다. 그러나 이러한 대자본이 바로 고려에 전래된 것은 아니고 『농상집요』 권말에 진주로총관부 중간후서가 있는 것을 고려하면 이 대자본이 다시 至元 2년(1336)에 진주로총관부에서 간행되었고, 이 진주로총관부본을 고려, 즉 이암이 가져왔던 것이다.

『농상집요』에서 주목되는 점은 중국에서 간행되어 전래되고 있던 판본과는 달리 맹기의 후서가 있다는 점이다. 현재 중국에서 전래되고 있는 『농상집요』의 판본에서는 맹기의 후서가 존재하지 않아 『농상집요』의 찬자를 규정하는데 큰 혼란을 가져왔다.[147] 중국에서 간행된 판본을 보았던 연구는 『농상집요』의 찬자를 원 세조의 명령에 의해 사농사에서 찬술하였다고 하여 찬자를 사농사라고 규정하였다. 그런데 고려에서 간행된 『농상집요』의 판본에 맹기의 후서가 있으므로 이를 토대로 한 연구는 『농상집요』의 찬자를 맹기라고 규정하고 하였다.[148] 그러나 『농상집요』는 단지 몇개월만에 이전의 많은 농서들의 농업기술을 참고하여 집대성하였고 또한 중국 각 지역에서 관행되고 있던 토착적인 농업기술들을 수집하여 집대성하였으므로 뒤에 언급하게 될 사농사의 관원으로서 편찬에 참여하였던 이들의 역할을 과소평가할 수 없을 것으

147) 『農桑輯要』의 찬자 문제는 명 · 청시기 부터 계속 논란이 있어 왔다. 명의 徐光啓의 『農政全書』와 邱濬의 『大學衍義補』에서는 찬자를 맹기라 규정하였다. 그러나 『四古全書總目』에서는 찬자를 사농사라고 하여 통일성을 보이지 못했다(天野元之助, 「앞의 논문」, 51~53쪽; 天野元之助, 『中國古農書考』, 龍溪書舍, 1975, 130쪽). 이와 같이 『農桑輯要』의 찬자에 대한 혼란이 일어나게 된 근본 요인은 『農桑輯要』가 판각을 거듭하면서 맹기의 후서가 삭제되어 존재하지 않았기 때문이다.

148) 金容燮, 앞의 논문, 1990.

로 생각된다.

원은 국가적 농업 장려책의 일환으로 중통 2년(1261) 권농사를 설립하였고, 곧 이어 순행권농사를 설치하였고, 農桑之制 14조를 반포하였다.[149] 그리고 지원 7년(1270) 2월에 사농사를 세우고 參知政事 張文謙을 卿으로 삼고, 四道巡行勸農司를 두었다.[150] 이는 다시 그해 12월에 대사농사로 개칭하였다.[151] 사농사의 관원으로 있던 인물은 張文謙, 맹기, 왕반, 暢師文 등이다. 따라서『농상집요』의 간본은 세조 때인 지원 10년(1273)에 사농사(맹기)에 의해 간행되고 이것이 지원 23년(1286)에 창사문에 의해 증보된 판본이다. 이러한 판본은 인종 연우 2년(1315)에 다시 대자본으로 새롭게 판각되어 간행되고 이것이 영종 지치 2년(1322)에 간행되었다. 영종 지치 2년본은 다시 진주로총관부에서 간행되었는데, 이것이 고려에 전래된 것이다.

『농상집요』에서 주목되는 점은 권1 · 2가 29면, 권3 · 4가 31면, 권5 · 6 · 7이 40면인데, 전체 면수를 고려했을 때 양잠편이 거의 1/3을 차지하고 있다는 점이다. 권1 · 2와 권5 · 6 · 7은 곡물과 채소류를 포함한 여러 작물을 대상으로 하고 있기 때문에 양잠의 면수가 아주 큰 비중을 차지하고 있는 것이다. 이는 앞에서 잠시 언급한 것처럼 송 · 원대의 양잠이 차지하는 비중을 고려한 것이 아닌가 한다. 이와 같이『농상집요』에 중요하게 인식되었던 양잠편은 후에 조선초기에 새롭게 간행될 수 있는 배경이 되었다.

---

149)『元史』 권93, 식화1 농상 중통 2년 “是年 又頒農桑之制一十四條 條多不能盡載”.

150)『元史』 권7, 지원 7년 2월 “壬辰 立司農司 以參知政事張文謙爲卿 設四道巡行勸農司”.

151)『元史』 권7, 지원 7년 12월 “丙申朔, 改司農司爲大司農司 添設巡行勸農使副各四員 以禦史中丞孛羅兼大司農卿 安童言孛羅以臣兼領 前無此例”.

2) 도입시기와 인물

『농상집요』가 도입된 이유가 무엇일까? 앞에서 서술한 것처럼 비슷한 시기 원대는 『농상집요』와 함께 『農桑衣食撮要』·『王禎農書』 등의 3대 농서가 편찬되었다.

앞에서 『농상집요』의 간본에 대해서 살펴보았는데, 본 절에서는 『농상집요』가 고려에 언제 도입되었으며 도입한 인물은 누구인지에 대해 살펴보자. 고려시대에 농서(잠서)가 간행 보급되었다는 사실을 알려주는 자료는 다음의 두 곳에 불과하다. 하나는 임경화의 묘지명에 중국의 蠶書인 『손씨잠경』이 간행 · 보급되었다는 것과[152] 다른 하나는 元의 世祖 때 편찬된 『농상집요』가 고려에 도입되어 간행 · 보급되었다는 것이다.[153]

먼저 『농상집요』의 도입 시기를 살펴보자. 고려가 현재까지 『농상집요』를 도입한 구체적 시기는 알 수 없다.[154] 다만 『농상집요』가 고려에 도입된 시기는 다음의 자료를 통하여 추측할 수 있다.

「라」

A)奉善大夫知陜州事姜著 走書於予曰 農桑輯要 杏村李侍中 授之外甥判使禹確 著又從禹得之(『農桑輯要』, 農桑輯要後序)

B)農桑輯要一卷 文貞公 李嵒撰(『增補文獻備考』 권246, 藝文考5 農家類)

위의 자료 A)에서 『농상집요』는 행촌 이암이 우확에게 전달하고 외

152) 『韓國金石文追補』, 林景和墓誌銘.

153) 『農桑輯要』, 農桑輯要後序.

154) 이종봉, 앞의 논문, 1991, 8~9쪽에서 『농상집요』 도입 시기를 충정왕 원년(1349)으로 추정하였는데, 현재도 이 논지에 대해서는 변함이 없다.

생인 우확은 이것을 다시 강시에게 전달하였다고 하여 이암이 원에 가져왔다고 기록하고 있고, 반면 자료 B)에서『농상집요』는 이암이 편찬하였다고 기록하고 있다.[155] 그러나『高麗史』나 기타 문헌에서『농상집요』의 편찬에 관한 사실을 전하는 기록은 없다. 다만 이암이 원에서 가져온 것이라고 한다면, 그의 행적을 통해 추측할 수밖에 없다고 생각된다. 그런데 본 농서의 도입 시기를 추정하는데 있어 주목되어지는 것은 고려각본『농상집요』에 辰州路總管府重刊後序가 있다는 점이다. 이로 보아『농상집요』는 지원 2년(1336) 이후 고려에 도입되었다고 생각된다.

이암은 어떤 인물이고, 왜 농서를 도입하였을까? 이암에 대해서는 기록의 내용도 풍부하고[156] 이미 많은 연구가 이루어졌다.[157] 본고에서는 그 인물에 대한 구체적 행적의 서술은 생략하고,[158] 그의 묘지명과 연보에 기록된 내용을 토대로 원의 왕래, 농업과 관련한 부분을 중심으로 서술하고자 한다.

이암(초명 李君侅)은 32세 때인 충숙왕 15년(1328) 尹之彪 · 曺益淸 등과 함께 세자(충혜왕)가 숙위하였을 때 시종하였는데,[159] 그후 충혜왕이 고려 국왕으로 즉위함으로서 귀국하였다.[160] 이 때 이암은 처음

155)『增補文獻備考』에는 고려에서『農桑輯要』를 이암에 의해 편찬된 것으로 기록하고 있다. 그러나 이것은『增補文獻備考』에서 아마도 이암에 의해 가져온 것을 편찬한 것이라고 잘못 서술하였다. 실제로 이색과 설장수의 서에 의하면 이암은『農桑輯要』가 고려에서 간행될 때에도 전혀 관계하지 않은 것으로 확인된다.

156) 이암의 기록에 대해서는『高麗史節要』와『高麗史』권111, 이암전이 있고, 李穡이 찬한 묘지명 '鐵城府院君李文貞公墓誌銘' 등의 여러 기록이 남아 있다.

157) 李益柱,「杏村 李嵒의 생애와 정치활동」『행촌 이암의 생애와 사상』, 일지사, 2002 ; 韓永愚,「杏村 李嵒과 檀君世紀」『행촌 이암의 생애와 사상』, 일지사, 2002 등의 연구가 있다.

158) 이암의 구체적 행적은 위의 참고 논문을 참고하기 바란다.

159) 이익주, 앞의 논문, 2002, 81쪽;『牧隱文藁』권17, 尹之彪墓誌銘 "公與宰相曺益淸 · 李君侅等官 左右永陵".

160) 이암의 가계와 혼인 관계망은 본서 3장의 홍영의의 글이 참고된다.

으로 원에 간 것으로 유추된다. 이암은 이후 정치적 부침을 거듭하였는데, 몇 년 후인 忠定王 원년(1349) 2월 忠穆王이 죽었을 때 충정왕과 함께 원에 입조하고 9월에 왕위계승을 사례하기 위해 입조한 사실이 『고려사』에 기록되어 있다.[161] 이 외에는 이암이 원에 입조한 구체적인 행적은 찾아볼 수 없다. 따라서 이 두 시기를 이암이 『농상집요』를 들여온 시점으로 생각할 수 있는데, 당시 진주로총관부에서 간행 · 보급되고 있던 대자본(1336)이 『농상집요』의 저본이었던 점을 고려하면 진주로총관부에서 중간된 이후에 가져 왔을 것이라고 생각된다. 따라서 대자본 『농상집요』가 고려에 도입된 시기는 이암이 원에 입조한 忠定王 원년(1349)일 것이다.[162]

이암은 원에 머물면서 원에서 『농상집요』가 권농의 기초자료로서 이용되고 있던 것을 직접 보았을 가능성이 있다. 이암은 이를 가져와 고려에서 권농의 기초자료로 활용하고자 하였을 것이다. 이것은 이암의 정치적 위치나 학문적인 능력으로 보아 충분히 고려될 수 있는 부분이다.[163]

고려에서는 이전에도 중국의 농서가 유입되었을 가능성은 있지만, 이시기까지 아직 자체적으로 농서가 간행된 바는 없다. 고려는 成宗 7년(988) 李陽이 治國을 위한 권농책을 제시하면서 중국의 『周禮』와 『月令』을 인용한다거나,[164] 宣宗 8년 (1091)에는 漢의 농서인 『범승지서』가 오히려 宋으로부터 고려에 求書가 요청되는[165] 등 전기부터 송나라와

161) 『高麗史』 권37, 충정왕 원년 2월 갑술 "前知都僉議事 崔濡來自元 帝命忠惠王庶子入朝 慶陽府院君盧頙 前判三司事 孫守卿 前贊成事 李君侅 · 閔評 · 尹時遇 · 崔濡等奉 如元 臺諫 典法官會議 欲沮其行 不得"; 경신 "遣贊成事 李君侅 如元 謝襲位" ; 『高麗史』 권111, 李嵒傳 "忠穆薨 忠定如元 及嗣位 命嵒聽斷國務 還國".

162) 이종봉, 앞의 논문, 1991, 9쪽.

163) 『高麗史』 권111, 이암전을 참고 바람.

164) 『高麗史』 권3, 성종 7년 2월.

의 활발한 서적교류가 이루어지고 있었다.[166] 또 앞에서 서술한 것처럼 이규보의『동국이상국집』에도『제민요술』에서 인용한 구절이 있다.[167] 따라서 고려전기 이전에 중국의 농서인『범승지서』나『제민요술』등이 유입되었을 가능성이 많다.[168] 중국의 농서들이 고려에서 간행되었는지는 알 수 없지만 이와 같이 중국의 농서들이 도입되었다면 당시 수령들의 권농기능과 관련하여 볼 때 향촌사회에서 농업기술의 발달을 제고시키는 역할을 하였을 것으로 추측된다. 그러나 이처럼 중국으로부터 농서를 도입하여 이용하는 단계는 질수가 제한되어 있기 때문에 농업기술의 발전을 제고시키는데 일정한 한계가 있었을 것이다.

중국의 농서가 고려에 도입되어 간행되었다면, 그로 인해 고려의 농업기술의 발달에 어떠한 영향을 줄 수 있었는가는 앞에서 서술한 것처럼 중국의 잠서가 고려에 도입되어 이두로 번역 간행됨으로써 고려의 잠업기술 발달에 일정한 영향을 주었다.[169] 따라서 잠서의 전래가 고려의 양잠업의 발전에 영향을 미치고 있는 것처럼 여타의 농서들도 도입되어 간행되면 고려의 농업기술의 발달에 영향을 줄 수 있었을 것이다.

이암은 이러한 고려의 사정을 고려하여『농상집요』를 가져왔던 것으로 유추된다. 14세기 초반 원에는 여러 농서가 간행되었지만, 이암은 국가가 편찬

165)『高麗史』권10, 선종 8년 6월. 이에 관한 문제는 다음의 논문을 참고 된다(金庠基,「宋代에 있어서 高麗本의 流通에 대해서」『亞細亞硏究』18, 1965;『東方史論叢』, 1986; 屈萬里,「元祐六年宋朝向高麗訪求佚書問題」『東洋學』5, 1975).

166) 위의 주 165)의 논문을 참고 바람.

167) 魏恩淑, 앞의 논문, 200, 124~126쪽.

168) 金容燮, 앞의 논문; 魏恩淑,「나말여초 농업생산력의 발전과 그 주도세력」『釜大史學』9, 1985; 金琪燮,「高麗前期 農民의 土地所有와 田柴科의 性格」『韓國史論』17, 서울대 국사학과, 1987.

169) 徐兢,『宣和奉使高麗圖經』卷23, 雜俗 土産 "不善蠶桑 其絲線織紝 皆仰賈人 自山東閩浙來". 이러한 徐兢의 표현은 중국인의 입장에서 고려의 현실을 파악하였다기보다는 고려 잠상의 현실을 그대로 표현하였다고 생각된다. 그런데 이러한 徐兢의 표현은 12세기『孫氏蠶經』이 간행된 이후와 변화가 있음을 알 수 있다.

한 『농상집요』가 지닌 나름의 가치를 인정하였고, 이를 도입하였던 것이다.

13~14세기의 원은 역법과 농서 등의 과학기술을 새롭게 집대성하였다. 특히 수시력(1281)은 許衡 · 王恂 · 郭守敬 등의 의해 동아시아의 과학기술을 집약시켜 만들었다. 충선왕은 음양추보법에 관심을 가지고 있는 崔誠之에게 이를 습득하게 하였다. 최성지는 수시력의 이해에 어려움이 많았지만, 많은 노력을 기울인 끝에 원의 수시력을 이해하여 여러 사람에게 전수하였다.[170] 書雲正 姜保는 수시력을 완전 이해하기 위해 『수시력첩법입성』(1346)을 간행하였다. 고려는 이를 토대로 당대 최고의 과학성을 가진 원의 수시력을 이해하여 사용할 수 있었다.

역법과 마찬가지로 당시에 원에서 편찬된 농서는 『王禎農書』, 魯明善의 『農桑衣食撮要』, 『농상집요』 등인데, 세 농서는 나름의 특징을 지니고 있다. 『왕정농서』와 『농상집요』는 백과사전의 형태란 측면에서 유사하지만, 지역적 기반의 차이를 가지고 있고, 『농상의식촬요』는 월령의 형태를 갖추고 있다. 또 이들 농서는 개인과 국가가 편찬한 것이라는 점에서도 차이가 있다. 이 중 이암의 입장에서는 중국의 선진농업기술을 수용한다는 측면에서 고려와 기후적 풍토가 유사한 배경을 기반으로 편찬된 『농상집요』를 도입하였던 것이 아닌가 한다. 이러한 요소가 『농상집요』가 고려 말에 간행되고, 또 조선전기에도 계속 발췌 간행될 수 있는 요건이 되었을 것이다.

이암은 『농상집요』를 도입하는 차원에 머문 것이 아니라 이를 활용하여 직접 경험하였을 것으로 유추된다. 이암은 공민왕 2년(1353) 57세 때 관직을 물러나 淸平山에 들어간 것으로 기록되어 있고, 그후 다시 공민왕 7년(1358) 왕이 부르자 돌아와서 守門下侍中을 수행하였다.[171]

---

170) 『高麗史』 권108, 崔誠之傳 "年六十六 謚文簡 官庀葬事 性剛直 不妄語 書法楷正 詩醞藉可喜 尤邃陰陽推步法 忠宣留元 見太史院精曆數 賜誠之內帑金百斤 求師受業 盡得授時曆術 東還遂傳其學 至今遵用之".

이암은 청평산에 6년간 머물렀지만, 『고려사』와 『고려사절요』에는 이에 대한 구체적 행적을 남기지 않아서 정확하게 무엇을 하였는지 알 수 없다. 그런데 『杏村先生實紀』와 다른 문집인 『遁村雜詠』에는 이암의 행적을 알 수 있는 중요한 기록이 있다.[172] 그의 후손이 간행한 『행촌선생실기』에는 "居處蕭然 若寒士 家政世務一不經心 左右圖書 沈潛自娛 或手鋤治園 以寓趣焉"고 기록하고 있다.[173] 이암은 관직에 물러난 이후 가난한 선비로 지내면서 좌우에 도서를 두고 스스로 즐기고, 혹은 호미를 들고 정원을 가꾸는 것을 취미로 삼았다고 하고 있다. 또한 李集(1314~1387)의[174] 문집에는 관직에서 퇴거한 이암의 모습을 "貧居非舊隱 送老此江邊 謀食求田遠 爲家度地偏 納涼依樹坐 避雨擁蓑眠 但喜農談好 禾麻勝去年"이라고 기록하고 있다.[175] 이암은 먹을 것을 위해 전원을 구하고, 집을 위해 지편을 헤아려보았고, 또 농사와 관련된 이야기를 좋아하고, 禾麻가 작년보다 나았다고 하고 있다. 두 자료를 종합하면 이암은 청평산에 은거한 이후 실제 농업에 종사하였음을 엿볼 수 있다. 그리고 이암이 『농상집요』를 禹確에게 전달한 시점은 알 수 없지만, 관직에서 퇴직할 무렵에는 전달하지 않았던 것이 아닌가 한다. 이암은 『농상집요』의 농법을 이해하여 실험적으로 작물 재배를 하였고, 이와 함께 『농서』를 간행하려는 의도를 가졌던 것으로 볼 수 있다.

---

171) 『高麗史』 권111, 이암전 "恭愍初 封鐵原君 乞骸入淸平山 王徵還守門下侍中 紅賊入寇 嵒爲西北面都元帥 領兵二千行 有朴居士者 自言有祕術能破賊以惑人 嵒執送于京旣而以 嵒懦不能軍 遣平章事 李承慶代之 紅賊逼京城 從王南幸 賊平 錄扈從功爲一等 封鐵城府院君 賜推誠守義同德贊化翊祚功臣號 十三年卒 年六十八 命有司 以禮葬之 謚文貞".

172) 廉定燮, 앞의 논문, 209쪽.

173) 『杏村先生實紀』

174) 이집은 본관은 광주로 이암보다 나이가 적고 충목왕 3년(1347) 문과 급제하였으며, 관직에서 은퇴한 이후 여주 川寧縣에서 자연을 벗삼아 시와 학문에 전념한 인물이다. 문집은 『遁村遺稿』가 있다.

175) 『遁村雜詠』, 杏村病中書事.

4. 『農桑輯要』의 간행과 계승

1) 『농상집요』의 간행

『농상집요』의 도입은 고려의 독자적 농서의 부재라는 현실과 선진농업기술의 수용이라는 상황 하에서 이루어졌다고 여겨진다. 특히 고려로서는 대몽항쟁이후 피폐한 농촌의 재건을 위해 이러한 필요성이 더욱 높았을 것이다.

먼저 『농상집요』가 언제 고려에서 간행되었는지를 살펴보자. 知陜州事 姜蓍는 중국의 선진농업기술을 수용하기 위해 이암이 가져온 『농상집요』를 간행하였는데, 그 시기는 洪武 壬子년, 즉 공민왕 21년(1372)이다.[176] 이암이 죽은지(1364) 8년 이후였다. 이를 고려에서 판각하면서 책명을 『농상집요』라 하였으며, 李穡의 後序,[177] 晋州牧事兵馬幹活兼 管內勸農事인 偰長壽의 書後가 첨가되었고 또한 木菴[178]의 音義를 달아 간행하였다.

이 때 지방관인 강시는 어떠한 이유로 『농상집요』를 지역적으로 궁벽한 경상도 합천에서 간행하였을까? 강시(1339~1400)는 고려 후기 · 조선 초의 문신 관료이다. 父는 정당문학을 역임한 姜君寶이고, 가계는 다음과 같다.

---

176) 『農桑輯要』, 書農桑輯要後.

177) 이색의 후서 마지막에는 당시 그의 관직과 간행시기가 기록되어 있는데, 그 내용은 "靑龍壬子中秋後三日起復文忠保節同德贊化功臣匡靖大夫政堂文學藝文館大提學知春秋館事兼判典儀寺事成均大司成提ㅁ書雲觀事 韓山牧隱李穡序" 등으로 기록되어 있다.

178) 『朝鮮金石總覽』 下, 億政寺大智國師智監圓明塔碑, 715쪽 "師諱粲英 字古樗 號木菴俗性韓氏 考楊州人 司僕直長 諱積 비郭氏 膳官署丞 諱永番之女 以泰定戊辰正月八日誕焉"에서 木菴은 고려후기 선종 승려인 大智國師 粲英(1328~1390)이다. 이와 같이 승려가 농서의 간행사업에 참여하고 있는 것은 이시기의 승려계층이 최고의 지식인으로서 뿐만 아니라 농업문제에 대해 많은 관심을 가지고 있었기 때문이다.

강시는 공민왕 6년(1357) 성균시에 급제하여 여러 관직을 역임하였다.[179] 공양왕 4년(1392) 큰 아들인 공양왕의 부마 姜淮季가 사형을 당하였을 때 유배되었고,[180] 작은 아들인 강회백도 조준과 정도전을 탄핵한 이유로 진양으로 유배되었다.[181] 강시와 그의 아들들은 강회계가 공양왕의 사위인 관계로 정치적인 화를 당하였던 것이다. 이들은 이색과 정치적인 입장을 같이 하였던 것이 아닌가 한다. 이러한 관계 속에서 강시는『농상집요』를 간행하여 이색에게 서를 요청하였고, 이색은 서를 쓴 것이다.[182]

「강시의 가계도」[183]

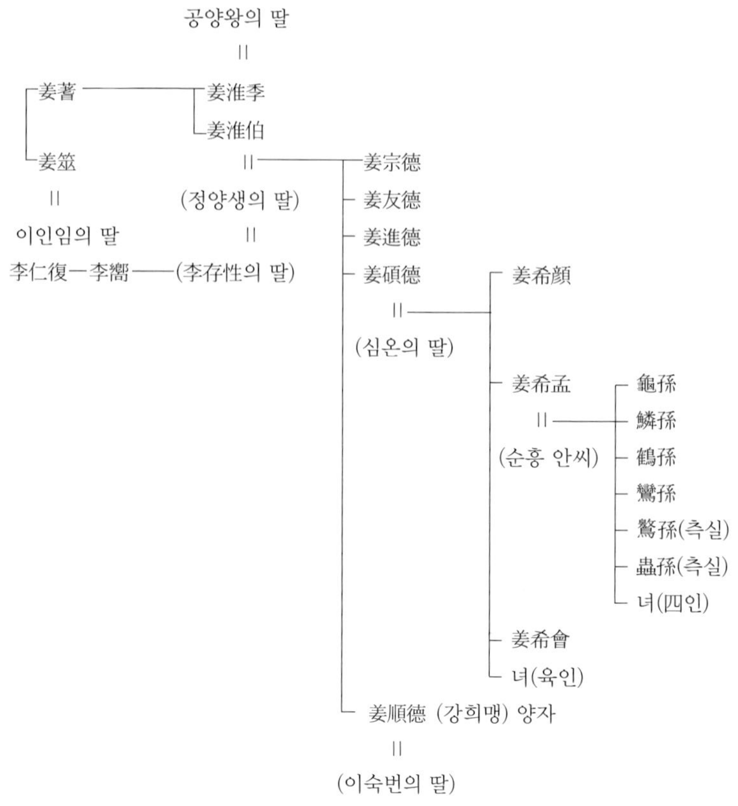

강시는 어떻게 『농상집요』를 가질 수 있었을까? 아래 자료에 의하면 『농상집요』를 이암이 禹確에게 주었고, 禹確은 다시 강시에게 주었다고 하고 있다. 강시는 『농상집요』를 우확으로부터 얻었음을 알 수 있다. 하지만 강시는 이암과 다른 인연이 있었다. 앞의 가계도에서 보았듯이 강군보의 아들인 강시는 河楫의 딸과 혼인하였고, 姜筮는 이인임의 딸과 혼인하였다. 강시의 부인인 河氏의 어머니가 이암의 누이이다. 두 사람의 관계는 3촌의 관계임을 알 수 있다.[184] 이러한 관계가 바로 강시가 『농상집요』를 얻을 수 있는 요인이 아닌가 한다.

한편, 이색의 서를 통해 본 농서의 간행 목적을 살필 수 있다. 이색의 서를 살펴보자.

「가」

奉善大夫知陜州事姜蓍 走書於予曰 '農桑輯要 杏村李侍中 授之外甥判

---

179) 許興植, 「附錄Ⅱ－高麗禮部試登科祿」『高麗科擧制度史硏究』, 一朝閣, 1981, 295쪽.

180) 『高麗史』 권46, 공양왕 4년 7월 "斬丹陽君禹成範 晉原君姜淮季于會賓門外 我太祖聞之大怒 止之不及 流贊成事成石璘 政堂文學李元紘 菁城君姜蓍 藝文館大提學韓蕆密 直提學成石瑢".

181) 『高麗史』 권46, 공양왕 4년 5월 무술; 『고려사』 권117, 열전30 강회백전 "諫官金震陽等承鄭夢周指嗾 劾趙浚·鄭道傳等罪 淮伯亦率臺官上 論劾浚等 及夢周誅 震陽等皆杖流 淮伯以王壻淮季兄 得不坐 遂稱疾辭職 左常侍金子粹等上曰 姜淮伯等羅織無辜 欺罔宸聽 而殿下命一二大臣 窮問得情 震陽·鄭熙等十人 皆服厥辜 遠竄于外. 獨淮伯與柳沂 苟免在家 若不與於其議者 罪同罰異 願殿下 斷以大義 削淮伯·沂職 流遠地 以正邦憲 王不得已從之 流淮伯于晉陽 入本朝 爲東北面都巡問使 卒年四十六".

182) 지방사회에서 농서를 간행하면서 왜 서를 이색에게 부탁하였는지는 알 수 없다. 다만 후서에서 이색은 강시를 姜君이라 칭하고 있는 것으로 보아 혹 스승과 제자관계가 아닌가 한다. 이색은 당대 최고의 지식인겸 정치가였기 때문에 농서가 지방사회의 수령들에 의해 간행됨으로 이러한 한계를 극복하기 위해 서를 요청하였던 것으로 여겨진다. 이러한 연구에 대해서는 위은숙,「『원조정보농상집요』의 농업관과 간행주체의 성격」『한국중세사연구』 8, 한국중세사학회, 2000, 138~146쪽이 참고된다.

183) 姜蓍의 가계도는 이종봉, 「『衿陽雜錄』의 농업기술과 농학」『한국민족문화』 36, 부산대 한국민족문화연구소, 2010, 41쪽을 인용하였다.

184) 이익주, 앞의 논문, 73쪽; 염정섭, 앞의 논문, 222쪽.

使禹確 著又從禹得之凡衣食之所由足 資財之所由豊 種蒔子息之所由周備者 莫不門分類聚 縷析燭照 實理生之良法也 吾將刻諸州理 以廣其傳患其字大帙重 難於致遠 已用小楷謄書 以按廉金公湊 又以布若干 相其費矣 請忘卷末 予於是書也 蓋嘗玩而味之矣 憫吾俗慮之非不深 立于朝非一日 不一建白刊行 是吾之過也 雖然姜君之志 同於予者 予此可知也制民産興王道 其事又不止此 姜君亦嘗講之乎 如欲必行 當自闢異端始不然吾俗無由然 此書所載 亦爲徒文矣 姜君尙勉栴(『農桑輯要』農桑輯要後序)

강시는 이색에게 보낸 편지에서 『농상집요』가 의식과 재정, 곡식을 심고 짐승을 기르는 여러 가지 준비를 촛불로 비추듯이 하였으니 실로 치생의 훌륭한 법이고, 이를 장차 여러 고을, 즉 지방 수령층에게 전하기 위해 대자본을 소자본으로 새겼고, 이때 안렴사 金湊(?~1404)[185]가 포 몇필로 도왔다고 하였다. 이색은 이 책을 일찍이 구경하고 맛을 들였다고 한 것으로 보아 『농상집요』의 효용성을 인정하고 있었다. 하지만 농서의 간행을 건의하지 못한 것은 자기의 허물이고, 강시에게 열심히 힘쓸 것을 건의하고 있다. 따라서 지방관으로서 강시는 『농상집요』의 간행의 가치를 충분히 인정하였고 한편으로 고려의 농업기술의 발달에도 일조를 할 것으로 판단하였던 것 같다.

그리고 偰長壽의 書後[186]에도 이색의 후서처럼 『농상집요』에 대한 가치를 인정하고 있다.

---

185) 본관은 낙안으로 고려말 조선초의 문신 관료이다.

186) 설장수의 書農桑輯要後의 내용에 대해서는 다음의 논고가 참고 된다(李宗峯, 「고려각본 "農桑輯要"의 설장수 '書農桑輯要後' 검토」『영남지역 한국중세사연구회 회보』1, 1991).

「나」

本朝課責守令 必首先以農爲務 然以播植耕耬之詳 蠶桑畜牧之法 未有成書 以行于世 況典籍之在京師者 亦皆湯盡於辛丑寇中 今使君乃能擧遺善 以重興之 募工鋟梓 廣布其傳 使人人知有生之要道 而遂其樂可謂 上不負國家撫育黎元之心 下能盡守令承流宣化之任 嗚乎無愧乎 古人巳矣 然則是書之行 不獨斯 民利益 是爲喜亦 國家之得使君也 是歲重陽前三日 正議大夫晉州牧使兵馬幹轄兼管內勸農使北廷偰長壽 天民 謹題(『農桑輯要』 書農桑輯要後)

위의 자료에 의하면 수령의 급선무는 권농을 힘쓰는데 있지만, 고려에서는 권농의 기초지식인 파식, 경루, 잠상, 축목 등에 관한 농서가 존재하지 않았는데, 하물며 경사에 있는 전적이 辛丑(1361), 홍건적의 침입 때 소실되었을 때, 마침 『농상집요』가 간행되어 농업에 관한 지식을 얻게 됨으로서 백성과 국가에 이롭다는 생각을 나타내고 있다. 설장수가 『농상집요』의 간행을 이와 같이 파악한 것은 충분한 이유가 있다. 그는 일찍이 공민왕 15년(1366) 判典農寺事[187]로 있을 때, 왜구의 침략에 대한 방지책과 함께 연해의 비옥지를 개간할 수 있는 방안에 대한 상소를 올린 경우가 있다.[188] 그는 이때 고려의 농업전반에 대한 현황, 특히 농서이용에 대한 상황도 파악하고 있었을 것이다. 그후 그가 외직인 진주목사로 부임하였을 때[189] 인근 합천에서 강시에 의해 『농상집요』가 간행되자 서후를 써서 농서 간행의 의미를 부여하였던 것이다. 결국 그가 전농시사로 있을 때의 입장과 관내권농사로서 권농을 추진하는 담

187) 典農寺에 역할에 대해서는 『高麗史』 권35, 백관 1 전농시가 참고 된다.

188) 『高麗史』 권5, 偰遜 附 偰長壽傳; 『東史綱目』 제15상, 丙午年 15년조.

189) 설장수가 晉州牧使에 임명된 시기에 대해서는 알 수 없다. 다만 『新增東國輿地勝覽』 卷30, 晉州牧 名宦 高麗에 설장수란 인명이 나타나고 있는 것으로 보아 그가 이 시기에 진주목사를 역임한 것은 분명한 것 같다.

당자의 입장에서『농상집요』를 평가하였던 것이다.

또한『농상집요』의 간행의도는 음의를 덧붙인 것을 통해서도 알 수 있다. 음의는 木菴에 의해『농상집요』의 간행시 한자에 음을 달고 뜻을 덧붙인 것이다. 앞에서 언급한 것처럼『농상집요』는 완본이 아니고 제권 3의 일부와 제권 4, 5, 6, 7이 현재 남아 있기 때문에 음의도 제권 3, 4, 5, 6, 7의 부분만 남아 있다. 현재 남아있는 음의는 본 농서의 내용과 관련하여 제권 3, 4의 부분이 제권 4 다음에 수록되어 있고 제권 5, 6, 7의 부분은 제권 7 다음에 수록되어 있다. 각 권의 음의는 가로 6행, 세로 6字의 기본적인 형태로 이루어졌음을 알 수 있다. 이러한 기본적인 형태에서 제권 3에는 1행 2번째 자와 2행 첫번째 자에 '注中一字'란 것과 5행 5번째 자에 '右注中三字'로 표시를 3자의 결자를 표시했고, 제권 6에서는 가로 4행, 세로 6자로 되어 있으며 제권 7에서는 6行 5번째와 6번째자에 결자가 있다. 그리고 음의를 달적에는 本文과 細注의 음의를 구분하기 위해 세주의 경우에는 注란 표시를 하여 구분하였다.[190] 이러한 것들은 당시 농서의 간행자의 의도를 충분히 알 수 있는 것으로,『농상집요』를 단순하게 판각, 보급함에 있는 것이 아니라 실제 향촌사회에서 본 농서의 농업기술을 보다 광범하게 이해시키는데 목적이 있었다고 하겠다.

한편 본 농서의 간행은 중앙정부의 직접적인 도움없이 실제 지방사회에서 권농을 추진하고 있던 지방 수령층을 중심으로 이루어졌던 점에서 주목된다. 그것은 앞의 이색의 후서에서도 언급되어 있는 것처럼 慶尙道 按廉使 金湊가 간행 비용의 일부를 보조하고 있는 것이나[191] 인

---

190)『農桑輯要』권5와 권7에 기록된 音義 부분에 나오는 몇자만 소개하면 다음과 같다. 本文의 音義의 경우 예를 들면 垡=音伐耕土也, 畊=耕同, 蒺=音疾 藥草名, 騸=出扇切馬土浴 등으로 설명되어 있다. 細注의 音義의 경우 예를 들면 注蚕=蠶同, 注杆=公旦切杆木也 등으로 설명되어 있다.

191)『農桑輯要』, 農桑輯要後序.

근의 진주목사인 설장수가 이색의 후서와는 별도의 서후를 덧붙인 것에서 추측 가능하다. 이와 같이 농서의 간행이 중앙정부의 도움없이 지방사회의 수령층을 중심으로 주도하고 있는 것은 이들이 향촌사회에서 직접 권농을 추진하는 담당자였기 때문에 새로운 농업기술의 수용에 대한 욕구가 강렬했기 때문이다. 지방사회의 수령층을 중심으로 농서의 필요성을 인식하여『농상집요』가 간행되어 이용됨으로써 14세기 후반이후에는 고려의 농업기술의 발달에 따른 지방사회의 성장에도 일정한 역할을 할 수 있었다.

그런 측면에서『농상집요』는 지방사회에서 농업생산력을 제고시키는 기초자료로 이용될 수 있기 때문에 지방관들은 본 농서를 권농의 자료로서 전수하였을 것으로 생각된다. 그것은 李達衷(1309~1384)이 金晦翁이 남으로 돌아갈 때 지어 준 촌의 4時歌 중의 한 수가 참고 된다.

「다」

邑官憂民徵斂稀 相傳只有勸農牒(『東文選』권7, 金晦翁南歸作村中四時歌以贈)

邑官(수령)은 촌락민의 경작의욕을 고취시키기 위해 조세수취를 가볍게 함과 동시에 서로 다만 권농첩을 전하고 있다. 이러한 권농첩은 수령의 권농기능을 독려하는 내용이 수록되었을 가능성 많으므로, 농업기술이나 농업정책을 담았을 것으로 생각된다. 수령의 농업기술수준을 제고시킬 수 있는 권농첩은 농서의 이용을 권장하였을 가능성도 있다고 생각된다. 그리고 이 시기 수령을 통해 이용된 가장 기초적인 농서는『손씨잠경』·『농상집요』등이 활용되었을 것으로 생각된다.[192] 따라서 고려후기에는『농상집요』의 농업기술체계가 각 지방사회에서 지방관을 중심으로 수용되어 이용되었을 것이다.

그리고『농상집요』의 도입 간행은 목면에 대한 새로운 인식을 할 수 있는 계기가 되었을 것으로 유추된다. 목면에 관한 내용은『농상집요』에 新添, 즉 후에 새로 첨가되있는데, '栽木棉法'이 기록되어 있다.[193] 이것은 원의 목면업의 발달과 연관을 가진 것으로 생각된다. 우리나라에 목면의 도입은『농상집요』가 간행되기 직전이었다.[194] 그렇다면 문익점도 이미 원에서 목면의 이로움을 인식하고 있었다고 보아야 한다. 그것은『고려사』에 의하면 '원에 갔다가 그곳에 머물면서 德興君에게 붙었다가 덕흥군이 패하자 곧 돌아왔다. 목면의 種子를 얻어 돌아와서 그의 장인 鄭天益에게 부탁하여 심게 하였다. 처음에는 培養하는 기술을 알지 못하여 거의 말라죽고 다만 1줄기만 남았는데, 3년 만에 마침내 크게 번식하였다.'고 기록하고 있고,[195]『태조실록』에도 '計稟使인 左侍中 李公遂의 書狀官이 되어 元나라 조정에 갔다가, 장차 돌아오려고 할 때에 길가의 목면 나무를 보고 그 씨 10여 개를 따서 주머니에 넣어 가져왔다. 갑진년(1364)에 晉州에 도착하여 그 씨 반으로써 본 고을 사람 典客令으로 致仕한 鄭天益에게 이를 심어 기르게 하였더니, 다만 한 개만이 살게 되었다.'고 기록하고 있으며,[196] 李滉이 쓴 記文에도 '至正 갑진년(1364)에 公이 일찍이 使命을 받들고 원나라에 들어갔다가 公事 때문에 남쪽의 거친 지역에 유배되었다. 그곳에서 풀려나 돌아올 때 길에서 목면의 종자를 얻었는데, 오직 백성들을 이롭게 하는 일이 급하여 法禁을 무릅쓰

---

192) 宮嶋博史, 「李朝後期 農書의 硏究」『封建社會 解體期의 社會經濟構造』, 청아출판사, 1982, 51~53쪽에서 고려시대는 중국 농서인『農桑輯要』를 간행하여 이용하던 단계이므로 중국 농서 전용시대라 파악하고 있다.

193)『農桑輯要』 권2, 木棉.

194) 崔永好, 「高麗末 慶尙道地方의 木棉 보급과 그 주도세력」『考古歷史學志』 5 · 6합집, 동아대 박물관, 1990, 249~265쪽; 金炯秀, 「恭愍王 廢立과 文益漸의 使行」『한국중세사연구』 19, 한국중세사학회, 2005, 117~146쪽.

195)『高麗史』 권111, 文益漸傳.

196)『太祖實錄』 권14, 태조 7년 6월 정사.

고 들여옴으로써, 마침내 온 나라에 널리 번식되어 만세토록 영구히 힘입게 되었다.'고[197] 기록하고 있다. 목면의 재배는 이후 우리나라 사회에 엄청난 영향을 주었다. 이는 태종 10년 '사람이 의뢰하여 사는 것은 衣食인데, 우리 나라가 처음에는 桑과 麻만 알고 목면이 무슨 물건인지 알지 못했는데 후에 목면이 도입된 이후 위로 卿士에서 아래로 庶人에게 이르기까지 上衣 · 下裳을 모두 이것으로 만든다'고 하고 있고,[198] 이황이 '이 이전의 國俗에 통용된 물건이라야 털옷이나 葛布와 삼베 따위에 지나지 않았는데, 이때에 이르러 공의 원대한 識慮로 인하여 이 물건이 널리 가득 유행하게 됨으로써 마침내 五穀, 六財와 더불어 그 공이 같아졌다. 그리하여 三韓의 억만 蒼生이 배고픔과 추위를 면하게 되었을 뿐 아니라, 능히 한 나라의 衣冠文物을 찬란하게 一新시켰다. 그렇다면 우리 조정이 뒤늦게 공에게 寵命을 내려 준 것은 규정을 벗어난 은전이 아니라 마땅한 일이다.'고 한것에서도 알 수 있다.[199]

이러한 목면의 재배는 어느 시기에 확산되었을까? 이에 대해서는 『고려사』와 『세종실록』 지리지의 기록이 주목된다. 먼저 『고려사』의 기록을 검토하여 보자.

「라」

A)禑令都堂 進木緜布百匹 賜憲妃五十匹 諸妓三十匹(『高麗史』 권136, 우왕 12년 8월)

B)中郎將房士良上時務十一事 … 三曰 人家子孫 或家貧無錢 以綾錦褥衾之未辦 淹延歲月 婚姻失時 甚至父母亡 而或托族屬 或依奴婢 因此失禮 幾敗人倫者 往往有之 願自今婚姻之家專用綿布 一禁異土之物 如

---

197) 『林下筆記』 권22, 文獻指掌編.

198) 『太宗實錄』 권19, 태종 10년 4월 갑진.

199) 『林下筆記』 권22, 文獻指掌編.

有仍行舊弊者 以違制論 四曰 司馬遷曰 用貧求富 農不如工 工不如商 刺繡文 不如依市門 臣亦以謂四民之中農最苦 工次之 商則遊手成群 不蠶而衣帛 至賤而玉食 富傾公室 僭擬王侯 誠理世之罪人也 竊觀本朝 農則履畝而稅 工則勞於公室 商則既無力役 又無稅錢 願自今其紗羅綾段綃子綿布等 皆用官印 隨其輕重長短 逐一收稅 潛行賣買者 竝坐違制(『고려사』 권85, 형법2 금령 공양왕 3년 3월)

위의 자료 A)는 우왕이 도당에 綿布 4백필을 진상하라고 하고 있는데, 면포는 목면을 통한 직조물이다. 우왕 12년(1396)은 목면이 도입된 시점으로부터 약 20년 밖에 지나지 않았는데, 이때 과연 목면의 진상이 가능할 수 있었을까. 그리고 자료 B)는 공양왕 3년 중랑장 방사량이 올린 시무 11조 중의 둘인데, 그 중에 면포에 관한 기록이 있다. 하나는 일반 민들이 비단 혼수로 인해 혼기를 놓쳐 문제가 되므로, 이를 해소하기 위해 혼인하는 집에서는 이국의 물건을 일체 금지시키고 면포를 사용하게 하라는 것이고, 다른 하나는 농민에게 세금을 부과는 것처럼 사라·능단·綃子·면포 등에 대하여 모두 官印을 사용해서 그 가벼움과 무거움, 길고 짧음에 따라 일일이 세를 거두고, 몰래 사고파는 자는 모두 법을 어긴 죄로 처단할 것을 요구하고 있다. 이국의 물건을 금지시키면서 면포를 사용할 것을 제안하고 있을 뿐만 아니라 시장에서 판매되는 길이에 따라 과세하자고 하고 있다. 면포는 고려 말기인 우왕 12년과 공양왕 3년 무렵에 재배되어 널리 사용하였음을 알 수 있다.

그리고 조선초기 목면은 중요한 하사품의 하나였고,[200] 대일무역의 중요 거래품목 중의 하나였다. 결국 세종 17년과 18년에는 함길도와 평안도에 목면을 파종하도록 권장하면서 하3도의 종자를 이용하도록 하였다.[201] 목면은 아래 『세종실록』 지리지에 나타나는 것처럼 각 지역의 土宜로 지정될 정도였다.[202] 목면이 하삼도 지역에서만 토의로 지정된 한계는 있지만, 경상도와 전라도 지역에서 토의였다는 점에서 의미가 있고, 일부 지역에서는 토산공물로 지정될 정도로 널리 생산되고 있었다. 목면은 원에서 도입되었지만, 이후에 빠른 확산을 보였다고 할 수 있다.

〈표1〉『세종실록』 지리지 하삼도의 목면 재배 현황

도	지역	토의
충청도	온수현	오곡과 배 · 목면(木綿)
	임천군	벼 · 피 · 콩 · 메밀 · 보리 · 삼 · 목면 · 모시
	보령현	오곡과 조 · 팥 · 메밀 · 밤 · 목면
경상도	대구군	벼 · 기장 · 피[稷] · 보리 · 삼[麻] · 목면
	영천군	벼 · 조 · 콩 · 보리 · 목면 · 뽕나무 · 삼[麻]
	하양현	벼 · 기장 · 조 · 닥나무 · 목면 · 삼[麻]
	상주목	벼 · 기장 · 조 · 보리 · 배 · 목면 · 왕골 · 뽕나무 · 삼[麻]
	성주목	벼 · 조 · 기장 · 피 · 보리 · 뽕나무 · 삼[麻] · 닥나무 · 목면
	금산군	벼 · 조 · 기장 · 피[稷] · 목면
	개령현	벼 · 기장 · 뽕나무 · 목면
	진주목	오곡과 조 · 메밀 · 감 · 배 · 석류 · 뽕나무 · 삼[麻] · 목면
	곤남군	벼 · 기장 · 콩 · 조 · 감 · 송이(松茸) · 목면 · 삼[麻]
	하동현	벼 · 기장 · 조 · 뽕나무 · 삼[麻] · 목면
	진성현	벼 · 기장 · 피 · 뽕나무 · 삼[麻] · 감 · 목면
	산음현	벼 · 기장 · 조 · 보리 · 뽕나무 · 삼[麻] · 목면
	의령현	벼 · 조 · 보리 · 뽕나무 · 삼[麻] · 모시[苧] · 목면 · 감 · 배
전라도	전주부	오곡 · 뽕나무 · 삼[麻] · 목화 · 감 · 배[梨] · 왕대[篡]
	금구현	오곡 · 삼[麻] · 모시 · 목화 · 석류 · 배
	정읍현	오곡과 뽕나무 · 삼 · 닥나무 · 왕골 · 목화이요

200) 『太祖實錄』 권7, 태조 4년 1월 신축 "孔州以北吾郎改萬戶蒙尙 千戶甫里等遣人來獻土物 賜木緜紬紵有差".
『太宗實錄』 권9, 태종 5년 2월 기축 "兀良哈萬戶甫里段衣一 萬戶波乙所鈒花銀帶一腰 童猛哥帖木兒管下人八十二 波乙所管下人二十 都賜木緜一百二十匹 白苧布三十匹 女眞萬戶仇要老子遼河襲爵萬戶箚付一道 賜童猛哥帖木兒所使千戶河乙赤草笠帽珠具木緜裌衣一領光銀帶一腰".

201) 『世宗實錄』 권69, 세종 17년 9월 경진; 『世宗實錄』 권71, 세종 18년 1월 임신 "傳旨平安咸吉道監司 木緜者 民間切用之物也 或織布爲衣 或着衣爲絮 不可不急也 況其道冬寒 倍於他道 然其民人闊於禦冬之計 不肯種植 故今送種子及種植之法 卿體予意分于道內各官 先使官家耕種 以驗土性 大抵愚民 雖切己生生之利 若官家所令 則必生忌憚 勿須勒令種之".

202) 『世宗實錄』 권149, 지리지 충청도 청주목 온수현; 권150, 지리지 경상도; 권151 전라도.

도	지 역	토 의
전라도	태인현	土貢: 여우가죽 · 삵괭이가죽 · 잘 · 쪽제비털 · 칠 · 대추 · 감 · 석류 · 지초 · 인삼 · 죽순 · 자리 · 목화 · 꿀 · 밀
	고산현	오곡과 뽕나무 · 삼 · 목화 · 닥나무
	나주목	土貢: 표범가죽 · 삵괭이가죽 · 여우가죽 · 잘 · 족제비털 · 표범꼬리 · 등나무상자 · 목화 · 자라 · 작설차 · 새앙 · 죽순 · 대추 · 감 · 배 · 석류 · 비자
	해진군	오곡과 뽕나무 · 삼 · 목화 · 닥나무 · 모시
	무장현	오곡과 목화 · 왕골
	함평현	오곡과 뽕나무 · 삼 · 목화 · 닥나무 · 모시
	무안현	오곡과 뽕나무 · 삼 · 목화
	고창현	오곡과 목화 · 왕골
	흥덕현	오곡과 목화 · 왕골 · 밤
	장성현	오곡과 뽕나무 · 삼 · 목화 · 모시다
	남원도호부	오곡과 뽕나무 · 삼 · 목화 · 닥나무 · 감 · 모과 · 칠(漆)
	순창군	오곡과 뽕나무 · 삼 · 목화 · 닥나무 · 왕골
	구례현	오곡과 뽕나무 · 삼 · 목화 · 닥나무 · 왕골
	곡성현	오곡과 뽕나무 · 삼 · 목화 · 닥나무 · 왕골
	광양현	오곡과 삼 · 목화 · 닥나무 · 왕골
	장흥도호부	오곡 · 삼 · 닥나무 · 밤 · 석류 · 목화
	담양도호부	오곡과 뽕나무 · 삼 · 닥나무 · 모시 · 목화
	순천도호부	土貢: 범가죽 · 삵괭이가죽 · 여우가죽 · 잘 · 족제비털 · 칠 · 감 · 귤 · 석류 · 배 · 매화 · 분곽(粉藿) · 꿀 · 밀[黃蠟] · 대추 · 지치 · 죽순 · 상어 · 전복 · 홍합 · 붉은 큰새우 · 차[茶] · 표고 · 목화 · 오죽 · 대방석
	무진군	오곡 · 뽕나무 · 삼[麻] · 목화 · 닥나무 · 왕골
	낙안군	오곡 · 뽕나무 · 삼[麻] · 닥나무 · 왕골 · 목화
	고흥현	오곡 · 뽕나무 · 삼[麻] · 목화 · 석류 · 배 · 감 · 밤
	능성현	오곡 · 뽕나무 · 삼[麻] · 닥나무 · 모시 · 목화
	창평현	오곡 · 뽕나무 · 삼[麻] · 목화
	화순현	오곡 · 뽕나무 · 삼 · 목화 · 감 · 석류 · 닥나무 · 왕골
	동복현	오곡 · 뽕나무 · 삼 · 목화 · 닥나무
	옥과현	오곡 · 뽕나무 · 삼 · 목화 · 닥나무
	진원현	오곡 · 뽕나무 · 삼 · 목화 · 모시

이러한 경향은 고려후기 지방관을 중심으로 중국의 농학기술, 강남농법의 기술체계와 화북한지농법 등의 기술체계에 대한 수용과 관련하

여 볼 때 중요한 사항이라 여겨진다. 최근 여말선초의 시기에 중국농법의 수용계통은 새로운 지배세력으로서 신흥사대부세력의 등장과 관련하여 강남농법이 지배적이었다고 파악하고 있다.[203] 강남농법의 도입으로 경지이용방식에 있어서 휴한농법단계에서 연작상경농법단계로 발전하여 농업생산력의 증대가 이루어졌다는 것이다. 그러나 당시 지식인을 중심으로 이루어진 중국의 농업기술의 수용을 강남농법을 중심으로 파악하는 것은 재고의 여지가 있다고 생각된다.

2) 『농상집요』 농학의 계승

앞에서 고려 말 농서를 간행한 인물로서, 강시를 중심으로 김주 · 이색 · 설장수 등이 관여하였음을 살펴보았다. 이들의 농서 간행이 조선전기에 어떻게 계승되었고, 의미가 무엇인지를 살펴보자. 조선전기에도 국가는 앞에서 살펴본 것처럼 다양한 권농정책을 펼치고 있었다. 농서의 간행도 그러한 정책의 한 방향이었고, 조선은 초기부터 여러 농서를 간행하였다. 조선전기 농서의 간행사례를 살펴보는 것은 한편으로 중국 농서의 수용이라는 측면과 다른 한편으로 고려시대에 간행된 『농상집요』에 대한 위상을 검토하는데 도움이 되리라 생각한다.

조선전기 농서의 간행은 대체로 두 가지 방향으로 나타났다. 하나는 중국의 농서를 간행하여 보급하는 것이고 다른 하나는 조선의 농업체계를 바탕으로 하여 농서를 간행 · 보급하는 것이었다. 그 중에서도 조선은 중국의 농서를 간행하여 이용하던 입장에서 점차 독자적인 기술체계를 바탕으로 농서를 간행하는 방향으로 나아가게 된다.[204] 그것

203) 李泰鎭, 「14 · 15세기 農業技術의 발달과 新興士族」 『東洋學』 9, 단국대 동양학연구소, 1979; 『韓國社會史研究』, 지식산업사, 1986.

204) 金容燮, 「朝鮮初期의 勸農政策」 『東方學志』 42, 연세대 국학연구원, 1984.

은 이전부터 주로 이용되고 있던 중국 농서의 대부분이 화북한지농업의 기술체계를 중심으로 구성되었기 때문에 이것을 바로 이용하기에는 많은 한계가 있다고 인식하였기 때문이다.[205] 결국 이와 같은 한계점을 극복하기 위해 편찬되었던 것이 세종 11년(1429)의『농사직설』이다.[206]

먼저 조선전기에는 누가 어떤 농서를 간행하였는지를 살펴보자.『농상집요』의 농업기술방식은 조선의 농업기술의 발전에 도움을 줄 수 있었으나 이를 기층백성이 이해하는데 한계가 있었고, 이러한 한계를 극복하고 보다 높은 농업기술을 체득하기 위해 농서를 간행코자 하였다. 이것은 농업에 관심을 가진 당시의 지식인들이『농상집요』의 농업기술체계가 유익하다는 인식의 기본적 토대가 형성되었기 때문이다.

조선전기 농서의 최초의 간행은 태종대에 이루어졌는데, 이 시기에 이역되어 간행되었던 농서는『양잠경험촬요』와『농서집요』 등을 들 수 있다. 먼저 다음의 자료를 검토하여 보자.

「마」

初 殷上書 陳堤防灌漑勸課耕耘之事 右代言韓尙德啓曰 殷之上書 有利於民 下教施行何如 上曰 爾往領議政戶曹判書之第議之 河崙朴信對曰 方今四境無虞 勸課農桑 使民富庶 惟其時矣 李殷禹希烈韓雍等 皆有志於救民者也 宜分遣各道 教民稼穡 尙德以聞 上曰 善 乃有是命 相德又啓曰 元朝農桑輯要 有益於民 但其文雅 人人未易通曉 願譯以本國俚語 令鄕曲小民 無不知之 上從之 命前大提學李行與檢詳官郭存中 成書板行 (『太宗實錄』 권28, 태종 14년 12월 을해)

---

205)『農事直說』의 序에 의하면 '以吾方風土不同 樹藝之法 各有其宜 不可盡同古書'라 한 것에서도 알 수 있다.

206)『農事直說』은 備穀種, 耕地, 種馬, 種稻, 種黍粟, 種稷, 種大豆小豆綠豆, 種大小麥, 種胡馬, 種蕎麥 등의 항목으로 구성되어 있다. 이러한 순서는 잡곡인 胡麻와 蕎麥을 달리하고는 農事曆에 나타나는 1년간의 월별 작물 파종순이다.

앞의 자료에 의하면 태종 14년 전 仁寧府尹 李殷이 堤防·灌漑·勸課·耕耘의 일을 陳達하는 과정에, 韓尙德은 '원의 『농상집요』는 백성들에게 유익하나, 다만 그 글이 어려워서 사람마다 쉽게 깨달아서 알지 못하니, 원컨대 本國의 俚語로써 번역하여 鄕曲의 小民들로 하여금 알지 못하는 것이 없게 하소서'라고 하였고, 태종은 전 大提學 李行과 檢詳官 郭存中에게 명하여 책을 만들어 板刻하여 頒行하게 하였다는 것이다. 한상덕은 조선초기 비로서 『농상집요』를 이두로 번역하고, 이를 간행하여 배포할 것을 건의하고 있다.

그런데 『농상집요』의 양잠편을 발췌 번역한 『양잠경험촬요』는 태종 15년(1415) 위에서 언급한 右代言 한상덕에 의해 간행된 養蠶書임을 다음의 자료를 통해 알 수 있다.[207]

「바」

永樂 13年 5月 日 右代言臣 韓相德敬奉王旨 飜譯蠶書 刊行頒布 都觀察黜 使臣安騰 承命募工鋟梓 是月告訖業 頒諸郡 (『養蠶經驗撮要』, 刊記[208])

위의 『양잠경험촬요』 刊記에 의하면, 영락 13년(1415) 우대언 한상덕은 왕지를 받들어 양잠서를 번역해서 간행하여 여러 군에 나누어주었다고 하고 있다. 앞의 태종 14년의 자료에서 한상덕은 『농상집요』를 번역하여 간행할 것을 건의하였고, 태종은 이행과 곽존중에게 번역하여 간행할 것을 명령하고 있다. 아마도 한상덕은 태종 14년 12월 『농상집요』를 간행할 것을 건의할 시점에 『양잠경험촬요』의 간행을 이미 준비하였고, 그로 인해 태종 15년 5월에 간행을 마무리할 수 있었다.

---

207) 李光麟, 앞의 논문, 1965; 金榮鎭, 「朝鮮初期 韓國農學의 成立過程」 『農村經濟』 6-3, 농촌경제연구원, 1983.

208) 李光麟, 앞의 논문, 40쪽에서 재인용.

한편 이러한『양잠경험촬요』와는 다른 잠서가 비슷한 시기에 간행되었음을 알 수 있는데, 다음의 자료가 주목된다.

「사」
京畿採訪官 權審 進黃眞絲與繭 初前藝文館大提學李行於農桑輯要內抽出 養蠶方 自有經驗 所收倍常 遂板刊行于世 國家慮民間未解華語 命議政府 舍人郭存中 將本國俚語 逐節夾註 又板刊廣布(『太宗實錄』권33, 태종 17년 5월 을유)

위의 자료는 처음에 전 藝文館大提學 이행이『농상집요』내의 양잠방을 뽑아내어, 자기 스스로 경험하였더니 수확이 보통 때의 배나 되므로 드디어 板刊하여 세상에 행하게 하였고, 국가에서 민간이 華語를 알지 못할까 염려하여 議政府舍人 곽존중에게 명하여, 俚語을 가지고「양잠방」귀절에 夾註를 내게 하고 또 판간하여 널리 배포하였다는 것이다. 즉『농상집요』의 양잠의 내용을 축약하여 간행한 이행과 이에 대해 이어를 붙여 간행한 곽존중이 각각 존재한다는 것을 알 수 있다. 이행은 처음에 이두로 번역하지 않고『농상집요』의 일부를 간추려『양잠방』으로 간행하였다가, 이를 다시 곽존중이 이어로 번역하여 간행하였던 것이다. 그렇다면 조선전기 잠서는 태종 14년 한상덕이 간행한『양잠경험촬요』와 이행과 곽존중이 각각 간행한『양잠방』3종이었음을 알 수 있다. 따라서 이행이 간행한『양잠방』은『양잠경험촬요』와는 별도로 간행된 잠서이다.[209] 다만 두 잠서가 서로 내용상의 연관성이 있는지는 알 수 없다. 그것은『양잠방』이 현전하지 않기 때문이다. 그러므로 조선초기『농상집요』의 양잠편은 두 종류의 잠서로 발췌 번역 간행되어 이용

---

209) 李光麟, 앞의 논문, 26~29쪽에서 韓尙德의『養蠶經驗撮要』와는 별도로 李行에 의해서도『養蠶方』이란 잠서가 간행되었음을 밝히고 있다.

되고 있었다고 볼 수 있다.

『양잠경험촬요』는 『농상집요』의 양잠편을 발췌 번역하면서도 『농상집요』 제 3권의 栽桑편은 이용하지 않고, 제 4권의 양잠편을 이용하였다.[210] 양 책의 항목을 비교해 보면 『양잠경험촬요』에는 항목이 설정되어 있지 않으나 『농상집요』의 내용이 있는가 하면 『농상집요』의 항목에는 나타나지 않으나 『양잠경험촬요』에만 나타나고 있는 것이 있다.[211]

한편 『양잠경험촬요』는 단순히 발췌, 번역하면서도 발췌. 번역의 수준을 뛰어 넘어 『농상집요』의 기술체계가 잘못되었다고 생각되는 부분에 대해서는 비판을 가하고 있음이 주목된다.

「아」

A)若値陰雨天寒 比及飼蠶 先用去葉稈草一把點火 遶箔四向照過逼 去寒濕之氣 然後飼蠶 (『農桑輯要』 권3, 養蠶 飼養摠論)

B)稈草以點火向事段 不緊爲沙餘良 迷惑人亦 蠶身落火傷損非無 并以使內安 餘(『養蠶經驗撮要』, 사양총론)

위의 자료 A) 『농상집요』의 양잠에서는 양잠시에 비가 오고 추운 날은 거엽과 간초를 이용하여 불을 피워 습기와 추위를 제거한 후 양잠하라고 권하고 있다. 그런데 이러한 기술체계에 대해 B) 『양잠경험촬요』에서는 습기나 추위를 제거하기 위해 잠상내에서 불을 피우는 것은 잘못하면 누에에 손상을 줄 우려가 있기 때문에 금해야 한다고 하고 있

210) 金榮鎭, 『農林水産古文獻備要』, 1982, 145쪽에서 『農桑輯要』의 栽桑편이 발췌 번역에 포함되지 않은 것은 뽕나무의 이용에 있어 들뽕이나 산뽕나무를 이용하였기 때문에 뽕의 재배에는 관심이 없었기 때문이라 말하고 있다. 그러나 통일신라의 촌락문서나, 고려시대에 뽕나무에 대해 국가적 사업으로 많은 관심을 가지고 있는 점을 고려할 때 무리한 추측이라 생각된다.

211) 『農桑輯要』와 『養蠶經驗撮要』의 항목 비교에 대해서는 李光麟, 앞의 논문, 34~35쪽을 참고 바람.

다. 이러한 비판은 조선 내에서 어느 정도 토착적인 양잠기술체계가 발달하고 있기 때문에『농상집요』의 양잠기술방식을 비판할 수 있었던 것으로 생각된다.

또한 번역에 있어서도『농상집요』에서는 절기를 춘하추동으로 표현하고 있는 부분을『양잠경험촬요』에서는 구체적인 월명이나 계절명을 사용하고 있다.

「자」

A)務本新書 秋深來葉未黃 多廣收拾 曝軋擣碎於無烟火處 春蠶大眠後用(『農桑輯要』卷4, 收乾桑葉)

B)八九月霜降前焦黃不冬桑葉 以數多摘取日中乾 正擣未布俗盛 烟氣不 到處良中 委曲藏置爲有如可 大眠後養飼則 蠶身亦特別肥大(『養蠶經驗撮要』, 수건상엽)

위의 자료 A)는 늦은 가을에 뽕잎을 따서 건조시켜 사용할 것을 지시하고 있다. 그러나 이러한 기술체계에 대해『양잠경험촬요』의 수건상엽에서는 8, 9월 서리가 내리기 전에 뽕잎을 따서 건조시킬 것을 지시하는 한편 이것을 누에에게 먹이면 성장에도 좋다고 하고 있다. 우리가 여기서 주목해야 할 점은『양잠경험촬요』가『농상집요』를 발췌 번역하면서도 중국의 잠업기술체계를 무조건 수용하지 않고 당시 조선에서 관행되고 있던 토착적인 기술체계를 고려하면서 간행했다는 점이다.

이처럼『양잠경험촬요』에서 중국의 선진 잠업기술을 비판하면서 간행할 수 있었던 것은 조선 내에서도 일정 정도의 잠업기술이 발달되었음을 알 수 있는 중요한 증거이다. 그것은 단순히『농상집요』가 도입되면서부터 이루어진 것은 아닐 것으로 추측된다. 이러한 비판을 할 수 있었던 배경은 앞에서 서술한 것처럼 12세기 임경화에 의해『손씨잠경』

이 이두로 간행되어 양잠의 법이 일어났다는 것이 바탕이 되었다.[212] 조선은 거기에 『농상집요』를 이용하여 『양잠경험촬요』를 간행 보급함으로써 잠서 보급을 확대 하였고[213] 이로 인해 양잠업도 더욱 발달하였을 것이다.

조선전기 양잠방을 간행한 이행은 어떤 인물이기에 '자기 스스로 경험하였더니 수확이 보통 때의 두배가 되었다'고 하면서 蠶書를 간행하게 되었을까? 騎牛子 이행(1351~1432)은[214] 신흥사대부로 고려말 사전개혁을 주창한 전제소를 올린 인물로 유명하다. 이행은 공민왕 16년 성균관이 重營되어 생원이 증원될 무렵에 성균관에 입학하였고, 20세인 공민왕 20년(1371) 지공거 이색과 동지공거 田祿生의 예부시에 급제하였다.[215] 이행과 이색은 좌주 문생의 관계, 즉 스승과 제자의 관계이므로 이행은 이색의 정치 · 사상적인 많은 영향을 받지 않을 수 없었다.

이행은 고려말 전제개혁을 주창하는 상소를 올렸는데, 그 내용 중에 '또 선비로서 無職者에게는 토지를 주어 농사에 종사할 수 있게 하고, 有職者는 俸祿을 주어 밭갈이 하지 않아도 되게 해 주니 그들의 생활도 보장될 것입니다.'라고 하고 있다. 이행은 고려 말에 사대부의 항산을 강조하고 있는데, 이러한 사상적 기반이 조선전기에 잠서의 편찬으로 이어졌

212) 한국에서 養蠶法이 발달된 것은 앞장에서도 언급하였지만, 그 시점은 12세기부터가 아닌가 생각된다. 그러한 것은 임경화의 墓誌銘에 '遂興養蠶之法'이라고 표현되어 있기 때문이다. 이러한 것이 토대가 되어 『農桑輯要』의 양잠법을 비판할 수 있었을 것으로 생각한다.

213) 조선초기 잠서의 보급현황에 대해서는 다음의 글들이 참고 된다(李宜明, 「15 · 16世紀 養蠶政策과 그 成果」 제 33회 전국역사학대회 발표요지, 1990; 남미혜, 『조선시대 양잠업 연구』, 지식산업사, 2009).

214) 李行에 대해서는 다음의 논고가 대표적으로 참고 된다(이남복, 「기우자 이행연구」 『동의사학』 6, 동의사학회, 1991; 김정자, 「騎牛子 李行의 생애와 학풍」 『부대사학』 19, 부대사학회, 1995; 김도형, 「여말선초 李行의 정치활동과 사상적 경향」 『효원사학』 31, 효원사학회, 2007).

215) 김정자, 앞의 논문, 241~241쪽.

고, 이는 그의 아들과 사상적 기반이 비슷한 인물에게도 영향을 주었다.

양잠은 태종대에 대대적으로 권장되었는데, 判承文院事 李迹을 楊根·加平 등지에 보내어 양잠할 곳을 살피게 하고, 중국의 누에 종자를 구하여 이적을 採訪使로 삼아 가평의 속현 朝宗에서 양잠하게 하고, 李士欽을 採訪別監으로 삼아 양근 속현 迷原에서 양잠하게 하였다.[216] 이적은 이를 토대로 잠상의 이익을 넓게 하기를 상소하기도 하였다.[217] 이적은 '금년에 비로소 蠶室을 설치하여 조금 그 효과를 얻어 蠶種을 잇달아 3백여 張을 거두었다'고[218] 하는 것으로 보아 양잠을 경험하고 있었음을 알 수 있다. 이는 그의 父인 이행이『농상집요』내의 양잠방을 뽑아 내어, 자기 스스로 경험하였더니 수확이 보통 때의 倍나 되었다고 했던 점과 부합한다고 할 수 있다.

이행의 농업관은 조선전기 농학을 가학으로 한 姜希孟家에 많은 영향을 주었을 것으로 생각된다. 강희맹이 지은 행장에 의하면 그의 부친 姜碩德이 '文節公 이행의 가르침을 받아 百家의 여러 서적을 통하여 탐구하지 않은 것이 없었으므로, 세종께서 공의 학행을 아시고서 기용하였다'고[219] 기록하고 있기 때문에 기우자 이행(1352~1432)과 사승관계에 있음을 알 수 있다. 이로 볼 때 강희맹의 선대는 여말선초 정치적 성향이 비슷한 인물들과 학문적 사승관계에 있음이 주목된다.

강희맹의 농서 혹은 농정에 대한 가르침은 아버지의 스승인 이행을 주목할 필요가 있다. 강석덕의 행장을 직접 작성하였던 인물이 강희맹이었고, 아버지가 이행의 영향을 받았다고 언급한 만큼 강희맹은 이행의 사상적 영향을 받았음을 유추할 수 있다. 이러한 학문적 기반을 배

216)『太宗實錄』권30, 태종 15년(1415) 12월 계유.
217)『太宗實錄』권31, 태종 16년(1416) 2월 정해.
218)『太宗實錄』권33, 태종 16년(1416) 8월 갑자.
219)『私淑齋集』권7, 先考資憲大夫知敦寧府事贈諡戴愍玩易齋先生姜公行狀.

경으로 강희맹은 조선초기 경기도 衿陽縣을 기반으로『衿陽雜錄』을 편찬할 수 있었고, 뒤에서 설명하는 것처럼『금양잡록』에서 선비의 역할론을 펼쳤던 것도 나름의 이유가 있다. 따라서 강희맹은 그의 가문과 강시가 편찬 고려각본『농상집요』의 양잠부분을 발췌하여『양잠방』의 간행을 주도한 이행을 통해 일찍부터 농서와 농정에 대한 다양한 인식을 가졌음을 알 수 있다.

『금양잡록』의 편찬은 이러한 가문적 배경과 함께 15세기 후반 여러 가지 서적을 간행하려는 국가적 의지도 함께 고려되어야 한다. 세조가 신숙주 · 최항 · 강희맹 등에게 諸書를 類聚하도록 명하였을 때 다양한 책이 포함되어 있는데 주목되는 점은 농상 · 축목에 대한 서적이 포함되어 있다는 것이다.[220] 즉 세조는 국가통치에 필요한 서적의 편찬에 많은 관심을 가지고 있었음을 유추할 수 있다. 아울러 세조는 위와 같은 명령을 하기 이전에 특별히 徐居正에게 馬醫書를 편집하게 하였다.[221]

강희맹은 諸書의 類聚 차원에서 중국의 월령식 농서인『四時纂要』에 주목하였을 것으로 유추된다.『사시찬요』는 매월 마다의 天文 · 氣候占 · 叢辰 · 禳鎮 · 祭祀 · 栽培 · 修造 · 畜牧 · 雜事 등의 신구의 문헌을 수록하고 있는 이점은 있지만,[222] 너무 방대한 내용을 수록하고 있을 뿐만 아니라 중국 唐代(韓鄂)에 편찬된 농서라는 한계를 가지고 있었다. 이에 따라 강희맹은 조선의 농업에 필요한 부분만을 발췌하여『사시찬요초』를 편찬하였다.[223]

강희맹은『사시찬요초』를 편찬하기 이전부터 농업에 대한 관심을 가

220)『世祖實錄』권40, 세조 12년 10월 24일.

221)『世祖實錄』권38, 세조 12년 4월 갑인 14일 "命中樞府同知事徐居正 編緝馬醫書 上留心馬政 訪問喂養理治之法於諸臣及衛士 各以所見聞經驗之事陳啓 至是 命居正撰次".

222) 石聲漢 著(渡部 武譯),『中國農書が語る2100年』, 思索社, 1984, 65쪽.

지고 있었다. 그것은 그의 문집 속에 '넓은 토지에 禾稼를 심었지만 반은 靑苔이다'고[224] 하거나 '금양의 조그만 땅에 가을이 원림에 들어 즐거운 일 많다'고[225] 하는 사례를 통해 실제 농작을 통해 농업에 관심을 가졌음을 알 수 있다. 이와 같이 강희맹은 우리나라 농업에 기반을 둔 농서에도 관심을 가졌고, 그러한 연장선상에서『금양잡록』을 편찬하였다. 강희맹의 이러한 모습은 이암과 이행 등과 유사함을 알 수 있다.

한편 강희맹은『금양잡록』을 중농이념에 바탕을 두고 편찬하였는데, 그것은『시경』의 '농사가 좋아서 백성들과 일하여 녹봉을 대신했네' 혹은『서경』의 '농부가 밭에서 일하고 힘들여 농사를 지어야 풍성한 가을이 있다'는[226] 구절을 통해 알 수 있다. 강희맹은 이러한 중농이념을 통해 농업지식을 명확하게 전달하려 하였고, 이를 통해 농민층이 농업경영을 할 수밖에 없는 사유를 알리고자 하였다. 그런 점에서 다음의 자료는 주목된다.

「차」

周公曰 玆予其明農哉 不曰治而曰明者 農之理甚妙 非明不足以燭其里 不徒治其事而已(『衿陽雜錄』, 農家1)

위의 자료는 '周公이 농사에 대해 명확하게 한 점'을 인용하여 다스리

---

223)『사시찬요초』의 편찬에 대해서는 다음의 논문들이 참고 된다(金榮鎭,「四時纂要抄와 四時纂要의 比較硏究」『農村經濟』8-1, 1985; 金容燮,「衿陽雜錄과 四時纂要抄의 농업론」『朝鮮後期 農學史硏究』, 일조각, 1988; 이종봉,「「四時纂要抄」의 撰者와 農業技術」『韓國中世社會의 諸問題』, 한국중세사학회, 2001).

224)『私淑齋集』卷1, 寓龜孫第有作 七首 "聞說船從鳥道回 大田禾稼半靑苔 自嫌泥濘無車馬 靜鎖柴扇雨不開".

225)『私淑齋集』卷1, 次仁齋韻寄一菴 貧病無心慕綺羅 幾年辛苦逐奔波 衿楊一片菟裘地 秋入園林樂事多.

226)『衿陽雜錄』, 農家1.

지 않고 명확하게 하는 것은 농업의 이치가 심히 묘하므로 명확하게 하지 않으면 그 이치를 밝힐 수 없으므로 농사를 다스리기만 하지 않겠다는 것이다. 이는 농서를 간행하는 것도 중요하지만, 농서에 기록된 내용의 활용을 통한 효과에 더 중점을 둔 것으로 단순한 농업기술의 전달이 아니라 농민층이 새로운 기술을 어떻게 인식하고 수용하여야 하는지에 중점을 두었다고 하겠다.『농사직설』은 농업기술의 전달에 비중을 더 두었다고 한다면 강희맹의『금양잡록』은 중농이념에 토대한 농업기술의 활용에 더 비중을 둔 것이 아닌가 한다. 그런 측면에서『금양잡록』은 잡록이라는 명칭이 사용되었지만,『농사직설』과 다른 의도를 가졌음을 알 수 있다.[227]

5. 맺음말

이상에서 한국 중세 농정과『농상집요』의 도입에 대해 살펴보았는데 이를 요약하면서 맺음말에 대신하고자 한다.

고려는 건국초기부터 중농이념을 바탕으로 권농정책을 펼쳤다. 그것은 농업과 양잠을 중시한 것이었다. 농업의 중시는 초기부터 수령의 중요 임무 중의 하나로 '勸課農桑'을 강조하였다. 고려는 농업과 양잠을 국가의 근본이라고 강조하였는데, 그러한 고려의 중농이념은 수령을 통해 추진되었다. 수령이 지역에서 얼마나 권농을 성실히 수행하였는지를 수령 평가의 중요한 기준으로 삼았다. 결국 수령이 지역에 파견되어 가장 중요하게 추진하여야 할 일은 '수령 5사'로 정립되었고, 그 중에서 가장 중요한 것은 '田野闢'이었다.

이처럼 수령의 권농 역할을 중시하게 됨으로써 수령에게 권농사를 겸대하게 하였다. 권농사는 11세기에는 외관의 長에게, 12세기에는 5

227) 이종봉, 앞의 논문, 2010, 45~49쪽.

도와 양계의 안찰사와 겸창사에게, 점차 외관의 속관에게도 겸대하게 하였다. 따라서 이후의 고려시기 모든 지방관은 권농사를 겸대하여 권농의 일을 담당하였다.

고려의 농정, 즉 권농정책은 다양하게 전개되었다.

하나, 농기구의 제작과 하사였다. 고려시기 농민들은 모두 철제농기구를 소유하지 못하였다. 국가에서 철제농기구를 주조하였고, 이러한 농기구를 농민들에게 하사하여 경작기능을 보완하였다.

둘, 관우의 대여였다. 농민에게 농기구보다 더 중요한 것은 우경을 할 수 있는 소의 소유였다. 고려시기 농민들의 소의 소유현황을 정확하게 알 수 없지만, 조선 세종의 사례를 고려할 때 고려의 농민들도 소를 소유하지 못한 경우가 많았다. 따라서 국가는 관에서 보유한 소를 빌려 주어서 농민들이 우경할 수 있게 하였다.

셋, 수리시설의 확대와 수축이었다. 고려전기 수리시설은 제언 중심이었는데, 후기에 이르러 溝渠·방조제·방천제 등에 등장하였고, 기존 수리시설을 보수하기도 하였다. 고려말기에는 수차라는 새로운 수리시설을 보급하자는 논의가 제기될 만큼 수리시설에 관심이 많았다. 수차는 중국 원대에 이미 널리 사용되었는데, 고려에서 사용되었는지는 알 수 없다. 그러다 조선초기 수차는 한재에 대비하는 방안으로서 태종·세종대에 적극적인 보급정책이 전개되었다.

넷, 농서류의 간행 보급이었다. 12세기 임경화는 양잠의 발달을 위해 『손씨잠경』을 이두로 간행하였다. 양잠은 고려시기에도 국가적으로 중시하였다. 하지만 고려는 양잠의 기술을 정리한 서적이 존재하지 않았다. 임경화는 중국의 잠서인『손씨잠경』을 간행함으로써 양잠을 더욱더 발달시킬 수 있는 계기를 만들었다. 13세기 초 영주 부석사에서 '길흉축월횡간' 고려목판의 간행이 이루어졌다. 부석사의 고려목판은 농력으로, 하종과 주요 작물의 파종 길일을 제시하였다. 이는 중국의 농서류를 참고하였겠지만, 우리나라 농서류에서 처음으로 편찬되었고, 국가가 아닌 부석사의 승려가 편찬하였다는 점에서 큰 의미가 있다. 지방관인 강시는 원의 농서인 『농상집요』를 간행했다. 『농상집요』의 간본은 세조 지원 10년(1273) 사농사(맹기)에 의해 편찬되었고 이것은 다시 지원 23년(1286) 창사문에 의해 증보되었다. 이러한 판본은 다시 仁宗 연우 2년(1315)에 大字本으로 판각되었는데, 이것은 英宗 지치 2년(1322)에 채문연의 서를 첨가시켜 간행하였다. 이후에는 順帝 지원 2년(1336) 진주로총관부에서 대자본 『농상집요』가 간행되었다. 이러한 판본을 행촌 이암이 고려에 도입하였는데, 그 시기는 충정왕 원년(1349)이었다. 당시 원은 농서의 간행을 통해 중농을 표방하였다. 원의 『농상집요』를 도입한 배경에는 이암을 비롯한 고려의 지식인들이 원에 머물면서 원의 중농정책과 과학기술의 정책을 직접 목도하였고, 이러한 여러 문물을 수용하려는 의지가 있었다. 그때 최성지는 동양 최고인 원의 천문과학기술인 역법, 즉 수시력을 도입하여 사용하였고, 백문보는 원대 수전농업에서 널리 활용되고 있던 수차의 보급을 주장하였고, 문익점은 원대 면직업의 토대인 목면을 도입하여 여말선초기 목면이 널리 보급될 수 있는 토대를 마련하였다.

이암은 『농상집요』을 충정왕 원년(1349)에 가져와서 이를 우확에게 전달하였고, 우확은 이를 강시에게 전하였다. 강시는 洪武 壬子(1372, 공민왕 21년) 陜川(江陽)에서 『농상집요』을 간행했다. 이 때 『농상집요』의 판본에 이색의 농상집요후서, 설장수의 서농상집요후 및 木菴의 음의 등을 첨가시켜 간행하였는데, 이를 통해 고려에서 『농상집요』를 간행하는 의도가 무엇인지를 알 수 있다. 이러한 『농상집요』는 지방사회에서 권농을 추진하고 있는 수령층의 주도에 의해 간행됨으로써 향촌사회의 농업기술 발달을 촉진시켰을 것이며 이는 또한 고려후기 이후의 사회에 적지 않은 영향을 주었을 것이다.

고려후기『농상집요』의 도입 간행은 여말선초 농서의 간행에 여러 영향을 주었다. 하나는『농상집요』를 양잠편과 주요 곡물을 분리 간행하게 된 것이었다. 양잠편은『양잠경험촬요』란 책명으로 이두로 번역 간행하였는데, 이 때『양잠경험촬요』는『농상집요』를 그대로 번역하지 않고 우리의 양잠기술을 토대로 번역 간행하였다. 이로 인해 양잠기술은 새로운 전환점을 맞이하였을 것이다. 주요 곡물은『농서집요』로 간행하였는데,『농서집요』도『양잠경험촬요』와 같은 방식이었다. 다른 하나는 고려후기『농상집요』의 간행에 참여하였던 강시 · 이색 등의 가문과 정치적 사상적 인연을 가진 인물, 즉 이행과 강희맹 등이 조선전기 농서의 편찬 · 간행에 참여하게 되었다는 점이다. 이는 이암에 의해『농상집요』가 도입되었고, 그러한 농학사상을 계승하였기 때문에 가능한 것이 아닌가 한다.

제 3 장

고려후기 固城 李氏 家系와 婚姻關係를 통한 人的 관계망

- 李嵒 · 李嶠의 가계의 通婚網를 중심으로 -

국민대 국사학과 교수 홍 영 의

1. 머리말

고성 이씨 가문은 成俔(1439~1504)이 『慵齋叢話』에서 거론한 '我國巨族'에 빠져 있지만,[1] "固城 李氏는 고려의 鉅族(신분이 높고 권세 있는 집안)이다"라고[2] 평가하고 있다. 고성 이씨는 고려 전기에 고성 지방의 鄕吏로 있다가 무인집권기에 能文能吏의 새로운 관인으로서 上京從仕한 신흥가문이었다. 李尊庇가 柳璥의 門生이 됨으로써 정치적으로 출세하여 同判密直司事의 고위관직에 오르고, 또 관리들의 인사를 오랫동안 담당하면서 정직하다는 世評을 들음으로써 名門으로 발돋움할 수 있는 발판을 마련하였다. 그것이 李瑀를 거쳐 李嵒 · 李嶠에게로 이어졌던 것이니, 이암 때에는 이미 당대의 문벌들과 통혼할 정도로 성장해 있었다고 할 수 있다.

한 가문의 성쇠는 자손의 번성과 과거를 통한 다수의 관직 진출자가 있어야 하며, 이들의 交遊에 따라 혼인관계가 맺어지는 인적 관계망을 통해 결정된다. 나아가 이런 인적 관계망에 따라 정치세력화 하기도 하고, 때로는 가문의 정치적 몰락도 가져온다. 그런 면에서 고성 이씨 가문은 고려후기로부터 조선초까지 이러한 모습을 그대로 반영하고 있다.

이 글은 고성 이씨 가문의 가계와 혼인관계를 통해 이암과 이교의 인적 관계망을 추적하고자 한 것이다. 고려사회의 親屬은 父系가 많은 비

---

1) 『慵齋叢話』 권10, "我國鉅族 皆自州郡土姓而出 昔盛而今衰 昔微而今盛者 並錄之 坡平尹氏 漢陽趙氏 利川徐氏 驪興閔氏 水原崔氏 陽川許氏 德水李氏 幸州奇氏 交河盧氏 仁川李氏蔡氏 南陽洪氏 龍駒李氏 竹山朴氏安氏 陽城李氏 廣州李氏 江華奉氏 淸州韓氏慶氏 瑞山柳氏韓氏李氏 全義李氏 丹陽禹氏 鎭川宋氏 新昌孟氏 沃川陸氏 慶州金氏李氏 金海金氏李氏 安東金氏權氏 晉州姜氏河氏 星州李氏 尙州金氏 密陽朴氏孫氏 靑松沈氏 居昌愼氏 昌寧成氏曹氏 靈山辛氏 高靈申氏 東萊鄭氏 河東鄭氏 延日鄭氏 河陽許氏 漆原尹氏 順興安氏 宜寧南氏 善山金氏 完山李氏 光山金氏 羅州朴氏羅氏 長水黃氏 順天朴氏 綾城具氏 靈光丁氏 礪山宋氏 濟州高氏 海州崔氏 平山申氏 延安李氏 白川趙氏 文化柳氏 信川康氏 原州元氏 江陵崔氏咸氏 平壤趙氏 咸從魚氏 豐川任氏".

2) 『國朝人物考』 권18, 卿宰 李原.

중을 차지하고 있었지만, 전적으로 부계를 중심으로 이루어지지 않은 兩側的 친속관계였다. 부계와 함께 상대되는 모계, 또는 非父系의 혈연 집단을 포함하는 비교적 넓은 범위의 친족 관계가 운영되고 있었다. 고려시대 血緣意識이 父系親族 중심이 아니라 母系, 妻系가 대등하였고, 법제적 측면에서도 外族, 妻族도 동일하게 적용되었다는 점에서 家勢를 결정하기 때문이다. 이런 관점에 따라서 李尊庇의 先代 家系, 李嵒의 家系와 婚姻관계, 李嶠의 家系와 혼인관계 등을 추적하여 그들의 通婚網을 그려볼 것이다.

고성 이씨 가문과 이암에 대한 연구는 기존의 연구업적들을 중심으로 정리하였고,[3] 이암 개인에 대한 기록은『高麗史』의 이암 列傳과 李穡이

3) 고성 이씨 가문과 행촌 이암 연구는 처음 書藝史에서 주목하였고, 이후 생애와 정치 활동과 그가 남긴『檀君世紀』와 詩 관련 주제로 다루어졌으며, 가문의 인물과 관련해서는 復丘에 대한 연구가 진행되어 왔다. 최근에는 가문의 族譜와 함께 조선시대 인물을 조명하는 연구도 진행되고 있음이 주목된다. 이와 관련한 고려 · 조선초기 연구 성과를 연구년도 순으로 정리하면 다음과 같다.

민덕식 · 이원배,「이암의 생애와 서예」『강좌 미술사』6, 한국불교미술사학회(한국미술사연구소), 1994.

오강원 · 김학수,「春川 애막골 소재 固城李氏墓에 관한 연구: 杏村 李嵒과 淮陽公 趙愼家系의 關係 및 墓地選定문제를 중심으로」『인문과학연구』4, 강원대학교 인문과학연구소, 1997.

손환일,「고려말 조맹부체의 유입과 행촌 이암의 서체연구」『한국사상과 문화』4, 한국사상문화학회, 1999.

한영우,「행촌 이암과 〈단군세기〉」『한국학보』25, 일지사, 1999.

曉　呑,「14세기 覺眞復丘와 淨土寺에 관한 고찰」『한국불교학』29, 2001.

한영우 외,『행촌 이암의 생애와 사상』, 일지사, 2002.

이익주,「행촌 이암의 생애와 정치활동」『행촌 이암의 생애와 사상』, 일지사, 2002.

윤경진,「조선초기 이암 후손의 계보와 문화 활동」『행촌 이암의 생애와 사상』, 일지사, 2002.

염정섭,「행촌 이암의《農桑輯要》도입과 의의」『행촌 이암의 생애와 사상』, 일지사, 2002.

정재철,「杏村 李嵒 詩 연구」『한문학논집』18, 근역한문학회, 2000.

이문희,「麗末鮮初 固城李氏 家門의 정치적 동향」, 동아대 교육대학원 석사학위논문, 2003.

송수영,「松雪體 流入 背景에 관한 小考」『서예학연구』5, 한국서예학회, 2004.

성봉현,「고성이씨『선세외가족보』와『팔고조도』검토」『고문서연구』24, 한국고문서학회, 2004.

지은 〈李嵒墓誌銘〉 외에 이암의 조부인 〈李尊庇墓誌銘〉, 이암의 아들인 〈李岡墓誌銘〉 등을 참고하였다. 또한 족보류로는 조선후기에 趙從耘(1607~1683)이 각 성씨의 시조와 계보를 정리하여 편찬한 『氏族源流』를 참고하였다.

2. 李尊庇와 先代 家系

이암과 이교의 본관은 경상도 固城이다. 고성은 본래 小伽倻國이 있던 곳으로, 신라가 차지한 뒤 古自郡이라 하였다가 경덕왕때 固城縣으로 고쳤다. 고려시대에는 995년(성종14)에 固州로 고치고 刺史를 파견했다가 1005년(목종 8)에 다시 고성현으로 환원하였다. 1018년(현종 9) 지방제도를 정비할 때 이웃한 巨濟縣의 屬縣으로 떨어지는 어려움을 겪기도 하였으나, 그 뒤 속현에서 벗어나 현령이 파견되었다. 또 固城郡으로 승격되었다가 1266년(원종 7) 固州로 승격되었으며, 충렬왕 때 南海와 병합되었다가 공민왕 때 고성현으로 환원되어 조선시대에는 줄곧 고성현이라 하였다. 이러한 연혁 때문에 고성은 옛날부터 古自, 固州등으로 불리기도 하였고, 別號는 鐵城이었다.[4)]

이성배, 「고려말 李嵒의 書藝와 松雪體」 『역사와 담론』 49, 호서사학회, 2008.
박홍갑 외, 『고성이씨 가문의 인물과 활동』, 일지사, 2010.
金昌賢, 「고려후기 이존비 · 이암의 활약과 그 특징」 『고성이씨 가문의 인물과 활동』, 일지사, 2010.
박홍갑, 「고려말기 고성이씨 桃村 李嶠 가문의 정치적 위상-謹妃李氏 배출과 우 · 창왕 폐위를 중심으로」 『고성이씨 가문의 인물과 활동』, 일지사, 2010.
이병휴, 「조선초기 정국의 추이와 容軒 李原의 대응」 『고성이씨 가문의 인물과 활동』, 일지사, 2010.
윤기섭, 「각진국사 복구(復丘)와 불교계 동향」 『보조사상』 42, 2014.
하정승, 「杏村 李嵒시의 작자 고증과 미적 특질」 『동양한문학연구』 42, 동양한문학회, 2015.

4) 『新增東國輿地勝覽』 권32, 慶尙道 固城縣 建置沿革.

고성 이씨는『世宗實錄地理志』와『新增東國輿地勝覽』에 蔡氏, 金氏, 朴氏, 南氏와 함께 첫째나 둘째 순서에 기재될 정도로 고성현의 土姓으로 자리하고 있었다.[5] 이는 고성 이씨가 고려시대 이전부터 이미 고성 지역의 유력자로서 자리잡고 살아왔다는 것을 의미한다. 신라 말기의 사회적 혼란기에는 고성 지역을 근거로 하는 지방유력자로 등장했을 가능성이 크며, 고려가 후삼국을 통일한 뒤에는 지방의 향리로서 이 지역을 실질적으로 지배하면서 동시에 과거 등을 통해 중앙의 관리로 진출을 모색하였을 것이다.

고성 이씨의 시조는 李璜이며, 2세인 李田枝는 太子詹事, 3세인 李國軒은 監務, 4세인 李永年은 上護軍, 5세 李麟冲은 奉翊大夫를 지낸 것으로, 6세인 李瑨은 과거에 급제하였으나 관직에 나아가지 않은 것으로 되어 있다. 이진의 아들로 생몰년이 확인되는 李尊庇(1233~1287)로부터 역산하면, 고성 이씨의 시조인 이황의 생존시기는 대략 11세기 후반 文宗~宣宗 무렵일 것으로 추측된다.[6] 그러나 시조로부터 제4세까지는 족보류 이외에『고려사』등의 사서나 금석문 등 자료에서 확인되지 않는다.[7] 따라서 이 가문이 고성의 향리에서 처음 중앙에 진출을 시도한 것은 李尊庇의 부친인 李瑨(1233~1287) 때인 것으로 보인다.

이존비의 생존 시기를 고려할 때 李瑨은 고종 연간에 과거에 합격한 것으로 보인다. 그러나『씨족원류』나〈이존비묘지명〉에는 모두 이진

---

5)『世宗實錄』권150, 地理志 慶尙道 晉州牧 固城縣 및『新增東國輿地勝覽』권32, 慶尙道 固城縣 姓氏.

6)『高麗史』에 보이는 李璜은 덕종 때 左右猛校尉(권5 덕종 2년 1월 辛未), 문종 때 戶部尙書를 지낸 것으로(권8 문종 17년 4월 辛丑) 되어 있으나, 이존비 묘지명 등의 기록에 그의 관력이 기재되지 않고 있다.

7) 김창현,「고려후기 이존비 · 이암의 활약과 그 특징」『杏村會報』14, 2001. 특히 李麟冲이 지냈다는 奉翊大夫는 원간섭기부터 쓰이기 시작한 官階라는 점에서 實職이 아니라 후손들로 인해 사후에 追贈된 것이다. 현재 남아 있는〈李尊庇墓誌銘〉에는 증조 · 조 · 부 · 외조 등 四祖를 기록하는 관례를 깨고 父와 外祖만을 밝히고 있는데,『氏族原流』의 기록처럼 曾祖인 李永年과 祖父인 李麟冲이 각각 上護軍, 奉翊大夫의 고위 관직을 지냈다면 이런 일은 있을 수 없다는 것이다(이익주, 앞의 논문, 66쪽 참조).

이 급제 후 관직에는 나아가지 않았다고 하였다.[8] 향리 출신으로 가문의 후원이 없었고, 『고려사』 이암전에 이존비의 아버지 이진이 '早孤'했다고 한 데서 알 수 있듯이,[9] 일찍 요절함으로써 관직에 미처 임용되지 못했던 것으로 보인다. 그럼에도 불구하고 이진이 과거에 급제함으로써 고성 이씨 가문은 당당한 士族으로 발돋움하였고, 이를 기반으로 같은 士族인 藍浦人 白景瑄의 딸과 혼인하였다.[10] 藍浦 백씨는 고려후기에 성장한 가문으로, 禮部郎中을 지낸 백경선은 외아들 白文節과 손자 白頤正이 현달하면서 고려후기 신흥가문으로 부각되고 있었다.

이존비의 외삼촌인 백문절(?~1282)은 고종 때 문과에 급제하여 翰林院에서 벼슬하다가 中書舍人 · 吏部侍郎 · 國子祭酒를 역임하였다. 1269년(원종 10)에 林衍에 의하여 폐위되었다가 복위한 원종이 원나라에 들어갈 때 表文을 지었다. 이때 왕이 임연을 두려워하여 廢立의 사실을 감추고 거짓 병으로 왕위를 물려준 것으로 말하라 하자, 붓을 놓고 울면서 諫함으로써 왕을 깨닫게 하여 사실대로 표문을 썼다고 한다. 1278년(충렬왕 4)에 司議大夫로서 공적이 없는 권세가의 자제들이 관직에 많이 임명되므로 告身(辭令書)에 서명을 하지 않자 왕이 여러 차례 서명을 재촉하였으나 불응하여 왕의 큰 노여움을 사서 옥에 갇혔다가 이존비와 李之氐의 구명운동으로 풀려났다. 뒤에 國學大司成 · 寶文閣學士가 되었다.[11] 1280년(충렬왕 6)에 왕에게 진언하여 時事를 말하다가 왕의 노여움을 사서 귀양간 侍史 沈諹 등을 석방하게 하였으며,[12] 그 해 同知貢擧가 되어 지공거 元傅와 함께 李伯琪 등 33인을 進士로

---

8) 李尊庇墓誌銘 "公諱仁成後改尊庇字持正固城郡人也皇考諱瑨登第未仕".

9) 『高麗史』 권111, 열전24 諸臣 李嵒 "李嵒 字古雲 初名君侅 祖尊庇 初名仁成 早孤 學於其舅白文節 善屬文 工隸書".

10) 李尊庇墓誌銘 "妣白氏年八十五至今無恙本藍浦外祖禮部郎中景瑄".

11) 『高麗史』 권106, 열전19 諸臣 白文節.

12) 『高麗史』 권106, 열전19 諸臣 沈諹.

선발했다.[13] 그는 文詞가 풍부하고 글씨를 잘 썼다고 알려져 있다.[14]

이존비의 外從 백문절의 아들인 白頤正(1247~1323)은 安珦의 문인으로, 1275년(충렬왕 1) 문과에 급제, 충선왕 때 僉議評理로 商議會議都監事를 겸했고, 뒤에 上黨君에 봉해졌다. 1298년 원이 사신을 보내어 세자를 왕으로 삼고, 8월에 원에 들어가는 충선왕을 따라 원의 燕京에서 10년 간 머물러 있었다. 그 동안 주로 성리학에 깊은 관심을 기울여 연구했고, 귀국할 때 程朱의 성리서적과 주자의『家禮』를 가지고 돌아왔다. 그 뒤 후진 양성에 힘써서, 李齊賢 · 朴忠佐 · 李穀 · 李仁復 · 白文寶 등 많은 문인을 배출했으며, 도학과 예학을 발전시키는 데 크게 공헌하였다. 안향과 백이정의 학통은 이제현에게 전승되었고, 이제현은 이색에게, 이색은 權近과 卞季良으로 이어졌다.[15] 안동 김씨 金方慶의 셋째아들인 金恂의 딸과 혼인하였고, 그의 사위는 이제현의 아들인 李達尊이다.

이처럼 고성 이씨 가문이 고려 후기의 명문으로 도약한 것은 李尊庇 때였다. 고성의 향리로 이진이 과거에 처음으로 합격한 이후 고성이씨 가문이 중앙의 관리로 진출한 시기는 이존비가 19세에 南省試에 합격하고, 28세 때 禮部試에 급제한 후 星闈, 즉 內侍職을 담당하면서였다.[16]

최씨 정권이 집권하고 있는 가운데 몽골과 전쟁이 한창이던 1233년(고종 20)에 출생한 이존비는 전형적인 '能文能吏'의 관리로서 능력을 인정받아 승진을 거듭한 끝에 宰樞의 반열에 올랐고, 그로 인해 그의 가문도 명문의 반열에 오르게 되었던 것이다. 이존비의 고위 관직 진출

13)『高麗史』권73, 志27 選擧1 과목1 選場.

14)『高麗史』권106, 열전19 諸臣 白文節 "文節 文詞富贍 下筆霈然 爲一時所推 不以才自負".

15)『高麗史』권106, 열전19 諸臣 白文節附 白頤正.

16) 李尊庇墓誌銘 "年十九登南省試二十八擢礼部試籍屬星闈".

과 함께 고성 이씨 가문의 사회적 지위도 상승하였다. 이러한 변화는 혼인 관계에서 잘 드러나는데, 우선 이존비 자신은 益山人 李湊의 큰 딸과 혼인하였다. 이주의 가문은 익산의 향리로 있다가 조부 또는 父代인 무신집권기에 중앙으로 진출하여 李湊·李行儉 父子가 연이어 고종 년간에 급제하여 중앙에 자리를 잡았다는 점에서 이존비의 가문과 거의 비슷한 처지였다.

李湊(1200~1278)는 고종~원종대 文翰官, 문장가로서 명성을 떨쳤다. 고종 때 과거에 급제하여 富城縣尉로 임명되었다. 이후 중앙에 올라와서 都兵馬錄事·直史館을 거쳐 원종 때 병부·예부의 侍郎, 國子祭酒를 역임하였다. 左諫議大夫로 있다가 왕에게 글을 올려 退官할 것을 요청하자, 왕이 尙書左僕射 翰林學士承旨로 벼슬을 올려 주어 致仕케 하였다. 이주는 성질이 온순하고 어질었으며 특히 글을 잘 지었고 편지 등의 글씨도 잘 썼다. 평생토록 生産에 힘쓰지 않았으므로 그의 집에는 쌀 한 섬의 저축도 없었다고 한다.[17]

그의 아들 李行儉(1225~1310)은 과거에 급제하여 晉州司錄이 되었다가 尙書都事·直史館을 겸하였다. 뒤에 知洪州事가 되었는데, 삼별초의 난으로 홍주가 함락될 때 포로가 되어 그들의 人事를 맡았다가 金方慶에게 토벌되면서 붙잡혔으나 김방경의 아버지 金孝仁의 門生이었다고 하여 죽음을 면하였다. 뒤에 淸州牧使·知谷州郡事·豐州府使를 역임할 때에는 행정을 잘하여 칭송을 받기도 하였다. 國學典酒寶文閣直學士를 거쳐 讞部典書로 致仕하였다. 충렬왕 때 사간이 되어 정랑 林貞杞와 奉議郎 高密의 임명장에 동의하는 서명을 거부한 것으로 왕의 노여움을 사서 섬으로 귀양갔다가 李尊庇의 주선으로 풀려나기도 했다. 그의 딸이 奇子敖에게 출가하여 대표적인 친원세력인 奇軾·奇轍·奇轅·奇輈·奇輪과 뒷날 막내딸(奇皇后)이 원 順帝의 후궁이 되었다

---

17) 『高麗史』 권106, 열전19 諸臣 李湊.

가 제2황후로 봉해졌으며 황태자 아유시리다라[愛猷識理達臘]를 낳았다.[18] 아들은 李稷·李崖이며, 李公遂가 그의 손자이다.[19]

이처럼 이존비의 처가인 익산 이씨 가문은 원간섭기의 대표적 親元勢力인 奇氏 가문과 가까운 인척 관계를 형성하고 있었다.[20] 그런가 하면 復丘에게는 외삼촌이 되는 이행검은 불경을 손수 베껴 읽을 정도로 불교를 깊이 신봉했으며, 손수 寫經을 할 정도로 불심이 매우 돈독했던 것으로 전한다.[21] 復丘와 이행검 사이의 교류에 관해서 전하는 내용은 없지만 복구의 출가에는 외가 쪽 이행검 가문의 돈독한 불심이 영향을 미쳤을 것으로 보인다.[22]

이존비는 어려서 부친을 여의고 외삼촌인 白文節에게서 학문을 배웠는데, 백문절은 고종 때 登第한 문신으로 "문장이 풍요롭고 필체가 경쾌하였다"고 했고, 이존비 또한 "문장을 잘 짓고, 隸書를 잘 썼다"고 하였으므로,[23] 문장과 서법에서 백문절의 영향을 받았음을 알 수 있다. 또한 이러한 家學의 분위기가 이암에게로 이어진 것으로 보인다.

이존비는 19세인 1251년(고종 38)에 國子監試에 합격하고, 28세인 1260년(원종 1)에 禮部試에 魏文卿 등과 함께 丙科에 급제하였다.[24] 이때 시험을 주관한 知貢擧가 李藏用과 柳璥으로,[25] 특히 유경과의 만남은 이존비의 정치활동에 많은 영향을 주었다.

고려시대에는 과거를 주관한 시험관, 즉 知貢擧를 座主라 하고, 급제

---

18)『高麗史』권131, 열전44 叛逆 奇轍.

19)『高麗史』권106, 열전19 諸臣 李湊 附 李行儉.

20) 李瑀에게 기철 남매들은 5촌 外從姪이 된다.

21)『高麗史』권106, 열전19 諸臣 李湊 附 李行儉 "性恬靜寡言 家貧不事産業 手書佛經老益勤". 이행검이 修禪社 6세 圓鑑國師 冲止로부터 받은 詩文이 전한다.

22) 윤기섭,「각진국사 복구(復丘)와 불교계 동향」『보조사상』42, 2014, 135쪽 참조.

23)『高麗史』권111, 열전24 諸臣 李嵒 "祖尊庇 初名仁成 早孤 學於其舅白文節 善屬文工隸書".

24) 崔瀣,『東人之文』李密直尊庇 一首.

자들을 門生이라 하여 좌주와 문생이 마치 父子와 같은 유대 관계를 맺고 있었는데, 무신집권기에 이러한 경향이 특히 강했다. 무신들의 견제를 받는 가운데 문신들이 좌주-문생 관계를 통해 세력을 결집하였기 때문이다. 그 가운데서도 특히 琴儀의 문생인 崔璘과 崔滋등은 이러한 세력을 바탕으로 몽골과의 전쟁 중에 최씨정권의 抗戰論에 맞서 講和論을 주장하였고, 최린의 문생인 유경은 직접 정변을 일으켜 최씨 정권을 무너뜨리고 강화를 실현시켰다. 그 뒤 유경은 講和派 문신관료들을 대표하는 위치에서 金俊과 함께 정국을 주도하였는데, 이존비가 바로 그의 문생이 되어 정치적으로 중요한 역할을 하게 되었던 것이다.[26)]

이존비의 정치적 역할은 주로 관리의 인사를 담당하는 것이었다. 고려시대에 관리의 인사는 文班은 吏部에서, 武班은 兵部에서 맡도록 되어 있었으나, 무신집권기에 崔瑀가 전횡하면서 私第에 政房을 두고 인사를 함부로 하였다. 최씨정권을 무너뜨린 뒤에도 정방을 없애지 않고 대신 便殿 옆으로 옮기고는 유경이 인사권을 행사하였는데, 이존비도 여기에 참여하여 실무를 보았다. 이때 정방에는 政色承宣 유경과 그 밑에 崔寧 · 元傅 · 許珙 등이 있었다. 유경이 정방에서 물러난 후 정방은 구성원에 변화가 있었지만 여전히 원부와 허공이 유임되었다. 1267년(원종 8) 무렵 원부가 정색승선으로 정방의 최고 책임자가 되고, 그 밑에 허공, 이존비, 金周鼎 등이 있었다. 이존비는 그의 좌주인 유경의 후원으로 정방에 차출된 것으로 보인다.[27)]

---

25) 『高麗史』 권73, 志27 選擧1 과목1 選場. 이존비가 28세가 되는 해는 원종 1년이다. 이 해의 과거에 대하여 『高麗史』에는 '원종 원년 9월 叅知政事 李藏用이 지공거가 되고 同知樞院事 柳璥이 동지공거가 되어 進士를 뽑았는데, 乙科에 魏文卿 등 3명, 丙科 7명, 同進士 21명, 明經 2명에게 급제를 주다(『高麗史』 권73, 지27 선거1 과목 1 選場)'라고 되어 있다. 이 과거에 뽑힌 인물로 魏文卿과 李尊庇 이외에 金晅(「金晅 묘지명」), 安珦이 알려져 있다.

26) 이익주, 앞의 논문, 68쪽 참조.

27) 이익주, 앞의 논문, 68쪽 참조.

이존비가 정방에 참여한 시기는 대략 1267년(원종 8)으로 추정되며, 李承休의『動安居士集』에 따르면 1273년(원종 14)에는 金周鼎, 鄭可臣과 더불어 '竹堂三學士'[28] 즉 정방의 3학사로 불리고 있었다. 그 뒤 1278년(충렬왕 4)에 충렬왕이 김주정으로 하여금 정방을 개편하여 몽고식 관제인 必闍赤를 두고 인사뿐 아니라 국가의 중요 정책을 의논하게 함으로써 새로운 권력기구를 만들었는데, 이존비는 左承旨의 관직을 가지고 必闍赤가 되었다.

이때 "이존비는 정직하여 처음에 그 (必闍赤를 설치하자는) 논의에 참여하지 않았으므로 선발된 가운데 들어 있지 않았다. 그러나 왕의 주위에서 사람들이 그를 제외하는 것은 옳지 못하다고 하였으므로 마침내 必闍赤가 되었다"라고[29] 하여 그 과정에 복잡한 문제가 있었음을 보여준다. 당시 必闍赤에는 몽골어 譯官이나 궁중에서 잡일을 하는 內僚 등 미천한 신분 출신으로 왕의 총애를 얻어 신흥 권력층으로 대두한 사람들이 많았는데, 이존비와 이들과는 정치적 성향을 달리했음을 보여주는 것이라고 할 수 있다. 이후 이존비는 비교적 순조롭게 승진하여 1279년(충렬왕 5) 密直副使로서 宰樞의 반열에 올랐고, 將軍 鄭仁卿과 함께 원에 들어가 都堂에 원에 戰艦 건조를 감독하는 일에서 洪茶丘를 제외시켜달라고 요청하기도 했다.[30] 1281년(충렬왕 7)에 원에서 일본 정벌을 단행하자, 三道都巡問使가 되어 군량 10만여 斛을 조발하였고, 戰艦을 미리 잘 마련하고 모아서 백성을 괴롭히지 않았으므로, 각 고을은 이에 힘입어 편안하였다고 한다.[31]

---

28)『動安居士集』動安居士行錄 권3, 行錄 復用前韻 上竹堂三學士.

29)『高麗史』권111, 열전24 諸臣 李嵒 "忠烈朝 歷尙書右丞·司議大夫 拜左承旨 時左副承旨金周鼎建議 新置必闍赤 委機務 尊庇正直 初不與其議故 不在選中 左右以爲不宜斥之 卒以爲必闍赤".

30)『高麗史』권29, 충렬왕 5년 7월 庚午.

31)『高麗史節要』권21, 충렬왕 13년 정월.

문장에 능한 이존비는 43세에 南省試의 고시관을 지냈을 뿐만 아니라 1282년(충렬왕 8) 예부시의 고시관인 知貢擧를 지냈다.[32] 자신이 선발한 문생들을 데리고 좌주 柳敬을 배알하는데, 당시 '千古 史筆上의 美談'이라고 했다고 한다.[33] 유경이 과거 고시관이 되었을 때 그의 좌주인 平章事 任景肅이 허리에 두르고 있던 '烏犀紅鞓'을 풀어주면서, "공의 문하에 공과 같은 이가 있으면 이것을 전해주어도 좋다"고 하면서 건내었는데, 결국 林衍의 난 때 잃어버리고 말았다. 이존비가 지공거로 과거시험을 주관하자 유경이 시장에서 비슷한 것을 구입하여 주려고 했는데, 그것이 이전에 잃어버린 허리띠였다고 하여 당시 사람들이 기이한 일로 여겼다고 한다.[34] 그 뒤 同判密直司事로 55세에 別世하자,[35] 그의 죽음에 대하여 특히 세자가 울면서 심히 애석해하였다고 한다.[36]

이존비는 부인 益山 이씨와의 사이에 3남 2녀를 두었는데, 李瑀와 李精(復丘: 覺眞國師), 李燾, 사위 朴莊과 柳仁修(초명, 仁明)이다. 이존비의 장남인 李瑀는 무반이었던 朴之亮(?~1292)의 딸과 혼인했고, 장녀는 朴之彬의 아들 朴莊과 혼인했다. 박지량과 박지빈의 아버지가 朴臣甤이므로, 둘의 관계는 삼촌과 조카가 된다.

박지량은 함양 박씨로, 1271년(원종 12)에 水路防護使가 되어 경상도를 지켰다. 1274년(충렬왕 즉위년) 여몽연합군의 제1차 일본정벌 때 도독사 金方慶 휘하에서 中軍의 知兵馬事로 참전하였다. 그 공으로 상

---

32) 『高麗史』 권73, 지27 選擧1 과목1 選場 '충렬왕 원년(1275) 4월 尙書右丞 李仁成〈李尊庇〉이 詩賦에 金台鉉(「金台鉉 墓誌銘」) 등 21명, 十韻詩에 趙戩 등 49명, 明經 2명을 뽑았다(『高麗史』 권74, 지28 선거2 國子試).'

33) 李尊庇墓誌銘.

34) 『高麗史』 권105, 열전18 諸臣 柳敬 "璥初掌試 坐主平章事任景肅 解所帶烏犀紅鞓 與之曰 '公之門下 有如公者 可傳之' 及尊庇掌試 欲傳之則 已失於林衍之亂 買之市 卽其帶也 士林傳爲異事".

35) 『高麗史』 권30, 충렬왕 13년 1월 戊辰.

36) 『高麗史』 권111, 열전24 諸臣 李嵒 "世子聞之 泣嘆曰 尊庇正直 何天如是".

장군이 되었으며 원나라로부터 武德將軍管軍千戶의 벼슬을 받았다. 1281년의 제2차 일본정벌에도 참전하여 이키섬을 거쳐 北九州에 이르러 300여급의 목을 베어 기세를 떨쳤으나, 원나라 군대의 거듭되는 패전과 江南軍이 태풍을 만나 거의 익사하는 바람에 이기지 못하고 돌아왔다. 1287년에 副知密直司事 · 左翼萬戶를 거쳐 判三司事가 되었다. 1288년에 동북면병마사가 되었고, 이듬해 慶尙全羅道都巡問使가 된 뒤 聖節使로 원나라에 다녀오기도 하였다. 1290년에 哈丹賊이 철령을 넘어와 원주 · 충주 · 연기 등지를 유린할 때 左軍萬戶로서 伊川 등지에 적을 무찔러 공을 세웠다.[37]

박지량의 사위는 坡平 윤씨로 尹諳이다. 윤암은 門下侍中 文肅公 尹瓘의 후손으로, 그의 아들 尹侅(1307~1376)는 14살 때인 1320년(충숙왕 7)에 門蔭으로 周陵直에 임명되었다가 1361년(공민왕 10) 紅巾賊이 침입하여 왕이 福州로 피난하자, 왕을 수행하면서 慶尙道 點軍兵馬使가 되었다. 이어 개경을 수복한 뒤 京城收復 2등공신에 책봉되었다. 1364년(공민왕 13) 判典儀寺事가 되었으며, 1372년(공민왕 21) 典法判書에 올랐다. 1374년(우왕 즉위년) 坡平君에 책봉되었다. 그의 사위는 判內府事 金懷祖, 知驪興郡事 柳元茂이다.[38]

朴莊은 함양 박씨로 아버지 朴之彬은 衛尉尹을 지냈으며, 아들 4명을 모두 과거에 급제시킨 인물이다. 박장은 軍簿摠郎을 지냈으며, 朴忠佐(1287~1349)의 부친이다. 박충좌는 충숙왕 때 문과에 급제하고 전라

---

37)『高麗史』권27, 元宗 12年 2월 庚申; 권28, 忠烈王 卽位年 10월 乙巳; 권29, 忠烈王 6年 11월 乙酉; 12월, 권30, 忠烈王 13年 1월 辛未; 6월, 권30, 忠烈王 13年 12월 癸未; 권30, 忠烈王 14年 1월 丙午; 권30, 忠烈王 14年 4월 丁卯; 권30, 忠烈王 15年 3월; 권30, 忠烈王 15年 7월 戊戌; 권30, 忠烈王 16年 2월 乙亥; 권30, 忠烈王 17年 5월; 권30, 忠烈王 18年 4월; 권82, 志36 兵2 鎭戍; 권104, 列傳17 諸臣 金方慶; 권104, 열전17 諸臣 金周鼎.

38)『牧隱文藁』권18 및『東文選』권127, 坡平君尹侅墓誌銘;『太祖實錄』권3, 태조 2년 6월 24일(戊戌) 尹虎卒記.

도 按廉使로 있을 때, 임금에 아첨하여 신임을 받는 朴連의 비행을 막다가 무고로 海島에 유배되기도 하였으나, 內書舍人 · 密直提學 · 開城府尹 등을 거쳐 충목왕 때 贊成事 · 判三司事 등을 역임하였다. 아들은 朴玿, 朴珽, 朴瓊, 朴璠, 朴璵이다.[39)]

이존비에게 외손이 되는 박충좌는 백이정(이존비의 외사촌)의 문하에서 성리학을 공부하였다. 박충좌가 원에서 수용된 성리학을 보다 심도 있게 연구한 성리학자였다는 평가를 감안할 때, 이존비가 박장을 큰 사위로 맞으면서 이씨 가문은 백이정 가문에 이어 또 다시 성리학자 박충좌 가문과 인척 관계를 맺게 되었던 것이다.

이존비의 2녀는 直寶文署를 지낸 柳仁修(초명 仁明)에게[40)] 출가하였는데, 바로 자신의 座主인 柳敬(1211~1289)의 손자이다.[41)] 유경은 최씨 정권의 마지막 집권자 崔竩의 제거를 주도한 문신으로 고종 때 과거에 급제하여 국자감 大司成에 이른 인물이었다. 그는 특히 문장에 뛰어나 4대실록(신종 · 희종 · 강종 · 고종)의 편찬에 참여한 문인이었다. 유경은 이존비가 禮部試에 합격하였을 때 同知貢擧로 있어서 두 사람은 좌주와 문생이라는 유대 관계를 형성하고 있었다.[42)] 지방 향리 출신의 가문이었던 이존비가 정치적으로 출세하는 데에는 좌주인 유경의 영향이 컸던 것으로 보는 견해가 지배적이다. 두 가문의 혼사도 유경과 이존비 사이의 좌주, 문생의 관계가 큰 영향을 미쳤으리라 여겨진다.

이 文化柳氏 가문은 당대의 명문으로 南陽洪氏, 光山金氏, 安東權氏 등 다른 명문들과 혼인관계를 맺고 있었다. 유경의 아들 柳陞의 사위인 權溥는 안동 김씨로 '한 집안에서 9명이 군에 봉해졌다[一家九封君]'

39) 『高麗史』 권109, 열전22 諸臣 朴忠佐.

40) 『高麗史』 권31, 忠烈王 20年 12월 庚辰.

41) 『高麗史』 권105, 열전18 諸臣 柳敬附 柳陞.

42) 『高麗史』 권105, 열전18 諸臣 유경. 유경의 문생으로 이존비를 비롯하여 安珦, 安戩戰, 李混 등이 있었다.

고[43] 할 정도로 명문세족으로 성장한 집안이었다. 권부의 사위가 李齊賢이다. 이존비의 사위로 유인수의 매부인 권부 역시 정방에서 오랫동안 인사를 담당하였다. 이처럼 고성 이씨 가계는 6세 이진을 이어 7세 이존비가 과거에 합격하여 고위 관직에 오르게 되었고, 이를 기반으로 자녀들이 명문가의 자제들과 혼인함으로써 그 가문도 명문가의 반열에 오를 수 있게 되었다.

이존비가 柳仁修를 사위로 맞이한 것은 유경과의 각별한 관계 때문이었을 수도 있지만, 이 혼사가 이루어질 무렵이면 이존비의 가문이 당대 일류의 가문과 통혼할 수 있을 정도로 성장해 있었기 때문에 가능한 일이었다. 그리고 이러한 성장은 단지 이존비가 고위 관직에 올랐다는 점 때문만이 아니라, 오랫동안 인사 행정을 맡아보면서 정직하다는 世評을 들었기 때문에 가능했을 것이다. 이존비의 정직함은 그가 사망했을 때 세자이던 忠宣王이 "이존비는 정직한데 어찌 이렇게 요절하는가"라며 탄식했다는 일화에서도 엿볼 수 있다.[44] 물론 이존비가 世子元賓을 지낸 이유이기도 했을 것이다.

한편, 이존비의 첫째 아들 李瑀에 대해서는 기록이 거의 남아 있지 않아 자세한 그의 행적은 살피기가 어렵다. 다만 『고려사』에는 1279년(충렬왕 5)에 禿魯花가 되어 원에 파견되었다고 하고, 그 뒤 한동안 기록이 보이지 않다가 1332년에 忠肅王이 복위하여 前王이던 忠惠王의 嬖幸들을 몰아낼 때 이암이 충혜왕의 폐행으로 지목되었으므로 함께 연루되어 파직되고 田里로 歸鄕되었다는 기록이 보인다.[45] 역임한 관직도 자세히 나와 있지 않지만 〈이존비묘지명〉에 의하면 1287년(충렬왕 13)에 近侍郎將이었고, 〈이암묘지명〉에는 "淮陽과 金海, 全州, 晉州의

43) 『高麗史』 권107, 열전20 諸臣 權祖 附 權溥.

44) 『高麗史』 권111, 열전24 諸臣 李嵒 "世子聞之 泣嘆曰 尊庇正直 何天如是".

45) 『高麗史』 권111, 열전24 諸臣 李嵒.

지방관을 역임하였다"고 되어 있는 정도이다. 그리고 말년에는 封君되어 〈이암묘지명〉에는 鐵原君, 〈李岡묘지명〉에는 鐵城君으로 기재되어 있다.[46]

禿魯花란 고려의 왕자와 고관의 자제들을 몽고에 인질로 보낸 것을 말한다. 몽고는 고려를 견제할 목적에서 인질을 요구해 왔고, 고려에서는 1241년(고종 28)부터 永寧公 綧을 왕의 아들이라고 속여 禿魯花를 처음 파견하였다.[47] 그리고 1275년(충렬왕 1) 왕족인 帶方公 王澂과 衣冠子弟 10인을 다시 禿魯花로 보냈다.[48] 그러나 원에서 이들이 의관자제가 아니라 하여 돌려보냈으므로,[49] 1279년에 고위 관리의 자제들을 망라하여 다시 禿魯花를 파견하였는데, 密直副使로 있던 이존비도 장남 이우를 원에 보내게 되었던 것이다.[50]

1279년에 몽고에 파견된 李瑀가 언제 귀국했는지는 알 수 없다. 다만 1287년 윤2월에 지어진 〈이존비묘지명〉에는 李瑀가 近侍郎將으로서 "이 때 上國의 弓箭陪가[51] 되었다"고 하였으므로, 이때까지도 禿魯花로서 원에 머물고 있었음을 알 수 있다. 그러다가 이 해에 이존비가 사망하자 곧 귀국했을 것으로 추정된다. 이우가 처음 禿魯花로 파견될 때 이존비의 나이가 46세였으므로 장남인 이우는 대략 20세 초반이었

46)『牧隱文藁』 권17, 碑銘 李嵒墓誌銘.

47)『高麗史』 권23, 고종 28년 4월 辛丑.

48)『高麗史』 권28, 충렬왕 元年 12월 丁未.

49)『高麗史』 권28, 충렬왕 2년 윤3월 癸丑.

50)『高麗史』 권29, 충렬왕 5년 3월 丁巳 "遣帶方公澂 率禿魯花如元 金方慶子忻 · 元傅子貞 · 朴恒子元浤 · 許珙子評 · 洪子藩子順 · 韓康子射奇 · 薛公儉子之冲 · 李尊庇子瑀 · 金周鼎子深等 衣冠子弟凡二十五人 皆超三等授職 送之."

51) 弓箭陪는 고려와는 상관없이 원에 파견된 사람으로,『高麗史』에 따르면, 재상의 아들로 재능이 있는 자를 뽑아 원나라에 入侍하게 한 사람을 말한다. 당시 권력자인 金方慶의 아들 대장군 金忻이 우두머리가 되고, 元瓘이 副가 되었다는 것이 첫 기록이다. 元瓘墓誌銘 "國家以宰相子有才幹者十餘人入侍(天)(朝)(稱)(爲)弓箭陪于時冢宰之子大將(軍)金忻爲其首公▨以相子爲副".

을 것이고, 그로부터 8년동안 원에 있었다면 한창 관직 진출을 준비하고 모색할 시기인 20대를 모두 원에서 보낸 셈이 된다. 사정이 이러했기 때문에 李瑨-李尊庇로 이어지던 과거 급제의 전통이 李瑀에게서 끊어지게 되었던 것이며, 또 이우가 무반 출신인 朴之亮의 딸과 혼인하게 된 것도 그러한 사정 때문으로 보인다.[52]

李瑀의 오랜 在元 생활은 자연히 원의 문화에 대한 견문을 넓혀 주었을 것으로, 뒷날 李瑀의 장남인 이암이 1328년(충숙왕 15) 세자인 충혜왕을 시종하여 원에 가게 된 것도[53] 이와 무관하지 않을 것이다. 이우는 과거에 급제하지 못했고 또 고위 관직에도 오르지 못했던 것으로 보이지만, 그럼에도 이 가문의 위상은 오히려 점점 높아졌던 것 같다.

이우는 3남 2녀를 두었는데, 李嵒과 李嶠, 李澄 3형제와 사위로 河楫과 李思正을 두었다.[54] 이암과 李嶠는 뒤에서 다루겠지만, 이우의 삼남 李澄(淸叟 : 雲庵大師)은 密直司事를 지냈고, 후에 숙부 復丘의 영향으로 일찌감치 승려로 출가하여 雲巖淸叟라 하였다.[55] 이를 계기로 復丘와 함께 고성 이씨 가문과 불교계의 인적 관계망을 형성하는 계기가 된다. 鄭道傳의 「白巖山淨土寺橋樓記」(1377년)에 의하면, 청수는 사적으로 복구의 親姪이 되고, 출가 후 스승인 복구를 이어 淨土寺를 주관하게 되었다고[56] 했다.

52) 이익주, 앞의 논문, 72쪽 참조.

53) 『高麗史』 권35, 忠肅王 15년 2월 戊辰. 「尹之彪墓地銘」 "延祐庚申公年十一而補泰雲寺眞殿直十五而補司設直長十六而授郞將十九而拜護軍從永陵在朝之明年也時晋邸陟遐文宗自江南先入宮正位迎明宗于朔方文宗出勞于野丞相燕帖木兒進毒酒明宗中夜崩六軍亂公與宰相曹益淸李君侅等官左右永陵永陵恃以無恐賜功臣鐵券".

54) 이외에도 『固城李氏世譜』에는 尹寶 · 金錆 · 李思正이 기재되어 있으나, 여기서는 『氏族源流』를 따른다.

55) 鄭道傳, 「白巖山淨土寺橋樓記」 『朝鮮寺刹史料』 上. 청수는 1370년에 세워진 백암사의 누각을 1377년에 중건했다. 법호는 雲庵, 법명은 祖澄이라 하였다.

56) 鄭道傳, 「白巖山淨土寺橋樓記」 『朝鮮寺刹史料』 上, "尊者三韓名家而淸叟爲親姪 一國宗師學者歸之如雲而 淸叟執侍以恩以義無有居淸叟右者 於是囑以是寺以主後事".

이우의 사위인 河楫은 晉州 하씨이며, 아버지는 河直漪이다. 1324년(충숙왕 11) 과거에 합격하고, 1347년(충목왕 3) 2월에 田民의 兼併 문제를 바로 잡기 위하여 설치된 整治都監의 整治官으로 활동하였다가, 奇皇后의 친족인 奇三萬의 불법적인 토지겸병을 다스리는 과정에서 그가 獄死하게 되자, 그 해 10월 원나라로부터 온 사신에 의하여 白文寶·申君平 등의 정치관들과 함께 국문을 당했다.[57] 우왕대에 찬성사로 致仕하고 晉州君으로 책봉되었다.[58]

아들은 河元珪, 河允源이 있다. 하원규는 승려로 활동하고, 하윤원은 충혜왕 말에 과거에 급제하여 典校校勘, 공민왕 때 典理摠郎으로서 京城收復 2등공신이 되었다. 경상도·西海道·楊廣道·交州道 4도의 按廉使, 原州와 尙州 2주의 牧使가 되었는데, 가는 곳마다 명성과 공적이 있었다고 한다. 辛旽이 권세를 잡자 하윤원은 아부하지 않았다. 우왕 초에 大司憲에 임명되고 晉山君으로 봉해지자 글을 짓기를, "그릇된 것을 알고도 잘못 판단하면 하늘이 벌을 내린다[知非誤斷 皇天降罰]"라는 8자를 쪽지에 써서 관청에 갈 때마다 반드시 그것을 걸어 놓은 후에 일을 볼 정도였다. 母親喪을 당하여 여묘살이[廬墓] 할 때, 우왕이 글을 내려 "3년 상을 치르는 것이 비록 古今에 통용되는 제도지만 100일로 상을 끝내는 것도 時勢에 따라 마땅하니 孝를 忠으로 바꾸어 애통함을 참고 부름에 나오라"고 하였으나, 글이 당도하기 전에 죽었다. 아들은 河有宗·河自宗·河啓宗이다.[59]

그의 손자 가운데 河自宗은 李穡, 鄭夢周, 吉再 등과 교유했던 학자이자 문신이었지만 고려 말에 병부상서를 지냈고, 진주 정씨 鄭寓의 딸과 혼인하였다. 1407년(태종 7) 工曹參議로서 歲貢馬 50필을 가지고 명

57)『高麗史節要』 권25, 忠穆王 3년 10월.

58)『高麗史』 권112, 열전25 諸臣 河允源.

59)『高麗史』 권112, 열전25 諸臣 河允源.

나라에 들어갔으며, 귀국할 때 명의 洪武帝가 하사한 홍무제의 본처로 1382년에 죽은『高皇后傳』을 가지고 왔다.[60] 태종과 세종연간에 洪州牧使·恭安府尹·淸州牧使를 역임하였다.[61]

정우는 그의 딸이 1366년(공민왕 15) 王義·安克仁의 딸과 함께 공민왕의 새 왕비 후보로 선발되었으며, 1433년(세종 15)에 죽었다. 아들 다섯을 두었는데, 廣·迥·演·潔·溥 등이다.[62] 원외랑을 역임하던 때에 閔思平·李穡과 교류하며 뛰어난 문필을 자랑하였다. 1375년(우왕 원년) 11월 왜구토벌의 공을 세운 曺敏修의 편지에 대해 회답 교서를 작성하라는 우왕의 지시를 金子粹가 거부하여 유배당하자 이 사건에 연루되었다. 이로 말미암아 경상도 竹林戍(경남 통영시 광도면 죽림리)로 유배되었다. 공양왕 때에는 정몽주와 함께 尹彝·李初의 옥사를 논의하지 않았다고 하여 파직되었다. 1392년 4월 정몽주가 살해되고 李成桂가 즉위하자 정몽주세력으로 지목되어 유배되었다.[63] 1397년(태조 6) 10월에는 전임 品官으로 기한에 맞추어 한양에 오지 못한 죄목으로 巡軍獄에 갇혔다가 같은 해 11월에 풀려났다.[64]

하자종의 아들 가운데 河演(1376~1453)은 星山 李氏 開城尹 李存性의 딸과 혼인하고, 1396년(태조 5년) 식년문과에 급제하여 奉常寺 錄事에 제수된 뒤 조정에서 중용되자, 마음을 바꾸어 1407년(태종 7년)에 工曹參議로 조정에 출사했다. 아버지 하자종으로부터 8세 때부터 유학을 배웠는데, 10세 무렵 아버지의 친구인 이색과 길재로부터 필법과 재주가 뛰어나다는 평을 받았다. 14세 때인 1389년부터 이웃에 살던 정

60『太宗實錄』권14, 태종 7년 10월 2일 壬午; 권15 태종 8년 3월 21일 庚午.

61)『太宗實錄』권24, 태종 12년 10월 10일 壬戌;『世宗實錄』권2, 세종 즉위년 11월 4일 庚戌; 권15, 세종 4년 2월 16일 癸卯.

62)『世宗實錄』권62, 세종 15년 12월 12일 辛酉.

63)『太祖實錄』권1, 태조 1년 7월 28일 丁未.

64)『太宗實錄』권12, 태조 6년 10월 28일 丙午; 11월 6일 甲寅.

몽주의 문하에 들어가 본격적으로 성리학 공부를 했다. 당시 그는 정몽주를 부모님처럼 모셨고 그의 아들 鄭宗本과는 친형제처럼 지냈다. 학문의 성취도 남달라서 그가 한양으로 내려갈 때 정몽주는 동구 밖까지 전송하며 "그대가 남쪽로 가니 우리 道가 南으로 간다."라고 말할 정도였다. 하연의 출사에는 아버지의 고종사촌 姜淮伯의 영향이 매우 컸다고 한다. 손자 姜希孟의 글에 따르면, 강회백은 하연에게 "공은 좋은 벼슬을 하여 나라에 큰 정승이 될 것이라 鄕曲에서 늙을 사람이 아니다"라면서 새 나라의 수도 한양으로 가라고 권했다고 한다.[65] 하연은 말년에 문종의 스승으로서 錦城大君, 安平大君, 젊은 集賢殿 學士들과 함께 書畵를 감상하고 詩文을 지으며 교유했다.

세종이 즉위하자 知申事가 되어 조심스럽게 처사하여 신임을 받아 예조참판 · 대사헌을 역임하였다. 1423년(세종 5)에는 대사헌으로서 曹溪宗 등 불교 7종파를 禪 · 敎 兩宗, 36본산으로 통합하고, 혁파된 사원의 토지와 노비는 국가로 환수할 것을 주장하여 채택받았다. 1425년에 경상도관찰사가 되었고 예조참판을 거쳐, 평안도관찰사가 되었다가 한때 천안에 유배되었다. 그러나 곧 유배에서 풀려 형조 · 병조의 참판을 거쳐 1431년에 대제학이 되고, 그 뒤 대사헌 · 형조판서 · 좌참찬 등 고위 관직을 역임하였다.

1437년 의정부에 들어가서는 판이조사로서 이조의 일을 맡아 貢稅法(연분9등, 전분6등)을 마련했으며, 1442년에는 각품의 行守法을 제정하였다. 1445년에 좌찬성이 되어 70세로서 几杖을 받았다. 이어 우의정 · 좌의정을 거쳐, 1449년에 영의정이 되었다. 영의정으로 있던 1451년(문종 1)에 문종이 大慈庵을 중수하려고 하자, 이에 반대하고 致仕하였다. 의정부에 들어간 지 20여 년 간 문안에 私謁을 들이지 않았고 법

65)『敬齋先生文集』 권5, 附錄 行狀.

을 잘 지켜 '昇平守文'의 재상으로 일컬어졌다.[66]

또한 河潔은 1411년(태종 11) 문과에 同進士 14등으로 급제하여 1418년(세종 원년) 정언, 1420년 호조좌랑을 지냈다. 1436년(세종 18) 인천군사, 1441년 사헌부장령, 성균관사예를 거쳐 인천군수가 되었다. 1444년 사간원 대사간이 되었으며 1451년(문종 1)에는 첨지중추원사에 임명되었다. 세조의 癸酉靖亂 때 참여한 공로로 原從功臣 3등에 册錄되었다.[67] 또한 하종원 사위인 姜著를 비롯하여 외손자 姜淮伯, 姜淮仲, 姜淮季가 과거에 합격하였다.

李思正은 安城 이씨로 그의 행적은 알 수 없으나, 아들은 李垌이며, 태종 이방원을 도와 私兵을 출동시켜 세자 芳碩과 鄭道傳·南誾·沈孝生 등을 제거하는 데 공을 세워 定社功臣·佐命功臣에 책봉된 李叔蕃이 그의 손자이다. 이숙번의 어머니는 英陽 南氏 南輝珠(1326~1372)의 딸이며, 청주 정씨인 鄭摠(1358~1397)의 딸과 혼인했다. 정총은 조선개국공신 1등에 책록되었고, 鄭道傳과 같이『고려사』를 편찬하고, 그 서문을 썼다.[68] 남휘주는 開城留後司 留後를 지낸 安瑗의 장인이기도 하다.[69] 안원은 안향의 玄孫이기도 하다.

이존비의 차남 李精은 10살 때(1279년) 修禪社의 5세 圓悟國師 天英(1215~1286)에게서 삭발, 受戒한 復丘였다. 복구가 특별히 어린 나이에 출가한 이유에 대해 알려지는 바는 없지만,[70] 어머니 이씨 부인(이

66)『敬齋先生文集』권4, 附錄 年譜;『私淑齋集』권7, 行狀 大匡輔國崇祿大夫 議政府領議政兼領經筵 藝文館春秋館書雲館事世子師 贈謚文孝河公行狀.

67)『世祖實錄』권2, 세조 1년 12월 27일 戊辰.

68)『太祖實錄』권12, 태조 6년 11월 30일 戊寅 鄭摠卒記.

69)『國朝人物考』권13, 卿宰 安瑗.

70) 李尊庇는 晦堂禪師에게 七言律詩 '寄曹溪晦堂和尙'을 보냈다. 이존비는 이 시에서 아들 복구의 출가의 心懷를 "사랑을 베어서 출가함을 어쩌겠는가(割愛其如出世何)" 하며 그의 애잔한 마음을 전했다고 한다. 회당은 天英이다(『東文選』권14, 李尊庇, 寄曹溪晦堂和尙 時長男宿衛闕庭 次男新投晦堂剃度).

주의 딸)이 항상 大乘佛經을 외우면서 생활했다는 그녀의 돈독한 불교 신앙의 영향을 받지 않았을까 생각된다. 앞서 이행검(복구의 외삼촌)의 신앙생활에서도 보았듯이, 복구의 출가는 외가 쪽인 이행검 가문에게서 영향을 많이 받았던 것으로 보인다.

복구는 1290년(충렬왕 16) 21세 때 僧科 禪選의 上上科에 합격한 후 禪의 진리 탐구를 위해 자신이 출가했던 白巖寺(淨土寺)로 돌아가 수행하였다. 복구의 백암사와의 인연은 이렇게 다시 시작되어 10여 년간 계속되었던 것으로 전한다. 1320년경 수선사 제13세 주지로 부임하여 1340년경 白巖寺로 옮겨갈 때까지 약 20년간 主席하였다. 이후 복구는 月南寺와 修禪社에서 총 40여 년을 머물었다. 복구는 만년인 1340년경 유년시절과 20대에 머물었던 白巖寺에 주지로 있을 때 친조카 李喦과 함께 발원하여 重創 佛事를 크게 열었다.[71] 이것은 후대에 백암사가 이씨 가계의 願刹로 변모되는 단초가 되기도 했다.[72]

佛岬寺에 主席하던 1350년(충정왕 2) 충정왕의 王師가 되어 覺儼尊者라는 호를 받았고, 또 1352년(공민왕 1)에는 공민왕으로부터 王師에 임명되었다. 그리고 1355년(공민왕 4) 白巖寺에서 入寂하였다. 사후에 國師로 추증되었고 시호는 覺眞, 탑호는 慈雲이다.[73]

그리고 이존비의 셋째 아들은 李璹으로 이존비가 사망할 때에도 결혼하지 않은 어린 나이였다. 이후에도 족보에 그의 혼인관계가 나타나지 않는 것으로 보아 일찍 요절한 것으로 보인다.

이렇게 고성 이씨 가문은 고려후기 세족으로서의 지위에 오르기 전인

71) 『四佳集』 권45, 詩類 送道庵上人還白奄寺, 「宣德年間貼傳書」 "呈文貞公李嵒孫子 … 全羅道長城地白巖寺祖上文貞公敎是 三寸叔父王師復同願私財以營創大藏經安邀敎是(「長城監務官字」(1407년))".

72) 復丘에 대해서는 윤기섭, 「각진국사 복구(復丘)와 불교계 동향」 『보조사상』 42, 2014가 참고된다.

73) 『霽亭集』 권3, 墓誌銘 高麗王師大曹溪宗師一邛正令雷音辯海弘眞廣濟都大禪師覺儼尊者贈謚覺眞國師碑銘 并序.

이존비 대까지의 통혼을 맺은 가문은 남포 백씨, 익산 이씨, 문화 유씨, 진주 하씨, 안성 이씨 그리고 함양 박씨와 두 차례 이루어지고 있다.[74] 이때의 가문들은 이미 세족 가문이거나 또는 고려후기에 가세가 신장되고 있는 가문, 한미한 가문 등 다양한 통혼 관계를 형성하고 있다.

3. 李嵒의 家系와 婚姻관계

이암(1297, 충렬왕 23~1364, 공민왕 13년)의 혼인은 부친 이우 때의 쌓아온 가세를 반영하는 것으로 보인다. 이암은 초명이 君侅, 호는 杏村이라 하였다. 李尊庇의 손자이며, 회양부사 李瑀의 장남으로 태어났으며, 固城 松谷村에서 유년기를 보냈다. 각진국사 復丘는 그의 삼촌이 된다. 이암은 성리학자로 알려진 백이정 · 이제현 · 안향 · 이색 등과 혈연관계를 맺거나 사제관계를 맺으면서 17세 때인 1313년(충선왕 5) 문과에 급제하였다. 충숙왕과 충혜왕의 총애를 받아 밀직대언, 정당문학, 첨의평리 등을 지냈고, 충목왕, 충정왕 대에도 정방제조, 좌정승 등을 역임하며 국왕의 측근에서 활동했다. 1350년(충정왕 2)에 이암의 숙부인 복구가 王師에 책봉된 데에는[75] 충정왕의 즉위에 공을 세운 이암의 정치 활동이 큰 영향을 준 것으로[76] 보고 있다.

이암은 충선왕 · 충혜왕 · 충목왕 · 충정왕 · 공민왕 대를 거치며 왕의 신임을 얻었고, 벼슬은 좌정승까지 올랐다. 무고로 두 차례의 유배 경험도 있지만, 충혜왕은 "舊臣 중에 有德 有老한 이로서 나를 보필할 수 있는 사람은 오직 이암밖에 없다"고 할 정도였다. 공민왕으로부터 믿

74) 이문희, 「麗末鮮初 固城李氏 家門의 정치적 동향」, 동아대 교육대학원 석사학위논문, 2003 참조.

75)『三峯集』권13, 拾遺 記;「白巖山淨土寺橋樓記」『朝鮮寺刹史料』上, "至庚寅十月望進封王師".

76) 曉呑, 「14세기 覺眞復丘와 淨土寺에 관한 고찰」『한국불교학』29, 2001, 297쪽.

을 만한 원로대신으로 예우를 받으면서 鐵原君에 봉하여졌으나 1353년 57세가 되던 해, 사직을 청한 뒤 淸平山에 들어갔다.[77] 62세 때 공민왕의 부름을 받고 다시 守門下侍中에 제수되었다. 이때 그의 이름을 '嵒'으로 바꾸었다.

이암은 金得培와 함께 1359년(공민왕 8) 1차 홍건적 침입을 격퇴하고, 1361년 2차 홍건적이 개경에 들어오자 공민왕을 따라 남행하였고, 이 사이에 의병을 모집하기도 했다. 이듬해 3월 수문하시중에서 사퇴하고, 1363년 공민왕을 호종한 공로로 1등공신으로 철성부원군에 봉하여졌다.[78] 이후 이암은 강화도로 은퇴하고, 仙杏里 紅杏村에 海雲堂을 짓고 조각배로 왕래하며 禪源寺의 승려 息影과 각별한 교유를 하였다.

식영은 속성은 梁氏이고 본관은 南原인데, 속명은 알 수가 없다. 법명은 淵鑑이고, 息影庵은 그의 호이다. 高僧들이 지니고 다니는 지팡이 錫杖을 擬人化한 假傳小說인 「丁侍者傳」의 작자이다. 李齊賢, 閔思平, 李嵒 등과 교유하였다. 이제현과는 동년배 혹은 연상으로서 儒者와 佛者간의 사귐이 莫逆하였다. 민사평에게는 大和尙으로서 가르침을 베푸는 입장에 있었으며, 이암과는 만년에 方外友(신분을 떠난 친구)로서 교유하였다.[79] 선원사에 있을 때에는 普覺國師 混脩(1320~1392)에게 楞嚴經을 가르치기도 하였다.[80]

---

77) 李穡, 「李嵒墓誌銘」『牧隱文藁』권17, 墓誌銘 鐵城府院君李文貞公墓誌銘 "三年癸巳 公自念年將六十 位亦極矣 不以此時乞骸骨 復何竢 去入淸平山 上求理甚急 徵禮耆老".

78) 『高麗史』권111, 열전24 諸臣 李嵒.

79) 『東文選』권127, 墓誌 鐵城府院君李文貞公墓誌銘 并序 및 徐居正, 『東人詩話』卷下 "復齋韓文節公宗愈 晩居漢陽筆林村墅 黃冠野服 扁舟短棹日 往來楮子島 有詩云 十里平湖細雨過 一聲長笛隔蘆花 却將殷鼎調羹手 還把漁竿下晩沙 杏村李文貞公 再入台鼎 晩年乞骸 與息影菴禪老爲方外交 扁舟往還至輒忘返 嘗有詩曰 浮世功名是政丞 小窓閑味卽山僧 箇中亦有風流處 一朶梅花照佛燈 兩公風流高致 同出一揆 兩詩亦 淸絶可愛 雖曰 詩中有畵 亦可也".

80) 息影에 대한 연구는 이종문, 「'息影菴=德興君' 說에 對한 再檢討」『漢文敎育硏究』19, 2002가 참고된다.

이암은 충렬왕 때 태어나 충선왕 때 科擧에 급제하였고, 공민왕 때까지 관직에 있다가 사망하였으니, 원간섭기의 여덟 국왕 가운데 일곱 국왕을 거쳤다고 할 수 있다. 특히 10대 후반에 이미 과거에 급제하여 관리가 되었고, 30대 중반의 젊은 나이에 충혜왕의 신임을 받아 요직에서 활약하였으며, 40대 후반부터는 宰相으로서, 그리고 50대에는 元老大臣으로서 새로운 국왕의 옹립 등 중요한 정치 문제에서 주도적인 역할을 하였다.

그러나 이암이 활동했던 시기는 원의 간섭이 강하게 작용하는 가운데 충숙왕과 충혜왕 父子 사이에 반목이 극심하여 국왕이 退位와 復位를 반복하는 重祚현상이 일어났고, 충목왕과 충정왕이 각각 8세와 12세의 어린 나이에 즉위하여 왕권이 약화되고 權臣들이 득세하는 등 정치적으로 매우 혼란한 시기였다. 이러한 때에 정치 일선에 있었던 이암은 불가피하게 정치적 사건에 휘말려 罷職되거나 유배당하는 등 개인적인 어려움을 겪기도 하였지만, 이것은 당시 시대가 이암에게 중요한 역할을 요구했던 것이라고도 할 수 있다.

또한 그는 고려 말의 최고 명필가로 趙孟頫의 松雪體를 도입한 서예가로, 農書인『農桑輯要』를 원나라에서 가져온 인물로 알려져 있다. 글씨에 뛰어나 東國의 趙子昻으로 불렸으며, 특히 예서와 초서에 능하였고, 필법은 조맹부와 대적할만하며, 지금도 淸平寺 文殊院藏經碑에 글씨가 남아 있다.[81] 그러나 이암이 지었다고 하는『檀君世紀』와『太白眞訓』말고는 다른 저술이 남아 있지 않고, 시 몇 편이 전해지고 있지만 문집은 전하지 않는다.

이암의 처는 南陽人 洪承緖의 딸로 충렬왕때 壁上三韓盡忠同德佐理功臣 慶興君 開國侯에 봉해진 洪子藩(1237~1306)의 증손녀였다.[82] 홍

81) 이암의 서체에 대한 연구는 이성배, 「고려말 李嵒의 書藝와 松雪體」『역사와 담론』 49, 2008가 참고 된다.

82)『牧隱文藁』권17, 碑銘 李嵒墓誌銘;『高麗史』권105, 열전18 諸臣 洪子藩 附 洪承緖.

자번은 1296년(충렬왕 22) 백성들을 위한 대책으로 '便民十八事'를 올린 인물이다.[83] 이존비가 유경의 손자 柳仁修를 사위로 맞은 데 이어 이암이 홍자번 집안의 사위가 됨으로서 이 가문은 고려 후기 세족층으로 확실히 자리한 것으로 보인다. 유경은 홍자번에게 "그대는 나이가 스물이 되지 않아 이미 堂後官이 되었는데, 어찌 科擧에 응시하여 급제의 영예를 성취하려 하지 않는가?"라고 독려하기도 했다.[84] 따라서 유경과 홍자번, 이암으로 맺어진 혼인관계는 유경이 주도한 것으로 보인다.

이암은 4남 2녀를 두었는데, 장남 李寅, 차남 李崇, 3남 李蔭, 4남 李岡(綱)이다. 이인은 密直門下評理을 지냈고, 이숭은 제2차 홍건적 침입 때 종군하여 門下評理를 지냈다. 이음은 제2차 홍건적 침입 때 上將軍으로 있다가 安州 전투에서 전사했다.[85] 그리고 4남 이강(1333~1368)은 1347년(충목왕 3) 15살 때 李穀의 門生으로 과거에 합격하고 入仕하여 공민왕의 총애를 받으며 측근에서 일했다. 密直司知申事 · 藝文館提學 · 知製敎 · 知典理司事를 지냈다. 韓脩 · 廉興邦과 교우가 깊었다고 한다.[86]

『고려사』 이암 열전에 의하면, 장남 寅은 뒷날 固城君에 봉해졌다가 1384년(우왕 10)에 사망했고, 4남 岡은 密直副使에 올랐다가 36세의 젊은 나이에 사망한 것으로 되어 있다. 장녀는 判事 金光丙과 혼인하였고, 차녀는 淮陽府使 趙愼과 혼인했다. 또 側室에서 郎將 李牧을 두었다.[87]

『氏族源流』에 의하면, 이암의 사위인 金光丙은 江陵人 金繼貂의 아

83) 盧鏞弼, 「洪子藩의 「便民十八事」에 대한 研究」『歷史學報』 102, 1984; 金光哲, 「洪子藩研究: 忠烈王代 政治와 社會의 一側面」『慶南史學』 창간호, 1984.

84) 『高麗史』 권105, 열전18 諸臣 洪子藩.

85) 『高麗史』 권39, 恭愍王 10년 11월 丙辰.

86) 『牧隱文藁』 권18, 碑銘 李岡墓誌銘.

87) 『牧隱文藁』 권17, 碑銘 李嵒墓誌銘.

들이다. 김광병은 기록에 보이지 않으나, 김계초는 淸州 이씨인 李挺(1297~1361)의 장인이다. 이정은 청주 이씨 平章事 李公升의 7대손이며, 李季瑊의 아들이다. 門蔭으로 八關寶判官을 지내다가 1326년(충숙왕 13) 權準과 朴瑗이 주관한 과거에 崔元遇 · 鄭誧 등과 함께 급제한 이후 공민왕 때까지 刑部尙書를 역임하였다. 1353년(공민왕 2) 지공거가 되어 楊以時 등 50명을 선발하기도 했으며,[88] 공민왕의 각별한 총애를 입어 內佛堂을 監役하였다.[89] 어머니는 都僉議衆理 彦陽 김씨 金就礪의 손자인 金賆의 딸이고,[90] 아들이 조선 건국 후 太祖原從功臣 · 定社功臣 · 佐命功臣으로 문하좌정승을 지낸 李居易이다. 이거이는 공민왕 때 刑部尙書를 지낸 경주 최씨 崔堧의 딸과 혼인하고, 고려 말에 문과에 급제하여 벼슬길에 나아갔으며, 조선 왕조의 건국에도 참여하여 1393년(태조 2) 右散騎常侍에 임명되었다.[91] 判漢城府事 등을 역임하였으나, 이거이의 본격적인 현달은 왕자의 난이 일어나 태종이 집권한 이후부터이다. 왕자 난 직후 定社功臣에 책훈되었으며,[92] 태종이 즉위한 직후에는 佐命功臣에 올랐다.[93] 태종의 연이은 공신 책봉은 그의 두 아들, 즉 장자인 李薆(李伯卿)는 태조 李成桂의 장녀 慶愼公主와 혼인하여 上黨君에,[94] 넷째 아들 李伯剛은 태종의 장녀 貞順公主와 혼인하여 淸平府院君이 되었기 때문이다.[95] 즉, 태조와 태종의 2대에 걸쳐

88)『高麗史』권74, 志28 選擧2 科目2 陞補試.

89)『高麗史』권112, 열전25 諸臣 李達衷.

90) 金賆墓誌銘.

91)『太祖實錄』권4, 태조 2년 9월 21일 癸亥.

92)『太祖實錄』권15, 태조 7년 9월 17일 己丑.

93)『太宗實錄』권1, 태종 1년 2월 12일 辛丑; 권20, 태종 10년 7월 辛未; 권24, 태종 12년 8월 丁丑 李居易卒記.

94)『太宗實錄』권28, 태종 14년 10월 6일 丙子 上黨君 李薆卒記;『世宗實錄』권113, 세종 28년 9월 10일 乙亥 綏祿大夫李伯剛上書曰;『國朝人物考』권6, 國戚 李伯剛 墓表(李季甸 撰).

95)『太宗實錄』권1, 태종 1년 3월 28일 丁亥;『世宗實錄』권1, 세종 즉위년 9월 7일 甲寅.

부마를 배출한 집안으로, 이러한 특수한 관계가 조선왕조 건국 이후에도 청주 이씨 가문과 이거이의 정치 활동을 가능케 하였으며, 태종의 집권 이후에도 공신이 될 수 있는 배경이 되었을 것이다.

이암의 둘째 아들 李崇과 이정의 딸이 혼인하였으므로, 이숭은 이정의 사위가 된다. 이암의 사위인 강릉 김씨 金繼貂의 아들 金光丙과 그의 외조부인 청주 이씨 李挺의 사위가 李崇이다. 그러므로 김광병과 이숭, 이 둘의 관계는 처남관계로 맺어진 고성 이씨 가문의 중첩혼 형태를 보여준다. 또한 이교의 손자인 李貴生 역시 이정의 아우인 李邦直의 딸과 혼인하고 있다.

趙愼(초명 思廉)은 본관이 豊壤으로, 趙炎暉의 아들이다. 어머니는 밀양 손씨 孫元桂의 딸이다. 이들은 『고려사』의 기록에는 보이지 않지만, 조염휘는 일찍이 1332년(충숙왕 후1)에 충숙왕이 복위하여 충혜왕의 폐행들을 몰아낼 때 이암과 같이 충혜왕 폐행으로 지목되었던 사람이다. 조신은 공민왕 때 淮陽府使를 지내 '淮陽公'으로 불리었다. 큰형인 趙思忠은 왕을 시종하는 千牛衛 護軍을 지냈으며, 작은형인 趙思恭은 尙書, 아우인 趙祗은 寶文閣 直提學 등을 지냈다.[96] 그러나 1368년(공민왕 17)에 형인 조사공이 金精 · 金興祖 · 兪思義 등과 함께 辛旽을 살해하려는 모의를 하다가 발각되어 죽임을 당하자 형제가 여러 곳으로 피신하면서 가세가 어려워진 듯 하다.[97] 조신은 이때 이름을 思廉에서 愼으로 고쳤다고 한다.

차남 崇은 이암의 사돈관계인 金繼貂의 사위 李挺의 딸과 혼인하였다. 3남 4녀를 두었는데, 그의 장남 岷은 光州牧使, 둘째 아들 嶙은 司宰少監, 셋째 峙는 延安府使를 지냈다. 맏딸은 判典農寺事 崔安濬, 둘째 딸은 判漢城府事 崔有慶, 셋째 딸은 領議政府事 平壤府院君 趙浚,

---

96)『國朝人物考』권18, 卿宰 趙益貞.

97)『高麗史』권132, 열전45 叛逆 辛旽;『高麗史節要』권28, 恭愍王 17년 10월.

넷째딸은 奉禮郎 金祉와 혼인했다.[98]

최안준은 경주 최씨로 1404(태종 4) 壽寧府 司尹으로 있다가 李希泌의 사위 慶習의 아들 慶智와 인척이라는 이유로 李居易와 그의 자손들이 禁錮될 때 自願付處되기도 했다.[99] 崔有慶(1343~1413)은 본관은 全州이며, 할아버지는 選部典書 상호군 得枰이고, 아버지는 監察大夫 宰이다. 어머니는 務安郡夫人 朴氏로 軍簿正郎 朴允鏐의 딸이다. 1372년(공민왕 21) 版圖司佐郎을 거쳐, 1375년(우왕 1) 典法司摠郎, 1388년 楊廣道按廉使가 되어 田民의 폐단을 바로잡았다. 이 해 여름 遼東征伐 때 서북면전운사 겸 찰방으로 있으면서 李成桂의 威化島回軍이 감행되자 우왕에게 고변하였다. 崔瑩이 실각한 뒤에도 창왕의 즉위와 함께 密直副使로 발탁되었다.

조선 건국 후 1392년(태조 1)에 開國原從功臣에 서훈되었다. 開城留後司留後로서 京畿右道都觀察黜陟使로 나가는 등 태조의 두터운 신임을 얻어 여러 차례 왕의 특사로 중임을 수행하였다. 1401년(태종 1) 대사헌 · 參贊議政府事로서 正朝使가 되어 명나라에 갔다가 이듬해 돌아

---

98)『陽村集』권38, 碑銘類, 有明 朝鮮國 追贈 推忠直節守文秉義輔祚功臣 特進輔國崇祿大夫 門下右政丞判都評議使司事兵曹事修文殿太學士領藝文春秋館事 西原伯 謚文簡公 行光祿大夫刑部尙書集賢殿學士 李公 神道碑銘 並序.

99)『太宗實錄』권8, 태종 4년 10월 壬辰. "臺諫交章曰 竊覩議政府受判 廢居易父子爲庶人 臣等以爲陰懷二心 將圖不軌者 天地所不容 王法所當討而不赦 然則居易父子 死有餘辜 止令廢爲庶人 有乖《春秋》誅意之法 願殿下 斷以大義 明正其罪 籍沒家產 子孫禁錮 以爲將來懷二心者之戒 臣等竊聞 誅亂臣討賊子 先絕其黨 況子弟親戚乎 淸平君 李伯剛 居易之愛子 李佇之寵弟 豈不知其謀哉 以駙馬之故 富貴自若 仍安于內 禍源未絕 士民寒心 願殿下毋以私恩廢公義 離異宮主 廢爲庶人 屛處邊境 以安衆心 居易之子前上護軍李伯寬 前大護軍李伯臣 前長興庫副使李儇 女壻前正辛中善 議郎慶智 姻親前上護軍崔源濬 · 朴齡 前司尹金壽千 · 崔安濬 大護軍洪濟 前掌令閔渫 表弟前副正許權 姪子內資注簿李崑崙等 各蒙薦拔 久居顯秩 與謀必矣 臣等竊恐不逞之徒群聚不散 或生不測之變 不可不慮 願收其職牒 鞫問其謀 置之於法 以慰臣民憂懼之心 命李居易 李佇子孫禁錮 伯剛伯寬伯臣儇 皆廢爲庶人 外方安置 崔源濬許權朴齡洪濟閔渫崔安濬李崑崙 自願付處 慶智罷職 辛中善金壽千 勿論 伯寬於東萊 伯臣於東北面定州 李儇於鎭州 餘皆自願安置".

왔고, 판한성부사로서 致仕하였다.[100] 아들은 崔士威 · 崔士儀 · 崔士規 · 崔士康 · 崔士庸이 있는데, 崔士康은 세종 때 右贊成을 지냈다.[101]

趙浚은 본관은 平壤이며, 문하시중 趙仁規의 증손으로, 아버지는 판도판서 趙德裕이다. 아들 趙大臨이 태종의 둘째딸(慶貞公主)과 혼인하여 태종과는 사돈이 된다. 우왕 말년까지 4년 동안 은둔생활을 하면서 經史를 공부하고, 尹紹宗 · 許錦 · 趙仁沃 · 柳爰廷 · 鄭地 · 白君寧 등과 교우를 맺으면서 우왕을 폐하고 왕씨 왕족 중 유망한 인물을 왕으로 옹립하려 하였다. 전제개혁안을를 올려 李穡 · 李琳 · 禹玄寶 · 邊安烈 · 權近 · 柳伯濡 등 전제 개혁 반대파와 대립하였다. 이후 知門下府事兼大司憲으로 推忠勵節佐命功臣이 되었다.

이어 曺敏修 · 李仁任 등 권신을 탄핵하고 창왕을 폐위, 공양왕을 옹립하는 데 참여하여 이성계 · 정도전 등과 더불어 중흥공신에 서훈되었다. 1389년(공양왕 1) 전제개혁을 단행하고, 評理兼判尙瑞寺事에 올라 銓選을 주관했고, 다음해에는 찬성사로 승진하여 1391년 성절사로 명나라에 다녀왔다. 1392년 정몽주 일파의 탄핵을 받아 정도전 등과 함께 체포되었다 정몽주가 죽자 풀려나와 찬성사 · 判三司事가 되었다. 이 해 7월에 이성계를 추대하여 개국공신 1등으로 平壤伯에 봉해지고 門下右侍中의 자리에 올랐다. 그의 정치적 입장은 자연히 이방원과 가까워져서 그와 친교가 두터웠고, 평소 방원에게『大學衍義』를 주고 읽기를 권장하였다. 1398년(태조 7) 제1차 왕자의 난(戊寅靖社) 때 백관을 이끌고 嫡長을 후사로 정할 것을 건의한 후, 정종이 왕위에 오르는 것을 도와 定社功臣 1등에 책록되었다. 1400년(정종 2) 判門下府事로 있으면서 閔無咎 · 閔無疾에게 무고되어 한때 투옥되기도 했으나, 이방원에 의해 석방되어, 11월 이방원을 왕으로 옹립하고 좌정승 · 영의정

100)『太宗實錄』권25, 태종 13년 6월 24일 辛未 崔有慶卒記.

101)『世宗實錄』권100, 세종 25년 4월 3일 戊子 崔士康卒記.

부사에 승진, 평양부원군에 진봉되었다.[102)]

金祉는『周官六翼』의 편찬자로 알려져 있다. 그의 생몰 연대는 알려져 있지 않으나 본관이 靈光이고, 부는 金思順이다. 어머니는 전의 이씨 李德根의 딸로, 1362년(공민왕 11)에 禮部試 을과에 급제하고 벼슬을 떠나 저술에 힘썼던 것으로 전해진다.[103)] 그의 동생 金祚는 李崇의 외손으로 李岷의 딸과 혼인했다. 따라서 영광 김씨 김지 · 김조 형제가 이숭의 딸과 손녀에게 혼인한 셈이다.

4남 岡은 淸州人 郭延俊의 딸과 혼인하였다. 곽연준은 조부 郭預(1232~1286)가 文翰學士와 知密直司事를 지내고, 두 아들 雲龍과 雲鎭을 두었다. 운용의 아들 郭延俊은 문과에 급제하여 판개성부사 · 전법판사에 이르고 1350년(충정왕 2)에 淸原君에 봉해졌다.[104)] 곽연준의 아들은 郭琛 · 郭珚이다. 충정왕 때 密直提學 監察大夫와 政房提調를 지낸 郭珚의[105)] 딸이 慶儀와 혼인하였는데, 이교의 딸과 혼인한 慶補의 동생이고, 그의 아들 習은 李希泌의 딸과 혼인하였다. 이강의 사위는 權近과 閔開, 李良幹이다.[106)]

권근(1352~1409)은 본관은 安東이며, 증조는 權溥, 조부는 文靖公 皐이고, 아버지는 永嘉府院君 靖簡公 僖이다. 권희는 權和 · 權衷 · 權近 · 權遇와 僧 二巳를 두었다.[107)] 그중 권근은 1367년(공민왕 16) 成均

---

102)『高麗史』권118, 열전31 諸臣 趙浚. 조준에 대한 연구는 다음의 것이 참고된다. 張得振,「趙浚의 政治活動과 그 思想」『史學硏究』38, 1984; 윤재환,「《松堂集》을 통해 본 松堂 趙浚의 삶과 詩世界 -삶의 역정과 시문학의 대응관계를 중심으로」『東方漢文學』40, 2009.

103) 허흥식,「김지(金祉)의 선수집(選粹集) · 주관육익(周官六翼)과 그 가치(價値)」『奎章閣』4, 1981; 김인호,「金祉의『周官六翼』편찬과 그 성격」『역사와 현실』40, 2001.

104)『高麗史』권38, 恭愍王 원년 8월 乙巳.

105)『高麗史』권114, 열전27 諸臣 尹桓.

106)『牧隱文藁』권18, 李岡墓誌銘.

107)『太宗實錄』권10, 태종 5년 12월 19일 辛巳 權禧卒記.

試를 거쳐 이듬해 문과에 급제, 춘추관 검열이 되고, 우왕 때 藝文館應教·左司議大夫를 거쳐, 성균관 대사성·禮儀判書 등을 역임하였다. 창왕 때 左代言·知申事를 거쳐 密直司僉書事로 명나라에 다녀왔다. 1375년(우왕 1) 朴尙衷·鄭道傳·鄭夢周와 같이 親明政策을 주장하여 원나라 사절의 영접을 반대하였다.

1389년(창왕 1) 尹承順의 副使로서 명나라에 다녀올 때 가져온 禮部의 咨文이 화근이 되어 牛峯에 유배되었다가 寧海·興海·金海 등지로 移配되었다. 1390년(공양왕 2) 尹彛·李初의 獄事에 연루되어 또 다시 淸州에 옮겨졌다가 풀려났다. 그리고 뒤에 다시 益州로 유배되었는데, 이때 유배생활을 하면서 〈入學圖說〉을 저술했다. 이후 풀려나 충주에서 살다가 조선 개국을 맞았다. 조선이 개국되자 1393년(태조 2) 왕의 부름을 받고 계룡산 행재소로 가서 새 왕조의 창업을 칭송하는 노래를 짓고, 왕명으로 태조의 아버지인 李子春(桓祖)의 비문을 지었다. 이후 새 왕조에 출사하여 예문관춘추학사 겸 대사성·중추원사 등을 지냈다. 1393년(태조 2) 藝文春秋館學士·대사성·中樞院使 등을 역임하고, 1396년 表箋問題가 일어나자 자청하여 명나라에 들어가 두 나라의 관계를 호전시켰으나, 정도전 일파의 시기로 불안한 위치에 있게 되었다. 1398년 정도전 일파가 숙청되자, 政堂文學·門下府參贊事를 거쳐 대사헌을 지내고, 私兵의 폐지를 주장하여 왕권확립에 큰 공을 세웠다. 1401년(태종 1) 佐命功臣 1등으로 吉昌府院君에 봉해졌으며, 예문관 대제학이 되었고, 대사성·議政府贊成事를 거쳐 世子左賓客·貳師 등을 역임하였고, 왕명으로 河崙·李詹 등과 『三國史』·『東國史略』을 편찬하였다.[108] 권근의 아들은 權踐·權蹈·權跬·權蹲이 있으며, 그중 權跬는 태종의 딸 慶安公主와 혼인하여 29세에 요절하였다. 그의 아들은

108) 『太宗實錄』 권17, 태종 9년 2월 14일 丁亥 權近卒記.

權聃과 權聰이다.[109]

閔開(1360~1396)는 본관은 驪興으로, 부친은 閔忭이다. 福興君 閔宗儒의 손자이자 文順公 閔頔(1269~1335)의 아들이며, 及庵 閔思平(1295~1359)의 아우이다.[110] 민적의 장자 閔思平 역시 과거 출신이다. 그는 충숙왕대 등제하여 예문춘추수찬·예문응교·성균대사성·감찰대부를 역임하였고, 여흥군에 봉해졌다. 그는 충정왕을 따라 원에 入朝하여 첨의참리를 제배 받고 輸誠秉義協贊功臣호를 받았다. 찬성사를 역임하였고 시호는 文溫公이다. 성품이 온아하여 친인척과 화목하였다고 하고 문집『及菴集』을 남겼다.[111] 민적의 둘째 아들 閔愉도 과거로 진출하여 대제학에 이르렀으나, 그는 신돈의 난을 피해 은둔한 이후로 현실정치에는 참여하지 않았다. 셋째 아들인 閔抃 또한 과거 출신으로 좌사의대부·밀직대언을 거쳐 공민왕대 여흥군에 봉해졌다. 충혜왕의 폐행이자, 충정왕의 어머니 禧妃 윤씨의 외삼촌인 閔渙 역시 민적의 아들이다.[112] 민부의 아들이 閔霽, 閔亮, 閔開이다.[113]

민개는 또한 陽川君 許伯(?~1357)의[114] 사위로, 1331년(충혜왕 2) 문과에 급제하였으며 충정왕 초기에 密直代言이 되었다. 민개는 고려 말기 문과에 급제하여 여러 言官職을 지냈다. 1390년 밀직부사, 참찬관,

---

109)『世宗實錄』권11, 세종 3년 4월 3일 乙未 權跬卒記.

110)『高麗史』권108, 열전21 諸臣 閔宗儒 附 閔忭.

111)『高麗史』권108, 열전21 諸臣 閔宗儒 附 閔思平.

112)『高麗史』권124, 열전37 嬖幸 閔渙.

113)『高麗史』권108, 열전21 諸臣 閔宗儒 附 閔忭.

114) 許伯은 僉議中贊 許珙의 손자이며, 충렬왕대에 戶部散郎으로 贊成事에 증직된 許冠의 아들이다. 1317년(충숙왕 4) 병과로 급제, 1344년(충목왕 즉위) 判田民都監事·同知密直司事에 올라 李齊賢과 더불어 書筵에서 시독하였으며, 같은 해 밀직사사로 승진하였다. 1347년(충목왕 3) 知貢擧가 되어 李穀과 더불어 진사를 취하고 金仁琯 등 33인을 급제시켰다. 1349년(충정왕 1) 찬성사가 되고, 1356년(공민왕 5) 中書侍郎同平章事가 되어 陽川君에 봉해졌다(『高麗史』권105, 열전18 諸臣 許珙 附 許冠; 권73, 志 27 選擧1 科目1 選場; 권39, 恭愍王 6년 7월 己亥).

지신사 등을 역임하고, 1391년 대사헌이 되었다. 역성혁명에 반대하여 1392년 7월 趙浚, 鄭道傳 등이 이성계를 왕으로 추대할 때 조정의 백관들이 국새를 들고 태조의 저택에 나아갔는데, 대사헌 민개만 홀로 기뻐하지 않으면서 말과 기색에 나타내자 南誾에게 살해될 뻔하였으나, 이숭의 사위인 사촌 同壻 趙浚의 도움으로 죽음을 면하였다.[115] 그 뒤 觀察黜陟使로 특별 추천된 뒤 한성부판윤, 대사헌 등을 지냈다. 37세에 요절함으로써 그의 가계는 일시 기울었다가, 손자 대에 와서 다시 번성한다. 閔伸과 閔騫은 민개의 손자다.[116] 그는 태조 이성계와 직접 혼인으로 연결된 형 민제와는 달리 조선 건국에 대한 입장은 그다지 우호적이었던 것만은 아니었다. 그러나 일단 조선 건국이후의 민개의 행적은 새 왕조에 대해 협조적이었다고 볼 수 있다.[117]

여흥 민씨 가문에서 3대에 걸쳐 다수의 급제자가 집중적으로 배출된 것은 閔令謨와 그의 아들 · 손자간, 그리고 閔頔과 그의 아들 · 손자간에 걸쳐서이다. 민영모와 2명의 아들(閔湜 · 閔公珪)이, 그리고 또 민공규의 5명의 아들(閔康鈞, 閔迪鈞, 閔仁鈞, 閔良均, 閔光鈞)이 모두 다 과거에 급제하였다. 비슷한 양상은 閔頔의 아들 · 손자간에서도 보이는데, 민적과 아들 閔思平 · 閔愉 · 閔抃이, 민변의 아들 閔霽 · 閔開가 급제함으로써 역시 3대에 걸쳐 6명의 과거급제자를 배출하였다. 특히 閔愉와 閔抃은 충혜왕 원년에 형제가 나란히 과거에 급제하였다. 민변의 세 아들 중 장자 閔霽 역시 공민왕대 과거로 진출하여 관료 생활을 시작하여 전리정랑 · 판전의사 · 지춘추사 · 상의밀직사사를 역임하였다. 공양왕대에는 예문관제학 · 첨서밀직사사 · 예조판서를 역임

---

115) 『太祖實錄』 권1, 태조 1년 7월 17일 丙申.

116) 정혜순, 「여말선초 여흥민씨 가문의 동향」 『석당논총』 47, 2010, 190~192쪽 참조.

117) 『太祖實錄』 권1, 태조 1년 7월 己亥. 태조 즉위 불과 3일 후에 大司憲 閔開 등이 고려왕조의 왕씨들을 지방으로 보내자고 청하고 있는 점에서 그러한 면을 엿볼 수 있다.

하였고, 한성부윤이 고려조에서 그가 역임한 마지막 관직이다.[118] 적극적인 불교 배척론자인 민제는 4남 4녀를 두었고, 사위로는 趙璞·李天祐·李方遠·盧閈 등이 있다. 이성계의 4남 芳幹(懷安大君)은 여흥 민씨인 판도판서 閔璿의 딸과, 5남 芳遠(靖安大君)도 역시 閔霽의 딸과 혼인하였다.

민제의 사위인 이방원이 왕위에 오르자, 國舅로서 여흥부원군에 봉해졌다. 민변의 셋째 아들 閔開 역시 과거 출신으로 대사헌을 역임하였다.[119] 민제의 아들이 閔無咎·閔無疾·閔無悔·閔無恤이며, 손자는 閔伸·閔騫 등이다. 이들은 모두 태종의 외척들로 2차에 걸쳐 정치적 변란을 통해 집권한 태종의 집권 과정에 깊이 관련, 협조함으로써 정사, 좌명공신에 책봉되는 등으로 태종 집권 전기를 통해 왕실의 외척으로 고위직을 역임하며 막강한 권력을 소유하였다.

이렇게 볼 때, 민적과 그의 아들·손자의 3대에 걸쳐 배출된 과거합격자는 모두 6명– 閔頔(迪) – 閔思平·閔愉·閔抃 – 閔霽·閔開로 이어지는 이 시기 여흥 민씨 가문은 고려후기 이래 최고의 명문 세족이라고 할 수 있다. 여흥 민씨는 충선왕 대에 '宰相之宗'에 든 고려 후기의 대표적인 권문세가였다.

李良幹은 全義 이씨로, 朝鮮 開國原從功臣 李丘直(?~1394)의 아들이다. 어머니는 樂安 김씨 金仁琯의 딸로 100살까지 장수하여 내외 증손 남녀가 모두 1백 20여 명이고, 현손 남녀가 모두 90여 명이었다고 한다. 증조는 李子華이며, 조부는 得榮이다. 이구직은 門蔭으로 관계에 나가 崇福都監錄事·三司左尹·判繕工寺事를 거쳐 형조판서를 역임하였다. 1392년(태조 1) 조선이 건국되자 開國原從功臣으로 책록되고, 그 뒤 호조전서를 거쳐 공주목사를 역임하였다. 中樞院使 李貞幹,[120] 弘文

---

118)『高麗史』권108, 열전21 閔宗儒 附 閔霽.

119)『太宗實錄』권1, 태종 1년 7월 己亥.

館 副提學을 지낸 李珍幹, 內贍少尹 李良幹, 軍器寺副正을 지낸 李文幹이 그의 아들이다.[121] 3남 內贍寺少尹 李良幹이 李崗의 딸과 혼인하여 1남 1녀를 낳았다. 아들은 副司直 李之廈이며, 딸은 林川郡事 安尙縝에게 시집갔다. 後娶는 檢漢城 申光臣의 딸로 1남 1녀를 낳았다. 딸은 幼學 金錘와 혼인하였고, 아들은 李季廈이다.

이강은 1347년(충목왕 3) 15세로 문과에 급제하여 충정왕 때 侍讀에 뽑히고, 공민왕 때 典儀主簿, 吏部郎中, 慶尙道按廉使에 이어 元松壽의 추천으로 知申事가 되었다.[122] 1368년 密直副使를 거쳐 대제학에 이르렀다. 36세에 밀직제학으로 죽으니 왕이 심히 애도하고 후하게 부의를 하사하였으며, 관례상 樞密은 시호를 내리지 못하는데도 불구하고 文敬이라고 특별히 시호를 내렸다.[123] 죽을 때의 관직이 『高麗史』 세가에는 밀직제학으로 되어 있고, 禮志에는 밀직부사로 된 것으로 미루어 보아 전자는 추증된 것으로 추정된다.

李嵒의 세째인 李蔭의 아들 彬은 조선 건국 후 태조 1년 원종공신으로 漢陽尹에,[124] 4년에는 判中樞院事를 역임한다. 태종대에는 司平左使로 太上王을 시위하여 하사품을 받는 등 사평우사, 참찬의정부사, 형조판서, 호조판서를 역임하였다. 1410년 閔無咎 · 閔無疾 사건에 관련된 尹穆의 옥사에 연루되어 杖流되었다가 사형당하였으나, 뒤에 伸寃되었다.[125]

---

120) 李貞幹은 蔭職으로 벼슬이 중추원사에 이르렀으며, 지극 정성으로 90세 노모를 봉양하여 세종이 几杖을 내렸다. 문인들이 이 일을 읊은 시를 모아 『慶壽集』을 만들었다(『世宗實錄』 권56, 세종 14년 4월 8일 丙申; 4월 25일 癸丑; 권86, 세종 21년 9월 壬申 李貞幹卒記).

121) 『世宗實錄』 권27, 세종 7년 1월 9일 庚辰; 『國朝人物考』 續稿6 蔭仕 李丘直.

122) 『高麗史』 권107, 열전20 諸臣 元傅 附 元松壽; 권111, 열전24 諸臣 李嵒 附 李岡.

123) 『高麗史』 권111, 열전24 이암.

124) 『太祖實錄』 권2, 태조 1년 10월 丁巳.

125) 『太宗實錄』 권19, 태종 10년 1월 丁酉.

이암의 손자대에서 특기할 것은 조선 건국을 주도한 趙浚이 李崇의 사위이고, 고려말 조선초의 대학자 權近이 李岡의 사위라는 점이다. 이러한 점은 조선 건국 이후 고성 이씨가의 가세를 유지할 수 있었던 힘으로 보인다.

한편, 李嶠 – 李琳·希泌 – 懃 계열의 자손들이 여말선초 전환기의 정치 부침과는 무관하게 이암의 가계는 李岡의 아들 李原(1368~1429) 대에 이르러 親孫·外孫들은 더욱 번성하게 된다.

李嵒의 네째인 岡의 유일한 아들인 李原은 4개월만에 岡이 세상을 떠나자, 姊兄되는 權近에게서 5세때부터 수학했는데, 권근은 그를 가련히 여겨 자식과 같이 가르쳤다고 한다.[126] 1382년(우왕 8) 진사가 되고, 1385년 鄭夢周 榜下에서 文科에 及第하였다. 이 때 합격을 지켜본 정몽주가 일찍 죽은 그의 부 岡을 떠올린 듯 하늘이 무심치 않다고 감탄했다고 한다.[127] 이후 司僕寺, 佐郎을 역임하고 兵曹正郎을 거쳐 공양왕 2년에 사헌부 持平이 되었다.[128] 조선이 건국되고 태종이 즉위하여 좌승지로 佐命功臣에 책봉되었으며,[129] 參知議政府事·大司憲·判漢城府事를 역임하고[130] 세종대에는 우의정, 좌의정 등 최고의 관료로 활동한다.[131] 조선초 태종, 세종의 신임을 받으며 항상 國事를 의논하는 자리의 중심에 있었다.[132] 이원은 이씨 가문의 원찰인 백암사(현 백양사)에 대한 국가 관리의 부당성을 주장하며 그 사원의 私的 지배를

126)『國朝人物考』권1, 相臣 李原.

127) 鄭夢周는 급제한 李原을 보고 "문경공(李岡)의 재주와 덕으로 그 시행을 크게 펼치지 못하였는데, 이제 이런 아들이 있으니 하늘의 보답하여 베풀어 주는구나" 하였다(『國朝人物考』권1, 相臣 李原).

128)『高麗史』권45, 공양왕 2년 甲午.

129)『太宗實錄』권1, 태종 1년 1월 乙亥.

130)『太宗實錄』권11, 태종 6년 2월 己卯; 권12, 태종 6년 8월 乙巳; 12월 癸巳.

131)『世宗實錄』권1, 세종 1년 8월 戊子; 권14, 세종 3년 12월 丙申.

132)『國朝人物考』권1, 相臣 李原.

관철시킨 인물이기도 했다.

이원은 전처인 許錦의 딸 사이에서 1남 2녀, 후처인 崔丁智의 딸 사이에서 6남 4녀 도합 7남 6녀를 낳았다. 許錦(1340~1388)은 양천 허씨로 陽川君 許伯의 손자이며, 知申事를 지낸 許絅의 아들이고, 어머니는 竹山 朴氏 朴遠의 딸이다. 아들은 許愭이다. 1357년(공민왕 6) 당시 政堂文學 李仁復의 문하에서 급제하여 教書校勘에 제수되었으며, 이후 여러 벼슬을 거쳐 禮儀正郎이 되었다. 우왕을 옹립하는 데 반대하였으며, 尹紹宗 · 趙仁沃 · 趙浚 등 뒷날 조선왕조 개국의 주역들과 친교가 있었다.[133] 연산군 때 좌의정을 지낸 許琛이 그의 4세손이다.[134]

崔丁智는 전주 최씨로, 조부는 僉議評理를 지낸 崔文度, 아버지는 崔思儉이다. 최문도는 일찍이 원나라에 가서 宿衛하여, 몽고의 말과 글에 능통하였다. 1320년(충숙왕 7) 충선왕이 티베트(吐蕃: 西藏)에 유배되었을 때 아버지 崔誠之와 함께 다녀왔으며, 귀국 후 典法判書가 되었다. 그 뒤 사신으로 평양과 雙城에 주재하였고, 1344년(충목왕 즉위년) 聖節使로 원나라에 다녀왔으며, 僉議評理에 이르렀다. 성리학에 밝았으며, 효성이 지극하였다.[135] 첫 번째 부인 언양 金氏 金伯綏의 딸과 혼인하여 아들 崔思儉과 2녀를 두었는데, 최사검은 일찍 죽었으며, 사위는 좌간의대부 청주 정씨 鄭誧와 판도정랑 閔璿이다. 둘째 부인은 나주 나씨 僉議叅理 羅益禧의 딸이다.[136]

이원의 아들 7형제 李臺 · 李谷 · 李垤 · 李埤 · 李場 · 李增 · 李墀 등은 여러 가문과 혼인하여 가문의 위세를 떨쳐 나갔으며, 權近은 그의

133)『高麗史』 권105, 열전18 諸臣 許珙 附 許錦.

134)『燕山君日記』 권58, 연산군 11년 5월 16일 庚子.

135)『高麗史』 권108, 열전21 諸臣 崔誠之 附 崔文度.

136)「崔文度墓誌銘」·「羅益禧墓誌銘」『高麗史』 권108, 열전21 諸臣 崔誠之 附 崔文度.

姊兄이며, 권근의 손자이며 세조대의 공신인 權擥은 그의 사위이다. 손자로는 李陸 등이 있으며, 孫壻로는 姜希顔, 외손으로는 성종의 계비 貞顯王后의 부친인 尹壕가 있다.

본격적으로 세족으로서의 지위를 갖추게 되는 李嵒 계열에서의 통혼관계는 남양 홍씨·청주 이씨·안강 노씨·청주 곽씨·양천 허씨·전주 최씨와 두 차례, 평양 조씨·안동 권씨, 여흥 민씨와 혼인관계를 형성하고 있으며, 女壻의 가문에는 강릉 김씨·풍양 조씨가 확인된다. 이들 가문 중에 남양 홍씨·청주 이씨·청주 곽씨·양천(공암) 허씨·전주 최씨·평양 조씨·안동 권씨·여흥 민씨 등의 가문은 고려 후기 최고의 세족 가문들이다.[137] 풍양 조씨와[138] 안강 노씨는[139] 재상급 인물로 활동한 기록은 보이지 않는다.[140]

4. 李嶠의 家系와 婚姻관계

이암의 아우인 李嶠는 호는 桃村으로, 1320년(충숙왕 7)에 문과에 급제하고, 1357년(공민왕 6) 형부상서로서 千秋使가 되어 원나라에 다녀왔다.[141] 1359년(공민왕 8) 어사대부로서 지공거가 되어 朴季陽 등 99명을 뽑았고,[142] 이듬 해 1360년(공민왕 9) 죽은 것으로 보인다.[143]

이교는 성주 이씨 李兆年의 딸과 혼인하였다. 성주 이씨는 星州(京山)

137) 金光哲,『고려후기 세족층연구』, 동아대출판부, 1991, 58~94쪽 참조.

138) 趙云仡이 고려 태조의 신하 平章事 趙孟의 30대 孫으로 공양왕 2년에 鷄林府尹이 되고 건국후 江陵大都護府使를 제수하였다는 기록이 있다(『高麗史』권45, 공양왕 2년 2월 참조).

139) 무신집권때 무반으로 진출한 盧永醇(平章事)·盧卓儒(平章事) 父子는『高麗史』와 墓誌에서는 杞溪人이라 하였으나, 이는 本貫이 잘못된 것 같고 안강노씨로 보아야 할 것이다(李樹健,『영남사림파의 형성』, 영남대학교 출판부, 1979, 33쪽 참조).

140) 이문희,「麗末鮮初 固城李氏 家門의 정치적 동향」, 동아대 교육대학원 석사학위논문, 2003 참조.

141)『高麗史』권39, 恭愍王 6년 10월 庚子.

의 戶長인 李長庚의 다섯 아들 百年 · 千年 · 萬年 · 億年 · 兆年[144] 등이 중앙 정계로 진출하여 가세가 크게 신장되었다. 특히 이조년의 자손이 현달하였는데, 이조년의 손자 仁復 · 仁任 · 仁美 · 仁立 · 仁達 · 仁敏 등이 모두 고위직을 지냈다. 이들 가운데 인복 · 인미 · 인립 · 인민 등 4형제가 과거를 통하여 중앙 정계에 등장하였다.[145]

이인복은 白頤正에게서 수학해 성리학에 밝았고, 충숙왕 대에 급제하였고 원의 制科에도 급제하여 원에서 太寧路 錦州判官을 역임하였다. 충근하고 청렴하여 인망이 높았던 그는 충숙왕에서 공민왕까지 고위직을 역임하였고 檢校門下侍中의 자리까지 올랐다. 1352년 조일신의 난을 평정하는 데 공을 세워 뒤 星山君으로 봉함을 받았다. 1363년(공민왕 12) 金鏞이 흥왕사에서 공민왕을 시해하고자 난을 일으켰을 때 충주 행궁으로 왕을 호종한 공을 세워 공신에 책록되었고, 이듬해 端誠佐理功臣號를 받았다. 그리고 興安府院君에 봉직되었다.[146] 이인미는 판서를 역임하였으며, 이인복에 의해서 고려말의 신진 유생인 河崙을 사위로 맞았다.[147]

---

142) 朴季陽은 개명한 朴惇之로, 밀양 박씨로 前密直司右代言 左司議大夫 進賢館提學 知三司事를 지낸 朴允文의 아들이다. 처부는 洪萬龍, 외조부는 金台鉉이다. 이숭인과 함께 정치노선을 같이한 것으로 보인다. 창왕이 즉위한 후 이숭인이 朴天祥 · 河崙 등과 더불어 永興君 環의 진위를 변론하다가 반대파 간관들의 탄핵으로 귀양을 갔을 때, 박계양 역시 탄핵을 받고 귀양을 갔다. 이숭인과 평소에 사이가 좋았기 때문이라는 이유였다(『高麗史』 권115, 列傳28 諸臣 李崇仁; 권91, 列傳4 宗室 神宗 王子 襄陽公 王恕 永興君 王環).

143) 『高麗史』 권39, 恭愍王 10년 6월 乙未.

144) 『高麗史』 권109, 열전23 諸臣 李兆年.

145) 이인임과 성주 이씨에 대한 연구는 다음의 것이 참고된다. 高惠玲, 「李仁任 政權에 대한 一考察」 『歷史學報』 91, 1981; 盧明鎬, 「高麗後期의 族黨勢力」, 『(이재룡박사환력기념) 韓國史學論叢』, 1990; 姜芝嫣, 「李仁任 執權期 政治勢力과 政局 動向」 『梨花史學研究』 22, 1995; 李亨雨, 『高麗 禑王代의 政治的 推移와 政治勢力 研究』, 高麗大 博士學位論文, 1999.

146) 『高麗史』 권112, 열전25 諸臣 李仁復.

147) 『太宗實錄』 권32, 태종 16년 11월 6일 癸巳.

이조년은 아들이 李褒, 손자가 李仁立, 증손이 李濟이다. 李濟는 蔭補로 벼슬길에 올라 1352년(공민왕 1) 左代言이 되고, 그 해 密直提學으로 燕邸隨從功臣 1등에 책봉되었다.[148] 1392년(공양왕 4) 典法判書로 있으면서 鄭夢周의 살해에 가담하고, 이성계를 추대하여 개국공신 1등에 책록되고, 興安君에 봉해졌다. 이성계와 神德王后 康氏 소생인 셋째 딸 慶順公主와 혼인했다.[149] 그러나 제1차 왕자의 난 때 鄭道傳 일파로 몰려 살해되었다.[150]

이인임은 공민왕 즉위 초 門蔭으로 관계에 진출, 홍건적의 침입을 물리치는 등의 공으로 1등공신이 되었다. 1365년 신돈이 개혁을 추진할 때 전민변정도감에서 주업무를 맡아 보는 등 실무를 장악했으며, 이후 그의 지위는 계속 올라가 1368년 左侍中이 되었다. 1374년 공민왕의 갑작스런 죽임 후 나이 어린 우왕을 즉위시켜 권력을 잡고, 원나라와 명나라 사이의 兩端外交로 방향을 바꾸어, 그 동안 멀어졌던 北元과 다시 외교관계를 회복하는 한편, 명나라와도 외교관계를 끊지 않고 사신을 파견했다. 또한 崔瑩 · 池奫 등과 힘을 합해 1379년(우왕 5)까지 반대세력을 대부분 몰아내고 이후 지윤 · 林堅味 · 廉興邦과 함께 권력을 휘두를 수 있었다. 1382년 이후 실권이 약해져 정치 일선에서 물러났다가, 1386년 다시 좌시중이 되었지만 이듬해 노병으로 사직했다. 1388년 최영 · 李成桂 등이 나서서 염흥방 · 임견미 · 王福海 등을 처단하고 그 일파를 유배시켰는데, 이때 이인임도 경산부에 귀양되었다가 곧 죽었다.[151]

이인임은 이인립의 형이므로, 우왕 대에 있은 이제와 경순공주와의

---

148)『高麗史』권38, 恭愍王 卽位年 11월 乙亥; 恭愍王 원년 6월 壬寅; 10월 壬寅.

149)『太祖實錄』권1, 태조 1년 8월 7일 丙辰;『定宗實錄』권2, 정종 1년 9월 10일 丁丑;『太宗實錄』권14 태종 7년 8월 7일 戊子.

150)『太祖實錄』권14, 태조 7년 8월 26일 己巳.

혼인으로 이성계는 당시 실력자인 이인임과 인척관계를 맺으며 정치활동을 유지한 것으로 보인다. 이인임의 사위인 姜筮와 조카인 李濟·李稷, 조카사위 河崙 등은 조선건국 후 재상직에 올랐다. 李崇仁은 從姪이 되며, 이제와는 8촌 형제가 된다. 이런 인연으로 이교의 손녀이자, 李林의 딸이 우왕의 謹妃가 되었다.

이교는 李林, 李希泌과 딸 4명을 두었다. 이림은 남양 홍씨 洪承演의 딸과 혼인하였다. 홍승인은 洪子藩의 손자이며, 아버지는 洪敬이다. 아들로 承緖·承演과 사위로 朴遠을 두었다. 홍승서는 아들 元哲과 사위 이암과 공민왕 때 左司議大夫를 지낸 光山 김씨 金英利를 두었다. 승연의 아들은 洪永通이다. 홍원철은 1351년(공민왕 즉위) 밀직으로서 國璽를 가지고 온 원나라 斷事官 完者不花의 귀국을 전송하고, 곧바로 平安都巡問使에 서용되었다. 이듬해 왕이 원의 燕邸에 있을 때 수종한 공으로 燕邸隨從 1등공신에 녹훈되었다. 三司左使·三司右使를 거쳐 1354년 判開城府事가 되었다. 1361년 홍건적의 침입으로 開京이 점령되고 왕이 安東으로 남천할 때, 唐城府院君 贊成事로서 왕 및 태후를 모시고 임진강을 건너 남행한 공으로 1363년 辛丑扈從一等功臣이 되었다.[152)]

홍영통은 공민왕 때 蔭補로 관계에 나와 여러 벼슬을 지내고 判少府寺事·안동부사를 거쳐 判典客寺事가 되었으나, 金景儒의 말을 빼앗은 것이 문제되어 파직되었다. 뒤에 辛旽에 의하여 監察大夫와 밀직부사를 지냈으나, 1371년(공민왕 20) 신돈이 주살되자 같은 당으로 몰려

151) 『高麗史』 권126, 列傳39 姦臣 李仁任. 이인임에 대한 연구는 高惠玲, 「李仁任 政權에 대한 一考察」 『歷史學報』 91, 1981; 姜芝嫣, 「李仁任 執權期 政治勢力과 政局 動向」 『梨花史學硏究』 22, 1995; 李亨雨, 「高麗 禑王代의 政治的 推移와 政治勢力 硏究」, 高麗大 博士學位論文, 1999이 참고된다.

152) 『高麗史』 권38, 恭愍王 원년 6월 壬寅; 10월 壬寅; 3년 11월 壬午; 3년 12월 甲寅; 권40, 恭愍王 12년 윤3월; 권114, 열전27 諸臣 鄭之祥.

파직, 유배되었다. 1374년 우왕이 즉위하자, 門下評理商議로 기용되어 南陽府院君에 봉하여지고, 이어 贊成事商議에 純誠勁節恊贊功臣이 되었으며, 判三司事를 거쳐 1382년(우왕 8) 문하시중에 올랐다. 이듬해 관직에서 물러났다가 1년 후 判門下府事가 되고, 1388년에 領門下府事에 이르렀는데, 그의 행적은 많은 사람들로부터 비난의 대상이 되었다. 이듬해 공양왕이 즉위하자 領三司事가 된 뒤 1392년 조선 건국 후 파직되었으나, 곧 老人職으로 판문하부사에 복직되고 南陽伯에 봉해졌다. 1395년(태조 4) 태조의 생일잔치에 참석하고 돌아오다 말에서 떨어져 죽었다.[153)]

고성 이씨 가문의 이암과 그의 아우인 이교의 아들 이림이, 즉 숙부와 조카가 홍자번의 증손녀로 같은 집안 출신의 딸들과 혼인을 한 셈이다.

이림은 공민왕 때 여러 내외직을 거쳐 密直副使에 이르렀고, 1376년(우왕 2) 倭寇가 다시 蔚州에 침입하자, 知密直으로 경상도 助戰元帥, 1378년 判密直으로서 楊廣 · 全羅의 조전원수를 겸하여 連山에 침입한 왜구를 격퇴, 이듬해 判開城府事로서 그의 딸이 우왕의 妃[謹妃]가 되면서 鐵城府院君에 봉해졌다. 1389년(창왕 1) 조준 · 이성계 등이 田制 개혁을 주장하자 이를 반대하였고, 이해 門下侍中으로서 金佇의 獄事에 연루되었으나 창왕의 外祖父라 하여 극형을 면하고 鐵原에 유배, 1390년 尹彛 · 李初의 獄事에 연루되었다는 이성계 일파의 모함으로 忠州에 유배되어 配所에서 병으로 죽었다.[154)]

이림은 아들 李貴生과 李茂生, 사위로 柳琰 · 崔濂 · 禑王을 두었다. 李貴生은 李邦直의 딸과 혼인하였다. 이방직은 본관이 淸州로, 앞서 언급한 李挺의 아우이다. 이정은 이암과 사돈관계인 金繼貂의 장인이 되

---

153)『高麗史』권105, 열전18 諸臣 洪子藩 附 洪永通;『太祖實錄』권8 태조 4년 10월 11일 辛丑 洪永通卒記.

154)『高麗史』권116, 李林.

므로 중첩혼에 해당한다. 1389년(공양왕 1) 우왕의 복위를 꾀하던 金佇의 옥사에 아버지 이림이 우왕의 장인으로 연좌되어 유배될 때 鷄林(경주)에 유배되었다. 1390년 윤이 · 이초의 옥사에 다시 연루되어 아버지와 李穡 · 禹仁烈 · 禹玄寶 등이 유배될 때 고성에 유배되었고, 이어 청주옥에 옮겨졌다가 홍수로 풀려나왔다.[155]

이림의 사위인 柳琰은 진주 유씨로, 조부 이우의 사위인 柳蕃과 8촌간이다. 유염의 祖父는 밀직부사 柳仁庇이며, 아버지는 密直 柳惠孫이다. 공민왕 때 문과에 급제하고, 우왕 때에 성균관 대사성을 역임하였다. 공양왕 즉위 후 이림의 사위라는 이유로 유배되었다가[156] 1391년(공양왕 3)에 사면되었다.[157] 조선 개국 후에는 1402년(태종 2)에 全羅道觀察黜陟使를 거쳐 1417년에 판한성부사를 지냈으며, 관료생활이 깨끗하다고 하여 세종 때에는 청백리로 녹선되었다.[158]

崔濂은 忠州 최씨로, 아버지는 寶文閣直提學 崔原儒이다. 충혜왕 때에 문과에 급제하였고, 1389년(공양왕 1) 판밀직부사 재직 중에 창왕이 폐위되고 공양왕이 즉위하면서 이림의 당여로 몰려 유배되었다가 곧 풀려났다.[159] 1392년(태조 1) 조선 건국 후 檢校議政府 右議政에 제수되었는데, 태종의 후궁인 昭惠宮主 盧氏의 외조부였기 때문이다.[160]

李希泌은 務安 박씨 朴天茂의 딸과 혼인하였고, 1367년(공민왕 16) 판개성부사로 知都僉議 吳仁澤, 전 시중 慶復興 등과 함께 辛旽을 살해하려고 모의하다가 누설되어 지방에 유배되었다.[161] 경복흥과 정치노

155) 『高麗史』 권45, 恭讓王 2년 5월 戊戌.
156) 『高麗史』 권45, 恭讓王 元年 11월.
157) 『高麗史』 권46, 恭讓王 3년 1월 乙巳.
158) 『太宗實錄』 권3, 태종 2년 1월 癸卯; 『淸選考』.
159) 『高麗史』 권45, 恭讓王 元年 11월.
160) 『太宗實錄』 권29, 태종 15년 1월 4일 癸卯, 1월 9일 戊申 崔濂卒記.
161) 『高麗史』 권125, 열전38 姦臣 池奫.

선을 같이한 까닭은 청주 경씨인 경보와 사위인 慶習의 혼인관계가 작용한 것으로 보인다. 경보는 경복흥의 아들이다.

이희필은 1371년 신돈이 誅殺된 뒤 풀려나, 1374년 三司左使로서 楊廣道上元帥가 되어 그 도의 군대를 거느리고 崔瑩 등과 함께 탐라를 평정하였다.[162] 이 해 우왕이 즉위하자 삼사좌사로서 서북면상원수가 되어 왜구를 방어하였으며, 이때 서북면도체찰사 池奫의 요청으로 도지휘사가 되어 왜구를 방어하였다. 1377년 왜구가 강화에 침입하여 민심이 흉흉하므로 東江都元帥가 되어 이에 대비하였으며, 다시 靈光 · 長沙 · 牟平 · 咸豐 등지에 왜구가 침입하자 최영 등과 함께 이를 무찔러 공을 세웠다.[163]

이희필은 아들 李慇 · 李懃과 사위 鄭符, 慶習, 洪倫이 있다. 이은의 정치활동은 자세하지 않고, 李懃은 1388년(우왕 14)에 좌부대언이 되고, 1389년(공양왕 1) 金佇의 獄에 연루되어 우왕 · 창왕이 庶人으로 강등될 때 숙부 이림과 함께 유배, 얼마 뒤 석방되었다. 이듬해 左常侍로서 廉問計定使가 되어 경상도에 파견, 1392년 이조판서에 이어 우대언이 되었다. 같은 해 李成桂를 추대하는 데 공을 세워 개국공신 3등에 녹훈되고 좌승지가 되었다.[164] 1393년(태조 2)에 大司憲이 되어[165] 河崙 등과 함께 동국 역대 여러 현인들의 秘錄을 두루 상고하여 요점을 추려서 바치기도 하였다.[166] 1398년(태조 7) 제 1차 왕자의 난에 연루되어 가산이 적몰되었다.[167]

---

162)『高麗史』권113, 열전26 諸臣 崔瑩.

163)『高麗史』권133, 열전46 禑王 元年 9월; 권133, 열전46 禑王 卽位年 12월; 禑王 3年 12월.

164)『太祖實錄』권1, 태조 1년 8월 己巳.

165)『太祖實錄』권4, 태조 2년 9월 乙卯.

166)『太祖實錄』권5, 태조 3년 2월 甲申.

167)『太祖實錄』권15, 태조 7년 9월 庚寅.

그의 장인인 洪尙載는 남양 홍씨로, 아버지는 洪徵이며, 어머니는 瑞原 廉氏인 廉悌臣의 딸이며, 시중 蔡河中의 손자 사위이다. 상장군에 이르렀다가 1357년(공민왕 6) 8월 채하중의 반역사건에 연루되어 유배되었다.[168] 1369년(공민왕 18) 5월에는 예부상서로서 監門衛上護軍 李夏生과 함께 명나라 태조의 즉위를 축하하러 南京에 갔다가 명나라와 국교를 맺고 돌아왔다.[169] 1382년(우왕 8) 4월과 다음해 11월에는 門下評理로서 賀正使가 되어 명나라에 갔다. 1385년 4월에도 周謙과 함께 하정사로 명나라에 파견되었으나, 당시 고려조정의 친원 · 친명 양면정책으로 명나라의 의심을 받아 귀양갔다. 이듬해 명나라에 간 鄭夢周의 해명으로 귀양에서 풀려나 귀국하였다. 1391년에 밀직이 되었으며, 唐山君에 봉하여졌다.[170]

이희필의 사위인 鄭符는 東萊 정씨로, 아버지는 監察司監察大夫 鄭良生이다. 鄭良生은 충목왕~공양왕 때 別將 · 判官 · 尙州牧使 · 大司憲 · 監察大夫 · 重大匡을 역임하고 蓬原君으로 책봉되었다. 1366년(공민왕 15)에는 그의 딸이 王義 · 安克仁 등의 딸과 함께 공민왕의 새 왕비 후보로 선발되었다. 공민왕 때 李穡과 교류하여 친분을 쌓았다. 한편, 그의 장인인 安軸의 사후에 안축이 江陵道存撫使로 재직했을 때인 1330년 5월부터 1331년 9월까지 지은 시문을 모아 『關東瓦注』라는 시문집을 淸州에서 간행하기도 하였다. 이후 臺官 임무를 주로 맡아보다가 1392년 6월에 세상을 떠났다.[171] 아들로는 鄭矩, 鄭符 등이 있다.

정부는 1383년(우왕 9) 交州道按廉使 재직 중에 왜구에게 印章을 탈

168) 『高麗史』 권39, 恭愍王 6년 8월 甲辰.

169) 『高麗史』 권41, 恭愍王 18년 5월 甲辰.

170) 『高麗史』 권44, 恭愍王 23년 7월 丁亥; 권117, 열전30 諸臣 鄭夢周; 권46, 恭讓王 3년 12월 癸酉.

171) 『高麗史』 권132, 열전45 叛逆 辛旽; 권133, 열전46 禑王 2년 12월; 권46, 恭讓王 4년 6월.

취당하고 파직되었다가 곧 복직되었다.[172] 1399년(정종 1) 刑曹典書, 1401년(태종 1) 경기도관찰사, 다음해부터 1403년까지 경상도관찰사를 역임하였다. 1404년 다시 형조전서에 제수되었으며, 刑政을 천단한 일로 牛峯에 유배되었다가 곧 풀려났다. 1408년 恭安府尹으로 太上王(태조)의 죽음을 알리고 시호를 청하는 告訃請諡使 鄭擢과 함께 부사가 되어 명나라를 다녀왔다. 귀국과 함께 한성부윤에 임명되었다가 사행 때 다량의 禁物을 휴대하고 간 일로 파면되었다.[173]

慶習은 청주 경씨로 아버지는 평양윤을 지낸 慶儀이다.[174] 경습은 이교의 사위인 慶補의 조카이자 慶復興의이 손자이다. 1377년(우왕 3) 進士試에 합격하고, 공양왕 때 知遂安郡事·司憲掌令을 지냈다.

洪倫은 본관은 南陽으로, 아버지는 경상·전라도순문사를 지낸 洪師禹이며, 공민왕의 모후인 明德太后의 조카인 문하시중 洪彦博의 손자이다. 홍사우는 청주 한씨 知都僉議 韓大淳의 딸과 혼인했으며, 아들 倫이 공민왕을 시해하자 이에 연루되어 유배되었다가 우왕이 보낸 崔仁哲에게 아들 洪彝와 함께 絞殺되었다.[175] 홍륜은 1372년(공민왕 21)에 설치된 子弟衛에 소속되어 왕의 좌우에서 보필하다가 1374년 공민왕 시해사건에 연루되어 誅殺되었다.[176]

한편, 이교의 사위로 柳藩·慶補·鄭壽·文漢達이 있다. 柳藩은 진주 유씨로, 柳之澤의 아들이다. 중국에 세 번이나 사신을 다녀오는 등 고려말에 활약하였다. 그러나 고려의 멸망과 더불어 杜門洞에 들어가 절의를 지켰으며, 이때 그의 초명을 버리고 柳蕃으로 개명하였다고 한

---

172)『高麗史』권135, 열전48 禑王 9년 10월.

173)『太宗實錄』권6, 태종 3년 7월 丙子; 권7, 태종 4년 3월 甲辰; 권15, 태종 8년 5월 丁丑; 권23, 태종 12년 6월 庚午 鄭符卒記.

174)『高麗史』권111, 열전24 諸臣 洪彦博 附 洪師禹.

175)『高麗史』권131, 열전44 叛逆 洪倫.

176)『太祖實錄』권7, 태조 4년 4월 乙丑.

다.[177] 유번의 8촌이 유염인데, 이림의 사위이다.

慶補(1323~1406, 태종 6)는 淸州 慶氏 가문으로, 조부는 右代言 慶斯萬, 부는 侍中 慶復興이다. 그는 성품이 청렴하고 검소하였으며, 공민왕 때 扶侍避難功臣 · 收復京城 · 回軍諸臣 2등功臣에 책록되었고,[178] 밀직부사 · 도순문사 · 판개성부사 · 判慈惠府事 등을 지냈다.[179] 1388년(우왕 14) 위화도 回軍功臣이 되었으며,[180] 金宗衍의 역모 사건, 尹彝 · 李初의 사건에 연루되어 귀양되었다가 풀려났다.[181] 조선 초에 개국2등 공신에 다시 책봉되어 檢校議政府左政丞 贊成事에 이르렀다.[182]

경복흥은 초명은 千興으로, 공민왕의 어머니 명덕태후가 이모할머니가 된다. 1367년 吳仁澤 · 安遇慶 · 金元命 등과 함께 신돈을 제거하려다가 일이 누설되어, 杖刑을 받고 興州(榮州)로 귀양을 갔으나, 1371년 신돈이 제거되자 다시 소환되어 좌시중으로, 政房提調를 겸하며 銓選을 맡았다. 1374년(공민왕 23) 문하시중으로 있을 때, 공민왕이 시해되자 종친을 세우려 했으나, 李仁任의 주장으로 우왕이 즉위하였다. 이듬해 이인임과 함께 원나라 사신의 영접을 반대하며 親明政策을 주장한 鄭道傳 등을 귀양 보냈다. 또 왕이 書筵을 게을리 하려는 것과 銓注의 문란을 바로잡는 데 노력하였으며, 1377년(우왕 3)에 守城都統使로서 개성 근처까지 침범한 왜구에 대비하였다. 이인임 · 池奫 등이 권력을 휘두르자 날마다 술만 마시면서 都堂에도 참여하지 않았다고 한다. 1380년 이인임 · 林堅味가 경복흥이 정무를 보지 않는다고 참소하여 청

177) 『高麗史』 권133, 열전46 禑王 4년 3월; 8년 7월; 9년 8월.

178) 『高麗史』 권40, 恭愍王 12년 윤3월.

179) 『高麗史』 권133, 열전46 禑王 2년 9월; 3년 12월.

180) 『高麗史』 권45, 恭讓王 2년 4월 壬寅; 『太祖實錄』 권4, 태조 2년 7월 乙丑.

181) 『高麗史』 권45, 恭讓王 2년 5월 戊戌; 권104, 列傳17 諸臣 金方慶 附 金士衡; 권115, 列傳28 諸臣 李穡; 권115, 열전28 諸臣 禹玄寶; 권117, 열전30 諸臣 鄭夢周; 『太祖實錄』 권1, 總書.

182) 『太宗實錄』 권11, 태종 6년 5월 乙卯.

주로 귀양 갔다가 그곳에서 죽었다.[183]

또한 趙仁沃은 경보의 사위가 된다. 조인옥은 漢陽 조씨 版圖判書 趙暾의 아들로 仁璧의 아우이다.[184] 조돈은 공민왕의 雙城摠管府 탈환 작전을 도왔고, 형 인벽은 李子春의 비 懿妃崔氏의 소생 貞和公主를 아내로 맞이했으므로, 이성계의 姊夫가 된다.[185] 그리고 증조부 暉의 딸은 李椿의 둘째 부인으로서, 이성계와 이중으로 인척 관계를 맺고 있다. 때문에 조인옥은 1389년 이성계 · 정도전 등과 우왕을 폐위시키고 창왕을 옹립한 뒤 이성계를 추대하여 조선 개국에 공을 세우는 중심인물로 개국공신 1등에 책록되었다.[186]

鄭禱는 서산 정씨로 조부는 鄭瑈이고, 아버지는 鄭世忠이다. 鄭世忠은 충혜왕 때 都官佐郎으로 代言 李君侅(이암) 등과 함께 관리의 선발을 주관하였다.[187] 서산 정씨의 시조는 중국 송나라의 문하시랑평장사로 있다가 원나라의 건국과 함께 고려로 망명한 鄭臣保의 아들 鄭仁卿이다.

정인경은 몽골어에 능통해 통역관으로 이름이 알려져 원나라로부터 武德將軍征東省理問官에 임명되기도 하였으며, 1269년(원종 10) 세자(충렬왕)가 원나라에 갈 때 시종하였다. 세자가 돌아오다가 婆娑府에 이르렀을 때, 林衍의 變을 고하는 자가 있어 인주의 수령으로 있던 아버지에게 이를 알려 세자를 다시 원나라로 되돌아가게 하였다. 이 공으로 1274년(충렬왕 1) 侍從一等功臣에 올랐다.[188] 또한 고향인 富城縣이

183) 『高麗史』 권111, 열전24 諸臣 慶復興.

184) 『高麗史』 권111, 열전24 諸臣 趙暾 附 趙仁沃.

185) 『太祖實錄』 권4, 태조 2년 9월 庚申; 『太宗實錄』 권25, 태종 13년 4월 甲戌.

186) 『太祖實錄』 권1, 태조 1년 8월 己巳.

187) 『高麗史』 권36, 忠惠王 즉위년 5월 壬戌.

188) 『高麗史』 권107, 열전20 諸臣 鄭仁卿傳에는 侍從二等功臣으로 되어 있으나, 세가의 기록에는 侍從一等功臣으로 되어 있다.

瑞山郡으로 승격되었다. 1279년 장군으로 원나라에 가서 일본 원정준비에 洪茶丘가 간섭하지 못하게 할 것을 건의하였다. 이해 7월에는 密直副使 李尊庇와 함께 원에 황제의 賀聖節 사절로 다녀오기도 했다.[189]

1282년 親從將軍으로서 遼東·瀋陽에 가서, 이듬해에는 대장군으로 遼陽·北京에 가서 流民들을 推刷해 왔다. 1288년 상장군에 올랐다. 1290년 東寧府를 고려에 귀속시키는 데 공을 세워 副知密直에 오르고, 서북면도지휘사로서 서경유수가 되었다. 1292년 同知密直司事에 올랐으나 나라에서 혼인을 금하는 기간을 어겨 섬에 유배되었다. 1299년 判三司事가 되어 正朝使로 원나라에 다녀왔다. 都僉議贊成事를 거쳐 중찬으로 치사했으며, 壁上三韓三重大匡推誠定策安社功臣의 호를 받았다.[190] 아들 鄭琛·鄭信英·鄭信和·鄭信綏가 있다.

文達漢은 南平 문씨로, 평장사 文克謙의 6세손으로 찬성사 文璟의 아들이다. 문경은 奇轍을 제거하는데 공을 세워 誅奇轍 2등공신에 책봉되었다. 우왕 때 大護軍이 되고, 同知密直司事 때 推誠翊祚功臣이 되었으며, 知門下省事를 거쳐 1388년(우왕 14) 門下評理로서 楊廣慶尙道都體察使로 나갔다. 이때 왜구 1,000여명이 沃州·保寧 등지를 함락, 開泰寺에 침입하는 등 계룡산 일대를 노략질하자, 王安德·都興·金斯革·朴壽年 등과 함께 이를 공격하여 공주 盤龍寺에서 대파하였다. 뒤에 우왕이 元中浦에 갈 때 한 물가에 이르러, 말을 탄 채 뛰어 건너려는 것을 만류하였다가 비위를 거슬려 삭직되었다. 오랫동안 관직에 나아가지 못하다가 崔瑩 등의 노력으로 복직, 다시 문하평리가 되어 推忠翊戴輔祚功臣의 호를 받고 찬성사에 올랐다. 그뒤 탐학이 심하다는 사헌부의 탄핵으로 合浦·철원 등지에 유배되었으나 곧 풀려나 三司右使가 되었다. 공양왕의 즉위초 李琳의 일파로 탄핵을 받고 다시 유배되었다

189) 『高麗史』 권29, 忠烈王 5년 7월 庚午; 『太祖實錄』 권10, 태조 5년 9월 己巳.

190) 『高麗史』 권107, 열전20 諸臣 鄭仁卿.

가, 1392년 順平君에 봉하여졌다.[191] 아들은 文繼宗과 文孝宗이 있다. 이교의 사위이자, 자신과 妹弟관계인 이림으로부터 공격을 받은 것을 보면, 정치성향을 달리했음을 알 수 있다.

이러한 이교 계열의 정치적 성향과 인적 관계망은 池奫의 지적에서도 알 수 있다. 지윤은 우왕 초 權臣인 이인임의 심복이 되어 林堅味·廉興邦 등과 함께 친원정책을 비판하는 林樸, 정도전, 정몽주, 박상충 등의 친명파 신흥유신을 탄압하는 한편, 그의 아들 池益謙을 왜구토벌의 지휘관으로 파견하는 문제 등으로 점차 이인임과 사이가 나빠졌다. 이인임·최영등을 제거하려고 하였으나 실패하고 아들 지익겸 등 가족·黨與와 함께 처형되었다. 그는 이성계의 장남 鎭安大君의 장인이자, 정종 李芳果의 후궁 성빈 지씨, 숙의 지씨의 친정아버지이다.

"池奫이 소리를 높혀 말하기를 그런 일이 있었습니다. 慶復興, 李仁任, 李琳은 곧 洪倫의 妻族이요, 李希泌은 홍윤의 妻父인데 신이 逆黨을 베고자함을 꺼리어 장차 臣을 죽이려 하는 고로 甲士를 청하여 이를 방비하였을 뿐입니다."[192]

위의 내용을 볼 때, 이림은 우왕의 장인으로써 이인임과 함께 우왕을 즉위시켰으며, 이림과 이희필은 이인임의 姑從이며, 또한 공민왕을 시해한 洪倫의 妻族으로써 이인임과 함께 池奫과 대립하고 있었다. 淸州慶氏 慶復興의 손자인 慶習은 李希泌의 女壻가 된다.

따라서 지윤이 언급한 홍륜의 처족인 경복흥, 이인임, 이림, 이희필은 앞서 살펴본 바와 같이 가까운 인척관계에 있다는 것이다. 그러나 이러한 인적 관계망 때문에 1399년(창왕 원) 11월에 발생한 金佇의 사건

191) 『高麗史』 권114, 열전27 諸臣 文達漢.

192) 『高麗史』 권125, 열전38 池奫.

으로 공양왕이 즉위하고 우왕·창왕을 庶人으로 강등할 때, 이림 집안은 이림을 비롯한 아들 李貴生, 사위 柳琰·崔濂, 외손녀 사위인 盧貴山, 조카 李懃 등이 유배될 정도로[193] 큰 타격을 입었다. 또한 이듬해인 1390년(공양왕 2)에 일어난 尹彝·李初의 獄事와 金宗衍 사건에 연루되어 李琳·李貴生, 李岡의 女壻인 權近, 同知密直司事 李彬 등이 다시 유배를 갔다.[194] 李彬은 父 李蔭이 홍건적 침입 때 安州 전투에서 전몰한 후 유일하게 남은 아들이다.

또한 조선 건국 후 태조 이성계는 원년 7월 즉위교서를 통해 有司의 건의를 받아들이는 형식으로 왕조개창에 협조하지 않은 개국 반대파 56인을 처벌하였다.[195] 그 중에 고성 이씨가문과 연관되는 인물은 李彬과 晉州 姜氏 姜蓍, 姜淮伯, 姜淮仲, 姜淮季 등은 琳의 祖父인 瑀의 外孫壻들이며 琳과는 외종형제가 된다. 韓山 李氏 이색의 아들 李種善은 岡의 外孫壻가 된다. 또한 丹陽 禹氏 禹玄寶의 孫子인 禹元珪는 嵒의 次男인 崇의 外孫壻가 되므로, 우현보의 아들인 禹洪壽, 禹洪富, 禹洪康, 禹洪得, 禹洪命 등도 연관되었을 것으로 보인다.[196] 또한 琳과 希泌의 계열에서 두 번의 혼인관계를 맺은 것으로 나타난다. 旌善 全氏 全五倫은 이희필의 외손서가 되며, 光州 金氏인 金瞻은 崇의 外孫壻가 되는 金資敬의 父가 된다.

---

193) 『高麗史』 권45, 恭讓王 원년 11월.

194) 『高麗史』 권115, 열전28 諸臣 李穡.

195) 『太祖實錄』 권1, 太祖 元年 7月 丁未. 이때 처벌된 인물은 禹玄寶·李穡·偰長壽·禹洪壽·姜淮伯·李崇仁·趙瑚·金震陽·李擴·李種學·禹洪得·崔乙義·朴興澤·金履·李來·金畝·李種善·禹洪康·徐甄·禹洪命·金瞻·許膺·柳珣·李作·李申·安魯生·權弘·崔咸·李敢·崔關·李士穎·柳沂·李詹·禹洪富·康餘·金允壽·金南得·姜蓍·李乙珍·柳廷顯·鄭寓·鄭過·鄭蹈·姜仁甫·安俊·李堂·李室·成石璘·李允紘·柳惠孫·安瑗·姜淮中·申允弼·成石瑢·全五倫·鄭熙 등이다.

196) 『太祖實錄』 권1, 태조 1년 8월 壬申 禹洪壽卒記; 『定宗實錄』 권6, 정종 2년 11월 癸酉 禹玄寶卒記.

이처럼 조선건국 과정에서 일어난 일련의 정치적 사건은 고성 이씨 인물들과 직접 또는 간접적인 연관되어 親孫, 혹은 外孫들이 타격을 받았다. 때문에 고려말의 명문 세족이었던 固城李氏 가문의 이교 계열은 조선건국 세력에게 배척되면서 가세가 쇠퇴하는 과정을 겪게 된다.

李嶠 계열의 경우, 성주 이씨 · 청주 이씨 · 상주 박씨 · 무안 박씨 · 기계 유씨 · 서산 정씨 · 남평 문씨 · 충주 최씨 · 동래 정씨 · 청주 경씨 · 진주 유씨와는 두 차례, 남양 홍씨와는 세 차례의 혼인관계를 형성하고 있다. 청주 이씨 · 진주 유씨 · 서산 정씨 · 남평 문씨 · 충주 최씨 · 동래 정씨 · 청주 경씨는 고려 후기에 번성한 세족가문들이다. 성산 이씨는 李嶠의 처부인 李兆年부터 과거 합격을 통해 출사하여 李仁任대에 오면 중앙으로 진출하는 가문이라 할 수 있다. 상주 박씨는 吏族에서 士族으로 성장하였는데 특히 在地族勢가 강하였다. 무안 박씨는 문반으로서의 벼슬이 계속되었고 후기에는 무반으로 진출하였다. 청주 경씨는 번성한 가문은 아니지만 경복흥을 대표로 하는 세족으로서의 기반을 갖추고 있었다.

결국 이존비와 선대 세계보다는 이암 · 이교 이후의 혼인가문이 세족가문이 더욱 많아지고 있음을 알 수 있다. 세족 가문은 익산 이씨 · 남양 홍씨 · 청주 이씨 · 청주 곽씨 · 청주 경씨 · 공암 허씨 · 전주 최씨 · 성주 이씨 · 파평 윤씨 · 안동 권씨 · 여흥 민씨 · 평양 조씨 · 문화 유씨 · 진주 유씨 등 14개 가문이 확인되고 있다. 이외에 함양 박씨 · 무안 박씨 · 강릉 김씨 · 풍양 조씨 · 남평 문씨 · 동래 정씨 · 진주 하씨 등 7개 가문은 15세기의 명문거족들의 성관에 포함되는 것으로 보면 고려말에 일어나기 시작하는 신흥가문으로 보인다. 그렇게 보면 혼인가문 가운데 21개의 가문이 여말선초 명문거족임이 확인된다.[197]

따라서 固城 李氏 가문은 고려 후기에 科擧官人으로서의 고위관직을

197) 이문희, 「麗末鮮初 固城李氏 家門의 정치적 동향」, 동아대 교육대학원 석사논문, 2003 참고.

역임하여 문벌가문의 위치를 확고히 굳혔으며 또한 당대 최고의 世族 가문들과의 혼인관계를 통해서 그 세력을 지속적으로 유지했던 것으로 보인다. 이러한 가족과 혼인관계는 이 글의 말미 수록된 〈표 1〉 高麗時代 固城李氏 人物 · 〈표 2〉 高麗後期 固城李氏 女壻 가문 · 〈표 3〉 고성 이씨 이암 · 이교의 가계와 혼인관계와 같이 도표로 나타낼 수 있다.

5. 맺음말

고성 이씨 가문은 成俔이 『慵齋叢話』에서 거론한 '我國巨族'에 빠져 있지만, "固城 李氏는 고려의 鉅族(신분이 높고 권세 있는 집안)이다"라고 평가하고 있다. 고성 이씨는 고려 전기에 고성 지방의 鄕吏로 있다가 무인집권기에 能文能吏의 새로운 관인으로서 上京從仕한 신흥가문이었다. 그러나 李尊庇가 유경의 문생이 됨으로써 정치적으로 출세하여 同判密直司事의 고위관직에 오르고, 또 관리들의 인사를 오랫동안 담당하면서 정직하다는 世評을 들음으로써 名門으로 발돋움할 수 있는 발판을 마련하였다. 그것이 李瑀를 거쳐 이암 · 이교에게로 이어졌던 것이니, 이암 때에는 이미 당대의 문벌들과 통혼할 정도로 성장해 있었다고 할 수 있다.

고성 이씨 가문은 고려후기 세족으로서의 지위에 오르기 전인 이존비 대까지의 통혼을 맺은 가문은 남포 백씨, 익산 이씨, 문화 유씨, 진주 하씨, 안성 이씨 그리고 함양 박씨와 두 차례 이루어지고 있다. 이때의 가문들은 이미 세족 가문이거나 또는 고려후기에 가세가 신장되고 있는 가문, 한미한 가문 등 다양한 통혼 관계를 형성하고 있다.

본격적으로 세족으로서의 지위를 갖추게 되는 李嵒 계열에서의 통혼관계는 남양 홍씨 · 청주 이씨 · 안강 노씨 · 청주 곽씨 · 양천 허씨 · 전주 최씨와 두 차례, 평양 조씨 · 안동 권씨, 여흥 민씨와 혼인관계를 형성하고 있으며, 女壻의 가문에는 강릉 김씨 · 풍양 조씨가 확인된다. 이들 가문 중에 남양 홍씨 · 청주 이씨 · 청주 곽씨 · 양천(공암) 허씨 · 전주 최씨 · 평양 조씨 · 안동 권씨 · 여흥 민씨 등의 가문은 고려 후기 최고의 세족 가문들이다. 풍양 조씨와 안강 노씨는 재상급 인물로 활동한 기록은 보이지 않는다.

李嶠 계열의 경우, 성주 이씨 · 청주 이씨 · 상주 박씨 · 무안 박씨 · 기계 유씨 · 서산 정씨 · 남평 문씨 · 충주 최씨 · 동래 정씨 · 청주 경씨 · 진주 유씨와는 두 차례, 남양 홍씨와는 세 차례의 혼인관계를 형성하고 있다. 청주 이씨 · 진주 유씨 · 서산 정씨 · 남평 문씨 · 충주 최씨 · 동래 정씨 · 청주 경씨는 고려 후기에 번성한 세족가문들이다. 성산 이씨는 李嶠의 처부인 李兆年부터 과거 합격을 통해 출사하여 李仁任대에 오면 중앙으로 진출하는 가문이라 할 수 있다. 상주 박씨는 吏族에서 士族으로 성장하였는데 특히 在地族勢가 강하였다. 무안 박씨는 문반으로서의 벼슬이 계속되었고 후기에는 무반으로 진출하였다. 청주 경씨는 번성한 가문은 아니지만 경복흥을 대표로 하는 세족으로서의 기반을 갖추고 있었다.

결국 이존비와 선대 세계보다는 이암 · 이교 이후의 혼인가문이 세족가문이 더욱 많아지고 있음을 알 수 있다. 세족 가문은 익산 이씨 · 남양 홍씨 · 청주 이씨 · 청주 곽씨 · 청주 경씨 · 공암 허씨 · 전주 최씨 · 성주 이씨 · 파평 윤씨 · 안동 권씨 · 여흥 민씨 · 평양 조씨 · 문화 유씨 · 진주 유씨 등 14개 가문이 확인되고 있다. 이외에 함양 박씨 · 무안 박씨 · 강릉 김씨 · 풍양 조씨 · 남평 문씨 · 동래 정씨 · 진주 하씨 등 7개 가문은 15세기의 명문거족들의 성관에 포함되는 것으로 보면 고려말에 일어나기 시작하는 신흥가문으로 보인다. 그렇게 보면 혼인가문 가운데 21개의 가문이 여말선초 명문거족임이 확인된다.

따라서 固城 李氏 가문은 고려 후기에 科擧官人으로서의 고위관직을 역임하여 문벌가문의 위치를 확고히 굳혔으며 또한 당대 최고의 世族가문들과의 혼인관계를 통해서 그 세력을 지속적으로 유지했던 것으로 보인다.

〈표 1〉 高麗時代 固城李氏 人物[198)]

世系番號	姓名	급제 시기	官職	妻家系				典據
				本貫	父	祖	曾祖	
1	李 璜							氏族源流
2	李田枝							氏族源流
3	李國軒							氏族源流
4	李永年							氏族源流
5-1	李麟冲							氏族源流
6-1	李 瑨	登第不仕		藍浦	白景瑄	白汝舟	白光宇	이암묘지명
7-1	李尊庇	元宗	判密直司事	益山	李行儉	李 湊	李陽眞	列傳 24 이암
8-1	李瑀		牧使	咸陽	朴之亮	朴臣甤	朴允貞	列傳 24 이암
9-1	李嵒	忠烈	侍中	南陽	洪承緖	洪 敬	洪子藩	이암묘지명
10-1	李 寅		宗簿令					列傳 24 이암
10-2	李 崇		同知密直	淸州	李 挺	李季瑊	李昌祐	우왕7년
11-1	李 岷			礪山	宋允藩	宋 瑞	宋 玢	충목3년
11-2	李 嶙							氏族源流
11-3	李 峙							氏族源流
10-3	李 蔭		上將軍					列傳 24 이암
11-1	李 彬		同知密直司事					공양4년
10-4	李 岡	忠穆	密直副使	淸州	郭延俊	朴雲龍	郭 預	列傳 24 이암/이강
11-1	李 原	禑王	佐郎	陽川	許 錦	許 絅	許 伯	列傳 18 허공/허관
				全州	崔丁智	崔思儉	崔文度	
10-5	庶子= 李 牧		判事					
9-2	李 嶠	忠肅	吏部尙書	星山	李兆年	李長庚	李得禧	공민 6년
10-1	李 琳		門下侍中	南陽	洪承演	洪 敬	洪子藩	창왕 1년
11-1	李貴生		吏部尙書	淸州	李邦直	李 瑊	李昌祐	列傳 29 이림
11-2	李茂生							〃
10-2	李希泌		三司左使 三司左使	尙州	朴天成	朴允璆	朴文晤	우왕 1년
				務安	朴氏			
11-1	李 慇			杞溪	俞邦繼			
11-2	李 懃		左副代言	南陽	洪尙載	洪 鐸	洪 詵	창왕 1년
9-3	李 澄		出家					
8-2	李復丘		覺眞國師					

---

198) 이 표는 이문희, 「麗末鮮初 固城李氏 家門의 정치적 동향」, 동아대 교육대학원 석사학위논문, 2003, 7~8쪽의 〈표 1〉 〈高麗 後期의 固城李氏 人物〉을 토대로 본 내용에서 서술된 인물을 중심으로 다시 정리하였다.

〈표 2〉 高麗後期 固城李氏 女壻 가문[199)]

世系	女壻名	급제시기	官職	家系				典據
				本貫	父	祖	曾祖	
尊庇女	朴莊	恭讓	軍簿摠郞	咸陽	朴之彬	朴臣豨	朴允貞	列傳 22 朴冲佐傳
	柳仁明			文化	柳陞	柳璥	柳澤	이존비 墓地銘
瑀女	河楫	忠肅	贊成事	晋州	河直漪	河保	河義	列傳 25 河允源傳
	李思正			安城	李禧			氏族源流
嵒女	金光丙		判事	江陵	金繼貂	金雄	金守精	이암묘지명, 氏族源流
	趙愼		府使	豊穰	趙炎暉	趙季鴒	趙晶	氏族源流
崇女	金祉			靈光	金思順			氏族源流
	趙浚	恭愍	判三司事	平壤	趙德裕	趙璉	趙仁規	氏族源流
	崔有慶		同知密直司事	全州	崔宰	崔得枰	崔正臣	氏族源流
	崔安濬			慶州	崔堧	崔玄祐	崔孫藹	氏族源流
岡女	權近	恭愍	簽書密直司事	安東	權僖	權皐	權溥	氏族源流
	閔開	禑王	密直副使	驪興	閔忭	閔頔	閔宗儒	氏族源流
	李良幹			全義	李丘直	李得榮	李子華	氏族源流
嶠女	柳藩		密直司事	晋州	柳之澤	柳玗	柳橶	氏族源流
	慶輔			淸州	慶復興	慶綏	慶蕃	氏族源流
	鄭璹			瑞山	鄭世忠	鄭柔	鄭仁卿	氏族源流
	文達漢		門下評理	南平	文璟	文球	文允實	氏族源流
琳女	柳琰	禑王	左副代言	晋州	柳惠蓀	柳仁庇	柳桷	氏族源流
	崔濂	忠惠	判密直	忠州	崔伯淸	崔沃	崔冽	氏族源流
	禑王			開城	恭愍王	忠肅王	忠宣王	
希泌女	鄭符	按廉使		東來	鄭良生	鄭곤	鄭惟義	氏族源流
	慶習	司憲掌令		淸州	慶儀	慶復興	慶斯萬	氏族源流
	朴全古	黃州牧使		固城	朴普老	朴奕忠	朴彬	世譜, 氏族源流
	洪倫			南陽	洪師禹	洪彦博	洪戎	列傳 44 홍륜, 氏族源流

199) 이 표는 이문희, 「麗末鮮初 固城李氏 家門의 정치적 동향」, 동아대 교육대학원 석사학위논문, 2003, 9쪽의 〈표 2〉 〈高麗後期 固城李氏 女壻가문〉을 토대로 본 내용에서 서술된 인물을 중심으로 다시 정리하였다.

〈표 3〉 고성 이씨 이암 · 이교의 가계와 혼인관계

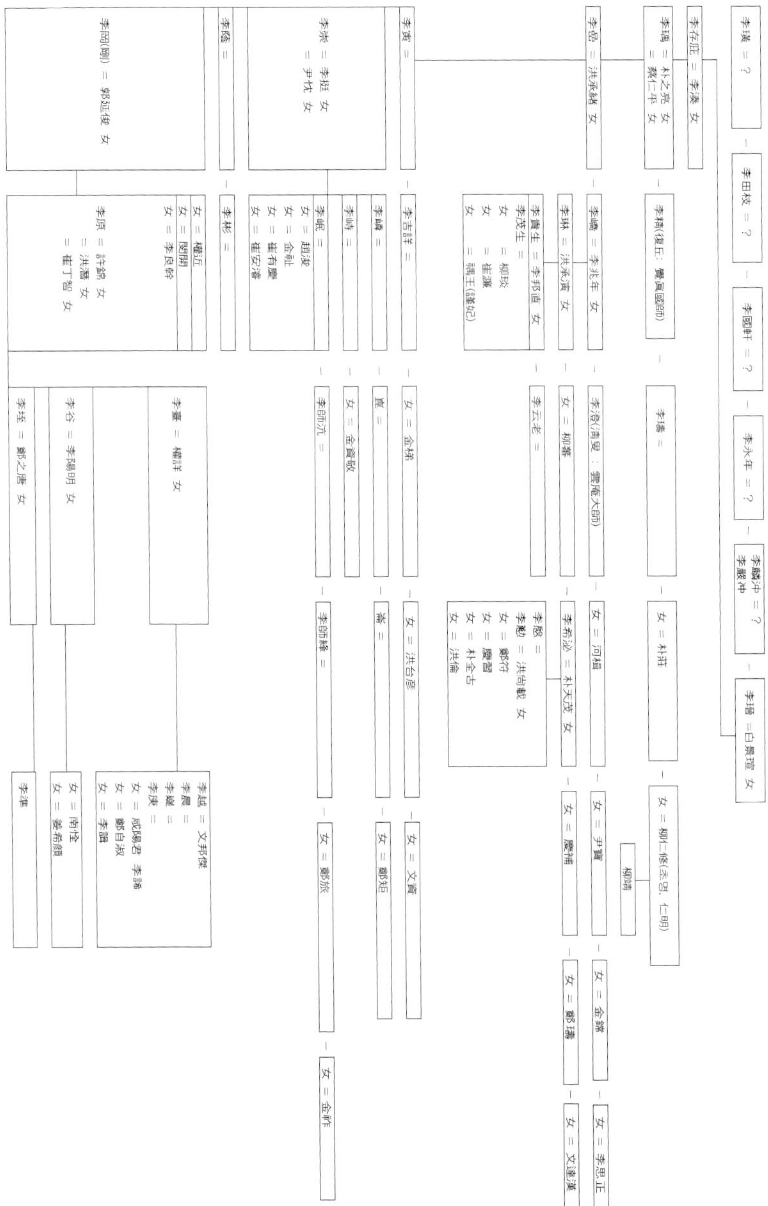

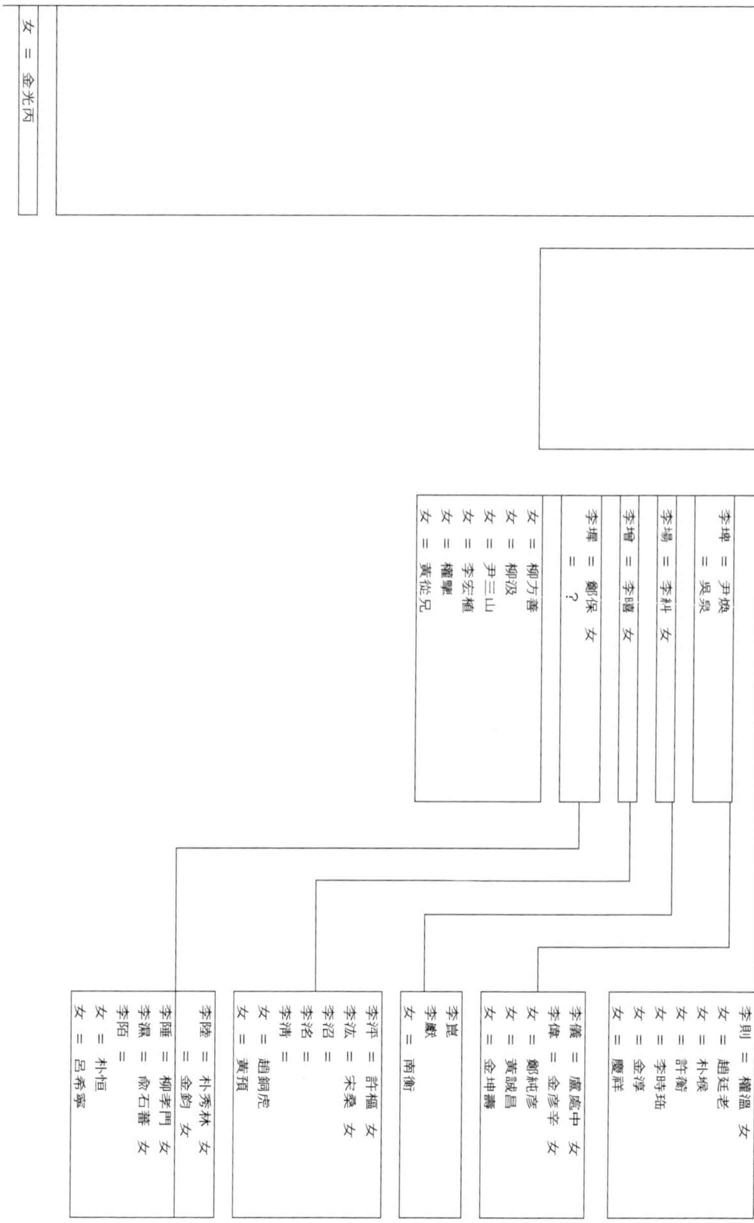
女 = 金光丙
李埤 = 尹煥
= 吳泉
李場 = 李枓 女
李增 = 李瞦 女
李墀 = 鄭保 女
= ?
女 = 柳方善
女 = 柳汲
女 = 尹三山
女 = 李宏植
女 = 權擥
女 = 黃從兄
李則 = 權溫 女
女 = 趙廷老
女 = 朴堠
女 = 許衡
女 = 李時珶
女 = 金淳
女 = 慶祥
李儀 = 盧處中 女
李偉 = 金彦辛 女
女 = 鄭純彦
女 = 黃誠昌
女 = 金坤壽
李崑
李巘
女 = 南衡
李泙 = 許樞 女
李泫 = 宋桑 女
李沼 =
李洺 =
李淸 =
女 = 趙銅虎
女 = 黃碩
李陸 = 朴秀林 女
= 金鈞 女
李陲 = 柳孝門 女
李潔 = 兪石蕃 女
李陌 =
女 = 朴恒
女 = 呂希寧

제 4 장

참고문헌 및 찾아보기

참고문헌

〈제 1 장〉

姜　戎, 『狼圖騰』, 長江文藝出版社, 2014.
丘光明, 『中國歷代度量衡考』, 科學出版社, 1992.
金容燮, 「高麗刻本 『元朝正本農桑輯要』를 통해 본 『農桑輯要』의 撰者와 資料」 『東方學志』 65집, 1990.
金渭顯, 麗元間의 物貨交流考」 『(명지대)人文科學論叢 7집, 1990.
金裕哲, 「均田制와 均田體制」 『강좌 중국사Ⅱ』, 지식산업사, 1990.
김해영, 문익점의 생애와 목면 전래 事蹟의 검토」 『문익점과 목면업의 역사적 조명, 아세아 문화사, 2003.
金浩東, 蒙古帝國의 形成과 展開」 『강좌중국사 Ⅲ: 士大夫社會와 蒙古帝國, 지식산업사, 1989.
金浩東, 몽골제국과 고려, 서울대학교출판문화원, 2015.
金浩東, 몽골제국과 대원, 역사학보192, 2006.
金浩東, 아틀라스 중앙유라시아사, 사계절, 2016.
魯　奇, 『中國古代農業經濟思想: 元代農書硏究』, 中國科學技術出版社, 1992.
盧　琳, 「論世祖忽必烈任用漢人儒士的政策」 『西部學刊』 2013-4.
馬建春, 「元代東遷西域人屯田述論」 『西域硏究』 2001-4.
馬華陽, 「宋代的植棉和棉紡」 『安徽農業科學』 36輯, 2008.
萬國鼎, 『王禎和農書』, 中華書局, 1962.
梅原郁, 「元代差役法小論」 『東洋史硏究』 23-4.
繆啓愉 校釋, 『齊民要術校釋』, 中國農業出版社, 1998.
문화재청, 『신안선의 금속공예』, 문화재청, 2007.
朴賢熙, 「燒酒의 흥기: 몽골시기(1206-1368) 중국에서 한반도에로 증류기술의 전파」『중앙아시아연구』 21권 1호, 2016.
朴喜眞, 「南宋代 江南地域의 麥作과 農民 삶의 情況」『中國史硏究』 제100집, 2016.
潘 淸, 「元代江淮農業發展述論」『徐州師範大學學報(哲學社會科學版)』, 第38卷 第6期, 2012.
方齡貴, 「統制條格新探」『歷史硏究』 1993-3.
徐 悅, 「元代亦集乃路的屯田開發」『寧夏社會科學』 2008-3.
石 華 · 張法瑞, 元代農業管理的綱領性文件: 統制條格勸農立社事理條劃相關問題硏究」『古今農業』 2006-1.
石聲漢 校注, 『農桑輯要校注』, 農業出版社, 1982.
石聲漢, 『中國古代農書評價』, 農業出版社, 1980.
蘇 力, 「元代勸農文對農民的勸化」『農業考古』 2006-4, 2006.
蘇啓慶, 『元代史新探』, 新文豊出版公司, 1983.
申友良, 「元代西地區屯田硏究」『社科縱橫』 23-2, 2008.
沈福偉, 『中西文化交流史』, 中華書局, 1981.
顔培建, 「高麗與蒙元的漢文化交流」『南陽理工學院學報』 第2卷 第5期, 2010.
愛宕松南(윤은숙 공역), 『대원제국』, 혜안, 2013.
若羅姆布, 「蒙古的傳統農業」『蒙古學信息』 1993-2.
梁方仲, 『中國歷代戶口田地田賦通計』, 上海人民出版社, 1980.
呂振羽, 『殷周時代的中國社會』, 三聯書店, 1979.
藍 武, 「試探元代在廣西民族地區的屯田」『內蒙古社會科學(漢文版)』 26-1, 2005.
廉定燮, 「행촌 이암의 『農桑輯要』 도입과 의의」『행촌 이암의 생애와 사상』, 일지사, 2002.
葉依能, 「元代糧食生産和糧食商品化」『中國農史』, 1994-4.
吳 超, 「元代勸農機構初探: 以黑水城出土文書爲中心」『西夏硏究』, 2011.
吳 慧, 『中國歷代糧食畝産硏究』, 農業出版社, 1985.

吳海濤,「元代京兆賀氏與其他漢人官僚家族仕宦之比較」『中國史研究』 1998-2.

王利華,『中古華北飮食文化的變遷』, 中國社會科學出版社, 2000.

王培華, 土地利用與社會持續發展: 元代農業與農學的啓示」『北京師範大學學報(社會科學版)』 1997-3, 總第 141期.

汪若海 · 李秀蘭편,『中國棉史紀事』, 中國農業科學技術出版社, 2007.

王宗磊,「元代在西域屯田之原因及條件探析」『石河子大學學報(哲學社會科學版)』 29-4, 2015.

王風雷,「元代的農業技術教育」『內蒙古社會科學』 1998-6.

劉昭民,『中國歷史上氣候之變遷』, 臺灣商務印書館, 1992.

이강한, 고려와 원세국의 교역의 역사, 창비, 2013.

李　幹,「元代屯田的發展和演變」『中南民族學院學報』 1984-1.

李　幹,『元代民族經濟史(上)』, 民族出版社, 2010.

李　幹,『元代社會經濟史稿』, 湖北人民出版社, 1985.

李盛雨, 東아시아 속의 古代 韓國食生活史研究, 鄕文社, 1992.

李聖雨, 韓國料理文化史, 教文社, 1993.

柴福珍,『元代社會與三部農書』, 中國農業科學技術出版社, 2009.

張　凱 · 尹永紅,「淺談農桑輯要對元代經濟的影響」『課程教育研究』 2013年 11月 下旬刊.

張建松,「再談木棉"傳入朝鮮": 兼談其在宋元時期的傳播」『中國農史』, 2008-2.

張金銑,「元代兩淮地區的屯田」『淮河文化研討會論文集』 2003.10.

張智鉉,『韓國外來酒流入史研究』, 修學社, 1987.

張品端,「朱熹的民本思想」『寧波大學學報(人文學學報)』 17-5.

田俊遷,「蒙元時期蒙古與高麗的經濟文化交流和民族融合」『甘肅社會科學』 2001-6.

程美明,「農桑輯要與元代經濟」『中南民族大學學報(人文社會科學報)』 제 23권, 2003.

趙文坦,「元世祖中統初年宰相的任用」『齊魯學刊』 1995-4.

趙文坦,「忽必烈早期與漢族士人關係考察」『山東大學學報(哲學社會科學版)』1997-4.

趙華富,「忽必烈以農爲本的經濟方針」『中國蒙古史學會論文集』, 1983.

周　艷, 淺論元代四川地區的屯田及其意義」『宋代文化研究』7, 1998.

周繼中, 元代北方地區的屯田」『北方文物』1988.

周繼中, 元代河南江北行省的屯田」『安徽史』1984-5.

曾令香,「農桑衣食撮要中的新農業生産技術和經驗探討」『安徽農業科學』39(33), 2011.

曾雄生,『中國農業通史: 宋遼夏金元卷』, 農業出版社, 2014.

曾雄生,『中國農業通史: 宋遼夏金元卷』, 中國農業出版社, 2014.

陳廣恩,「略論元代新疆屯田」『喀什師範學院學報(社會科學版)』22-4, 2001.

陳增輝,「論南宋時期的民本思想」『中國文化研究』6, 1994.

최덕경 역주,『농상집요 역주』, 세창출판사, 2012.

최덕경 역주,『보농서 역주』, 세창출판사, 2013.

崔德卿,「『齊民要術』과『陳農書』에 나타난 糞과 糞田의 성격」『중국사연구』제81집, 2012.

崔德卿,「戰國 · 秦漢시대 음식물의 調理와 食生活」『釜山史學』제31집, 1996.

崔德卿,「中國古代 織機의 類型과 발달과정」『慶北史學』제21집, 1998.

崔德卿,『齊民要術』에 보이는 動植物의 배양과 好漢 農業文化의 融合」『中國史研究』제62집, 2009.

崔德卿, 東아시아 間구조의 변화와 神」『比較民俗學』57, 2015.

崔德卿, 齊民要術과 陳農書에 나타난 糞과 糞田의 성격」『중국사연구』81, 2012.

漆　俠,「宋代植棉續考」『史學月刊』1992-5.

湯慧玲,「農桑衣食撮要對元代農業經濟的影響」『農業考古』2015-3.

湯慧玲,「農桑衣食撮要對元代農業經濟的影響」『農業考古』2015-3.

布目潮 外 2인(임대희 역),『중국의 역사: 수당오대』, 혜안, 2002.

海　日, 「論元世祖忽必烈的經濟政策」『前沿』 2009-5.
胡道靜, 『農書 · 農史論集』, 農業出版社, 1985.
忽思慧(張秉倫 等 譯注), 『飮膳正要 譯注』, 上海古籍出版社, 2014.
洪用斌, 「元代的棉花生産和棉紡業」『中國社會經濟史硏究』 1984-3.
Valerie Hansen(신성곤역), 『열린제국: 중국고대 1600』, 까치, 2006.
田村實造, 「世祖と三人の財政家」『中國征服王朝史の硏究』, 同朋舍, 1974.
周藤吉之, 「南宋に於ける麥作の奬勵と二毛作」『宋代經濟史硏究』, 東京大學出版會, 1962.
『古島敏雄著作集』 第9卷 『近代農學史硏究』, 東大出版會, 1983.
宮紀子, 「農桑輯要からみた大元ウルスの勸農政策(上)」『人文學報』 제93호, 京都大學人文科學硏究所, 2006.
大澤正昭, 『陳旉農書の硏究』, 農文協, 1993.
德永光俊, 「近世農書における學藝: 農の仕組みを解く」『日本農書全集』 第69卷, 農山漁村文化協會, 1996(1刷).

〈제 2 장〉

『高麗史』『高麗史節要』『高麗圖經』『太宗實錄』『世宗實錄』『成宗實錄』『舊唐書』『新唐書』『宋史』『元史』『新元史』『高麗墓誌銘集成』『韓國金石全文』『朝鮮金石總覽』『韓國金石文追補』『高麗名賢集』『慶州府先生案』『經國大典』『東文選』『新增東國輿地勝覽』『增補文獻備考』『氾勝之書』『齊民要術』『王禎農書』『農桑輯要』.

金琪燮, 「高麗前期 農民의 土地所有와 田柴科의 性格」『韓國史論』 17, 서울대 국사학과, 1987.
金榮鎭, 「四時纂要抄와 四時纂要의 比較硏究」『農村經濟』 8-1, 1985.
金容燮, 「高麗刻本"農桑輯要"를 통해서 본 『農桑輯要』의 纂者와 資料」『東方學志』 65, 연세대 국학연구원, 1990.
金容燮, 「高麗時代의 量田制」『東方學志』 16, 연세대 국학연구원, 1976.

金容燮, 「衿陽雜錄과 四時纂要抄의 농업론」『朝鮮後期 農學史研究』, 일조각, 1988.

金容燮, 「農書輯要의 농업기술」『세종학연구』 2, 세종대왕기념사업회, 1987.

金容燮, 『朝鮮後期農學史研究』, 일조각, 1988.

김용섭, 『한국중세농업사연구』, 지식산업사, 2000.

김형수, 「栗亭 朴瑞生의 학문적 연원과 세종대 水車 도입론」『석당논총』 63, 동아대 석당학술원, 2015.

閔賢九, 「白文寶研究-政治家로서의 活躍을 中心으로-」『東洋學』 17, 단국대 동양학연구소, 1987.

염정섭, 「고려의 중국 農曆 · 曆書 · 擇日書 도입과 「吉凶逐月横看」의 성격」『한국중세사연구』 38, 한국중세사학회, 2014.

염정섭, 「조선 초기의 水利 정책과 김제 벽골제」『농업사연구』 6-2, 한국농업사학회, 2007.

廉定燮, 「행촌 이암의 『農桑輯要』의 도입과 의의」『행촌 이암의 생애와 사상』, 일지사, 2002.

위은숙, 「12세기 농업기술의 발전」『부대사학』 12, 부대사학회, 1988.

위은숙, 「고려각본 『元朝正本農桑輯要』의 농업관과 간행주체의 성격」『한국중세사연구』, 한국중세사학회, 2000.

위은숙, 「深源寺 소장 13세기 '吉凶逐月横看 高麗木板'의 農曆」『民族文化論叢』 52, 영남대 민족문화연구소, 2012.

李光麟, 「『養蠶經驗撮要』에 대하여」『歷史學報』 28, 역사학회, 1965.

이정호, 『고려시대의 농업생산과 권농정책』, 경인문화사, 2009.

이종봉, 「'四時纂要抄'의 撰者와 農業技術」『韓國中世社會의 諸問題』, 한국중세사학회, 2001.

이종봉, 「『衿陽雜錄』의 농업기술과 농학」『한국민족문화』 36, 부산대 한국민족문화연구소, 2010.

李宗峯, 「高麗刻本 『元朝正本農桑輯要』의 한국농학사상의 위치」『釜山史學』 21, 부산사학회, 1991.

이종봉, 「고려시대 수전농업의 발달과 이앙법」『한국문화연구』 6, 부산대 한국문화연구소, 1993.
이종봉, 「高麗後期 勸農政策과 土地開墾」『釜大史學』 15 · 16, 부산대 사학회, 1992.
李泰鎭, 「16세기 川防(洑)灌漑의 발달」『韓國社會史硏究-農業技術과 社會變動-』, 지식산업사, 1986.
韓永愚, 「杏村 李嵒과 檀君世紀」『행촌 이암의 생애와 사상』, 일지사, 2002.
한정수, 『한국 중세 유교정치사상과 농업』, 혜안, 2007.
한태문, 「조신통신사(1428)와 박서생」『열상고전연구』 29, 열상고전연구회, 2008.
宮嶋博史, 「李朝後期 農書의 硏究」『封建社會 解體期의 社會經濟構造』, 청아신서 3, 1982.
三木榮, 「農桑輯要」『朝鮮醫書誌』, 學術圖書刊行會刊, 1956.
川井正九 · 川合重孝 · 山本恒九 飜譯, 『中國醫學の歷史』, 東洋學術, 2003.
王毓瑚 編著 · 天野元之助 校訂, 『中國農學書錄』, 龍溪書舍, 1975.
天野元之助, 「元, 司農司纂 "農桑輯要"에 대하여」『東方學』 30, 1965.

〈제 3 장〉

『慵齋叢話』『國朝人物考』『檀君世紀』『新增東國輿地勝覽』『世宗實錄地理志』『高麗史』『高麗史節要』『高麗名賢集』『朝鮮寺刹史料』上『太祖實錄』『太宗實錄』『世宗實錄』『世祖實錄』『敬齋先生文集』『東文選』『四佳集』『霽亭集』『三峯集』『陽村集』.

姜芝嫣, 「李仁任 執權期 政治勢力과 政局 動向」『梨花史學研究』 22, 1995.
高惠玲, 「李仁任 政權에 대한 一考察」『歷史學報』 91, 1981.

金光哲,『고려후기 세족층연구』, 동아대출판부, 1991.
김인호,「金祉의『周官六翼』편찬과 그 성격」『역사와 현실』40, 2001.
金昌賢,「고려후기 이존비·이암의 활약과 그 특징」『고성이씨 가문의 인물과 활동』, 일지사, 2010.
김창현,「고려후기 이존비·이암의 활약과 그 특징」『杏村會報』14, 2001.
盧明鎬,「高麗後期의 族黨勢力」『(이재룡박사환력기념) 韓國史學論叢』, 1990.
李亨雨,『高麗 禑王代의 政治的 推移와 政治勢力 硏究』, 高麗大 博士學位論文, 1999.
민덕식·이원배,「이암의 생애와 서예」『강좌 미술사』6, 한국불교미술사학회, 1994.
박홍갑 외,『고성이씨 가문의 인물과 활동』, 일지사, 2010.
박홍갑,「고려말기 고성이씨 桃村 李嶠 가문의 정치적 위상 – 謹妃李氏 배출과 우·창왕 폐위를 중심으로」『고성이씨 가문의 인물과 활동』, 일지사, 2010.
성봉현,「고성이씨『선세외가족보』와『팔고조도』검토」『고문서연구』24, 한국고문서학회, 2004.
손환일,「고려말 조맹부체의 유입과 행촌 이암의 서체연구」『한국사상과 문화』4, 한국사상문화학회, 1999.
송수영,「松雪體 流入 背景에 관한 小考」『서예학연구』5, 한국서예학회, 2004.
염정섭,「행촌 이암의『農桑輯要』도입과 의의」『행촌 이암의 생애와 사상』, 일지사, 2002.
오강원·김학수,「春川 애막골 소재 固城李氏墓에 관한 연구; 杏村 李嵒과 淮陽公 趙愼家系의 關係 및 墓地選定문제를 중심으로」『인문과학연구』4, 강원대학교 인문과학연구소, 1997.
윤경진,「조선초기 이암 후손의 계보와 문화 활동」『행촌 이암의 생애와 사상』, 일지사, 2002.

윤기섭, 「각진국사 복구(復丘)와 불교계 동향」『보조사상』 42, 2014.
이문희, 「麗末鮮初 固城李氏 家門의 정치적 동향」, 동아대 교육대학원 석사학위논문, 2003.
이병휴, 「조선초기 정국의 추이와 容軒 李原의 대응」『고성이씨 가문의 인물과 활동』, 일지사, 2010.
이성배, 「고려말 李嵒의 書藝와 松雪體」『역사와 담론』 49, 호서사학회, 2008.
이익주, 「행촌 이암의 생애와 정치활동」『행촌 이암의 생애와 사상』, 일지사, 2002.
정재철, 「杏村 李嵒 詩 연구」『한문학논집』 18, 근역한문학회, 2000.
정혜순, 「여말선초 여흥민씨 가문의 동향」『석당논총』 47, 2010.
하정승, 「杏村 李嵒시의 작자 고증과 미적 특질」『동양한문학연구』 42, 동양한문학회, 2015.
한영우 외, 『행촌 이암의 생애와 사상』, 일지사, 2002.
한영우, 「행촌 이암과 〈단군세기〉」『한국학보』 25, 『행촌 이암의 생애와 사상』, 일지사, 1999.
허흥식, 「김지(金祉)의 선수집(選粹集)·주관육익(周官六翼)과 그 가치(價値)」『奎章閣』 4, 1981.
曉 呑, 「14세기 覺眞復丘와 淨土寺에 관한 고찰」『한국불교학』 29, 2001.

찾아보기

【ㅇ】

【ㅈ】

【ㅊ】

【ㅎ】

저자 소개

최 덕 경(崔德卿)

문학박사.

주된 연구방향은 중국고대 농업사,

중국생태환경사 및 농민생활사.

현재, 부산대학교 사학과 교수

저서: 『중국고대농업사 연구』(1994),

『동아시아 농업사상의 똥 생태학』(2016)

외 다수.

dkhistory@hanmail.net

이 종 봉(李宗峯)

문학박사.

주된 연구방향은 한국중세 농업사.

한국과학기술사.

현재, 부산대학교 사학과 교수

저서: 『한국중세 도량형제 연구』(2001),

『한국도량형사』(2016) 외 다수.

leejb@pusan.ac.kr

홍 영 의(洪榮義)

문학박사.

주된 연구방향은 고려시대의 정치사와 문화사.

현재, 국민대학교 국사학과 교수

저서: 『고려말 정치사 연구』(2005),

『개경의 생활사』(2007) 외 다수.

legok@kookmin.ac.kr

행촌학술문화총서 006
麗·元代의 農政과 農桑輯要

초판 1쇄 인쇄 | 2017년 3월 14일
초판 1쇄 발행 | 2017년 3월 18일

지은이 | 최덕경 / 이종봉 / 홍영의
발행인 | 이형중
발행처 | 동강폼(주)
주 소 | 서울시 성동구 성수2가 3동 277-7
전 화 | 02-2277-0423, 02-462-9300
이메일 | dongkang9300@hanmail.net
팩 스 | 02-462-9311
ISBN | 978-89-956259-1-0 93910

정가 : 20,000원

이 책은 (사)행촌학술문화진흥원의 지원으로 발간 되었습니다.